"十二五"职业教育国家规划教材
经全国职业教育教材审定委员会审定

高职高专计算机任务驱动模式教材

多媒体技术与应用实例教程（第2版）

沈 洪 田丽艳 朱 军 王廷梅 刘元生 编著

清华大学出版社
北 京

内容简介

本书为“多媒体技术应用”课程的配套教材。全书共分7个单元。单元1介绍多媒体技术基础知识；单元2介绍音频信息的获取与处理方法；单元3介绍静态图像制作与处理方法；单元4介绍视频文件的制作与处理方法；单元5介绍平面动画信息的制作与处理方法；单元6介绍三维动画信息的制作与处理方法；单元7介绍多媒体创作工具的使用方法。

本书将知识与技能有效地融为一体，在介绍各种媒体素材的采集、编辑和创作的同时，突出展示了创作多媒体项目的完整过程，从具体的多媒体项目着手，讲解项目的规划设计与具体的制作过程，并附有习题供学生操作和拓展训练，具有很强的实用性、可操作性和指导性。

本书可作为高职高专院校计算机类专业学生学习多媒体技术的教材，或作为社会培训机构的培训教材，也可作为多媒体工作者及爱好者的参考用书。

图书在版编目(CIP)数据

多媒体技术与应用实例教程/沈洪等编著.--2版.--北京：清华大学出版社，2014(2019.3重印)
高职高专计算机任务驱动模式教材
ISBN 978-7-302-37761-0

Ⅰ.①多… Ⅱ.①沈… Ⅲ.①多媒体技术－高等职业教育－教材 Ⅳ.①TP37

中国版本图书馆CIP数据核字(2014)第190248号

责任编辑：张龙卿
封面设计：徐日强
责任校对：李　梅
责任印制：宋　林

出版发行：清华大学出版社
网　　址：http://www.tup.com.cn，http://www.wqbook.com
地　　址：北京清华大学学研大厦A座　　邮　　编：100084
社 总 机：010-62770175　　邮　　购：010-62786544
投稿与读者服务：010-62776969，c-service@tup.tsinghua.edu.cn
质量反馈：010-62772015，zhiliang@tup.tsinghua.edu.cn
课件下载：http://www.tup.com.cn，010-62795764
印 装 者：北京九州迅驰传媒文化有限公司
经　　销：全国新华书店
开　　本：185mm×260mm　　**印　　张**：17.5　　**字　　数**：400千字
版　　次：2008年4月1日　2015年1月第2版　　**印　　次**：2019年3月第2次印刷
定　　价：49.80元

产品编号：059238-02

编审委员会

出版说明

Publish the elucidation

我国高职高专教育经过十几年的发展，已经转向深度教学改革阶段。教育部于2006年12月发布了教高[2006]第16号文件《关于全面提高高等职业教育教学质量的若干意见》，大力推行工学结合，突出实践能力培养，全面提高高职高专教学质量。

清华大学出版社作为国内大学出版社的领跑者，为了进一步推动高职高专计算机专业教材的建设工作，适应高职高专院校计算机类人才培养的发展趋势，根据教高[2006]第16号文件的精神，2007年秋季开始了切合新一轮教学改革的教材建设工作。该系列教材一经推出，就得到了很多高职院校的认可和选用，其中很多书籍的销售量都超过了3万册。现重新组织优秀作者对部分图书进行改版，并增加了一些新的图书品种。

目前国内高职高专院校计算机网络与软件专业的教材品种繁多，但符合国家计算机网络与软件技术专业领域技能型紧缺人才培养培训方案，并符合企业的实际需要，能够自成体系的教材还不多。

我们组织国内对计算机网络和软件人才培养模式有研究并且有过一段实践经验的高职高专院校，进行了较长时间的研讨和调研，遴选出一批富有工程实践经验和教学经验的双师型教师，合力编写了这套适用于高职高专计算机网络、软件专业的教材。

本套教材的编写方法是以任务驱动、案例教学为核心，以项目开发为主线。我们研究分析了国内外先进职业教育的培训模式、教学方法和教材特色，消化吸收优秀的经验和成果。以培养技术应用型人才为目标，以企业对人才的需要为依据，把软件工程和项目管理的思想完全融入教材体系，将基本技能培养和主流技术相结合，课程设置重点突出、主辅分明、结构合理、衔接紧凑。教材侧重培养学生的实战操作能力，学、思、练相结合，旨在通过项目实践，增强学生的职业能力，使知识从书本中释放并转化为专业技能。

一、教材编写思想

本套教材以案例为中心，以技能培养为目标，围绕开发项目所用到的知识点进行讲解，对某些知识点附上相关的例题，以帮助读者理解，进而将知识转变为技能。

考虑到是以“项目设计”为核心组织教学，所以在每一学期配有相应的实训课程及项目开发手册，要求学生在教师的指导下，能整合本学期所学的知识内容，相互协作，综合应用该学期的知识进行项目开发。同时，在教材中采用了大量的案例，这些案例紧密地结合教材中的各个知识点，循序渐进，由浅入深，在整体上体现了内容主导、实例解析、以点带面的模式，配合课程后期以项目设计贯穿教学内容的教学模式。

软件开发技术具有种类繁多、更新速度快的特点。本套教材在介绍软件开发主流技术的同时，帮助学生建立软件相关技术的横向及纵向的关系，培养学生综合应用所学知识的能力。

二、丛书特色

本系列教材体现目前工学结合的教改思想，充分结合教改现状，突出项目面向教学和任务驱动模式教学改革成果，打造立体化精品教材。

(1) 参照和吸纳国内外优秀计算机网络、软件专业教材的编写思想，采用本土化的实际项目或者任务，以保证其有更强的实用性，并与理论内容有很强的关联性。

(2) 准确把握高职高专软件专业人才的培养目标和特点。

(3) 充分调查研究国内软件企业，确定了基于Java和.NET的两个主流技术路线，再将其组合成相应的课程链。

(4) 教材通过一个个的教学任务或者教学项目，在做中学，在学中做，以及边学边做，重点突出技能培养。在突出技能培养的同时，还介绍解决思路和方法，培养学生未来在就业岗位上的终身学习能力。

(5) 借鉴或采用项目驱动的教学方法和考核制度，突出计算机网络、软件人才培训的先进性、工具性、实践性和应用性。

(6) 以案例为中心，以能力培养为目标，并以实际工作的例子引入概念，符合学生的认知规律。语言简洁明了、清晰易懂，更具人性化。

(7) 符合国家计算机网络、软件人才的培养目标；采用引入知识点、讲述知识点、强化知识点、应用知识点、综合知识点的模式，由浅入深地展开对技术内容的讲述。

(8) 为了便于教师授课和学生学习，清华大学出版社正在建设本套教材的教学服务资源。在清华大学出版社网站(www.tup.com.cn)免费提供教材的电子课件、案例库等资源。

高职高专教育正处于新一轮教学深度改革时期，从专业设置、课程体系建设到教材建设，依然是新课题。希望各高职高专院校在教学实践中积极提出意见和建议，并及时反馈给我们。清华大学出版社将对已出版的教材不断地修订、完善，提高教材质量，完善教材服务体系，为我国的高职高专教育继续出版优秀的高质量的教材。

清华大学出版社

高职高专计算机任务驱动模式教材编审委员会

2014年3月

第二版 前言

FOREWORD

随着计算机网络技术、数字电视技术和通信技术的日益成熟，多媒体技术已形成涉及计算机、影视、传媒、教育等多行业的产业链，内容涵盖信息、传播、广告、通信、电子娱乐产品、网络教育、娱乐、出版等多个领域，已融入社会、生活的各个方面。

本书的第一版为普通高等教育"十一五"国家级规划教材。此次修订，根据多媒体技术发展趋势与实践需求，删去过时的内容，增加了最新的多媒体相关知识与技术。

全书共分 7 个单元，单元 1 介绍了多媒体技术基础理论并列举了实例；单元 2 以 Audition CS6 应用软件为例介绍了音频信息处理方法；单元 3 以 Photoshop CS6 应用软件为例介绍了静态图像的制作与处理方法；单元 4 以 Premiere CS6 应用软件为例介绍了视频文件的制作与处理方法；单元 5 以 Flash Professional CS6 应用软件为例介绍了二维动画信息的制作与处理方法；单元 6 以 3ds max 2014 应用软件为例介绍了三维动画信息的制作与处理方法；单元 7 以 Authorware 7.02 应用软件为例介绍了如何使用多媒体创作工具实现多媒体应用的集成。

本书以培养多媒体应用开发人才为目的，深入浅出，结合最新教学改革成果，采用以任务为导向的案例教学法和符合学生学习习惯的思维拓展方式，最终让学生养成结合实际而勤于思考、勤于动手的习惯。本书具备以下特色。

(1) 以任务为导向的案例教学

本书以创作一个实用多媒体项目为主线，在介绍了各种媒体素材的采集、编辑和创作的同时，讲解项目的规划设计与具体制作过程，并附有大量的习题，让学生在完成从易到难的任务过程中，熟悉设计与制作多媒体产品的完整流程，并养成良好的多媒体产品开发习惯。

(2) 以学生习惯与兴趣为主导的链式知识点设计

虽然本书涉及多媒体技术的面非常宽，内容非常丰富，但能够根据初学者的需要，以学生习惯与兴趣为主导，将知识点设计得深浅适宜，每个知识点之后紧跟与之相关的实例演练及课后练习，学生可以进一步领会要点，将所学知识融会贯通。具体做法是：首先让学生明确学习目标；然后掌握"背景知识"，通过"做中学"的实践练习在应用中掌握理论与实践内容，通过"拓展提高"开拓学生视野;最后通过"思考与训练"考查学生对本章所涉及理论与操作的掌握程度。

(3) 与时俱进

随着多媒体技术的飞速发展,相关软件也不断更新换代。例如从2008年到2014年,二维动画制作软件Flash经历Flash Mx、Flash Professional CS3、Flash Professional CS4、Flash Professional CS5、Flash Professional CS6几个版本,从菜单、功能到制作方法、兼容性方面均有很大进步,发行公司也由原来的Macromedia公司变更为Adobe公司。这就对使用者提出了新的要求:加速知识的更新,跟上时代的步伐。正是出于这一考虑,本书根据形势发展的需要选用目前多媒体领域最新、最流行的多媒体软件,力争提供给学生最新的资讯与最实用的技能。

本书在编写过程中,得到了徐涛、施明利、金培莉、李欣茹、陈瑛、赵敬、张波、刘丹阳、姜忠民、姜雪峰、张鹏、宫旭等老师的热心帮助,他们参与了本书的案例设计与更新、编排、制作和测试等工作,在此表示衷心的感谢。

由于作者水平有限,书中不足之处和错误在所难免,恳请读者给予批评指正。作者E-mail: xxtshenhong@buu.edu.cn。另外,我们会在适当的时间对有关问题进行修改和补充,与书籍配套的课程课件、案例素材及案例效果文件,一并发布在清华大学出版社官方网站(http://www.tup.com.cn)上。

作　者

2014年9月

第一版 前言

FOREWORD

从 20 世纪 90 年代开始，多媒体技术成为当代信息技术的重要发展方向之一。近年来，随着多媒体计算机、多媒体软件和数码技术的不断发展，多媒体应用技术已经融入社会生活的各个方面：影视制作、广告动画、电脑游戏开发、建筑装潢设计、教学、网络、视频会议、产品开发、展览展示等，多媒体技术无处不在。

全书共分 7 章：第 1 章介绍多媒体技术基本概论；第 2 章介绍音频信息处理方法，以 Audition 2.0 和 Cakewalk Pro Audio 9.0 应用软件为例；第 3 章介绍静态图像制作与处理方法，以 Photoshop CS2 应用软件为例；第 4 章介绍视频文件的制作与处理方法，以 Premiere Pro 应用软件为例；第 5 章介绍二维动画处理方法，以 Flash 8.0 应用软件为例；第 6 章介绍三维动画信息的制作与处理方法，以 3ds max 8.0 应用软件为例；第 7 章介绍多媒体创作工具的使用方法及相关内容，以 Authorware 7.0 应用软件为例。

本书以培养多媒体应用开发人才为目的，结合作者多年来多媒体应用开发的经验，讲解多媒体项目的创作方法。本书具备以下特色。

（1）"以线带面，纵横兼顾"

虽然本书所涉及多媒体技术的面比较宽，内容丰富，但还是以创作一个实用多媒体项目为主线，从项目规划分析着手，使用各种计算机的多媒体硬件和软件，对项目所需各种媒体素材进行采集、编辑和创作，最后集成多媒体项目。在一个完整的以多媒体项目创作为主线的过程中，同时讲解图像、音频、视频以及二维和三维动画处理软件。

（2）基础、实践和提高相结合

根据初学者的需要，本书采取任务驱动模式，在学生明确目标、掌握"背景知识"的情况下，采用"做中学"实践手段，在应用中掌握理论与实践内容，"拓展提高"立足本节知识点，开拓学生视野，最后通过"思考与训练"考查学生对本章理论与操作的掌握程度。本书循序渐进地全面介绍了各种多媒体处理软件及硬件的基本操作与功能，每个知识点之后紧跟与之相关的实例演练及课后练习，学生可以进一步领会知识点，对所学知识融会贯通。

（3）立足于产品开发，培养多媒体产品开发的思想

本书在举例和实际操作过程中，按照多媒体产品的要求，明确各个阶段的工作、任务和采用的方法，尽量采用市场标准，满足实际要求。这样，学生

在学习多媒体技术应用的同时，能感受到制作产品的氛围，更贴近实际，从而培养多媒体产品的开发习惯。

（4）立足前端软件

本书介绍的各种多媒体应用软件，都是国内、国际多媒体应用领域比较流行的、最新的版本，与社会接轨，这样利于学生快速从课堂走上工作岗位。

本书在编写过程中，得到了毛一心、贺东辉、朱晖、李天工、张敬尊、邓秉华、刘瑞祥、袁家政、吕丽等人的热心帮助，他们参与了本书的案例设计、实例制作、编排和测试等工作，在此表示衷心的感谢。

由于作者水平有限，书中不足之处和错误在所难免，恳请读者给予批评指正（E-mail：shenhonghong@gmail.com）。

作　者

2007年12月

目 录

CONTENTS

单元 1

多媒体技术概述

Unit 1

本单元任务

多媒体技术始于20世纪的80年代，创新声卡的出现，标志着多媒体技术的发展。之后，多媒体技术便以让人惊叹的速度迅速发展，多媒体也迅速地改变人类生活的方方面面。

近年来，计算机网络技术、数字电视技术和通信技术的日益成熟，极大地推动了多媒体产业的兴起。目前，多媒体产业已经形成了以影像、动画、图形、声音等技术为核心，以数字化媒介为载体，内容涵盖信息、传播、广告、通信、电子娱乐产品、网络教育、娱乐、出版等多个领域，涉及计算机、影视、传媒、教育等多行业的产业集合，其更被称为是21世纪知识经济的核心产业，是继IT产业后又一个经济增长点。

本章的任务首先要了解什么是多媒体，多媒体系统的组成、多媒体应用领域以及多媒体的发展趋势；然后，了解多媒体作品的设计制作过程，并通过一个实例多媒体应用系统进行分析与规划。

任务1　认识多媒体技术

本节任务

本节任务就是要学习多媒体的概念、特点及多媒体计算机的软、硬件组成。

背景知识

1. 媒体、多媒体的概念

要想了解多媒体的概念，首先要理解什么是媒体。媒体是用于传递各种知识信息的媒介和载体的总称。媒介是指组织、存储、传递信息的实体，如磁盘、光盘、磁带、半导体存储器等。载体指载有知识信息的实体，如数字、文字、图形、图像、声音和动画等。

按照国际电信联盟(ITU)的定义，媒体有下列五大类。

(1) 感觉媒体(Perception Medium)

感觉媒体指的是能直接作用于人们的感觉器官，从而能使人产生直接感觉的媒体。

也就是指通过人的视觉、听觉和触觉等感觉器官接收到的语言、音乐、自然界中的各种声音、图像、动画以及文本等。

(2) 表示媒体(Representation Medium)

表示媒体指的是为了编辑、处理和传送感觉媒体而由人设计、创造出来的媒体。借助于这种媒体，便能更有效地处理和存储感觉媒体或将感觉媒体从一个地方传送到另一个地方。对于不同的感觉媒体，计算机的编码方式是不同的；对于同一种感觉媒体，计算机也可以有多种编码方式来表示。

(3) 显示媒体(Presentation Medium)

显示媒体指的是用于接收感觉媒体并转换成数据信息、把数据信息转换成感觉媒体并使用物理设备呈现出来的一种媒体。

显示媒体可以分为两类：输入显示媒体和输出显示媒体。输入显示媒体，如键盘、鼠标器、麦克、触摸屏、扫描仪、数码相机和摄像机等；输出显示媒体，如投影仪、显示器、打印机、音响等。

(4) 存储媒体(Storage Medium)

存储媒体指的是用于存放表示媒体的物理介质，如磁带、硬盘、U盘、磁盘和光盘等。

(5) 传输媒体(Transmission Medium)

传输媒体指的是用来将表示媒体从一处传送到另一处的物理媒介，分为有线传输媒体、无线传输媒体两类。如双绞线、同轴电缆、光纤等是有线传输媒体；卫星、雷达、红外线、激光等是无线传输媒体。

目前流行的多媒体并不是各种信息媒体的简单复合，实际上指的是处理和应用多媒体的相应的技术，即多媒体技术。换句话说，就是要能够同时获取、处理、组织、存储和展示多种不同类型信息媒体的技术，这些信息媒体包括文字、声音、图形、图像、动画和视频等。而多媒体信息的获取、处理、组织、存储和展示，都是依靠计算机实现的。事实上，计算机技术和数字信息处理技术的巨大发展，极大地推动了多媒体技术的发展。

所以，多媒体技术就是指把文字、图形、图像、声音、动画和视频等进行数字化处理后，在计算机中进行高度集成，并赋予一定的交互和网络化功能的技术。

2. 多媒体技术的特点

多媒体技术是指通过计算机对数据、声音、文字、图像、动画和视频等信息进行综合处理和控制，使多种信息建立逻辑连接，集成为一个具有交互性的系统的方法与手段。多媒体技术具有以下特点。

(1) 多样性

多媒体技术就是指把文字、图形、图像、声音、动画和视频等多种媒体，在计算机中进行数字化处理和高度集成，因此多样性是多媒体技术的主要特征之一。

多媒体技术的多样性可以从两个方面来理解：首先是信息内容的多样性，多媒体技术中采集、处理的并非文字或图像等的单一媒体，经常同时处理文字、图形、图像、声音、动画和视频等信息媒体中两种或两种以上的媒体；其次是媒体种类的多样性，在利用计算机对信息媒体的采集、生成、传输、存储、处理和显示的过程中，基本上对感觉媒体、表示媒体、传输媒体、存储媒体或显示媒体都要涉及。

在多媒体技术的编辑过程中，只有实现对多种信息媒体和处理过程的多样化，才能进一步开拓多媒体技术的应用空间。

(2) 集成性

多媒体不是各种信息媒体的简单复合，而是在计算机中把多种媒体进行有机集成，使得人们能够对信息媒体进行统一获取、存储、组织与合成，并对它们进行有效控制。集成性的另一方面还包括传输、存储和显示，媒体设备的集成，即在多媒体系统中除了使用计算机之外，还可以集成电视、音响、录像机、激光唱机和通信等设备，也就是把计算机、声像、通信技术合为一体。

所以多媒体技术的集成性表现在计算机领域内，就是使用较新的硬件技术和软件技术，并将不同性质的设备和媒体处理软件集成为一体，以计算机为中心综合处理各种信息。

(3) 交互性

交互性是多媒体技术的主要特点之一，使人可以主动地控制媒体信息。比如电视，人们通过电视屏幕可以看到静止的图像、活动的视频和动画以及加注的文字，通过电视的音响设备可以听到背景音乐、语音等。虽然所有的媒体信息都可以通过电视展示出来，但是电视并不是多媒体系统，因为这些信息媒体只能单向地、被动地展示，缺少了人对信息媒体的主动选择和控制。多媒体技术却可以双向地进行数据交换，使用者不但可以接收信息，更可以主动地控制信息。

(4) 实时性

当用户给出操作命令时，相应的多媒体信息都能够得到实时控制。随着网络技术的发展和网盘的普及，多媒体的信息更迭速度远远超过传统媒介，多个用户的更新和数据交换也让多媒体技术的实时性显著提高。

3. 多媒体计算机组成

计算机是多媒体系统的支撑平台，在计算机的控制下完成多媒体信息的捕获与处理、多媒体信息的交互处理以及多媒体信息的存储和传输。

多媒体系统一般由多媒体硬件系统、多媒体操作系统、多媒体处理系统工具和用户应用软件四部分组成。

(1) 多媒体硬件系统

包括计算机硬件、声音/视频处理器、多种媒体输入/输出设备及信号转换装置、通信传输设备及接口装置等，如图 1-1 所示。其中，最重要的是根据多媒体技术标准而研制生成的多媒体信息处理芯片和板卡、光盘驱动器等。

① 显示适配器。其主要作用是将 CPU 送来的图像信息经过处理再输送到显示器上，其主要任务是规定屏幕图形的显示模式，包括分辨率和彩色数，完成各种复杂的显示控制。显示适配器和显示器的性能好坏，会影响用户对信息的理解和把握，从而影响操作的准确性。显示卡的主要性能指标是总线类型、芯片和现实内存。

图 1-1 多媒体硬件系统

② 光盘驱动器。包括可重写光盘驱动器(CD-R)、WORM 光盘驱动器和 CD-ROM 驱动器。其中 CD-ROM 驱动器为 MPC 带来了价格便宜的 750MB 存储设备，存有图形、动画、图像、声音、文本、数字音频、程序等资源的 CD-ROM 早已被广泛使用。而可重写光盘、WORM 光盘价格较贵，随着大容量 U 盘和移动硬盘的普及，可重写光盘已经不是一种理想的数据媒介。另外，DVD-ROM 是继 CD-ROM 之后的第二代存储媒介，它的存储量更大，双面可达 17GB，现在市场上普及的是单面 DVD，一般容量可达 4.7GB。随着数据量的增大，DVD 的容量已经不能满足需求，现在是第三代存储媒体蓝光(BD-ROM)技术的普及阶段，蓝光，也称蓝光光碟，英文翻译为 Blu-ray Disc，简称为 BD，是 DVD 之后下一代高画质影音储存光盘媒体(可支持 Full HD 影像与高音质规格)。蓝光或称蓝光盘，利用波长较短的蓝色激光读取和写入数据，并因此而得名。蓝光极大地提高了光盘的存储容量，对于光存储产品来说，蓝光提供了一个跳跃式发展的机会。目前为止，蓝光是最先进的大容量光碟格式，容量达到 25GB 或 50GB，在速度上，蓝光的单倍(1X)速率为 36Mbps，即 4.5MB/s，允许 1X～12X 倍速的记录速度，即 4.5～54MB/s 的记录速度。市场上蓝光刻录光盘的记录速率规格主要有 2X、4X、6X。

③ 音频卡。在音频卡上连接的音频输入/输出设备包括话筒、音频播放设备、MIDI 合成器、耳机、扬声器等。支持数字音频处理是多媒体计算机的重要方面，音频卡具有 A/D 和 D/A 音频信号的转换功能，可以合成音乐、混合多种声源，还可以外接 MIDI 电子音乐设备。

④ 视频卡。可细分为视频捕捉卡、视频处理卡、视频播放卡以及 TV 编码器等专用卡，其功能是连接摄像机、VCR 影碟机、TV 等设备，以获取、处理和表现各种动画和数字化视频媒体。

⑤ 扫描卡。它是用来连接各种图形扫描仪的，是常用的静态照片、文字、工程图输入设备。随着 USB 设备的普及，扫描卡已经不作为单独的多媒体硬件出现。

⑥ 交互控制接口。它是用来连接触摸屏、鼠标、光笔等人机交互设备的，这些设备将大大方便用户对 MPC 的使用。

⑦ 网络接口。它是实现多媒体通信的重要 MPC 扩充部件。计算机和通信技术相结合的时代已经来临，这就需要专门的多媒体外部设备传送和接收数据量庞大的多媒体信息，通过网络接口连接的设备包括视频电话机、传真机、LAN 和 ISDN 等。

按照媒体类型分类，硬件设备可分为如下几种。

① 音频处理设备。声卡、扬声器、麦克风、MIDI 设备、音频压缩设备等。

② 图像处理设备。2D、3D 加速卡，图像压缩卡，扫描仪，数码相机等。

③ 视频处理设备。视频采集卡(捕获卡)，视频压缩/解压缩卡等。

④ 存储设备。大容量硬盘、U 盘、CD-ROM、DVD-ROM、BD-ROM、软盘、磁带等。

⑤ 通信设备。多媒体网络设备、多媒体会议系统等。

⑥ 其他。其他多媒体专用设备。

在发明多媒体计算机之前，传统的微机或个人计算机处理的信息往往仅限于文字和数字，只能算是计算机应用的初级阶段，同时，由于人机之间的交互只能通过键盘和显示器，因此交流信息的途径缺乏多样性。为了改善人机交互的接口，使计算机能够集声、文、图、像处理于一体，人类发明了有多媒体处理能力的计算机。用户如果要拥有 MPC，有两种途径：一是直接购买具有多媒体功能的 PC 机；二是在基本的 PC 机上增加多媒体套件而构成 MPC。

(2) 多媒体操作系统

多媒体操作系统也称为多媒体操作平台，是多媒体软件的核心，也是一个实时多任务的软件系统。它主要负责多媒体环境下多个任务的调度，提供多媒体数据的操作与管理，支持实时同步播放。多媒体操作系统是多媒体计算机的控制中枢，控制对多媒体设备和软件的协调动作、输入/输出方式和信息，提供软件维护工具等。

早期的非图形化的操作系统如 MS-DOS、UNIX 操作系统是不支持多媒体操作的，而目前广为使用的图形化操作系统如 UNIX、Linux、Windows 等都支持多媒体，但是都是在原来操作系统内核的基础上扩充了多媒体资源管理与信息处理的功能。随着手机技术的发展，安装着 Android 操作系统和 iOS 操作系统的手机和平板电脑也开始普及。手机操作系统的快速发展给多媒体技术提供了新的发展方向。

(3) 多媒体处理系统工具

在制作多媒体产品的过程中，通常先利用专门软件对各种媒体进行加工和制作。当媒体素材完成之后，再使用多媒体创作软件把它们结合在一起，形成一个集成了各种媒体的、具有交互控制功能的多媒体应用软件。

多媒体处理系统工具包括多媒体素材制作工具和多媒体创作工具，是多媒体系统的重要组成部分。

多媒体素材制作工具也称多媒体数据准备软件。该工具种类非常多，有文字编辑工具、图像处理工具、动画制作工具、音频与视频处理工具等。由于各素材各自的局限性，在制作和处理复杂的素材时，往往需要使用几个工具软件。多媒体素材制作工具主要有如下几种。

① 图像处理软件有 Photoshop、PhotoStyler 等。主要用于平面设计、多媒体产品制作、广告设计等领域。这类软件的作用是：对构成图像的数字进行运算、处理、编码，形成新的数字组合和描述，从而改变图像的视觉效果。

② 图形处理软件有 Illustrator、CoreDRAW、Inkscape、XaraXtreme 等。这类软件的作用是：经过计算机运算形成抽象化结果，由具有方向和长度的矢量线段构成图形。

③ 三维动画软件有两类，一类是绘制、编辑类动画软件，它具有丰富的图形绘制和上色功能，具有自动动画生成功能。如 Animator Pro、3ds max、MAYA 、Lightwave、SoftImage 3D、Cinema 4D、Cool 3D 等。另一类是动画处理软件，主要对动画素材进行后期合成、加工、编辑和整理，具有强大的加工处理能力。如 Nuke、Fusion、Combustion、After Effects、Animator Studio、Gif Construction Set 等。

④ 平面动画软件。这类软件具有数据量小、表现力强、效果好、模式多样的特点，适用于互联网、字幕、片头动画等领域。如 Flash、Gif Animator 等。

⑤ 视频处理软件。这类软件具有处理视频和音频的能力，提供可视化的编辑界面，可以完成视频影像的编辑、加工和修改、素材叠加与合成、添加特殊效果。如 Premiere、绘声绘影等。

⑥ 音频处理软件。这类软件有把声音数字化，并对其进行编辑加工、合成、制作特效

等功能。按功能可以分为三类。一是声音数字化转换类，如 Easy CD-DA Extractor、Exact Audio Copy 等；二是声音编辑处理类，如 Adobe Audition、GoldWave、Cool Edit Pro 等；三是声音压缩类，如 WinDAC32、XingMP3 Encoder 等。

多媒体创作工具是多媒体编辑创作平台，在该平台上组织编排多媒体数据，并生成一个完整的多媒体应用系统。其主要功能有多媒体素材的合成与处理、控制手段的实施、交互功能的实现、输入/输出的控制、用户界面的生成等。比较常见的平台软件有如下几种。

① 以时间轴为基础的多媒体制作软件。这种多媒体制作软件中的数据或事件是以一个时间顺序来组织的。它的基本设计思想如同我们日常生活中安排约会那样，用时间线的方式表达各种媒体元素在时间线上的相对关系，把抽象的时间观念可视化。这种工具对媒体元素之间的同步比较容易控制，较适用于制作交互特性要求不高，仅需循环播放的多媒体节目。这类多媒体著作工具使用起来如同电影剪辑，可以精确地控制在什么时间播放什么镜头，可以精确到每一帧，如 Director 等。这类多媒体著作工具特别适合于制作动画，甚至是广播级的动画片。

Director 是美国 Macromedia 公司开发的一个软件，主要用于多媒体项目的集成开发。大部分多媒体光盘，都是由 Director 开发制作。在国外，Director 应用得更为广泛，相对于简单的图片和文字，Director 提供足够强大的工具来整合图形、声音、动画、文本和视频以生成引人注目的内容。目前，Director 的较新的版本是在 2013 年 1 月发布的 Adobe Director 12.0。

② 以书页为基础的多媒体制作软件。在这种著作工具中，文件与数据是用如一叠卡片或书页以形式来组织的，它提供了一种可以将对象连接于卡片活页上面的工作环境。一张卡片或一页就是数据结构中的一个节点，它类似于数据袋里的一张卡片或教科书中的一页，只是这种卡片或页面上的数据比教科书上的页面或数据卡片上的数据类型更多样。并且，这些数据大多是用图标来表达的，使得它们很容易理解和使用。这些多媒体著作工具的超文本功能最为突出，特别适合于制作电子图书，如 Tool Book 等。

③ 传统的编程工具软件。虽然目前开发多媒体软件的程序设计语言不少，但是，在 Windows 环境下微软公司的 Visual Basic 和 Borland 公司的 Borland C++是多媒体软件开发人员优选的程序设计语言。随着 Android 平台和 iOS 平台的快速发展，C、Java、Objective-C 语言也得到迅猛发展。

④ 以图标为基础的多媒体制作软件。这类制作工具按照多媒体信息显示的逻辑流程来组织和安排多媒体素材，功能强大，交互能力强，可以很容易地在模块之间进行调用，轻松地组织和管理模块，如 Authorware 等。

(4) 多媒体应用软件

多媒体应用软件是根据多媒体系统终端用户要求而定制的应用软件或是面向某一领域的用户应用软件系统，它是面向大规模用户的系统产品。

4. 多媒体技术的发展

(1) 多媒体技术的发展沿革

1984 年，美国 Apple 公司推出 Machintosh 图形操作系统，该系统以丰富的图形界面代替了单调的文字界面，以灵活的鼠标操作取代了呆板的键盘控制，改善了人机交互界面，方便了用户的操作。1985年，Microsoft公司推出了Windows操作系统，它是一个多用户的图形操作环境。Windows操作系统使用鼠标驱动的图形菜单，从Windows 1.x、Windows 3.x、Windows NT、Windows 9x，到Windows 2000、Windows XP、Windows Vista、Windows 7、Windows 8等，是一个具有多媒体功能、用户界面友好的多层窗口操作系统。

1985年，Commodore公司率先推出第一个多媒体计算机系统Amiga，在这个系统中采用了三个专用的芯片：专用的动画制作芯片Agnus(8370)、专用的音像处理及外设接口芯片Paula(8364)和专用的图形芯片Denise(8362)。它实现了用硬件显示移动数据，允许高速的动画制作；CPU以最小的开销处理、声音和视频信息；能够处理多任务，并具有下拉菜单、多窗口、图符等功能。

1986年荷兰Philips公司和日本Sony公司联合研制并推出交互式紧凑光盘系统CD-I(Compact Disc-Interactive)，该系统把高质量的声音、文字、动画、图形及静止图像都以数字形式存到CD-I光盘中，实现了交互式操作。为了CD-I光盘能在世界各地的CD-I播放机上运行，两家公司公布了CD-I的物理格式和整个交互式系统的完整规范，并经过国际标准化组织(ISO)的认可成为国际标准，这就是定义CD-I规范的绿皮书。这项技术对大容量存储设备——光盘的发展产生了巨大影响，大容量光盘的出现为存储和表示声音、文字、图形、音频等高质量的数字化媒体提供了有效手段。CD-I技术在当时的数据库、游戏、百科全书、教育和许多商业领域广泛应用。但是需要指出的是，CD-I光盘不能在PC上播放。

1987年3月美国RCA公司在国际第二届CD-ROM年会展示了称为交互式数字视频(Digital Video Interactive，DVI)的技术。DVI技术标准在交互式视频技术方面进行了规范化和标准化，它以计算机为基础，用光盘存储和检索静止图像和活动图像、声音以及其他的信息。后来，RCA公司将DVI技术卖给了Intel公司，Intel公司对这项技术进行改进，把它开发为可广为使用的DVI商品。DVI标准的问世，使计算机处理多媒体信息方面具备了统一的技术标准。DVI技术逐渐取代了完全由微机控制的CD-I技术。

1990年10月，随着多媒体技术向着产业化的方向迅速发展，为建立适应多媒体发展的标准，微软公司会同Philips、Sony等多家公司提出了多媒体个人计算机MPC 1.0(Multimedia Personal Computer 1.0)标准。该标准对计算机增加多媒体功能所需的软硬件规定了最低标准和量化标准等，要求多媒体计算机处理器至少为80286/12MHz(后来增加到80386SX/16MHz)及一个光驱，至少达到150Kbps的传输率。要求全球计算机业界共同遵守该标准所规定的各项内容，促进了多媒体计算机及其软件的发展。

1993年，由IBM和Intel等数十家软硬件公司组成的多媒体个人计算机市场协会(The Multimedia PC Marketing Council，MPMC)发布了多媒体个人机的性能标准MPC 2.0。该标准根据硬件和软件的迅猛发展状况做了较大的调整和修改，尤其对声音、图像、视频和动画的播放以及Photo CD做了新的规定。

1995年6月，MPMC又宣布了新的多媒体个人机技术规范MPC 3.0。制定了视频压缩技术MPEG的技术指标，使视频播放技术更加成熟和规范化，并且指定了采用全屏幕播放、使用软件进行视频数据解压缩等项技术标准。

1996年发表了MPC 4.0的技术规格，按照MPMC联盟的标准，多媒体计算机应包含5个基本单元：

主机、CD-ROM驱动器、声卡、音箱和Windows操作系统。特别是MPC 4.0，为将PC升级成MPC提供了一个指导原则，MPC 4要求在普通微机的基础上增加以下四类软、硬件设备。

① 声/像输入设备：光驱、刻录机、音效卡、话筒、扫描仪、录音机、摄像机等。

② 声/像输出设备：音效卡、录音录像机、刻录光驱、投影仪、打印机等。

③ 功能卡：电视卡、视频采集卡、视频输出卡、网卡、VCD压缩卡等。

④ 软件支持：音响、视频和通信信息以及实时、多任务处理软件。

MPC标准是一个开放式的平台，用户可以在此基础上附加其他的硬件，配置性能更好、功能更强的MPC。从现在的多媒体计算机的软、硬件性能来看，已完全超过MPC标准的规定，MPC标准已成为一种历史，但MPC标准的制定对多媒体技术的发展和普及起到了重要的推动作用。

1996年IETF的多媒体传输工作小组在RFC 1889中公布了RTP(Real-time Transport Protocol，实时传输协议)，RTP协议详细说明了在互联网上传递音频和视频的标准数据包格式。它一开始被设计为一个多播协议，但后来被用在很多单播应用中。RTP协议常用于流媒体系统(配合RTSP协议)，视频会议和一键通(Push to Talk)系统(配合H.323或SIP)，使它成为IP电话产业的技术基础。RTP协议和RTP控制协议RTCP一起使用，而且它是建立在用户数据报协议上的。

1999年2月运动图像专家组MPEG正式公布了MPEG-4(ISO/IEC14496)标准第一版本。同年年底制定了MPEG-4第二版，且于2000年年初正式成为国际标准。MPEG-4与MPEG-1和MPEG-2有很大的不同。MPEG-4不只是具体压缩算法，它是针对数字电视、交互式绘图应用(影音合成内容)、交互式多媒体(WWW、资料撷取与分散)等整合及压缩技术的需求而制定的国际标准。MPEG-4标准将众多多媒体应用集成于一个完整框架内，旨在为多媒体通信及应用环境提供标准算法及工具，从而建立起一种能被多媒体传输、存储、检索等应用领域普遍采用的统一数据格式。

(2) 多媒体技术应用领域

多媒体技术集计算机、声音、文本、图像、动画、视频和通信等多种功能于一体，借助日益普及的高速信息网，可实现计算机的全球联网和信息资源共享，因此被广泛应用在咨询服务、图书、教育、通信、军事、金融、医疗等诸多行业，并正潜移默化地改变着人们生活的生活方式和生活质量。

多媒体技术广泛地应用于出版、教育、医疗、游戏、娱乐、广告、信息查询、实时监控、军事训练的领域。下面是一些多媒体应用。

① 计算机协同工作系统(CSCW)。CSCW系统具有非常广泛的应用领域，它可以应用到远程医疗诊断系统、远程教育系统、远程协同编著系统、远程协同设计制造系统以及军事应用中的指挥和协同训练系统等。

② 多媒体会议系统。多媒体会议系统是一种实时的分布式多媒体软件应用系统，它

以实时音频和视频进行点对点或多点对多点的通信，而且还充分利用其他媒体信息，如图形、静态图像、文本等计算数据信息进行交流，对数字化的视频、音频及文本、数据等多媒体进行实时传输，利用计算机系统提供的良好的交互功能和管理功能，实现人与人之间的“面对面”的虚拟会议环境，它集计算机交互性、通信的分布性以及电视的真实性为一体，具有明显的优越性，是一种快速高效、日益增长、广泛应用的新的通信业务。

③ CAI。根据一定的教学目标，在计算机上编制一系列的程序，设计和控制学习者的学习过程，使学习者通过使用该程序，完成学习任务，这一系列计算机程序称为教育多媒体软件或CAI。

④ 点播系统(VoD)。VoD (Video on Damand)是根据用户要求播放节目的视频点播系统，具有提供给单个用户对大范围的影片、视频节目、游戏、信息等进行几乎同时访问的能力。VoD应用是视频信息技术领域的一场革命，具有巨大的潜在市场，具体应用在电影点播、远程购物、游戏、卡拉OK服务、点播新闻、远程教学、家庭银行服务等方面。

⑤ 遥控监视。遥控监视将图像处理、声音处理、检索查询等多媒体技术综合应用到实时报警系统中，改善了原有的模拟报警系统，使监控系统更广泛地应用到工业生产、交通安全、银行保安、酒店管理等领域中。它能够及时发现异常情况并迅速报警，同时将报警信息存储到数据库中以备查询，并交互地综合图、文、声、动画多种媒体信息，使报警的表现形式更为生动、直观，人机界面更为友好。

(3) 多媒体技术的发展趋势

多媒体技术正朝着两个方向发展：一是网络化发展趋势，与宽带网络通信等技术相互结合，使多媒体技术进入科研设计、企业管理、办公自动化、远程教育、远程医疗、检索咨询，文化娱乐、自动测控等领域；二是多媒体终端的部件化、智能化和嵌入化，提高计算机系统本身的多媒体性能，开发智能化家电。

本书按照多媒体应用系统开发的过程，设计一个简单的多媒体应用系统实例，对多媒体技术的应用进行讲解。

在学习多媒体实例的开发之前，运行已有的实例程序，初步对该实例有一个感性的认识。

(1) 复制本书的素材到本地计算机上，在“.\多媒体技术与应用\素材\”文件夹下，有一个名为Tang.exe程序文件，双击运行这个程序。

(2) 程序封面。程序运行后，首先显示程序封面，如图1-2所示。界面包括的媒体素材有动画、视频、文字、图像和声音。声音是听觉媒体，在程序封面上没有体现。程序封面一直等待用户的交互，用户单击鼠标后就可以进入程序的主要界面。

(3) 主要界面。程序的主要界面是程序的核心交互界面，如图1-3所示，在该界面上布置了多个交互的对象，用户单击不同的交互对象，程序完成不同的程序功能。本实例的主要功能是通过声音、图片、文字来展示媒体信息。界面包括的媒体素材有动画、文字、图片按钮、图像和声音。

图 1-2 程序封面效果图

图 1-3 程序主要界面

(4) 结束界面。当要结束程序运行时，单击程序界面上的 ☒ 按钮，进入结束界面，如图 1-4 所示，可以看到，结束界面由一个三维动画构成。

图 1-4 结束界面

归纳说明

本节主要介绍多媒体的有关基本概念、多媒体技术及其特点、多媒体系统的构成，并对多媒体技术的发展、多媒体应用的领域做了简单的概括，为多媒体技术的应用打下一个基础。

本节还介绍一个多媒体应用实例，直观地感受多媒体技术的应用。

任务2 多媒体应用系统规划

本节任务

本书各单元是以一个多媒体应用为框架，讲解多媒体应用系统开发的有关理论基础和实用技术，而本节的任务就是对构建这样的多媒体应用系统进行分析与规划。

背景知识

1. 软件工程

自“软件危机”于1968年被首次提出以来，软件危机一直伴随着软件开发人员。软件危机指的是在计算机软件的开发和维护过程中所遇到的一系列严重问题。表现为软件开发成本和进度的常常难以估计，开发成本常常超出预算，实际进度比预定进度一再拖延；用户对“已完成”系统不满意；软件的质量不可靠；软件的可维护程度低；软件通常没有适当的文档资料等。

软件危机产生的原因。除了软件本身复杂等原因之外，还包括软件开发和维护方法的不正确，开发过程没有统一的、规范的方法论的指导，文档资料不齐全，忽视人与人的交流；忽视测试阶段的工作，提交用户的软件质量差；轻视软件的维护。

软件工程是软件生产的一个有效方法，它把软件的生产看成一个工程项目的开发，规范软件开发的过程以及软件开发过程的管理，确保软件开发有阶段、有步骤、有进度、有保障地进行。一个软件从它被提出开始，到软件报废为止这样一个周期，称为软件的生命周期，这个生命周期包括：可行性分析和项目开发计划、需求分析、概要设计、详细设计、软件编码、软件测试、软件使用和维护等过程。可以分为三个时期，即计划时期（可行性分析和项目开发计划）、开发时期（需求分析、软件设计、软件编码、软件测试）、运行时期（软件维护）。

软件工程的方法，按照软件生命周期，规范软件的开发及其管理，并提出软件开发各过程执行的模型，以确保软件的生产和使用。描述软件开发过程中的各种活动如何执行的模型，称为软件过程模型。目前的过程模型有瀑布模型和螺旋模型。

（1）瀑布模型。把软件开发时期的各个过程活动分成五个阶段（需求分析、概要设计、详细设计、软件编码、软件测试），在前一个阶段完成之后，可以开始下一个阶段，任何阶段发现问题可以返回到相应的阶段开始从新修改。基于这种模型进行软件设计多采用结构化方式，即自顶向下和逐步求精的设计策略。

(2) 螺旋模型。螺旋模型又称为原型模型。根据用户需求快速提供一个最早的版本，然后交与用户进行实用，评价其正确性和可用性，并给予反馈。原型可能会略细节，然后，在原型的基础上一个版本、一个版本地进行修改和求精，直到形成最后的版本。这种模型非常适合逻辑问题和动态展示的多媒体应用的系统设计。

2. Authorware 7.0 软件开发流程

利用 Authorware 7.0 进行多媒体项目的开发，尽管其流程线和可视图标的编程方法简单易用，但是，项目的开发的方法和过程和其他的软件开发一样，需要正确的思想方法作为指导，规范的开发过程作为保证。

Authorware 7.0 进行多媒体项目的开发采用快速原型设计思想，就是结构化的、自顶向下的、逐步精细的设计思路。规范的开发过程为需求分析、脚本编写、素材收集、媒体集成、调试测试、发布与维护。下面只介绍前面几种。

(1) 需求分析

多媒体应用系统的最终目标是让用户获得所需要的信息，因此，了解用户的需求是应用开发的前提。需求分析，就是分析将要开发的软件的目标，使用的对象，使用哪些信息类型和采用的表现手法等内容。

(2) 脚本编写

多媒体应用系统的脚本设计包括文字脚本和制作脚本，实际上是软件脚本的两个阶段。

文字脚本是规划应用系统所需表现的内容及其表现方式。在纸上通过图形或文字描述，勾勒出大体的轮廓和使用的媒体及其类型。

制作脚本在文字脚本的基础上设计的、能够用多媒体信息表现的创作脚本。制作脚本应该首先勾画出软件系统的结构流程图，规划层次与模块，然后就每一模块的具体内容、选择使用多媒体的最佳时机，给出各种媒体信息的表现形式和控制方法，以及对背景画面、背景音乐的要求等，以帧的方式制作脚本卡片。每一帧的画面包括屏幕的布局设计、链接关系的设计、按钮的激活方式及排列位置等。

(3) 素材收集

素材准备是多媒体应用系统的前期制作，包括文字的输入、图表的绘制、照片的准备、声音的录制、视频的拍摄等。按照应用系统对素材的种类、数量、格式的要求，进行搜集、加工和处理。

(4) 媒体集成

媒体集成是多媒体应用系统的生成阶段，选择合适的多媒体创作工具，按照制作脚本的具体要求，把准备好的素材有机地组织到相应的信息单元中，形成一个具有特定功能的完整系统。

(5) 调试测试

调试测试是从使用者的角度测试与检验系统的正确性及系统功能的完备性。

在系统发布之前，需要修改程序以获得更好的性能，包括提高运行速度、改善交互方式等。这个阶段往往被人所忽视，因而造成应用程序不够完美的印象。在测试调试阶段，可以进一步确认程序的确是按照设计运行。否则，在最终发布之前还可以回到设计阶段进行修改。

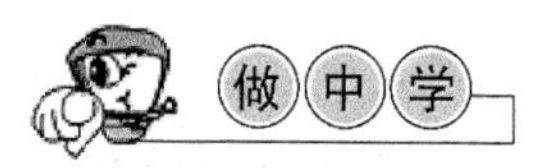

需求分析是任何软件系统开发必须进行的阶段，软件最终是否可用取决于用户需求是否分析得准确。

唐诗是我国优秀的文学遗产之一，也是全世界文学宝库中的一颗璀璨的明珠。尽管已有一千多年的历史，但许多诗篇还是为人们所广为流传。唐诗中的律诗与绝句短小精悍，合辙押韵，朗朗上口。通过背诵唐诗，可以使儿童从小就受到中华文化的熏陶。现代的家长们都希望自己的孩子从小接受中华文化的熏陶，为将来的语言学习打下良好基础。

下面对制作唐诗学习光盘项目进行需求分析。

1. 明确目标

确定目标就是要明确制作唐诗学习光盘需要完成什么，为什么需要制作这样一个光盘。

唐诗是中国古代文化最璀璨的明珠，许多家长把唐诗作为家庭启蒙教育的素材。但是，唐诗书籍缺少娱乐性，对儿童来说，需要在父母的陪同下才能阅读、学习，效果是可想而知的。制作唐诗多媒体学习光盘，通过图片、声音，甚至动画形式的表达，有利于吸引儿童的注意力，增强学习的主动性，从而提高学习效果。

这个多媒体光盘应该具有朗诵诗句的功能，具有良好的显示效果、简单的交互方式，具有较强的娱乐性和教育性。

目标可以描述为：设计一个学习唐诗的作品，通过对唐诗的阅读、聆听和观察，从而达到学好唐诗的目的。

2. 确定对象

确定使用对象，列出对象的特征及其使用要求，可以进一步明确目标。此时，可以修改目标，以免在制作后续阶段再返工。

列出使用对象的教育状况、年龄、对计算机的熟悉程度、国籍等情况，列出购买产品的用户的要求。如用户希望从产品中得到什么？他们对此的看法和态度如何？他们是否能谨慎地购买本产品？

唐诗多媒体学习光盘主要针对国内学龄前后的儿童，他们对计算机的熟悉程度不高，但是，通常可以自行简单地操作计算机。因此，简洁、有趣的界面，明显、简单的操作，是制作唐诗多媒体学习光盘的最基本要求。

3. 确定交付平台和交付媒体

确定运行交互平台，需要参考潜在的用户对象的情况来确定，并确定运行系统的最低要求。运行平台有 Windows、Windows NT 平台、OS/2、UNIX、Linux 等。

多媒体作品的交付媒体可以是磁盘、光盘、网络等媒体。

唐诗多媒体学习光盘以 Windows 为平台，以光盘的形式进行交付。原因就是，当前我国计算机用户多数采用 Windows 操作系统，而且支持的多媒体设备比较广泛，支持的软件比较多。

4. 信息需求

列出项目所需的信息内容，包括文本、图形、数字音频和视频、数字化录像带和录音带，以及其他间接资料。指出哪些是现成的内容，哪些需要收集，哪些需要创作。如果现成的内容需要调整，指出需做哪些工作来修改。应该尽可能获取最高质量的内容原件。

在进行内容列表时，应表明媒体类型、尺寸、手段、时间长度，大约成本和其他任何重要的东西。不用准确地表明所有内容在项目中的用途。创作和编辑内容通常是项目中费用最高的部分，所以内容列表是用来估计费用和保证预算进度的好方法。在以后的开发过程中，把内容列表放在附近，并经常对其进行更改。最低系统要求会限制所使用的内容类型。要了解所使用的媒体和播放系统的技术局限及其对可能事物的限制。

唐诗多媒体学习光盘中的文字信息有唐诗标题、作者、诗句本身、说明等内容；声音有唐诗朗诵、唐诗解说等；图片有唐诗的诗境图画、背景图片；动画有平面链接动画和三维片头或片尾动画。其内容如下。

(1) 100 张静态诗境 JPEG 图片。

(2) 100 首唐诗的诗句、标题、作者、说明文档。

(3) 100 段诗句朗诵声音剪辑。

(4) 1 段三维动画剪辑。

(5) 4 段操作指示 Flash 动画剪辑。

(6) 1 段视频剪辑。

5. 功能需求与信息流程图

通过了解用户对象和信息需求，可以更好地获得系统的功能需求。对于本实例来说，潜在的用户对象是学龄前后的儿童，因此，功能的需求概括起来有如下几点。

(1) 简单的操作，有趣的提示。

(2) 层次结构简单。

(3) 声音导读。

(4) 家长的辅助功能，如欣赏解读文字等。

(5) 文字拼音导读。

(6) 简单的翻页、目录查找等。

设计一个显示信息的结构框图。信息最重要的是什么？根据所定的这项目标，设法把信息组织成可管理的块。开始时，要记下标题题头和副题头，按层次进行排列，并列出标题之间的联系。想要强调信息中的什么关系？层次不应太深；一般而言，超过三个或四个层级，用户跟踪起来就比较困难了。各部分之间的链接将成为用户访问信息的路径。总之，各部分之间的链接流动应符合逻辑，不应有意想不到的跳动和飞跃。用户应能轻易地发现它们，并获得最重要的信息。要达到信息中的任意地点，是否要经过三个以上的跳动？如果是这样，则应考虑重新组织或提供导航捷径或两者的结合。

在谈到的所有这些问题中，重点的是信息内容和各种信息之间的逻辑关系，不必担心要采用什么媒体，信息将如何适应计算机屏幕，或者是如何用开发工具等问题。

下面是唐诗欣赏实例的信息流程。

（1）总体信息流程如图1-5所示。

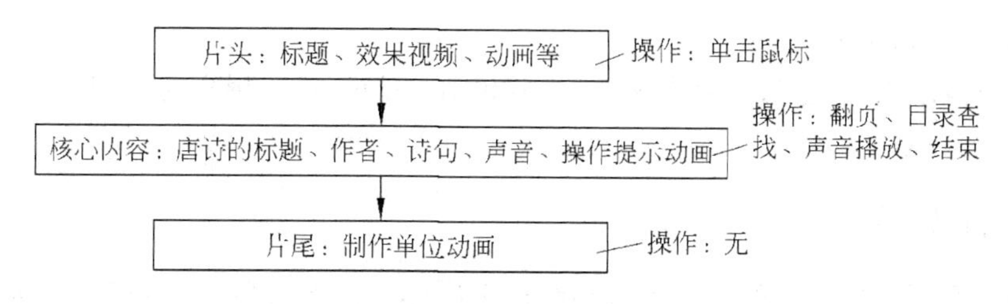

图1-5 总体信息流程

（2）片头的信息流程如图1-6所示。

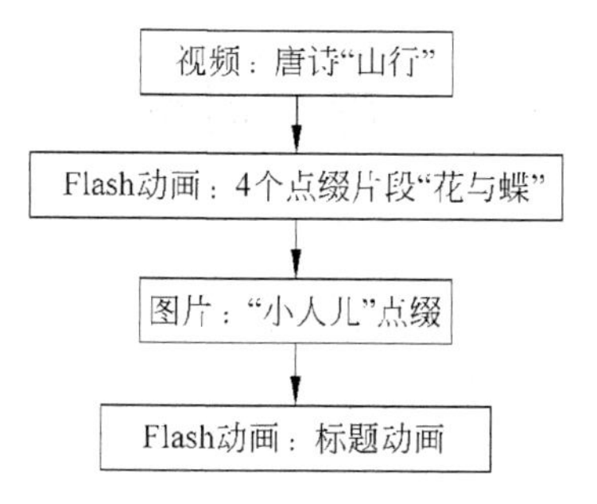

图1-6 片头的信息流程

（3）核心内容的信息流程如图1-7所示。

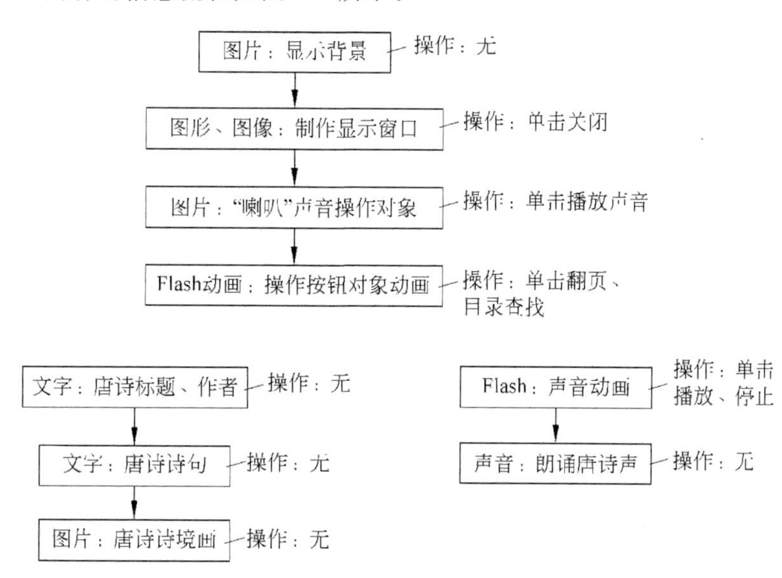

图1-7 核心内容的信息流程

(4) 片尾的信息流程如图 1-8 所示。

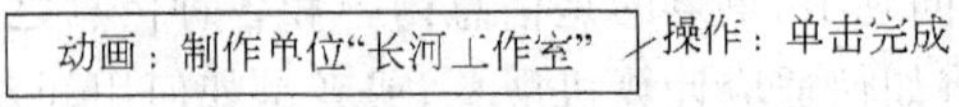

动画：制作单位"长河工作室" → 操作：单击完成

图 1-8 片尾的信息流程

6. 编制需求文档

分析阶段结束时，应编制需求文档，内容包括：目标陈述、用户对象定义、交付使用平台、信息内容目录、信息流程图。

归纳说明

本节介绍了软件开发的过程模型和制作多媒体应用系统的开发过程，并为本书的实例，做了一个简单的需求分析，以帮助读者了解需求分析的有关内容，并为后续内容提供了一个组织框架。

思考与训练

一、思考题

1. 什么是多媒体技术？

2. 怎样进行多媒体应用的开发？

二、训练题

规划一个简单的多媒体应用系统。

单元 2

音频信息的获取与处理

Unit 2

本单元任务

声音媒体是多媒体中的重要媒体之一，在多媒体中，通常以背景声乐、解说音和音效音三种方式使用。背景音乐是通过节奏、旋律、和声、音色等音乐手段来烘托渲染气氛，表达思想情绪，以达到深化主题，活跃多媒体的使用环境的目的。解说音是通过对多媒体的内容进行解说和叙述，说明和补充缺乏感情色彩的文字媒体，以达到帮助和刺激的目的。音效音通过模拟大自然、现实生活中的声音，反映多媒体中的某种事实或某种情感，以增强真实感，激化思维和联想。不管声音媒体以何种方式应用于多媒体中，使用恰当的声音媒体都能增强多媒体的视听效果，增强多媒体的活力。

在多媒体应用开发与设计过程中，素材的准备至关重要，没有素材，再好的设计也表达不出所希望的效果。获取音频素材的途径有三种，一是从已有的素材库中(包括光盘、网站、其他软件)获取；二是从 CD、VCD、DVD 影碟中抓取或剥离出音频；三是直接录制。要获取音频素材，必须具备相应的硬件与软件的支持。

本章任务是根据多开发媒体应用程序的需要，获取和制作满足多媒体程序中所需求的解说旁白、MIDI 音乐和操作音效音等音频素材。

任务 1　采 集 音 频

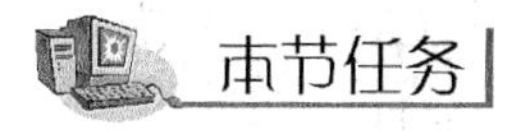

本节任务

唐诗欣赏多媒体作品中，需要唐诗的朗诵音频，可以通过录制采集获取。本节任务就是在多媒体计算机上录制解说音频，并按照指定的格式保存。

背景知识

1. 声音基础

自然界的声音是模拟信号，而以计算机技术为基础的多媒体应用中使用的声音是数字信号，只有把模拟的声音信号转换成数字音频信号，才能将其用于多媒体作品中。

声音在物理学上称为声波，是由振动物体所产生并在介质中传播的一种能量波。声波可以通过空气、水、木头等介质进行传播。

声音是由物体振动产生的，由于振动有快有慢，振动时间有长有短，振动产生的波有多有少，振动幅度有大有小，因此，声音的不同需要根据振动的不同情况来区分。描述声音使用以下四个要素。

(1) 音量。声音的强弱程度，取决于声音的幅度。物体振动幅度的大小决定声音的强弱。

(2) 音调。人对声音频率的感觉表现为音调的高低，声音音调的高低取决于物体振动声波的频率。因此，振动越慢，频率越低，给人的感觉就越低沉；反之，振动越快，频率越高，声音给人的感觉就越尖锐。

(3) 音色。通常，自然界声音是由具有不同频率和不同振幅的声音构成的，是混合声音，称为复音。如果物体振动进产生一种波，声音则是单纯音。在复音中，频率最低的是基音，其他频率的称为谐音(泛音)。如果谐音(泛音)频率是基音的整数倍，则这个音就有清晰可辨的音高，称为乐音；如果谐音(泛音)频率是基音的非整数倍，这个音不具有清晰可辨的高音，称为噪音。基音和谐音是构成声音音色的重要因素。一个声音的泛音越丰富，音色越好。

(4) 音长。由于一个物体的振动，总是随着时间的改变而改变，最后趋于静止，因此，声音的发展过程包括触发、衰减、保持和消失四个阶段，这四个阶段称为“包络”。“包络”的时间长短就是一个声音的音长。

2. 数字化音频

对模拟音频信号的采样、量化和编码的过程，称为音频数字化。

由模拟声音信号数字化后得到的用来表示声音强弱的数据序列称为数字音频。

模拟音频信号的数字化过程是这样的：先以某一固定的时间间隔(即采样周期)抽取模拟信号的幅度值，得到离散的振幅样本序列，然后把采样得到的幅度值从模拟量转化成数字量，最后，利用二进制数制编码组表示每个采样的量化值，送到计算机进行保存。

图 2-1 所示的模拟音频信号，横坐标表示时间，纵坐标表示振幅。在时间坐标方向，每隔一个固定时间间隔绘制一条平行于纵坐标的直线与波形相交，产生一系列交点，用直线连接相邻交点形成的曲线与原声波曲线存在差异。如果时间间隔缩短，则从左到右，平行于纵坐标的直线逐渐加密，用直线连接相邻交点形成的曲线与原声波曲线存在的差异越来越小。显然，当采样间隔时间越短，则越有利于保持原始声音的真实情况，同时，采样得到的振幅值越多；采样间隔时间越长，得到的振幅值越少，如果少到一定的程度，将很难恢复原始声音的真实性。

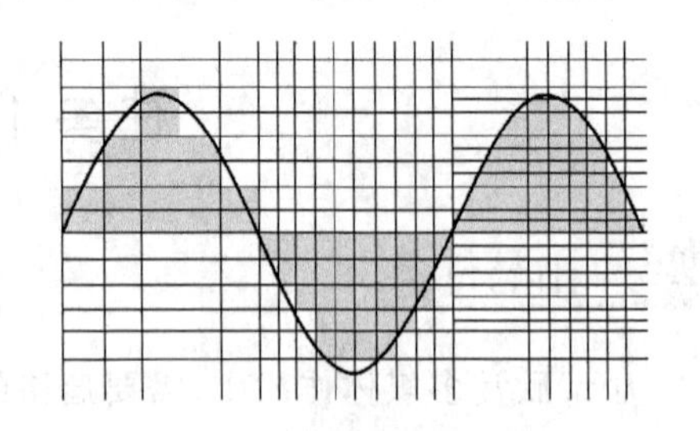

图 2-1　采样与量化示意图

相应的，如图 2-1 所示，在振幅坐标方向上，按照固定单位间隔绘制平行于横坐标的水平线与波形相交，使得幅度值的取值离散化。纵坐标的间隔单位越小，采样的幅度值就越接近原始信号的值，幅度值的量化等级就越多。通常把单位间隔数量设置为 2 的倍数。如果单位间隔数量为 256，即可用 8 位二进制数来表达。如果单位间隔数量为 65 536，则需要 16 位二进制数来表达。

表达量化幅度值的二进制位数称为采样精度。采样精度越高，数字音频的质量越高。

如何确定采样时间的间隔？采样定理（奈奎斯特定理）提供了有效的方法。

采样定理指出，当采样频率大于信号中最高频率的 2 倍时，采样之后的数字信号完整地保留了原始信号中的信息。

按照采样定理，选择采样时间间隔是原始信号的最大频率 2 倍的倒数，这样能确保恢复原始信号。如 CD 质量的音频带宽为 10～20 000Hz，最大频率为 20kHz，根据采样定理，采样频率应为 2×20kHz=40kHz 即可，为什么通常 CD 的采样频率是 44.1kHz 呢？略高于 40kHz 是为了留有余地。

衡量数字音频的好坏，有以下三个主要指标。

(1) 采样频率，单位时间内对模拟信号采样的次数。

(2) 采样精度，对每个采样点量化的二进制位数。

(3) 声道数，有单声道、双声道（立体声）两种。

一般来说，数字音频越好，就越会得到人们的喜欢，而好的数字音频在采集的时候，就需要更高的采样频率、更高的采样大小，然而，如果无止境地提高采样频率、采样大小，那么数字音频的数据量将会大得令人无法接受。

例如，采用 44.1kHz、16b 来进行立体声（即双声道）采样和量化，即生成标准的 CD 音质的数字音频。那么，1s 内采样 44.1×10^3 次，每次的数据量是 16b×2=32b，因为立体声是两个声道，则 1s 内的数据量便是 $44.1\times10^3\times32$b=1 411 200b，1B 是 8b，1 411 200/8B=176 400B，需要 176.4KB 的硬盘空间来存储该数字音频。这样大小的磁盘空间可以存储 88 200(176 400/2)个汉字，也就是说 1s 的数字音频数据量与近 9 万个汉字的数据量相当。由此可见，数字音频文件的数据量是十分庞大的。表 2-1 列出了音频采样、采样大小、数据量三者间的关系。

表 2-1 音频数字化的参数关系

采样频率/kHz	采样大小（分辨率）	声道（单声道、立体声）	音频的大小/min・MB
44.1	32	立体声	21
44.1	32	单声道	10.5
44.1	8	立体声	5.2
44.1	8	单声道	2.6
22.05	32	立体声	10.4
22.05	8	单声道	1.3

3. 声卡及其功能

声卡是音频卡或声音卡的简称，是多媒体计算机最基本的配置之一，主要用于完成声音数据的采集，模/数转换或者数/模转换，音频过滤以及音频播放等功能。

1987年AdLib公司设计制造了第一块声卡，主要用于电子游戏。随后，由新加坡Creative Labs公司推出的Sound Blaster音频卡序列，被世界各地的微型机广泛选用，并逐渐成为该领域的标准。声卡的出现，有力地推动了多媒体技术的发展。

如图2-2所示，声卡的组成包括计算机总线接口和控制器、混合信号处理器和功能放大器、声音合成和处理。计算机总线接口和控制器负责音频数据在声卡与CPU之间的数据传输、数字音频压缩与解压、数字音频运算、接口控制等工作。混合信号处理器和功能放大器用于把话筒、磁带、光盘等原始声音信号转换成数字音频，以及把数字音频转换成模拟声音进行回放，即声音的模/数和数/模的转换。声音合成和处理部分用于语音与文字、音乐等的合成处理。

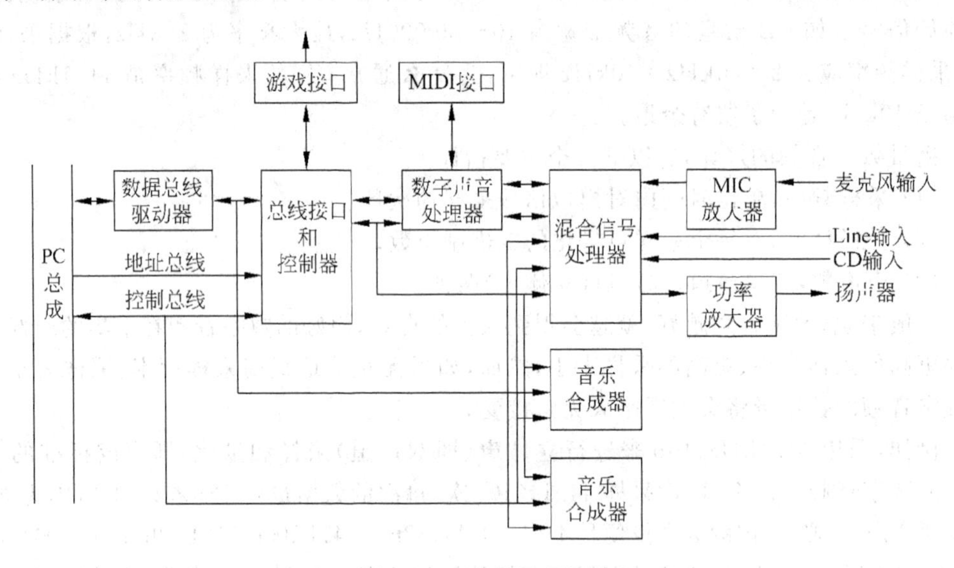

图2-2 声卡的原理框图

一般来说，声卡的基本功能是把来自话筒、磁带、光盘的原始声音信号加以转换，输出到耳机、扬声器、扩音机、录音机等声响设备，或通过音乐设备数字接口(MIDI)使乐器发出美妙的声音。具体的声卡功能描述如下。

(1) 录制(采集)声音。在相应驱动程序的控制下，通过声卡采集来自话筒(麦克风)、收录机等音源的信号，压缩后存储于计算机的硬盘中。

(2) 播放声音文件。从计算机硬盘或光盘上读取压缩的数字化声音文件，还原重建声音信号，经放大器放大后，通过扬声器输出。

(3) 音频编辑处理。按照应用需求，对数字化的声音文件进行编辑加工，使声音文件达到某种特殊的效果和要求。

(4) 混音与控制。对各种音源进行混合与控制，产生混响器的效果。

(5) 压缩和解压缩。采集数据时，必须对数字化声音信号进行压缩，以便存储、传输。播放时，必须对压缩的数字化声音文件进行解压。

(6) 语音合成与识别。声卡通过获取语音信息，如朗读、说话、奏乐等，并对语音信息进行合成处理，甚至初步的语音识别。

(7) 提供 MIDI 功能。使计算机可以控制具有 MIDI 接口的电子乐器,以及将 MIDI 格式的文件输出到相应的电子乐器中,产生 MIDI 音乐。

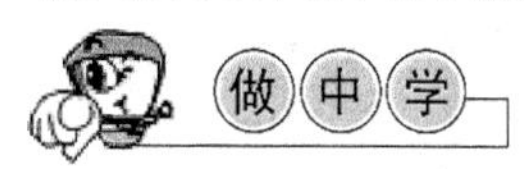

音频采集录制是一个音频数字化的过程,需要有相应的硬件设备和软件的支持,硬件设备有麦克风或录音机等电声设备和声卡等,软件工具有 Windows 的"录音机"、GoldWave、Cool Edit、CakeWalk、Sound Forge 和 Audition 等。

自从 2003 年 5 月 Adobe 收购 Syntrillium 公司以来,Audition 就已经完全替代了 Cool Edit Pro,成为广大音乐爱好者的好帮手,但 Audition 一直未受到专业音乐人的青睐,尽管随后的 Audition 1.5 已经加入许多专业功能,如,时间伸缩、ReWire、VST 插件等,仍然无法进入专业音乐人的视线。

随着 2006 年初 Audition 2.0 的推出,Audition 已经具备了几乎全部专业音频工作站软件的功能,完全可以和其他著名的专业音频工作站软件相提并论。Audition CS6 可以完成几乎所有的声音处理工作,如录音、影视配音、混音、声音编辑、效果处理、刻录音乐等,得到广大声音工作者的喜欢。

下面使用 Audition CS6 录制唐诗朗诵的音频。

(1) 录音准备。在使用 Audition CS6 录制音频之前,先确定音源,如人、CD 唱机、录音机等,采用麦克风或者内录线来连接音源,如图 2-3 所示,连接好音频播放设备,如耳机、音箱,在连接好麦克和耳机之后,就可以开始录制了。注意,通过麦克风录制的音频素材时,需要保持环境的安静,即使这样,仍然会录入一些噪音。

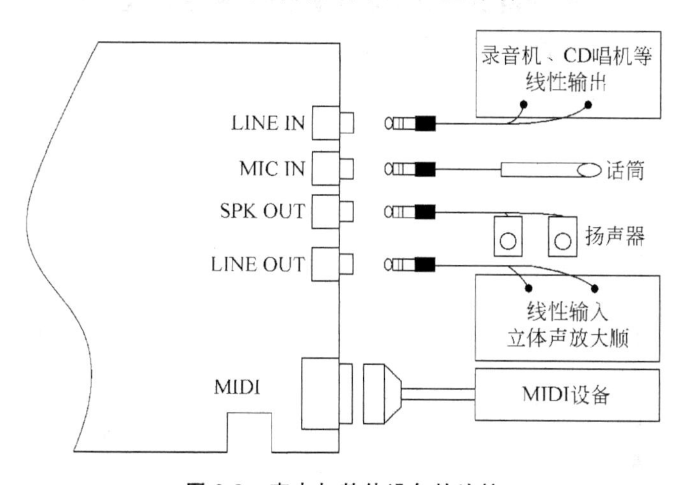

图 2-3 声卡与其他设备的连接

(2) 设置录音音量大小。右键单击任务栏右下角小喇叭,选择【录音设备】选项,弹出如图 2-4 所示的对话框。单击【属性】→【增强】命令,弹出如图 2-5 所示的【麦克风 属性】对话框,选择【级别】选项卡,【麦克风】、【麦克风加强】滑块用来调整麦克风音量大小。

(3) 运行 Audition CS6。在桌面上找到并双击 Adobe Audition.exe,即启动 Audition CS6。Audition CS6 的程序运行界面如图 2-6 所示。注意,由于 Audition CS6

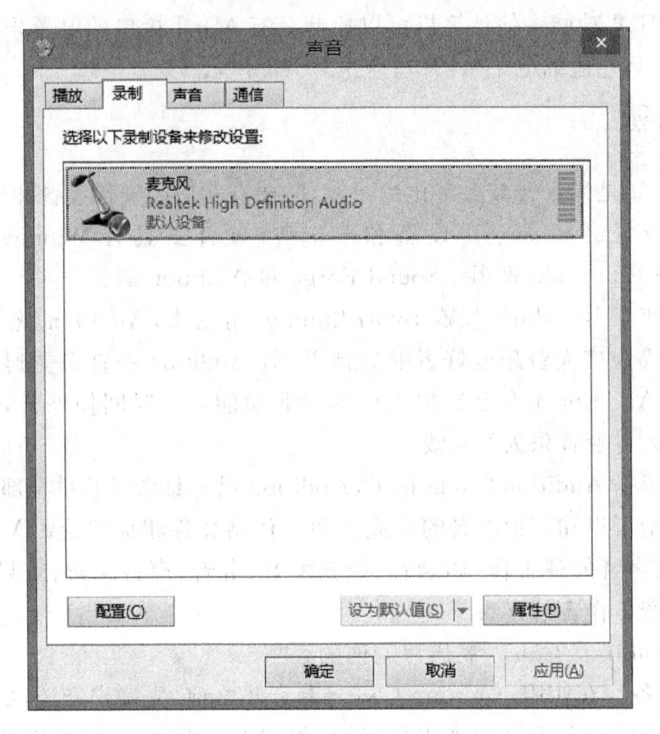

图 2-4 录音设备窗口

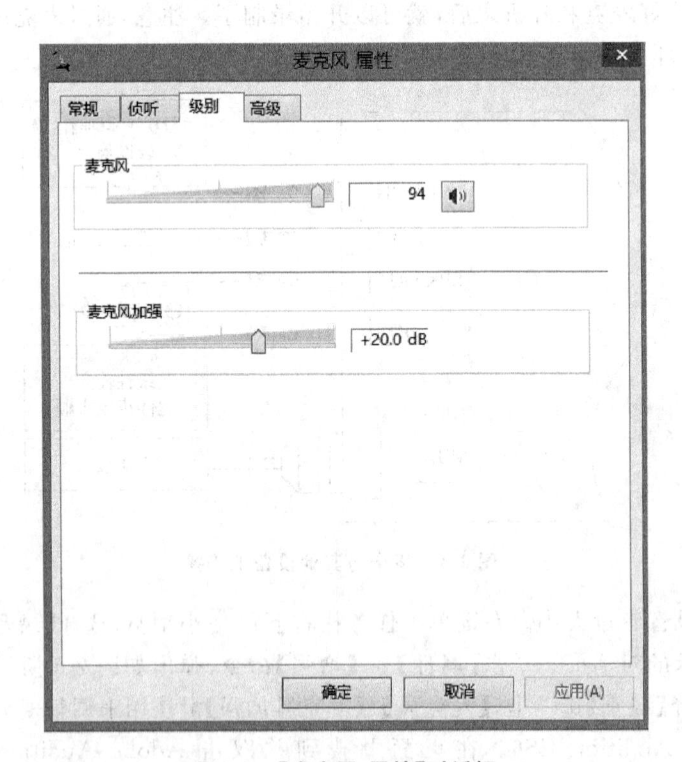

图 2-5 【麦克风 属性】对话框

是支持页面布局自定义的，所以可能初始页面与图片中不一样，只需选择【窗口】→【工作区】命令，即可选择适合自己的工作界面。

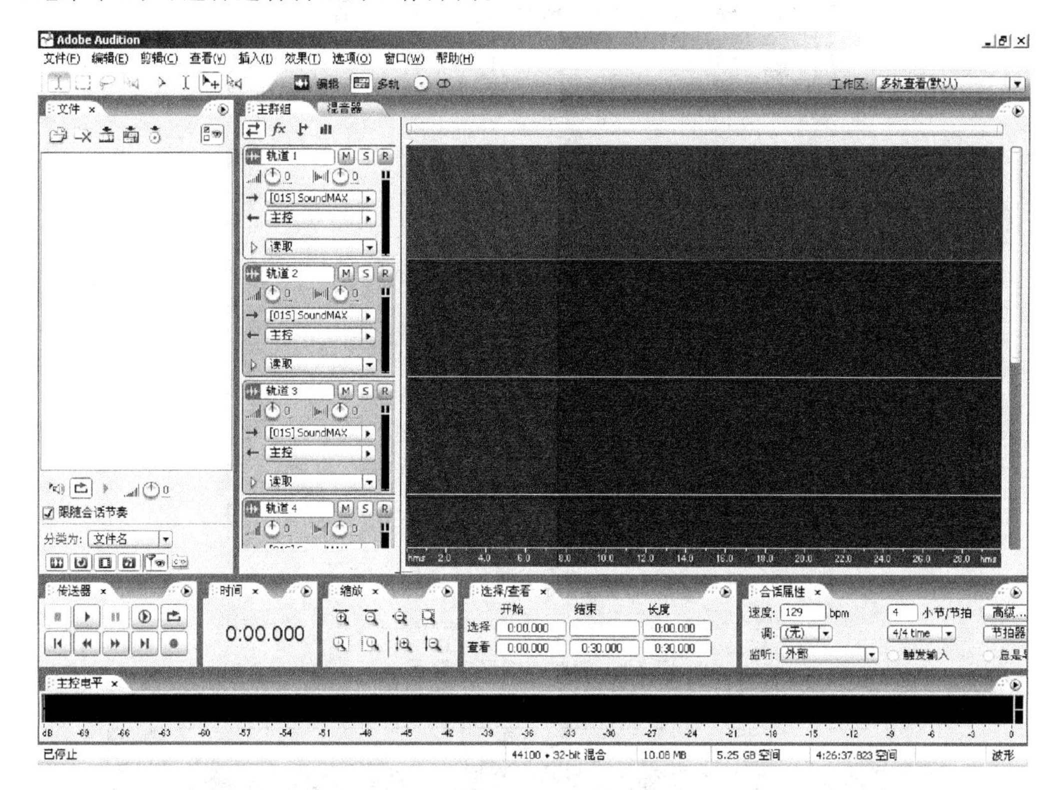

图 2-6 Audition CS6 工作界面

(4) 新建会话文件。单击【文件】→【新建】→【音频文件】菜单，弹出【新建音频文件】对话框，如图 2-7 所示。然后，设置音频数字化的采样率。【采样率】默认为“44100”，即“44k”，单击 确定 按钮，结束新建操作步骤。

(5) 在 Audition CS6 中调整录音控制。在运行启动 Audition CS6 程序之后，右击任务栏右下角小喇叭，选择【录音设备】选项，如图 2-4 所示。选择【属性】→【增强】命令，弹出如图 2-5 所示的【麦克风属性】对话框中选择【级别】选项卡，【麦克风】、【麦克风加强】滑块用以调整麦克风音量大小，如图 2-8 所示。

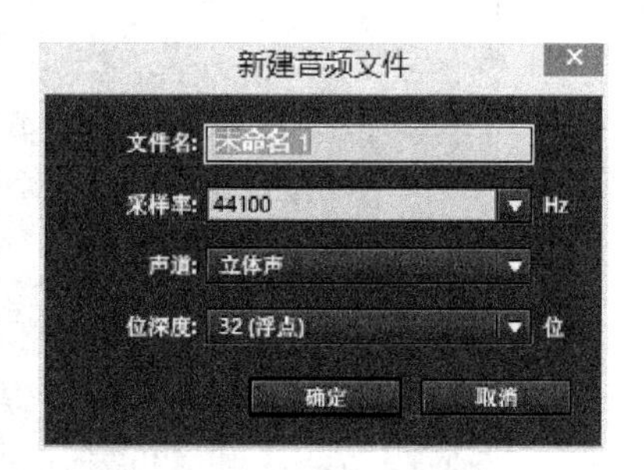

图 2-7 【新建音频文件】对话框

(6) 选择音频设备。选择【编辑】→【首选项】→【音频硬件设置】命令，弹出音频硬件设置对话框，如图 2-9 所示，在左边的列表中，选择【音频硬件】选项，选择音频设备以及对应的输入/输出端口。如果有 ASIO 声卡的话，最好选用 ASIO 声卡作为音频设备，支持 ASIO 延迟。单击 确定 按钮结束。

(7) 设置采样量化参数。Audition CS6 支持 8bit、24bit、16bit 和 32bit 四种采样分辨率。选择 16bit 或 32bit 量化参数，单击【编辑】→【转换采样类型】命令，弹出【转换采样类

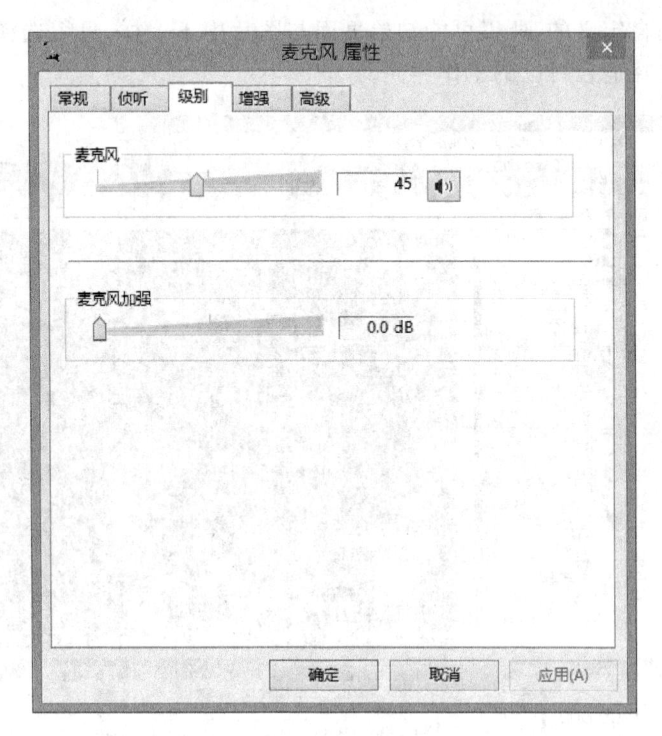

图 2-8　调整麦克风音量大小

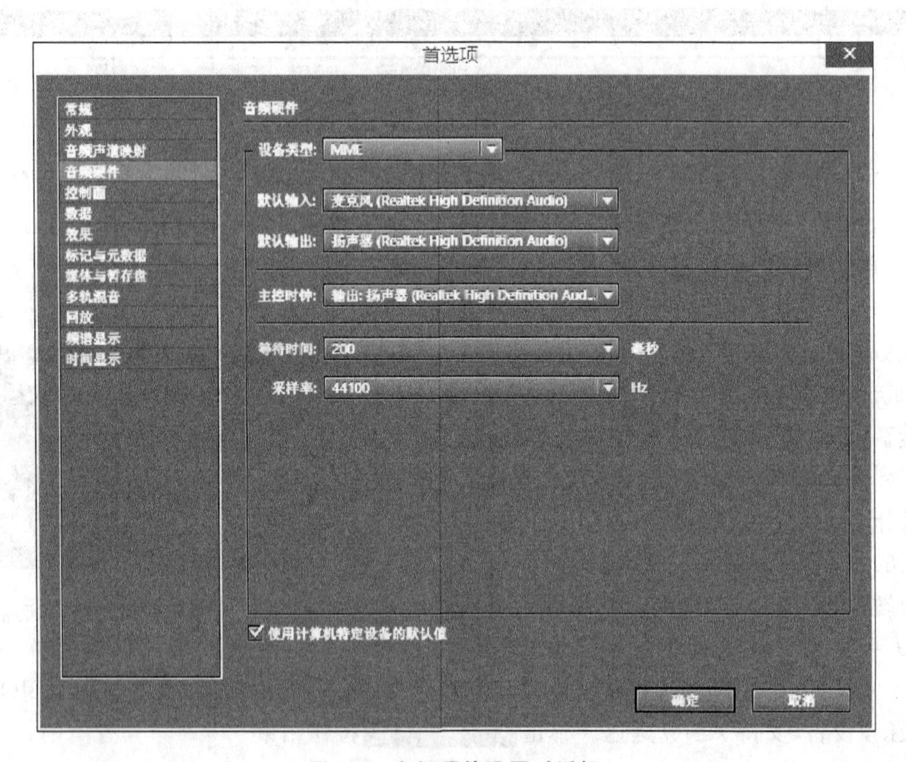

图 2-9　音频硬件设置对话框

型】对话框,如图 2-10 所示,在【默认】单选组中,选择"位深度"为 8bit、16bit、24bit 或 32bit,单击 确定 按钮结束。采用位数较低的采样量化参数,Audition 程序运行得更快。

(8) 选择录制音轨。Audition CS6 支持多达 128 条音轨,每条音轨可以放置多个音频文件。如图 2-11 所示是"轨道 1"的控制面板。单击音轨控制面板右侧的 R 按钮,选择该音轨录音。如果新建会话没有保存,弹出【存储为】对话框,如图 2-12 所示,输入文件名称后,单击 确定 按钮保存。在音轨的控制面板的 → 默认立体声输入 ▸ 列表中可以选择录音的立体声或声道数,从 ← 主控 ▸ 列表中选择音频输出的参数。

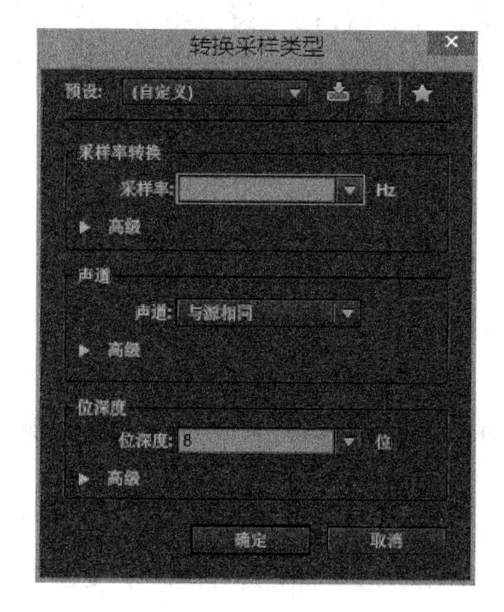

图 2-10 【转换采样类型】对话框

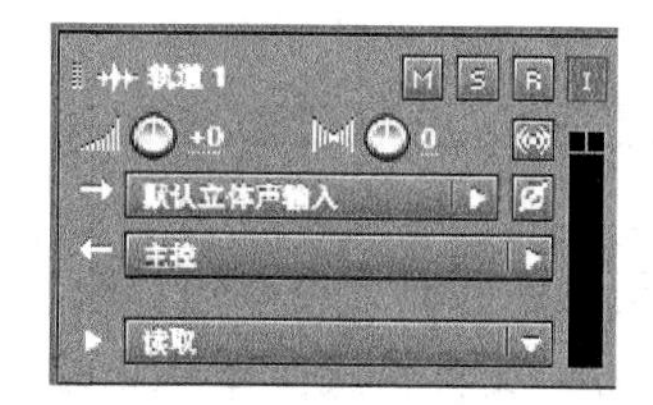

图 2-11 "轨道 1"的控制面板

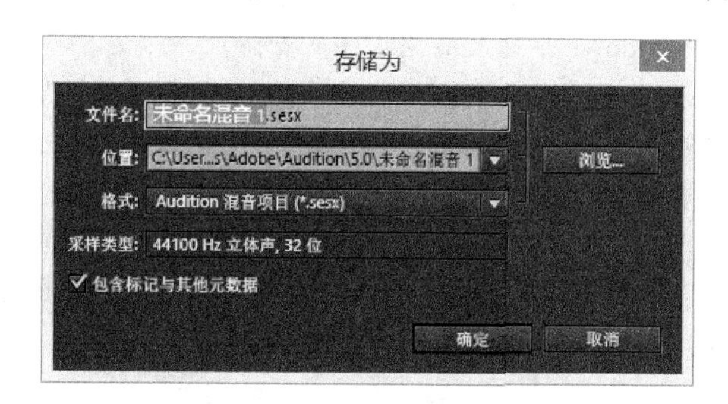

图 2-12 保存会话文件对话框

(9) 选择监视模式。Audition CS6 具有三种监视模式,即"外部"、"触发输入"、"总是输入"。"外部"用于监视音频输出,"触发输入"和"总是输入"用于监视音频输入。

(10) 设置监视电平。选择【窗口】→【电平表】命令,检查录音时,音量是否过大,如果是,则通过选择【录音设备】→【属性】→【增强】命令,可重新调整音量。

(11) 录制。单击 录音按钮开始录制,对着麦克朗读唐诗,单击 停止按钮,可结束录音。录制完成后，单击控制器里 ▶ 播放按钮，即可试听。

(12) 保存。选择【文件】→【关闭】命令，关闭会话文件。

本节介绍了声音、声音数字化相关背景知识，明白了声音是振动物体产生的声波，通过介质进行传播，以及描述声波使用音量、音调、音色、音长四个要素；明白了什么是音频数字化和音频数字化的工作原理；明白了音频数字化质量的衡量标准，即采样频率、采样精度和声道数。

声卡是多媒体计算机的配置之一，是音频采集的主要设备，主要实现音频的数/模、模/数转换以及音频的过滤和播放。录制声音需要软件、硬件的支持。本节简单地介绍了几个常见的音频软件，着重介绍使用 Audition CS6 软件录制唐诗朗读的旁白解说音频的操作过程，采集音频素材。

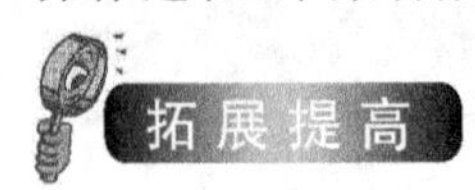

1. 音频文件格式

多媒体作品中使用的音频素材，可以通过三个途径获取，一是使用工具软件直接录制采集，通常用于在其他途径无法获取的情况下，只能通过采集来获取，如旁白解说；二是从光盘等媒介中裁及音频素材，通常用于从数字光盘上获取音乐素材；三是从互联网、软件中搜索音频素材。

无论是用哪种形式获取的音频素材，都应该是某种格式的声音文件。在多媒体技术中，存储声音的文件格式主要有很多种，如 WAV、MIDI、MP3、RA、WMA 和 CD 等。

(1) WAV 文件

WAV 文件格式是微软公司开发的一种无损音频文件格式，用于保存 Windows 平台的音频信息资源，被 Windows 平台及应用程序所支持。

WAV 文件(.wav)是通过对语音模拟信号采样、量化而来的波形文件，支持多种采样频率、声道和量化位数。标准格式的 WAV 文件和 CD 格式一样，采用 44.1kHz 的采样频率，速率 88Kbps，16 位量化位数，质量与 CD 相差无几，是目前 PC 上广为流行的声音文件格式。

WAV 文件由于声音层次丰富、还原性能好，主要用于保存和重放自然声音，也用于不同音频格式转换的中间过渡格式。

(2) MIDI 文件

MIDI 是由世界上主要的电子乐器制造厂建立的一个通信标准，规定计算机音乐程序、电子合成器和其他电子设备之间交换信息与控制信号的方法。

MIDI 文件(.mid)记录的是一系列指令，而不是数字化的波形数据。这些指令指挥乐器的处理和重放。MIDI 文件一般比 WAV 文件小得多，广泛用于计算机作曲领域。MIDI 文件的重放效果完全依赖于声卡的档次。

(3) MP3 文件

MP3 文件(.mp3)是采用了 MPEG 标准音频压缩编码中层Ⅲ技术压缩后的数字音频

文件。MP3 采用的是有损压缩的方法，利用心理声学编码技术结合人的听觉原理，通过使用先进的算法，在低采样率的条件下将某些人耳分辨不出的音频信号部分或全部剔除，从而实现高达 10∶1、17∶1、甚至 70∶1 的压缩比。MP3 可以根据不同的需要采用不同的采样率，如 96Kb/s、112Kb/s、128Kb/s 等，采用 128Kb/s 的采样率所获得的 MP3 的音质接近于 CD 音质，其大小却仅为 CD 音乐的 1/10，也就是说 1min CD 音频需要 10MB 存储空间，而相当于 CD 音质的 MP3 音乐只需要 1MB 的存储空间。因此，一张可以存储 74min CD 音乐的 CD 光盘，可以存储至少 600min 以上的 MP3 音乐。

由于 MP3 具有压缩率高、音质好的特点，所以是目前最为流行的一种音乐文件。在互联网上有很多可以下载 MP3 音乐的网站。

(4) RA 文件

RA 是由 Real Networks 公司开发的以流媒体技术为主导思想的新型音频格式，它主要适用于网络上实时传输数字音频。RA 高达 96∶1 的压缩比，特别适合网上实时传输，即使在很低的带宽下也能为用户提供保持一定质量的动态媒体，可以一边下载一边播放，这就大大提高了网络用户的时间利用率。

Real Networks 公司为播放和制作 RA 格式文件开发了相应的软件，分别是播放软件 RealPlayer 和制作软件 RealProducer。其他的播放软件播放 RealAudio 则必须安装支持 RA 格式的插件。

(5) WMA 文件

WMA(.wma)是微软公司为了与 Real Networks 公司的 RA 以及 MP3 竞争而开发的新一代数字音频压缩技术。WMA 的全称是 Windows Media Audio，这种压缩技术的特点是兼顾了高保真度和网络传输需求，从压缩比来看，WMA 比 MP3 更优秀，同样音质的 WMA 文件的大小是 MP3 的一半或更少，而从音质来看，相同大小的 WMA 文件又比 RA 要强，所以 WMA 音频格式的文件既适合在网络上用于数字音频的实时播放，同时也适用于在本地计算机进行音乐的回放。

由于 WMA 格式是微软公司的新贵，凭借着微软公司在个人及家用计算机领域的巨大影响力，WMA 格式在媒体类型扩展、部件更新、插件增强等方面比别的音频格式更有优势，因此，WMA 音频格式获得越来越多的支持，很有可能在不远的将来取代原来的 WAV 音频格式成为 Windows 平台下的数字音频标准。

WMA 格式文件可以使用 Windows 中自带的 7.0 以上新版 Windows Media Player 播放，同时 Windows Media Player 也为 CD 唱片转换成 WMA 格式提供了支持。此外，还有很多其他软件支持 WMA 格式和其他音频格式的转换。

(6) CD 文件

CD 文件格式是当前音质最好的音频格式。它记录的音频的波形流，纯正、高保真，广泛应用于唱片出版。

CD 文件(.cda)采用 44.1kHz 的采样频率，采样速率为 88Kbps，16 位量化位数，它的声音基本忠于原声。由于 CD 是最常见的数字音频载体，现在的各种组合音响都带有 CD 唱机，VCD、DVD 机也都支持播放 CD。自从计算机上有了 CD-ROM 光驱之后，计算机上的各种音频播放软件大都支持播放 CD，Windows 自带的媒体播放机就可以很好地回放 CD，而随着光盘刻录机的普及，现在的很多光盘刻录软件如 Nero、EasyCD Creator、MP3 CD Maker 等都支持刻录 CD 光盘。

(7) 其他音频格式

AIF(.aif)时 Apple 计算机的音频文件格式，Windows 的 Convert 工具可以把 AIF 格式转换成微软的 WAV 格式。

在多媒体应用中，涉及不同类型音频的应用，而不同类型的音频信号，信号的带宽是不同的。如电话音频信号频带范围是 200Hz～3.4kHz，调幅广播音频信号频带范围是 50Hz～7kHz，调频广播音频信号频带范围是 20Hz～15kHz，激光唱盘音频信号频带范围是 10Hz～20kHz 等。随着对音频信号音质提高的要求，信号频率范围逐渐增加，要求描述信号的数据量也随之增加，从而带来处理这些数据的时间和传输、存储这些数据的容量的增加，因此多媒体音频压缩技术是多媒体技术实用化的关键之一。

2. 音频压缩偏码格式

一般来说，音频压缩编码技术主要有以下几种主要类型。

(1) 熵编码。熵编码是编码过程中按熵原理不丢失任何信息的编码。信息熵为信源的平均信息量（不确定性的度量）。常见的熵编码有香农（Shannon）编码、哈夫曼（Huffman）编码和算术编码（Arithmetic Coding）。

(2) 波形编码。全频带编码如 PCM、瞬时/准瞬时压扩 PCM、自适应差分 PCM 等，子带编码如自适应变换编码 ATC、心理学模型等，以及矢量量化等在音频中均经常采用。波形编码的特点是在高码率的条件下获得高质量的音频信号，适用于高保真度语音和音乐信号的压缩技术。

例如 PCM(Pulse Code Modulation，脉冲编码调制）编码，这是一种最通用的无压缩编码。特点是保真度高，解码速度快，但编码后的数据量大。CD-DA 采用的就是这种编码方式。

又如 ADPCM(Adaptive Differential Pulse Code Modulation，自适应差分脉冲调制）编码。这是一种有损压缩，它丢掉了部分信息。由于人耳对声音的不敏感性，适当的有损压缩对视听播放效果影响不大。ADPCM 记录的量化值不是每个采样点的幅值，而是该点的幅值与前一个采样点幅值之差。这样，每个采样点的量化位就不需要 16bit，由此可减少信号的容量。可选的幅度差的量化比特位为 8bit、4bit 和 2bit。SB16 的 ADPCM 编码采用 4bit 量化位，对 CD 音质信号压缩，其压缩比为 1∶4，压缩后基本上分辨不出失真。

(3) 参数编码。参数编码的方法是将音频信号以某种模型表示，再抽出合适的模型参数和参考激励信号进行编码；声音重放时，再根据这些参数重建即可，这就是通常讲的声码器（Vocoder）。显然，参数编码压缩比很高，计算量大，而且不适合高保真度要求的场合。此类方法构成声码器的有线性预测（LPC）声码器、通道声码器（Channel Vocoder）、共振峰声码器（Format Vocoder）等。

(4) 混合编码。音频中采用的混合编码包括多脉冲线性预测 MP-LPC，矢量和激励线性预测 VSELP，码本激励线性预测 CELP，短延时码本激励线性预测编码 LD-CELP，以及规则码激励长时预测 RPE-LTP 等。混合编码是一种吸取波形和参数编码的优点，进行综合编码的方法。

(5) 感知编码。例如 MPEG Audio Layer 3 采用的算法 ASPEC(Adaptive Spectral Perceptual Entropy Coding of high quality musical signal,高质量音乐信号自适应谱感知熵编码),其音频信息压缩率达 10∶1,甚至 12∶1。当然这是一种有损压缩,但是人耳却基本不能分辨出失真。按照这种算法,10 张 CD-DA 的内容可以压缩到 1 张 CD-ROM 中,而且视听效果相当。Dolby 公司的 AC-3 中也采用了感知编码。

表 2-2 列出了一些音频数字压缩编码算法及其特性。

表 2-2 音频数字压缩编码算法及其特性

类别	算 法	名 称	数据率/Kb/s	标准	应用	质量
波形编码	PCM	脉冲编码调制			公共网 ISDN 配音	4.0～4.5
	μ-law,A-law	μ-律,A-律	64	G. 711		
	APCM	自适应脉冲编码调制				
	DPCM	差分脉冲编码调制				
	ADPCM	自适应差分脉冲编码调制	32	G. 721		
	SB-ADPCM	子带-自适应差分脉冲编码调制	64	G. 722		
			5.3 6.3	G. 723		
参数编码	LPC	线性预测编码	2.4		保密话声	2.5～ 3.5
混合编码	CELPC	码激励 LPC	4.6		移动通信	4.0～3.7
	VSELP	矢量和激励 LPC	8		语音邮件	
	RPE-LTP	规则码激励长时预测	13.2		ISDN	
	LD-CELP	低延时码激励 LPC	16	G. 728 G. 729		
	MPEG	多子带,感知编码	128		CD	5.0
感知编码	Dolby AC-3	感知编码			音响	5.0

任务 2 音频编辑处理

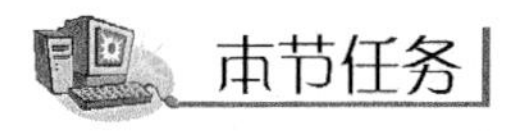

不管从何种途径获取的音频,需要做必要的处理才能适合应用的需要,因为噪音、人声、声音大小等因素,只有进一步进行音频处理才能确保达到音频使用的效果与质量。

本节任务是对录制的唐诗朗诵的音频进行编辑处理,以满足多媒体应用的要求。

音频录制过程中，或多或少会引入一些噪音，录制后的音频也需要进行降噪处理，消除不必要的噪音。除此之外，为了适应多媒体应用的质量、格式、速度、大小等的要求，需要对采集的音频进行编辑处理，如压限、激励、混音、均衡、压缩等。

在音频的编辑处理时，常常需要针对部分波形进行处理，音频的选择操作是音频编辑最基本的操作。

Adobe Audition CS6 是一款集成的音频处理软件，不仅可以采集声音，还可以进行几乎所有的声音编辑，如影视配音、混音、声音编辑、效果处理、刻录音乐等。下面的音频处理使用的软件就是 Adobe Audition CS6。

1. 噪音处理

波形中的噪音分为环境噪音和电流噪音，无论多么安静的环境都会有噪音的存在。用计算机录音避免不了电流噪音，噪音的存在会破坏原始声音，导致声音的失真，因此降噪处理对于波形音频来说至关重要。降噪有采样、滤波、噪音门等几种方法，其中效果最好的是采样降噪。

(1) 选择编辑音频文件。单击【文件】标签，单击【导入】菜单命令，弹出如图 2-13 所示对话框，选中音频文件，单击按钮 打开(O) ，导入音频文件。在【文件】标签的文件列表中，右击导入的音频文件，弹出如图 2-14 所示的右键快捷菜单，选择【编辑文件】菜单命令。

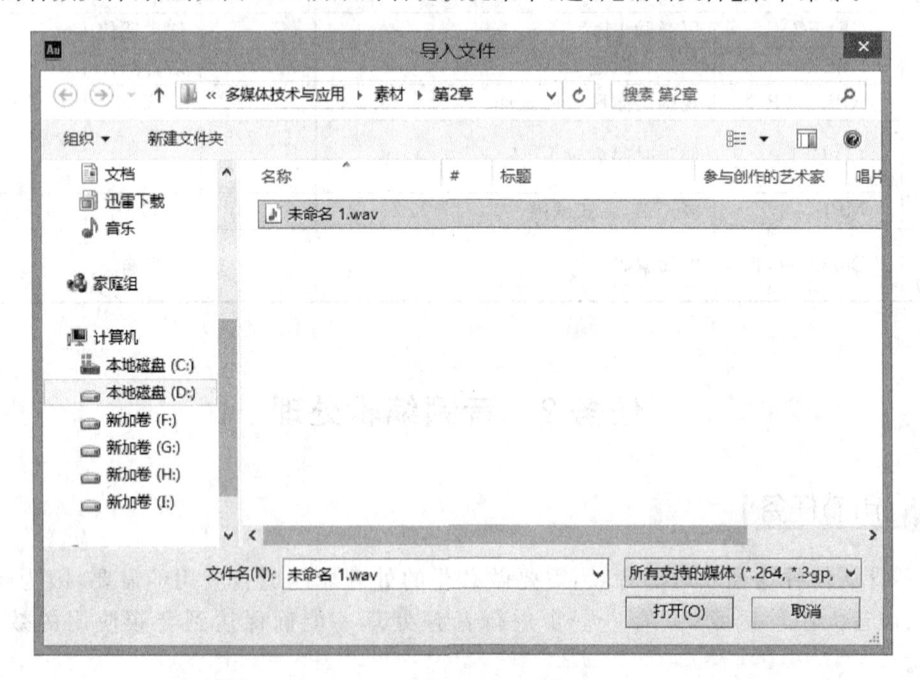

图 2-13 【导入文件】窗口

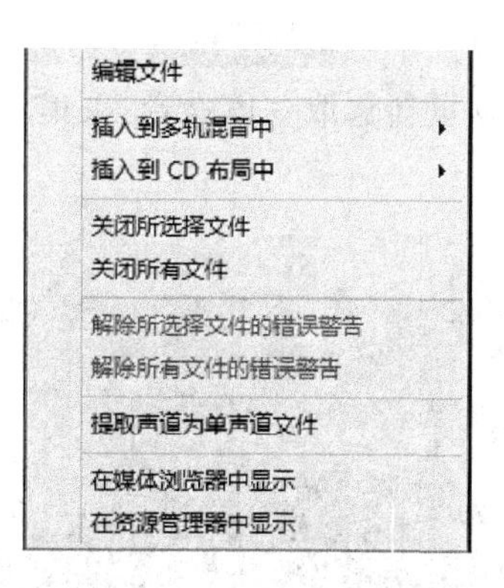

图 2-14 右键菜单

(2) 噪音采样。选择一段噪音,通常是音频文件的开头、结尾的一段。鼠标指针移到音频波形上,鼠标指针变为 时,拖动鼠标选取噪音段,如图 2-15 所示。单击【效果】→【降噪 N/恢复】→【捕捉噪声样本】命令,弹出【捕捉噪声样本】对话框,如图 2-16 所示,告知采集的噪音预置文件只在下次启动降噪才起效,单击 确定 按钮,开始采集噪音预置文件。

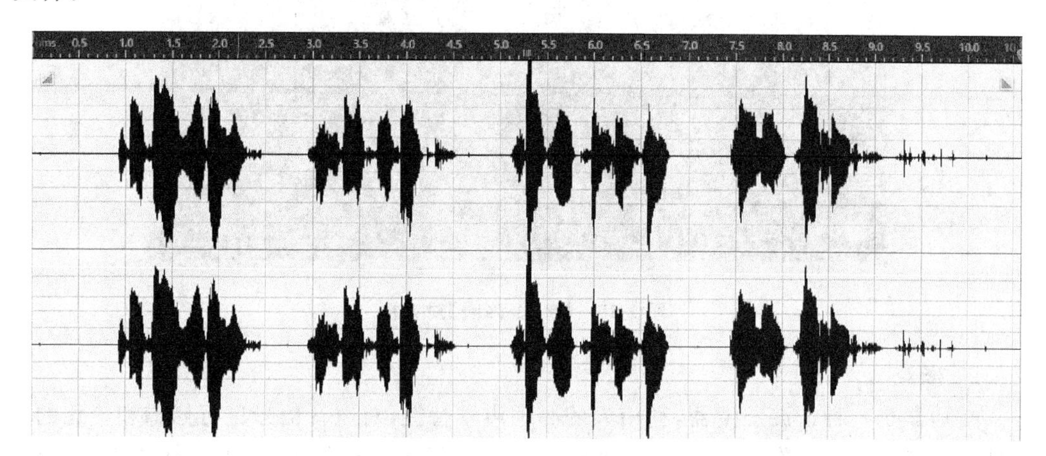

图 2-15 选取音频噪音段

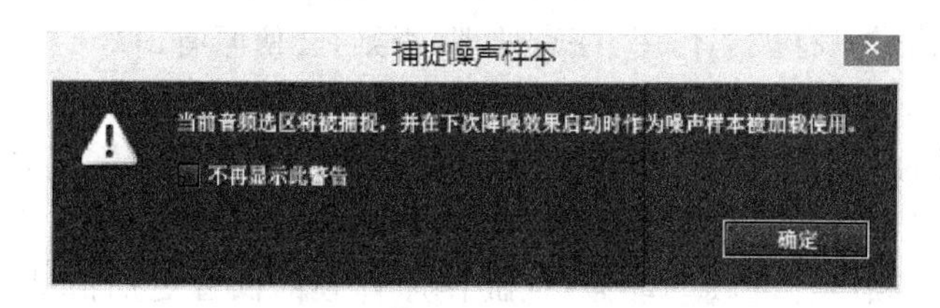

图 2-16 【捕捉噪声样本】对话框

进行全部波形降噪。单击【效果】→【恢复】→【降噪处理】命令,弹出如图 2-17 所示的对话框,默认已经采用刚才捕捉到的噪声样本。单击 选择完整文件 按钮,选中全部音频波形,用鼠标拖动【降噪电平】的滑块到 60。单击 按钮,监听噪音处理情况,如果不合适，继续调整【降噪电平】的滑块。单击 应用 按钮进行全波形降噪，并显示降噪的进程。如果选择一段噪音段，可以重新选取一段噪音，采集降噪预置噪音，采集后，保存降噪预置噪音文件，供载入使用。

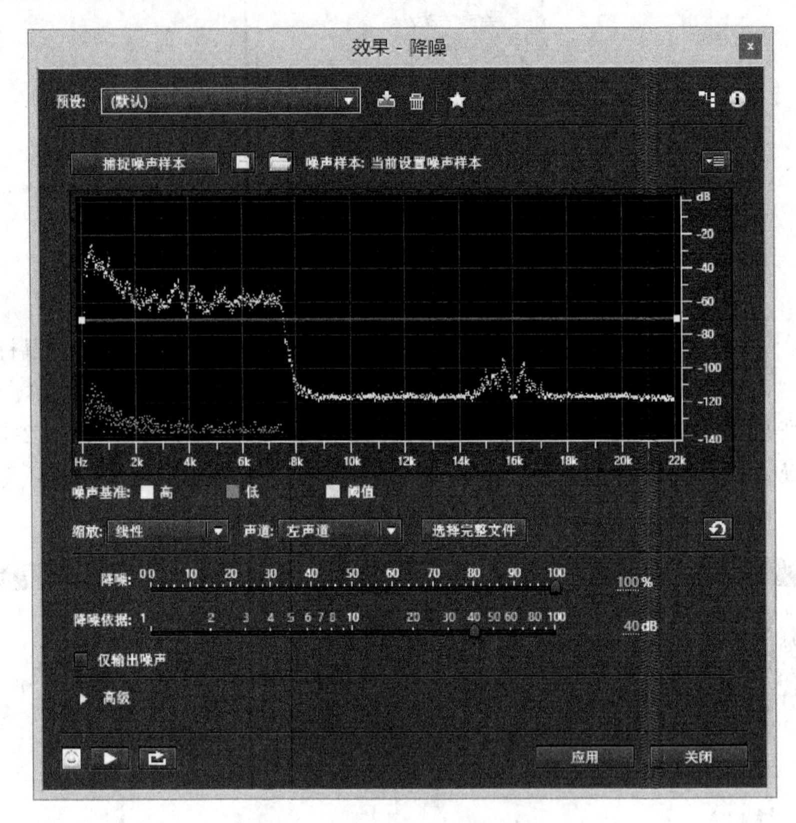

图 2-17 【效果-降噪】对话框

2. *激励*

激励器是一种谐波发生器，利用人的心理声学特性，对声音信号进行修饰和美化的声音处理设备。激励的作用就是产生谐波，对声音进行修饰和美化，产生悦耳的听觉效果，它可以增强声音的频率动态，提高清晰度、亮度、音量、温暖感和厚重感，使声音更有张力。激励对原有音频信号具有破坏作用，注意处理，否则，会使原有信号变“脏”。

BBE Sonic Maximizer，中文名为“声波极大器”，是美国 BBE SOUND INE 公司于 1985 年开发研制的高清晰原音系统技术。它能智能化地修正和恢复音响系统由于各种原因而造成的信号损失或相位偏差，令声音尽可能地自然重现。它通过激励时产生谐波，能有效地增强原音频声音的频率动态，从而使原音频的低音更加饱满淳厚，高音更清晰明亮。

(1) 选择编辑音频文件。单击【文件】标签，单击【导入】命令，选中音频文件，单击 打开(O) 按钮，导入音频文件。在【文件】标签的文件列表中，右击导入的音频文件，弹出右键菜单(见图 2-14)，选择【编辑文件】命令。

(2) 启动 BBE。单击【效果】→VST→SonicMaximizer 命令，弹出如图 2-18 所示的对

话框。其中,【LO CONTOUR】旋转按钮用于调节低频激励的量,调整低频部分的相位补偿量;【PROCESS】旋转按钮用于调节高频激励的量,调整高频部分的相位补偿量;【OUTPUT LEVEL】旋转按钮用于调节处理后输出信号的电平,能有效地避免当音频经过处理后,因为电平过载所产生的爆音。单击按钮,在原始输入信号和BBE处理输出信号之间切换,便于音频处理前后变化的鉴别。

图 2-18 BBE 激励插件工作对话框

(3) 设置参数,调试音频。单击按钮进行监听,判断激励处理的效果是否满意。单击 关闭 按钮用于关闭对话框。单击 应用 按钮,对音频文件BBE处理。

3. 压限

压限是压缩器和限幅器的统称。它是音频信号的一种处理设备,可以将音频电信号的动态进行压缩或限制。当输入信号达到阈值时,输出信号随输入信号的增加而增加,称为压缩器(compressor),不再增加则称为限制器(limiter)。

压限的作用就是让声音变得有磁性、有力量、温暖一些。采用压限器那样的信号处理设备来进行压限。Adobe Audition CS6 支持压限插件,Ultrafunk FxCompressor 可以通过 Adobe Audition CS6 进行压限处理。对于人声的压限处理,男声压限参数如下:阈值 Threshold 为－23 、比率 Ratio 为 2.0,强度 Knee 为 30,起始缓冲 Attack 为 0.1,结束缓冲 Release 为 70,这样可以使男歌手的声音听来浑厚有力;女声压限参数:阈值 Threshold 为－26,比率 Ratio 为 2.0,强度 Knee 为 20,起始缓冲 Attack 为 3.0,结束缓冲 Release 为 300。

(1) 选择编辑音频文件。单击【文件】标签,单击【导入】命令,选中音频文件,单击 打开(O) 按钮,导入音频文件。在【文件】标签的文件列表中,右击导入的音频文件,弹出右键菜单,选择【编辑文件】命令。

(2) 启动压限器。单击【效果】→VST→Ultrafunk→FxCompressor 命令,弹出如图 2-19 所示的对话框。其中,Threshold 设置压限开始的阈值,拖动其下面的 Input 滑块设置 Threshold 阈值,当原始输入信号振幅值超过 Threshold 阈值时,压限器开始起效。Radio 设置压限比率的大小,在 Radio 域拖动鼠标设置 Radio 值,当开始压限时,原始输入信号振幅与压限输出的振幅值的比率为 1，不进行压缩；比率大于 1，并且越大，压缩越大；比率小于 1，振幅扩展。Knee 设置强度，在 Knee 域拖动鼠标设置 Knee 值，当设置为 0 时，表示是“硬”强度，当原始输入信号振幅超过 Threshold 阈值，压限立即作用于超过的信号；“软”强度，表示压限慢慢地作用于超过的信号。Type 的压限类型，单击下面的按钮，在“Normal”和“Vintage”之间转换，“Vintage”与“Normal”不同之处就在于，超过 Threshold 阈值的压限处理，“Vintage”从按 Radio 设定值压限，慢慢回到 1∶1 压限，而“Normal”完全按 Radio 设定值进行压限。Attack 起始缓冲设置压限开始全速工作的缓冲时间，Release 结束缓冲设置压限停止工作的缓冲时间。Gain 增益设置压限输出信号的振幅提高、减低的数字。Limiter 为 ON，显示输出信号是否溢出，否则，输出信号溢出将被裁减。TCR 为 ON，使用算法自动调整 Release 结束缓冲时间，避免实时情况下快速压限的变化。

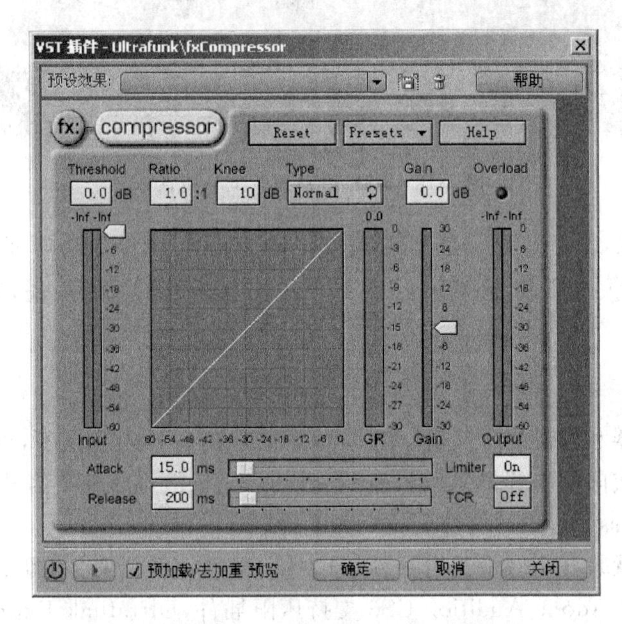

图 2-19 VST 压限插件工作对话框

(3) 设置参数，压限调试。参数设置如下：阈值 Threshold 为 −23，比率 Ratio 为 2.0，强度 Knee 为 30，起始缓冲 Attack 为 0.1，结束缓冲 Release 为 70。单击 ▶ 按钮进行监听，判断压限的效果是否满意。单击 确定 按钮，结束压限处理。

4. EQ 均衡

均衡器是一种可以分别调节各种频率成分电信号放大量的电子设备，通过对各种不同频率的电信号的调节来补偿扬声器和声场的缺陷，起到补偿和修饰各种声源及其他特殊作用。

Ultrafunk 公司的 Equalizer 插件是一个 6 波段具有可选过滤器和频率响应图的参数均衡器。Adobe Audition CS6 支持的插件 Ultrafunk FxEqualizer 可以用于均衡处理。均衡处理没有固定的处理设置，需要经验积累，一般的，适当加强中高音，适度衰减低音。

(1) 选择编辑音频文件。单击【文件】标签，单击按钮，弹出【导入】对话框，选中音频文件，单击 打开(O) 按钮，导入音频文件。在【文件】标签的文件列表框中，右击导入的音频文件，弹出右键菜单，选择【编辑文件】命令。

(2) 启动 EQ 均衡。单击【效果】→VST→Ultrafunk→FxEqualizer 命令，弹出如图 2-20 所示的对话框。其中，Flat 按钮用于复位输出增益为 0；单击 Presets 按钮，打开效果预设菜单，用于效果的预设增加与删除和选用预设效果；Help 按钮，用于查找 EQ 均衡的帮助信息；按钮用于保存预设效果到预设效果列表中；按钮用于从预设效果列表中删除预设效果；[1] Default EQ 列表保存可选用的预设效果；Band 下面列出 5 个频率波段的过滤器按钮，单击按钮可以启用或禁用该波段；Filter 下面列出对应 6 频率波段的过滤器按钮，单击按钮可以选择 5 个过滤器之一，这 6 个过滤器分别是 Peak/Dip、Lowpass、Highpass、Shelving Low、Shelving High；Q 值下面有 6 个按钮，用于设置质量因子，高 Q 值提高过滤器的精度，但可能产生波峰影响原有信号；低 Q 值影响信号的频率范围，使得过滤器的精度降低。Freq 频率下面有 6 个按钮，用于输入过滤器过滤的波段频率；Output 右侧的按钮，用于设置输出信号的整体增益。按钮用于打开或关闭 EQ 均衡。用显示音频信号是否溢出，红灯表示溢出，单击灯可以恢复状态。

图 2-20 VST 均衡插件工作对话框

(3) 设置参数，均衡调试。单击按钮进行监听，判断均衡处理的效果是否满意。单击 取消 按钮取消理音频文件均衡处理，并单击 关闭 按钮关闭对话框。单击 确定 按钮，对音频文件均衡处理。

5．混响

混响是一种声音的自然现象，声源发声，声音向四周传播，遇障碍，反射并被吸收一部分能量，如此循环，直至消失。混响可以产生身临其境的感觉，美化音色。没有混响，声音显得干涩、单薄和缺乏力度。

Adobe Audition CS6 支持的插件 Ultrafunk fxReverb 可以用于混响处理。

(1) 选择编辑音频文件。单击【文件】标签，单击按钮，弹出【导入】对话框，选中音频文件，单击 打开(O) 按钮，导入音频文件。在【文件】标签的文件列表框中，右击导入的音频文件，弹出右键菜单，选择【编辑文件】命令。

(2) 启动混响器。单击【效果】→VST→Ultrafunk→fxReverb 命令，弹出如图 2-21 所示的对话框。其中，Input 右侧的 Mute 按钮及滑块，用于输入信号的静音控制和输入增益大小设置；Low Cut、High Cut 右侧文本框及其右侧图形，用于设置低频、高频通过的阈值；Predelay 及其滑块，用于设置预延迟时间；Room Size 及其滑块，用于选择录音房间大小，它影响混响的效果；Diffusion 及其滑块，用于设置声音漫反射大小；Bass、Crossover、Decay Time、及其右侧图形，用于设置低频反射的倍数、阈值和时间；High Damping 及其右侧图形高频吸收阈值；Dry 右侧的 Mute 按钮及滑块，用于“干”音的静音控制和增益大小设置；E. R. 右侧的 Mute 按钮及滑块，用于“早”反射的静音控制和增益大小设置；Reverb 右侧的 Mute 按钮及滑块，用于混响音的静音控制和增益大小设置；Width 右侧的 Normal 按钮，用于选择声音的频带宽度，取值可以是 Mono、Narrow、Normal、Wide 或 Ultra-wide。

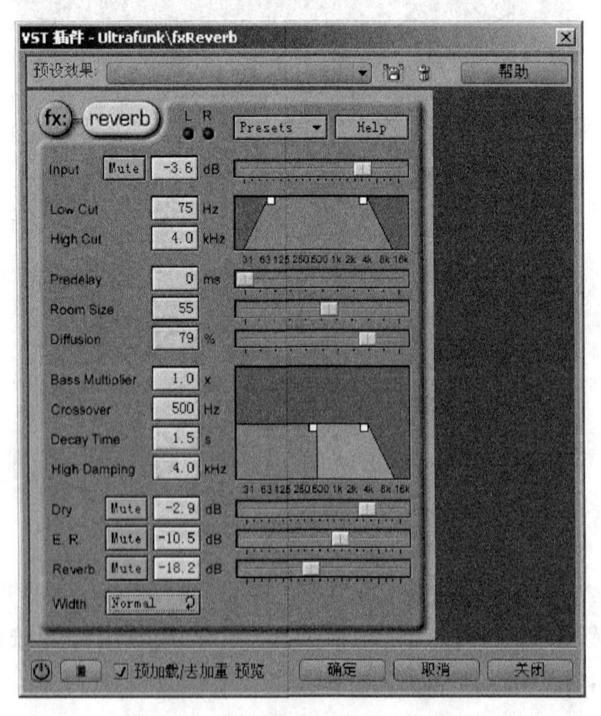

图 2-21　VST 混响插件工作对话框

(3) 设置参数,调试音频。单击 ▶ 按钮进行监听,判断混响处理的效果是否满意。单击 取消 按钮取消理音频文件混响处理,并单击 关闭 按钮关闭对话框。

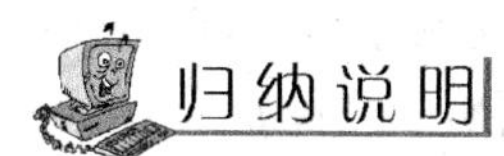

归纳说明

本节主要介绍音频的编辑操作,包括音频噪音的采样与降噪、压限、均衡和混响,目的就是提供高质量的音频以满足多媒体应用的需要。

拓展提高

音频信息的处理需要借助专业的音频处理插件,才能取得较好的结果。大多数的音频处理软件都支持插件,而插件可以由专业的音频处理公司负责开发,使得音频处理更加专业化。

插件的本质是在不修改程序主体的情况下加强软件的功能,插件的接口被公开后,任何公司或个人都可以通过插件的接口来编写插件,解决一些程序主体操作上的不便或增加一些功能。

从广义的范围来看,插件有以下三种类型。

(1) 类似批命令的简单插件。当运行这种插件时,会提示用户一步步进行选择、输入,最后根据用户的输入来执行一系列事先定义好的操作。这种插件通常是文本文件,自由度非常低、功能比较单一、可扩展性极小。优点是插件制作非常方便。

(2) 脚本插件。使用某种脚本语言编写的插件,这种插件比较难写,需要软件开发者制作一个程序解释内核。优点在于无需使用其他工具来制作插件,软件本身就可以实现,普遍出现于各种办公自动化软件中。

(3) 利用已有的程序开发环境来制作插件。使用这种方法的软件在程序主体中建立了多个自定义的接口,使插件能够自由访问程序中的各种资源。这种插件的优势在于自由度极大,可以无限发挥插件开发者的创意,这种是狭义范围的插件,也是真正的插件。而这种插件机制的编写相对复杂,插件接口之间的协调比较困难,插件的开发也需要专业的程序员才能进行。

任务3 MIDI的制作与处理

本节任务

MIDI文件数据量小,通常用作多媒体应用的背景音乐,并且不影响WAV音乐的播放。本节的任务是制作本书实例程序所需的一段MIDI素材。

背景知识

MIDI广泛地应用于多媒体作品中。MIDI实质是一个电子乐器数字接口,是用于电子乐器之间以及电子乐器和计算机之间交换音乐信息的一种标准协议。1982年,国际乐器制造者协会通过了美国Sequential Circuits公司的大卫·史密斯提出的“通用合成器接口"的方案，并改名为"音乐设备数字接口"，即MIDI。从20世纪80年代初期形成标准，到逐步被音乐家和作曲家广泛接受和使用，MIDI现已成为计算机音乐的代名词。

MIDI划分为狭义MIDI和广义MIDI。狭义的MIDI是指电子乐器数字接口，即Music Instrument Digital Interface。广义MIDI是整个计算机音乐的统称，包括协议、设备等。

MIDI是乐器和计算机使用的一种标准语言，是一套指令的约定，它指示乐器要做什么，怎么做，如演奏音符、加大音量、生成音响效果等。MIDI不是把音乐的波形进行数字化采样和编码，而是将数字式电子乐器的弹奏过程记录下来，如按了哪一个键、力度多大、时间多长，等等。当需要播放这首乐曲时，根据记录的乐谱指令，通过音乐合成器生成音乐声波，经放大后由扬声器播出。

相对于波形音频，MIDI主要是有下列几个特点。

（1）生成的文件比较小，因为MIDI文件存储的是命令，而不是声音波形。如半小时的立体声音乐使用CD-DA格式波形存储时约需300MB的存储量，而用MIDI记录时，只需用200KB，相差1500倍。

（2）容易编辑，因为编辑命令比编辑声音波形要容易得多。可以随意修改曲子的速度、音调，也可以改换乐器的种类，从而产生合适的音乐。

（3）声音的配音方便。MIDI音乐可以作背景音乐，和其他的媒体，如数字电视、图形、动画，话音等一起播放，加强演示效果。与波形声音文件等不同的是，当多媒体系统中播放波形声音文件时，若此时还需配上某种音乐作为解说的效果，不可能同时调用两个波形声音文件，而播放MIDI文件记录下来的音乐就很方便了。

WAVE波形文件和MIDI文件是目前计算机上最常用的两种音频数据文件，表2-3是它们的特点和用途比较。

表2-3 WAVE文件和MIDI文件的比较

类别＼文件	MIDI	WAVE
文件内容	MIDI指令	数字音频数据
音源	MIDI乐器	MIC、磁带、CD唱盘、音响
容量	小	与音质成正比
效果	与声卡质量有关	与编码指标有关
适用性	易编辑、声源受限、数据量很小	不易编辑、声源不限、数据量大
文件容量	5KB	4MB
乐曲长度	52min	49min

MIDI音乐的制作，需要音源、音序器、输入设备三大工具。

（1）音源是指提供音乐的设备，不同的音源能提供不同的音色。音源又有硬件音源和软件音源之分。硬件音源是一个独立的设备，能提供很好的音色，如YAMAHA MU100R、声卡等。软件音源是数字音色，只有安装在计算机上才能使用。

（2）音序器用于记录音乐的基本要素——速度、节奏、音色、音符的时值等、指挥音源选择音色和发音的设备。音序器也有软、硬之分。Cakewalk就是一个软件音序器。

（3）输入设备用于输入演奏音乐的音乐要素到音序器，从而实现传统乐曲的演奏方法。输入设备也分为软件和硬件两种。如 MIDI 键盘是硬件输入设备，而 Cakewalk 中带有的 Virtual Piano 是虚拟 MIDI 键盘，是软件输入设备。

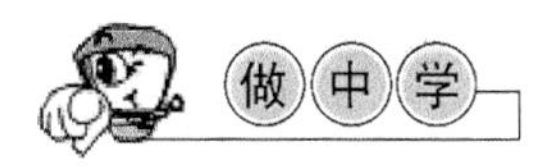

在制作 MIDI 音乐时，如果对 MIDI 音乐的要求不是那么要求严格，或没有足够的经费采购设备，那么可以在多媒体计算机上，借助 Cakewalk 软件工具制作 MIDI 音乐。

Cakewalk Pro Audio 9.0 具有 MIDI 制作和音频录音、混音功能，是一款综合性的音乐工作站软件，在 MIDI 制作、处理方面，功能超强，操作简便，具有无法比拟的绝对优势。

下面使用 Cakewalk Pro Audio 9.0 制作一首 MIDI 音乐。

(1) 单击【新建】命令，弹出【新建工程文件】对话框，如图 2-22 所示。在文件类型列表中选择文件类型，如 Normal，单击 确定 按钮，新建工程文件，并打开一个音轨/剪辑窗。

图 2-22 【新建工程文件】对话框

(2) 音轨参数设置。音轨/剪辑窗左侧是音轨窗，右侧是音频剪辑窗，如图 2-23 所示。音轨窗是一个二位表结构，行表示音轨，有多达 256 条音轨；列表示音轨属性和状态，分别是音轨的名称、音轨静音状态、音轨独奏状态、音轨录音状态、录音源、移调、力度、效果、输出端口、偏移时间、通道、音色库、音色、音量、声相和大小。右击所选音轨，弹出右键菜单，单击【音轨属性】命令，打开【音轨属性】对话框，如图 2-24 所示，在属性对话框中选择设置音轨属性，单击 确定 按钮确定设置。此外，可以直接在音轨相应字段双击进行属性修改。注意，双击【效果】选项之后，并不能直接修改效果参数，还需要在打开的窗口上右击，从快捷菜单中选择效果。

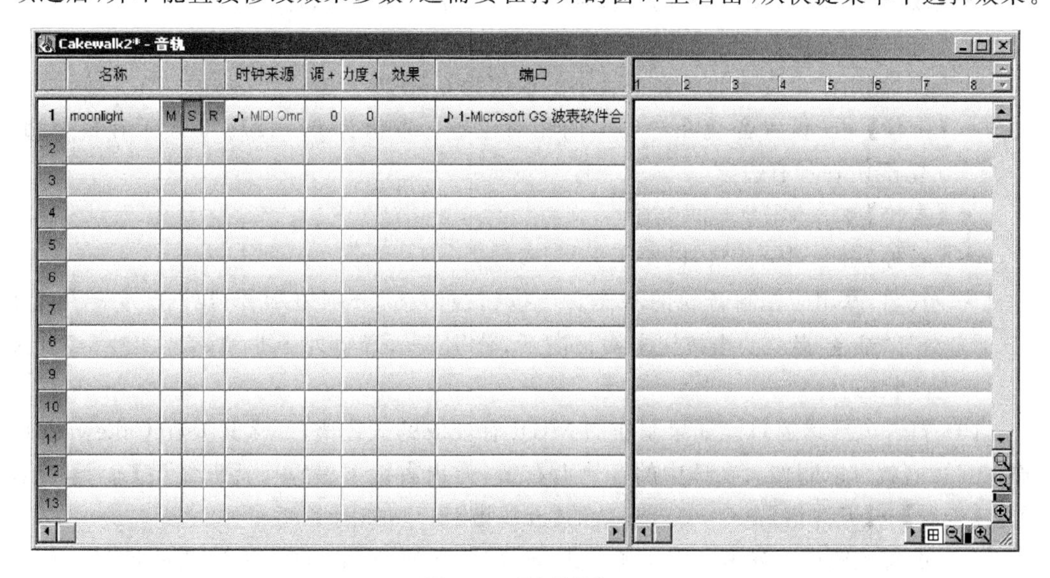

图 2-23 【音轨】窗口

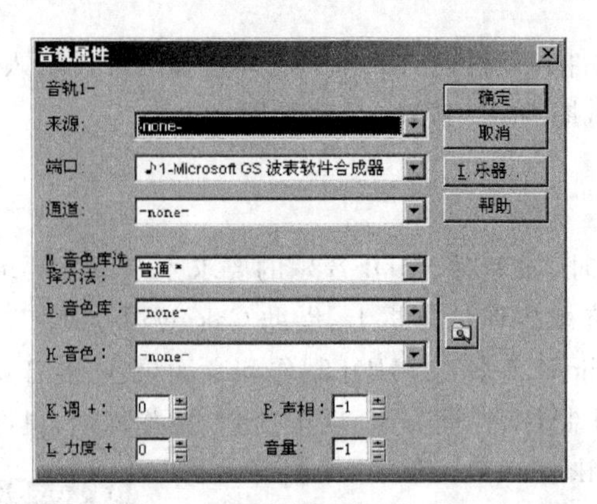

图 2-24 【音轨属性】对话框

音轨有关属性如下。

- 【来源】用于选择录音时的输入设备，如果录制 MIDI 信息，选择 MIDI Omni，录制波形声音，则选择声卡。
- 【端口】用于选择播放输出设备，如果播放 MIDI，则选择 MIDI 音源，如"波表软件合成器"等；如果播放音频，则选择声卡。
- 【通道】用于选择 MIDI 通道，一个通道只能使用一种音色。
- 【音色库选择方法】用于设置音色库选择方式，有"普通"、"控制器 0"、"控制器 32"和"音色 100"四种方式。
- 【音色库】用于制定当前音轨采用的音色库。
- 【音色】用于选择音轨的指定音色，有 128 种之多。
- 【移调】用于修改音符的音调。如参数值为 1，则音符 C 将被演奏为♯C(C 升调)。
- 【力度】用于弹奏的力度调整。调整力度，可以调整乐曲的表现。
- 【效果】用于为当前音轨调节各种不同的效果。如延时、合唱等。
- 【时间】用于提前、推后音轨的发音。
- 【音量】用于设置播放的音量大小。取值为 0～127。
- 【声像】用于设置音轨在音场中的相对位置。取值为 0～127。0 表示在最左边，127 表示在最有边。
- 【大小】显示 MIDI 时间综述。
- 【名称】用于记录音轨，以便于引用、参考。
- M、S、R用于控制音轨的状态。当按钮被激活，分别表示音轨处于"静音"、"独奏"、"录音"状态；当按钮未被被激活，分别表示音轨处于非"静音"、"独奏"、"录音"状态。

(3) 打开五线谱窗口。如果制作的 MIDI 有现成的五线谱，那么只要在 Cakewalk 中输入五线谱就可以制作。在选中的音轨上右击，弹出右键菜单，单击【五线谱】命令，或者单击【查看】→【五线谱】命令，打开音轨的【五线谱】窗口，如图 2-25 所示。

(4) 设置五线谱。参考 MIDI 源五线谱，如图 2-26 所示，设置五线谱的谱号。单击【五线谱】窗口的按钮，弹出【五线谱视图布局】对话框，如图 2-27 所示，在【五线谱属性】下选择C谱谱号为“高音/低音”，此时，拆分音高为“C5”，单击 关闭 按钮结束。如果需要修改谱号的拍号/调号，单击工具栏上的 按钮，或者单击【查看】→【拍号/调号】命令，打开拍号/调号窗口，如图2-28所示，单击其中的 按钮，修改拍号/调号。

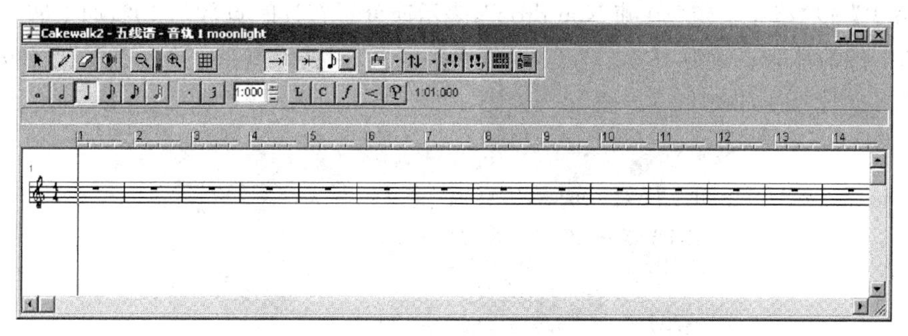

图 2-25 【五线谱】窗口

图 2-26 源五线谱图

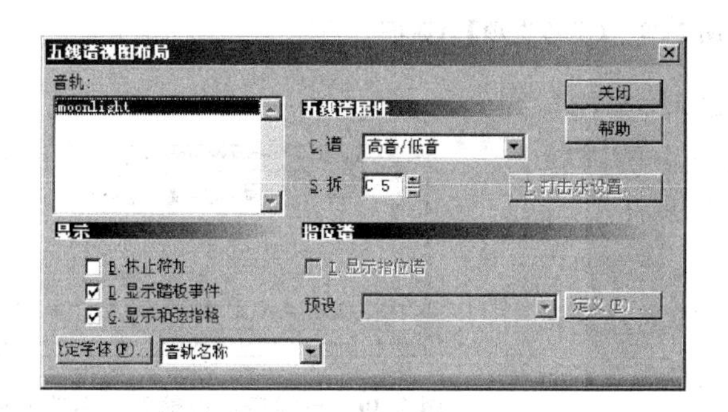

图 2-27 【五线谱视图布局】对话框

图 2-28 拍号/调号窗口

五线谱视图布局设置参数如下。

- 【音轨】列表显示当前音轨名称。
- 【显示】组有三个复选项，“休止符加在五线谱上”、“显示踏板事件”和“显示和弦指格”。
- 【设定字体】下拉列表用于设定五线谱各元素，单击 定字体(F). 按钮，进行字体、字号的选择设置。
- 【五线谱特性】有“C谱号”和“拆分音高”两个列表项。“C谱号”中选择五线谱的谱号，“拆分音高”用于在“C谱号”选择为“高音/低音”谱号时，选择高音/低音之间的分界音高。当“C谱号”选择为打击类谱号时，单击 P.打击乐设置... 按钮，可以进行打击谱的设置。当“C谱号”不设为高音/低音、打击谱时，可以选择“显示指位谱图”。

(5) 设置时基。时基的确定是根据选择不同的时钟来源来确定的。时基确定了，则音符的时值也就确定了。单击【选项】→【工程】命令，弹出【工程选项】对话框，如图 2-29 所示，在【时钟来源】选项组中单选“内部”，【每四分音符的点数】选项组中单选“192”，【SMPTE/MTC 格式】选项组中选定“30 帧 Non-drop”，表示四分音符计时点数为 192，如果四分音符为 1 拍，则 1 拍的计时点数为 192，1 拍 30 帧。必须注意，改变时基是一个不能撤销的操作。单击 确定 按钮结束。

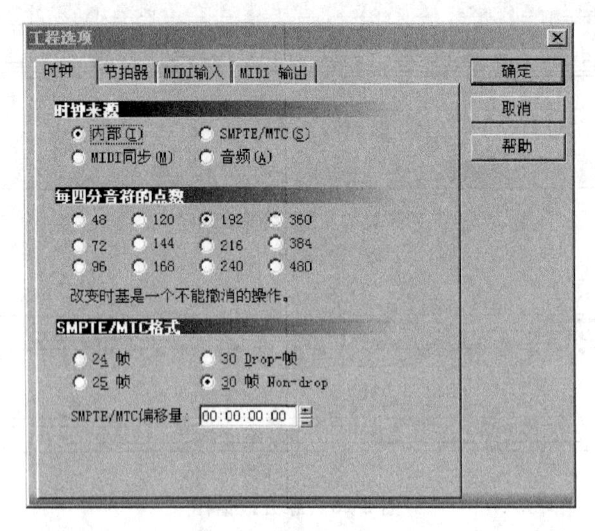

图 2-29 【工程选项】对话框

(6) 输入音符。输入五线谱之前，选择五线谱显示分辨率，单击【五线谱】窗口上的按钮，选择五线谱显示分辨率为“八分音符”。单击【五线谱】窗口上的按钮，选定“八分音符”，然后，单击【五线谱】窗口上的按钮，在五线谱上出现铅笔时，单击鼠标左键输入一个“八分音符”。单击【五线谱】窗口上的按钮，再在五线谱上单击该音符，则删除该音符。按图 2-30 所示输入一节音谱。

图 2-30 五线谱窗口输入一小节五线谱

(7) 复制粘贴音符。单击【五线谱】窗口上的按钮，在五线谱上按住左键拖出一个矩形，把第一节中的所有音符包括在内，按 Ctrl+C 组合键复制该音节。在五线谱的后续音节开头处单击，当前音符指示垂直线停在后续音节开头处，按 Ctrl+V 组合键粘贴，粘贴时，弹出图 2-31 所示的【粘贴】对话框，单击其中的 高级<< 按钮展开和恢复扩展对话框，取消选中【拍号/调号改变】单选按钮，单击 确定 按钮结束粘贴，如图 2-32 所示。

(8) 改变音符的属性。按照上一步骤，在后续两小节粘贴所选音符。单击【五线谱】窗口中的按钮，在高音谱号的第三小节的第五个音符上单击选中该音符，音符变成粉红色。右击该音符，弹出图 2-33 所示的【音符属性】对话框，在【音高】右侧的按钮上单击减号按钮，音高变成“D5”，在【时值】右侧的按钮上单击减号按钮，时值变成“64”，在【时间】右侧的按钮上单击加号按钮，时值变成“3：03：064”，单击 确定 按钮改变该音符的属性，调整音符的音调、时值和发音开始时间等属性。同样的，参考图 2-34 改变其他音符的音调。

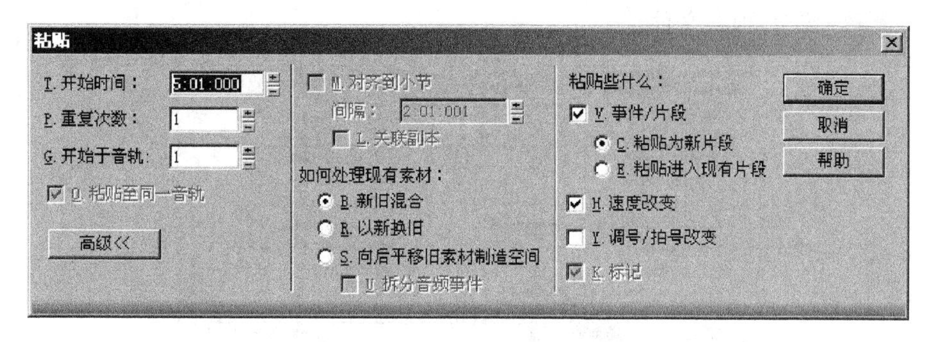

图 2-31 【粘贴】对话框

图 2-32 复制粘贴一小节的五线谱窗口

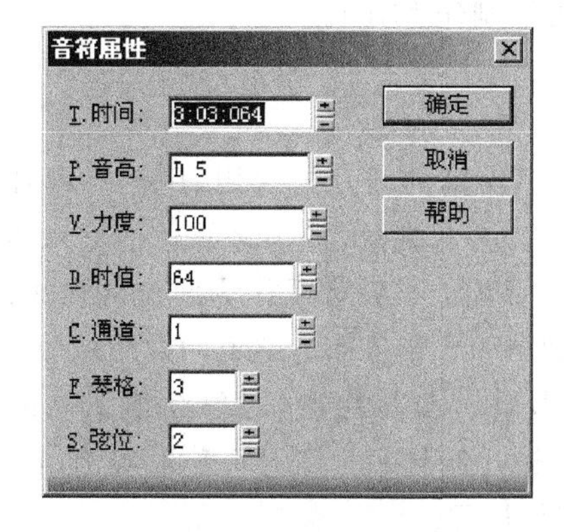

图 2-33 【音符属性】对话框

图 2-34 改变音调后的五线谱

(9) 保存文件。单击【文件】→【保存】命令，或者单击工具栏上的按钮，打开【另存为】保存文件对话框，如图 2-35 所示。在【保存在】列表框中选择文件保存的目录，在【文件类型】下拉列表框中选择文件类型为“MIDI 格式”，在【文件名】文本框中输入文件名，单击 保存(S) 按钮，保存文件。

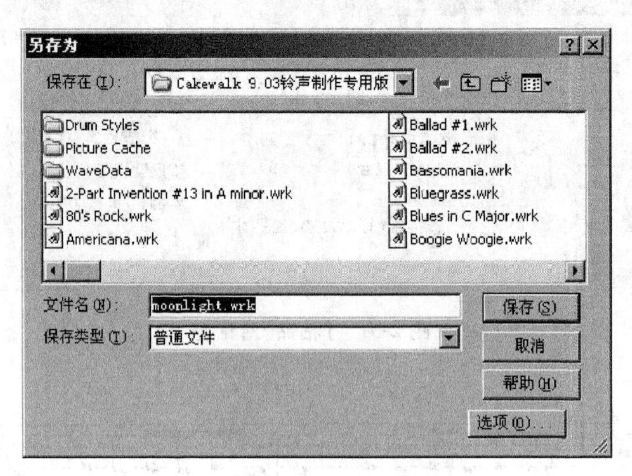

图 2-35 【另存为】对话框

Cakewalk Pro Audio 9.0 提供了多种方式输入音谱的手段，上面介绍的操作利用五线谱窗口输入音谱创作 MIDI。对于熟悉电子琴、钢琴的人来说，可以利用钢琴卷帘窗或 MIDI 键盘输入音谱来创作 MIDI。此外，使用 Cakewalk Pro Audio 9.0 提供的 CAL 语言编辑 MIDI 事件列表也可以制作 MIDI。

归纳说明

MIDI 音乐广泛地用于多媒体的开发与应用，用作背景音乐，与其他的媒体(如数字视频、图形图像、动画、话音等)一起播放，加强多媒体的演示效果。尤其是当多媒体系统中既要播放波形声音文件又要配上某种音乐作为解说的效果时，由于不可能同时播放两个波形声音文件，此时，播放 MIDI 音乐作为解说的效果就成为必然的选择了。

本节介绍 MIDI 的基本概念及其特点，简单介绍了一款 MIDI 创作软件工具——Cakewalk Pro Audio 9.0。通过制作一个 MIDI 音乐实例，初步了解 MIDI 系统构成、制作所需要的设备、工具和制作过程。

Cakewalk Pro Audio 9.0 是一个强大的音频处理工具，不仅可以制作 MIDI，还可以处理音频，制作铃声。有兴趣的读者可以进一步学习 Cakewalk Pro Audio 9.0。

1988 年 MIDI 制造商协会正式公布 MIDI 技术规范第一版——MIDI 1.0，它是数字式音乐的国际标准。

1. MIDI 标准规范

MIDI 是由软件和硬件两部分共同组成的系统规范，它定义了电子合成器、定序器、节拍器、个人计算机和其他电子乐器的相互连接性和通信协议。相互连接性定义了使这些不同的MIDI乐器能够相互连接的接线方式、连接器类型，和输入输出线路。通信协议定义了能够控制乐器声音和消息(包括发出反应，发出状态及发出系统独有)的标准多字节消息。

(1) MIDI硬件规范

MIDI硬件规范要求5针DIN连接器，用于MIDI IN、MIDI OUT和MIDI THRU信号的引线面板安装。MIDI IN连接器用于输入信号，MIDI OUT用于输出信号，MIDI THRU连接器用于菊花式链接多个MIDI设备。菊花式链接多个MIDI设备时，第一个设备(设备1)的MIDI THRU与第二个设备(设备2)的MIDI IN相连；设备2的MIDI THRU与设备3的MIDI IN相连，依此类推等。也可以采用另一种方法，把设备1的MIDI OUT与设备2的MIDI IN相连等。

设备的MIDI端口接收用来演奏设备内部合成器的MIDI消息。例如，多数音乐键盘都由MIDI IN端口来接收要演奏键盘的内部合成器的MIDI消息。MIDI OUT端口发送MIDI消息以在外部合成器上播放这些消息。图2-36给出了MIDI端口与设备简单连接示例。

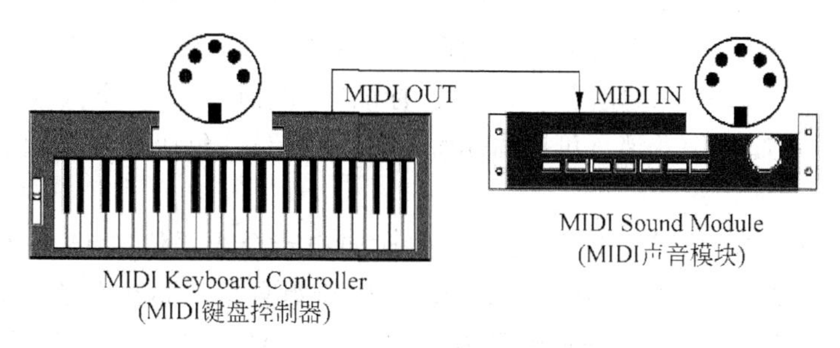

图 2-36　MIDI端口与设备连接

(2) MIDI通信协议

MIDI通信协议使用多字节消息，字节数取决于消息的类型。有通道消息和系统消息两种类型的消息。如图2-37所示显示MIDI的消息类型及分类。

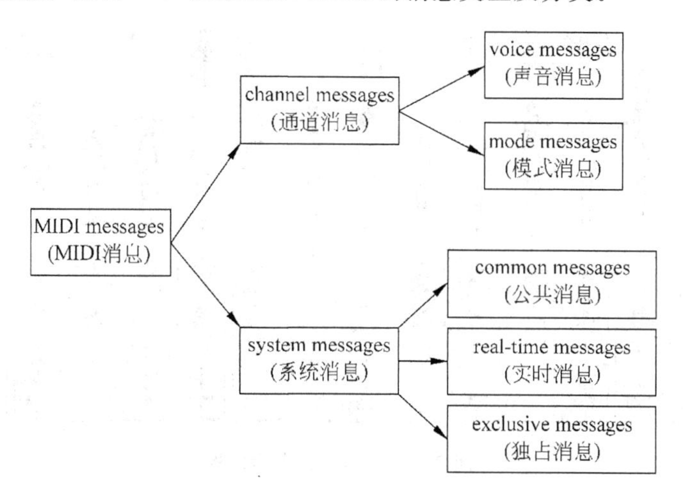

图 2-37　MIDI的消息类型及分类

① 通道消息。通道消息最多可以有三字节。第一个字节称为状态字节，其他两个字节称为数据字节。状态字节的低半字节是信息对应的通道号编码。每个 MIDI 声音都有通道号，把消息发送到其通道号与状态字节的低半字节编码的通道号相匹配的通道中。有两种类型的通道消息。

a. 声音消息。声音消息（voice message）用来控制乐器（或设备）的声音。就是说，打开或关闭音符，发出指明键被按下的键压力消息及发出用来控制效果，如颤音、持续、震音的控制消息。音高搭配消息用来改变所有音符的音高。

b. 模式消息。模式消息用于指定 16 条通道与声音的关系，即把装置设定成单一（Mono）方式或多重（Poly）方式。开启全部（Omni）方式使装置能接收所有通道上的声音消息。

② 系统消息。系统消息应用在整个系统上而不是特定的通道，并且不含有任何通道号。有三种类型的系统消息。

a. 公用消息。这些消息对于整个系统来说是公用的。这些消息提供的功能有选歌，设定带有节拍数的歌曲位置指针，以及向模拟合成器发出曲调要求。

b. 系统实时消息。这些消息用于设定系统的实时参数。这些参数包括计时器，启动和停止定序器，从一个停止的位置恢复定序器，以及重新启动系统。

c. 系统独有消息。这些消息含有制造商特定的数据，如标识、序号、模型号和其他信息。

MIDI 规范规定，MIDI 键盘为 128 键（比标准 88 键钢琴多 21 个低音符和 19 个高音符），编号为 0～127。MIDI 消息可以描述每个音符的信息，包括对应的键号，按键的持续时间、音量和力度。

MIDI 接收器中有 16 个通道，它们可以同时向声音合成器传送 16 路不同的通信，好像指挥 16 个乐器演奏一样，如图 2-38 所示。MIDI 消息可以指出什么音符发给哪个通道，并对各通道进行各种控制，通道编号为 1～16，它在 MIDI 消息中的编号为 0～15，0 声道也称基本通道。每一个通道在逻辑上分别对应着一个合成器，该合成器可以产生 128 种不同乐器的声音，也称为不同合成器的“程序”。为某个通道选择某种乐器就必须预先为其设定对应的程序号。哪种乐器使用何种程序可以自行定义，因此同一 MIDI 文件使用不同的合成器播放时可能产生不同的效果。

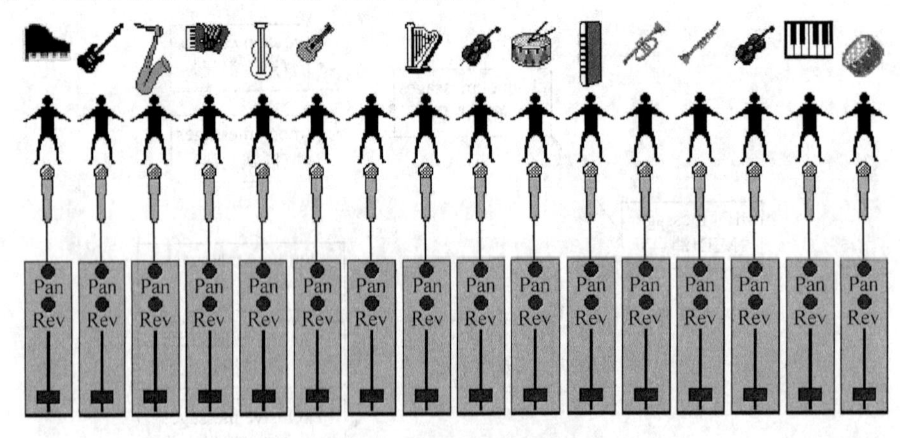

图 2-38 MIDI 通道示意图

MIDI 文件中包含了一连串的 MIDI 消息，每一个 MIDI 消息都由若干字节组成，通常第一个字节为状态字节，其后则为一个或两个数据字节。状态字节的特征是最高位为“1”，用来指出紧随其后的数据字节的用途和含义。数据字节的特征是最高位为“0”，表示它们是一条 MIDI 消息的信息内容。例如当演奏员按下 MIDI 键盘正中一个“C”键时，MIDI 键盘就会发送一个三字节组成的消息，用十六进制表示为：90 3C 40。其中 90 是状态字节，它表示一个字符开始，且向 0 号声道传送；3C 表示击键位置；40 表示击键的速度，分成 00～7F 共 128 种不同速度，40 是中等速度。松开键后，MIDI 键盘立即又发出一个三字节消息：90 3C 00。前两个字节含义与前面相同，第三个字节 00 表示速度为 0，即这个键已中止。当合成器收到第一个消息时即开始以指定的乐器声音发出规定的音符声，而当合成器收到第二个消息时，合成器立即停止发声。

MIDI 1.0 公布后，又相继补充公布了 MIDI 1.0 详解、MIDI 1.0 规定的补充说明、通用 MIDI(GM)规范等。其中，通用 MIDI 规范(General MIDI Specification)是由国际 MIDI 协会 1991 年颁布的，用于通用 MIDI 乐器(General MIDI Instruments)。该规范包括通用 MIDI 声音集(General MIDI Sound Set)即配音映射，通用 MIDI 打击乐音集(General MIDI Percussion Set)即打击乐音与音符号之间的映射，以及一套通用 MIDI 演奏(General MIDI Performance)能力，包括声音数目和 MIDI 消息类型等。

通用 MIDI 系统规定 MIDI 通道 10 用于以键盘为基础的打击乐器声，其余通道(1～9 和 11～16)用于旋律乐器声。

2. MIDI 音乐的产生

MIDI 电子乐器通过 MIDI 接口与计算机相连。这样，计算机可通过音序器软件来采集 MIDI 电子乐器发出的一系列指令。这一系列指令可记录到以 .mid 为扩展名的 MIDI 文件中。在计算机上音序器可对 MIDI 文件进行编辑和修改。最后，将 MIDI 指令送往音乐合成器，由合成器将 MIDI 指令符号进行解释并产生波形，然后通过声音发生器送往扬声器输出。如图 2-39 所示为显示 MIDI 的生成过程。

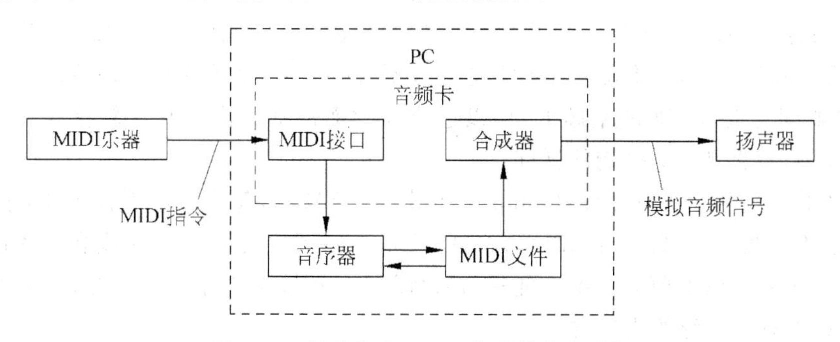

图 2-39 计算机上 MIDI 音乐的产生过程

产生乐音的方法很多，现在用得较多的方法有模拟合成和数字 FM 合成两大类。数字 FM 合成采用的是频率调制合成和波表合成两种。

(1) 模拟合成法

减法合成器，早期的模拟电子合成器中有很大一部分是由减法合成器产生声音的。

它的原理是，用复杂的波形作为样本，然后按照要产生声音的波形的频率情况，即目标波形的要求，把样本波形中的一些频率滤除，从而产生不同的目标波形。

加法合成器，同减法合成器相比，加法合成器是一种更为复杂的合成方法，它首先从基本波形出发，然后按照目标波形的要求把不同频率的泛音加入基本波形，产生声波的和谐共振，从而产生不同的音色。

（2）数字合成法

数字FM合成法是20世纪70年代由斯坦福大学开发出来的一种数字式电子合成器方法。FM是采用频率调制的方法，通过一些波形（调制信号）改变载波频率的相位来实现上述表达式。根据其原理，从原理上来说可以模拟任何声音信号。

波表合成（Wavetable）采样回放合成法，与前面的FM合成法不同的是，它的波形不是由振荡器产生的基本波形，而是通过实际录制乐器得来的波形。它的原理是，首先从一种乐器中取下一个或多个周期的波形作为基础，然后确定该周期的起点和终点，对该取样波形的振幅进行处理和测试，以满足声音回放的要求。用传统的波峰来调整波形的振幅，以模拟自然乐器自然演奏时的效果，对波形进行频率、滤波等再处理，然后把波形和相应的合成系数写入电子合成器的ROM中，由于这些波形及合成系数是以波形表形式存储在合成器的ROM中，所以采样合成器又程波表合成器。

除上述的合成方法之外，数字FM合成还包括：线形合成（LA）、先进集成式合成（AI）、先进向量合成（AV）、可变结构合成技术（VAST）。

3. GS、GM和XG标准

由于早期的MIDI设备在乐器的音色排列上没有统一的标准，造成不同型号的设备回放同一首乐曲时也会出现音色偏差。为了弥补这一不足，便出现了GS、GM和XG这类音色排列方式的标准。

之所以将GS排在第一位是由于它最早出台，并且是由业界大名鼎鼎的Roland公司制定并推出的。Roland是日本非常著名的电子乐器厂商，其生产开发的电子键盘、MIDI音源以及软波表都享有盛誉。所以GS颇具权威性，它完整地定义了128种乐器的统一排列方式，并规定了MIDI设备的最大复音数不可少于24个等详尽的规范。

GM标准则是在GS的基础上，加以适当简化而成的。由于它比较符合众多中小厂商的要求，成为业界广泛接受的标准。

在电子乐器方面唯一可与Roland相匹敌的YAMAHA公司也不甘示弱，于1994年推出自己的标准——XG。与GM、GS相比，XG提供了更为强大的功能和一流的扩展能力，并且完全兼容以上两大标准。凭借YAMAHA公司在计算机声卡方面的优势，使得XG在PC上有着广泛的用户群。

思考与训练

一、思考题

1. 为什么通常CD的采样频率是44.1kHz呢？

2. 你了解的音频处理软件有哪些?

3. 什么是插件?你知道如何使用 Adobe Autdition 2 插件吗?

二、训练题

1. 使用 Windows“录音机”采集声音。提示:“录音机”录音长度默认为 60 秒,为了增加录音长度,可以在静音录制 60 秒结束后,再按录音键每次可以增加 60 秒。

2. 使用你所熟悉的音频处理软件,对录制的声音进行降噪。

单元 3

静态图像的制作与处理

Unit 3

本单元任务

图形图像是多媒体中的重要媒体之一，设计者借助一定工具材料，将所表达的形象及创意思想，遵循表达意图，采用立体感、运动感、律动感等表现手法在二维空间来塑造视觉艺术。由于图像广泛应用于广告、招贴、包装、海报、插图、网页制作等，因此，图像设计就是视觉传达设计。一幅生动的图像，可以表达丰富的含义，这是文本所不可比拟的。

一件图像作品设计的成功与否，取决于设计者图像表达能力、计算机技法和自身的文化修养 ，关键在于作品的创意。表现语言的创造绝非视觉要素的排列组合，而是基于人类心理活动，不同事务之间，现实与虚幻之间，历史与现代之间，具体与抽象之间相互碰撞、融合、转化的结果。

在多媒体应用开发与设计过程中，获取图像素材的途径有 5 种，一是从已有的素材库中(包括图像光盘素材库、网站、其他软件)获取；二是通过数码相机输入获取；三是通过扫描仪输入获取；四是计算机屏幕截取；五是利用图像处理软件绘制或合成。

本单元的任务是根据多开发媒体应用程序的需要，利用 Photoshop 图像处理软件获取和制作图像文件。

任务 1 获 取 图 像

本节任务

多媒体图像素材的获取途径有多种，目前比较常用的途径有：利用图片素材库获取图像；使用互联网下载图像；使用扫描仪扫描图像，并转换为数字图像；利用数码相机或摄像机拍摄图像；利用抓图软件截取图像；利用绘图或图像处理软件绘制、编辑图像。本节主要学习利用抓图软件截取图像素材，并按照指定的格式予以保存。

背景知识

1. 色彩基础

颜色是形成图像的重要组成部分之一，它既可以表达物体的色彩，也可以展示人物的性格与心情，一幅好的图像，颜色的处理是极其重要的。

从物理学角度可以说光是一种具有一定频率范围的电磁辐射，它的波长区间从几纳米(10^{-9}m)到1毫米(mm)左右。人眼可见的只是其中一部分，可见部分称为可见光，可见光的波长范围为380～780nm，可见光波长由长到短分为红、橙、黄、绿、青、蓝、紫光，波长比紫光短的称为紫外光，波长比红光长的称为红外光，紫外光和红外光只能利用特殊的仪器来探测，如图3-1所示。

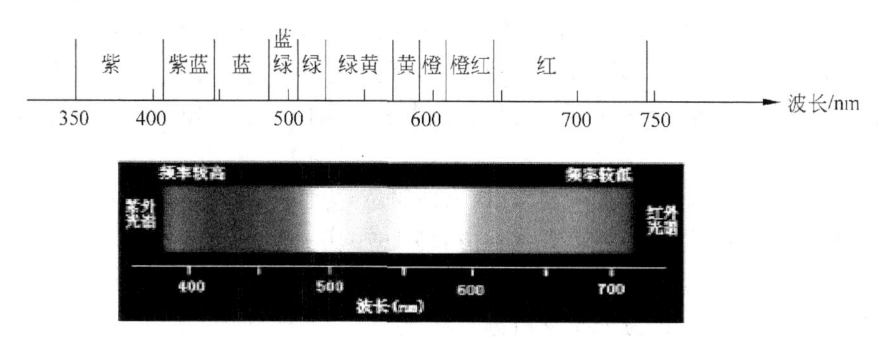

图3-1　可见光

色调、亮度和饱和度是描述颜色的三个基本特征。

(1) 色调又被称为色相，是人眼看到一种或多种波长的光时产生的颜色感觉，也就是颜色。色调用红、橙、黄、绿、青、蓝、紫等术语来刻画，在颜色圆盘上用圆周表示，如图3-2所示。相邻颜色混合处，可以获得在这两种颜色之间连续变化的色调。

(2) 亮度是颜色的明亮程度，是物体发光强度或辐射的感知程度。由于强度的差异，使物体看以来亮一些或暗一些。当光的强度达到最小时，即为黑色；反之，当光的强度达到最大时，即为白色。亮度常用垂直于颜色圆垂直轴表示，图3-2中的七种颜色，它们具有相同的色调和饱和度，但它们的亮度不同，底部的亮度最小，顶部的亮度最大。

(3) 饱和度是相对于明度的一个区域的色彩，是指颜色的纯洁性。对于同一色调的彩色光，饱和度越大，本色调的颜色越纯。当一种颜色渗入其他光成分愈多时，就说颜色愈不饱和。饱和度在颜色圆上用半径表示。沿径向方向上的不同颜色具有相同的色调和明度，但它们的饱和度不同，如图3-3所示。

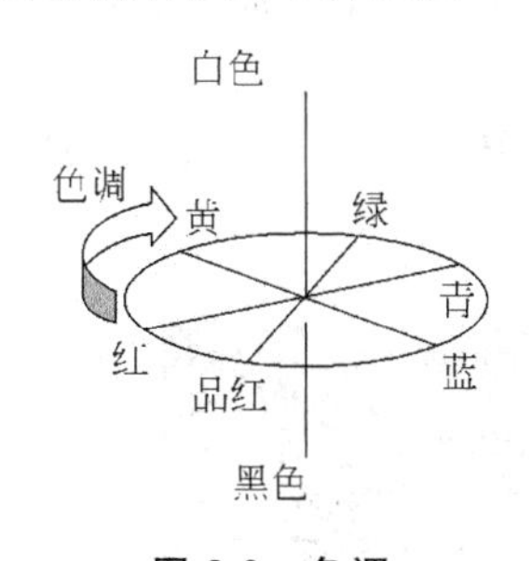

图3-2　色调

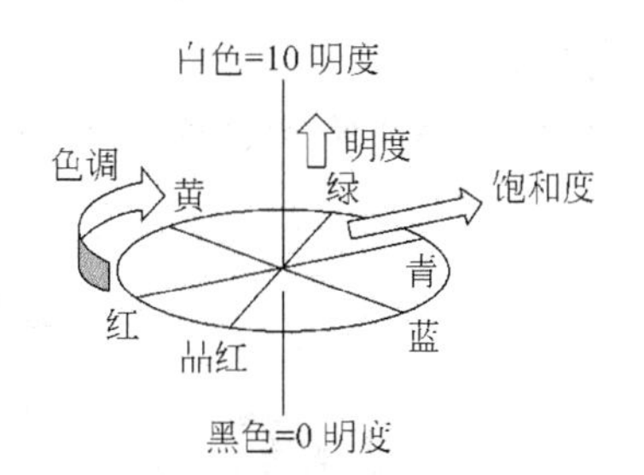

图3-3　色调、明度、饱和度

2. 彩色空间

彩色空间是表示颜色的一种数学方法，用它来指定颜色。颜色模型通常用三维模型表示，形成不同的坐标系；对人：通过色调、饱和度和明度来定义颜色；对显示设备：用红、绿和蓝的发光量来描述颜色；对打印和印刷设备：用青色、品红色、黄色和黑色的反射和吸收来产生指定的颜色。

常用的颜色模型包括：RGB模式、CMYK模式、Lab模式、HSB模式等。本节主要介绍最常用的RGB模式和CMYK模式。

(1) RGB彩色模式

RGB彩色模式是计算机数字图像经常采用的一种彩色空间，其中R表示红色，G表示绿色，B表示蓝色。显示器阴极射线管(CRT)的电子枪产生红、绿、蓝三种波长的光，当三种光产生不同的强度，在显示器上可以合成各种所需的颜色。RGB彩色模式采用的是加色法。

RGB彩色模式的图像只使用R、G、B三种颜色，为这三种颜色分配从0～255的强度值，三种颜色混合共可以产生256的3次方，即1670万种颜色。例如：

R为255，G为0，B为0 →红色

R为255，G为255，B为255 →白色

R为0，G为0，B为0 →黑色

图3-4所示为RGB彩色模式的颜色示例和Photoshop中的RGB模式彩色调板。

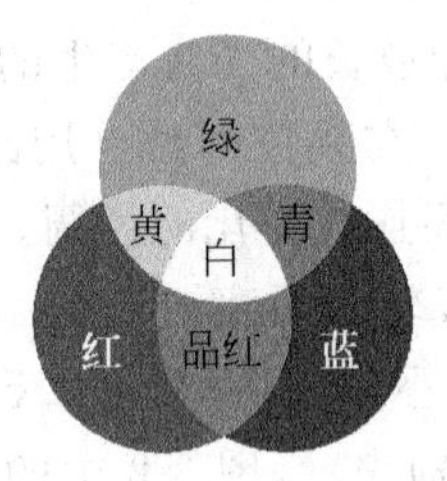

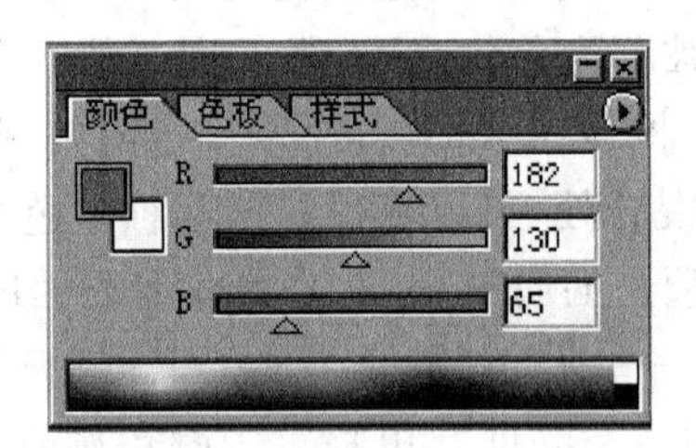

图3-4 RGB彩色模式

(2) CMYK彩色模式

CMYK彩色模式是一种印刷模式，其中C表示青色，M表示品红，Y表示黄色，K表示黑色。由于打印纸本身不能发光，只能靠油墨的吸收和反射使人产生视觉效果，因为C、M和Y三种油墨混合在一起不能产生纯黑色，所以引入黑色油墨。CMYK彩色模式采用的是减色法。

图3-5所示为CMYK彩色模式的颜色示例和Photoshop中的CMYK模式彩色调板。

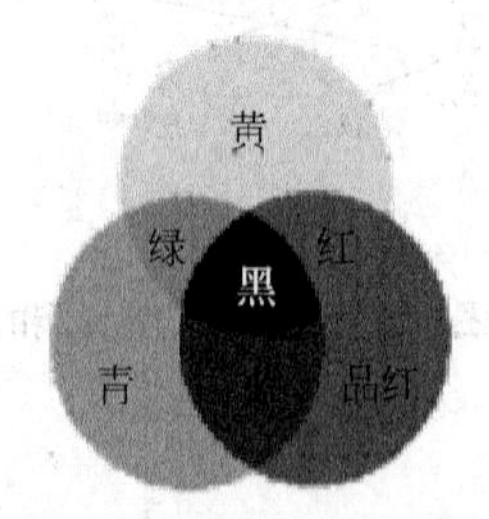

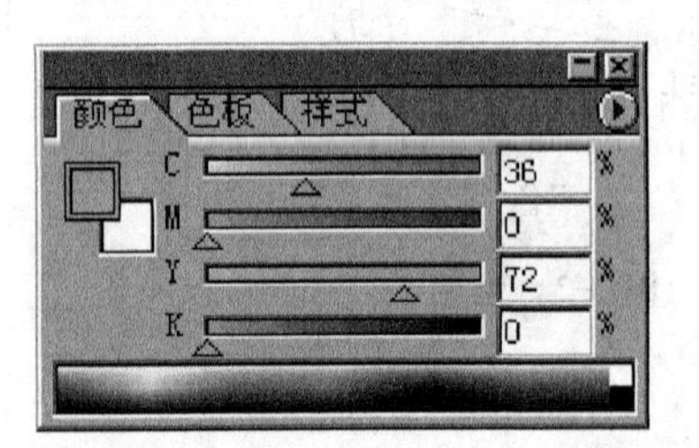

图3-5 CMYK彩色模式

3. 图形图像基本概念

(1) 分辨率

图像分辨率是指图像中每单位长度的像素数目，通常用像素/英寸(ppi) 表示。相同尺寸的图像分辨率越高，单位长度上的像素数越多，图像越清晰；反之图像越粗糙。图像分辨率还可用每英寸图像含有多少像素点(dpi)来表示，例如 250dpi 表示的就是一英寸该图像中含有 250 个像素点。相同尺寸下，高分辨率的图像比低分辨率图像包含较多的像素，因此像素点较小，图像更清晰，如图 3-6 所示。

一般制作的图像用于屏幕上显示，图像分辨率只需满足典型的显示器分辨率(72 或 96ppi)即可。使用太低的分辨率打印图像会导致画面粗糙；使用太高的分辨率会增加文件大小，并降低图像的打印速度。

图 3-6　分辨率为 72ppi(左图)和 300 ppi(右图)

(2) 像素深度

在 Photoshop 等图像处理软件中，像素是图像的基本组成单位。像素是一个有颜色的小方块，图像由许多小方块组成，以行或列的方式排列。由于图像是由方形像素组成，因此图像也是方形的。

像素深度是指图像中存储每个像素所用的位数，也称作颜色深度或位深度，它用来度量在图像中每个像素可能有多少颜色信息来显示或打印。较大的颜色深度意味着数字图像中有更多的颜色和更精确的颜色表示。

通用的颜色深度是 1bit、8bit、24bit、32bit。bit(位)用来定义图像中像素的颜色，随着定义颜色的位的增加，每个像素可利用的颜色范围也增加，如表 3-1 所示。

表 3-1　颜色深度与颜色数量

颜色深度	颜色数量	颜色深度	颜色数量
1bit	2(黑和白)	24bit(增强色)	16 777 216
8bit	256	32bit(真彩色)	4 294 967 296

像素深度越大，图像可用颜色范围就越大，图像看起来就越自然，但是颜色深度也不能过大。像素深度越大，图像占用的存储空间也越大，图像的适用范围会受到限制。

(3) 图像种类

在计算机中,图像是以数字方式来存储。计算机图像分为两大类：位图图像和矢量图形。

矢量图形,是由称为矢量的数学对象所定义的直线和曲线组成。用 CorelDraw、InDesign 等绘图软件创作的是矢量图形,矢量图形是根据图形的几何特性来对其进行描述的。例如,矢量图形中的各种景物是由数学定义的各种几何图形组成的,放在特定位置并填充有特定的颜色。移动、缩放景物或更改景物的颜色不会降低图像的品质。

位图图像,也称为栅格图像,是用小方形网格(位图或栅格)即像素来代表图像,每个像素都被分配一个特定位置和颜色值。例如,在位图图像中各种景物是由该位置的像素拼合组成。处理位图图像时,编辑的是像素而不是对象或形状。图像扫描设备、Photoshop 和其他的图像处理软件都产生位图图像。

图 3-7 所示是位图(a)和矢量图(b)的对比。

(a)

(b)

图 3-7 位图(a)和矢量图(b)

在多媒体作品中,有时会用到计算机屏幕上的画面,最简单的方法是按键盘上的 PrintScreen 键抓取整个屏幕的画面,或者按键盘上的 Alt+PrintScreen 组合键抓取屏幕上当前窗口的画面,抓取的图像内容被复制到"剪贴板"中,然后粘贴到图像处理软件中,再进行图像编辑。

使用 PrintScreen 键仅能抓取屏幕上较为规则的画面,对于不规则画面的获取,PrintScreen 键就显得力不从心了。目前市场上有多款图像捕捉软件,可以轻松、快速地抓取计算机屏幕画面上的所有画面,包括 Windows 桌面、窗口、控件、按钮、菜单、选定区域及自定义区域,甚至还可以抓取游戏屏幕和网页内的图像,并把抓取的图像保存为 BMP、GIF、JPG 和 TIFF 等多种图像格式,并且可以直接使用打印机打印抓取的图像。

使用比较广泛的抓图软件有 Super Capture、HyperSnap、Techsmith SnagIt 及 Capture Professional。下面以 HyperSnap 7 抓图软件为例,讲解如何使用抓图软件获取图像。

(1) 运行 HyperSnap。双击桌面上的 HyperSnap 7 应用程序的快捷图标,启动程序,如图 3-8 所示。

(2) 启动要截取图片的程序,当显示出要截取的画面时按下组合键 Ctrl+Shift+R,鼠标指针变为十字形。

(3) 鼠标指针移动到要截取的画面的左上端,按住左键向右下方拖出一矩形选框,包括要截取的画面部分,如图 3-9 所示。

(4) 然后单击左键,将选取的图像截取到 HyperSnap 7 程序窗口中,在此可以利用 HyperSnap 7 提供的工具修改图像或重新选取图像范围,然后单击【文件】→【另存为】命令,把图像保存为.jpg 文件。

HyperSnap 7 应用程序不仅可以捕捉图像选定区域,使用组合键 Ctrl+Shift+B,可以捕捉按钮；组合键 Ctrl+Shift+W,可以捕捉窗口；组合键 Ctrl+Shift+H,可以捕捉任意区域等。

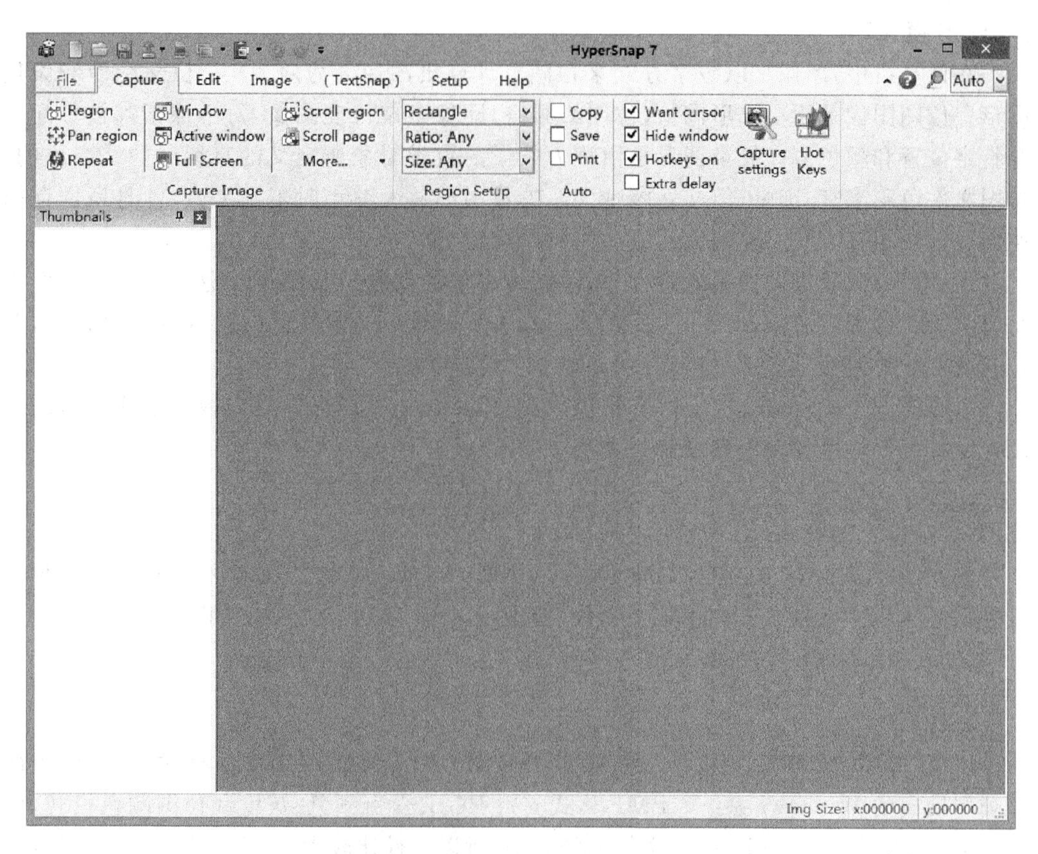

图 3-8 HyperSnap 7 应用程序窗口

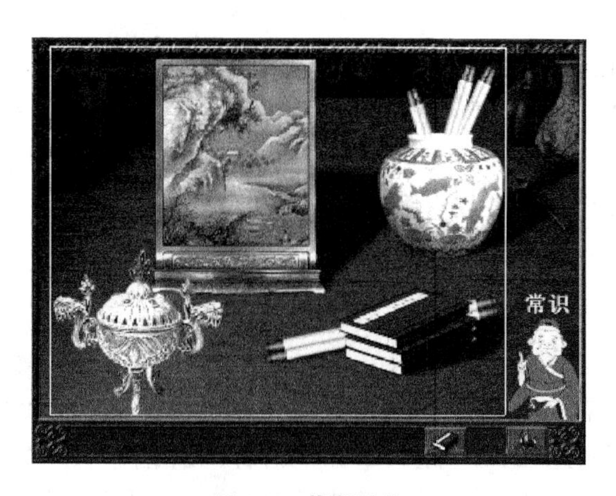

图 3-9 截取图像

归纳说明

本节介绍了图像的相关背景知识，读者应对色彩有了基本的了解，色调、亮度和饱和度是描述颜色的三个基本特征；彩色空间是表示颜色的一种数学方法，用它来指定颜色。颜色模型通常用三维模型表示，常用的颜色模型包括：RGB 模式、CMYK 模式、Lab 模式、HSB模式等。

在计算机中，图像是以数字方式来存储。计算机图像分为两大类：位图图像和矢量图形。位图图像是用小方形网格（位图或栅格）即像素来代表图像，每个像素都被分配一个特定位置和颜色值。矢量图形是由称为矢量的数学对象所定义的直线和曲线组成的。位图文件色彩丰富、细腻，但文件容量大。矢量图形放大缩小时不易失真，并且所占存储空间也比较小。

在Photoshop等图像处理软件中，像素是图像的基本组成单位。分辨率是指图像中每单位长度的像素数目，通常用像素/英寸（ppi）表示。相同尺寸的图像分辨率越高，单位长度上的像素数越多，图像越清晰；反之图像越粗糙。

多媒体图像素材的获取方法有很多，可以通过扫描仪、数码相机、视频卡或者借助于图像捕捉软件将图像输入到计算机中。

多媒体作品中使用的图像素材，无论是从哪种形式获取的图像素材，都应该是某种格式的图像文件。目前流行的图像文件存储格式有许多种，如BMP、TIFF、GIF、JPEG、PSD、PCX、TGA、PDF、PNG等。

1. BMP

BMP（Bitmap）图像文件是一种Windows标准的点阵式图形文件格式，最早用于微软公司推出的Windows系统。BMP格式支持RGB、索引颜色、灰度和位图颜色模式，但不支持Alpha通道。BMP图像文件未经压缩，所以文件比较大，不适于存储与网络传输。

2. TIFF

TIFF（Tagged Image File Format，标记图像文件格式）用于在应用程序之间和计算机平台之间交换文件。TIFF是一种灵活的位图图像格式，实际上被所有绘画、图像编辑和页面排版应用程序所支持。而且几乎所有桌面扫描仪都可以生成TIFF图像。TIFF格式的好处是大多数图像处理软件都支持这种格式，并且TIFF格式还可以加入作者、版权、备注以及用户自定义信息，存放多幅图像。

3. GIF

GIF（Graphics Interchange Format，图形交换格式）是Compu-Serve公司提供的一种图形格式，是一种LZW压缩格式，用来最小化文件大小和电子传递时间。在World Wide Web和其他网上服务的HTML（超文本标记语言）文档中，GIF文件格式普遍用于显示索引颜色图形和图像。另外，GIF格式还支持灰度模式，但不支持Alpha通道。

4. JPEG

JPEG（Joint Photographic Experts Group，联合图片专家组）是目前所有格式中压缩率最高的格式。其最大特点是文件经过了高倍压缩，都比较小，目前绝大多数彩色和灰度图像都使用JPEG格式压缩图像，这是一种变压缩率算法，压缩比很大并且支持多种压缩级别的格式，当对图像的精度要求不高而存储空间又有限时，JPEG是一种理想的压缩方式。

5. PSD 格式

PSD 格式(Photoshop 格式)是 Adobe 公司开发的图像处理软件 Photoshop 中自建文件的标准格式。在 Photoshop 所支持的各种格式中,PSD 格式存取速度比其他格式快很多,功能也很强大,可存放图层、通道、遮罩等多种设计草稿。

任务 2 抠取部分图像

在 Photoshop 中,对图像的处理往往是局部的、某一部分的,而非整体的处理,这就要求能够精确地选取出这些部分,选择区域的精确程度将直接影响到图像处理的优劣,本节任务就是利用 Photoshop 提供的各种工具来抠取部分图像。

Photoshop 提供了很多图像选取工具,如选框工具、套索工具、魔术棒工具,还提供了一些与建立和编辑选区相关的命令。

1. 用选框工具建立选区

使用选框工具建立选区是最简单的规则选区的建立方法,Photoshop 提供了 4 种选框工具,分别是:矩形选框工具、椭圆选框工具、单行选框工具和单列选框工具,它们在工具箱的同一个工具面板下,如图 3-10 所示。

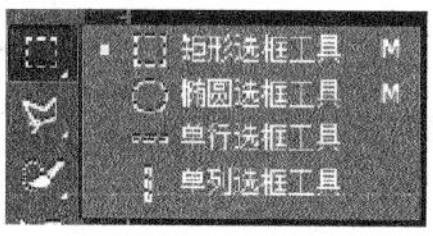

图 3-10 选框工具

矩形选框工具:在图像中建立矩形选区。它的操作比较简单,只要按住鼠标左键在图像上从左上方向右下方拖曳,松开鼠标后可以在图像中建立一个矩形选区,同时按住 Shift 键拖曳,可以建立一个正方形区域。

椭圆选框工具:在图像中建立椭圆形选区。在图像上用鼠标拖曳,可在图像中绘制出椭圆形区域,同时按住 Shift 键拖曳,可以建立一个正圆区域。

单行选框工具(单列选框工具):可以在图像上建立高度为一个像素的横行选区(建立宽度为一个像素的竖列选区),建立横行选区和竖列选区,都不用鼠标拖曳,直接在需要建立选区的地方单击即可。

当选中不同的工具时,工具属性栏也发生相应的变化,如图 3-11 所示。下面对各属性栏中共同或重要部分进行讲解。

选区运算方式如下。

新选区:每创建一个新的选区,上一选区就会自动消除,新建一选区。

合并选区:原有的选区区域和新选区区域合并在一起,得到结果选区。

减去选区:原有的选区区域中减去新选区区域与之相交的部分,得到结果选区;

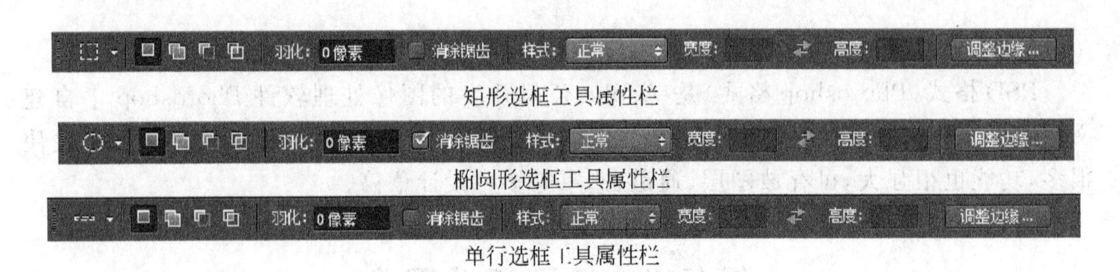

图 3-11　选框工具属性栏

如果新选区没有与原有选区相交，则结果选区仍为原有选区。

选区交集 ：原有的选区区域和新选区区域相交的部分是结果选区；如果新选区没有与原有选区相交，则结果选区为空。

羽化：柔化选区的边界，也就是使选区的边界有一个柔和的过渡效果，羽化值越大，过渡效果越明显。图 3-12 和图 3-13 所示分别为矩形选区羽化值为 0 和羽化值为 10 的颜色填充效果。单行选框工具和单列选框工具的羽化值只能为 0。

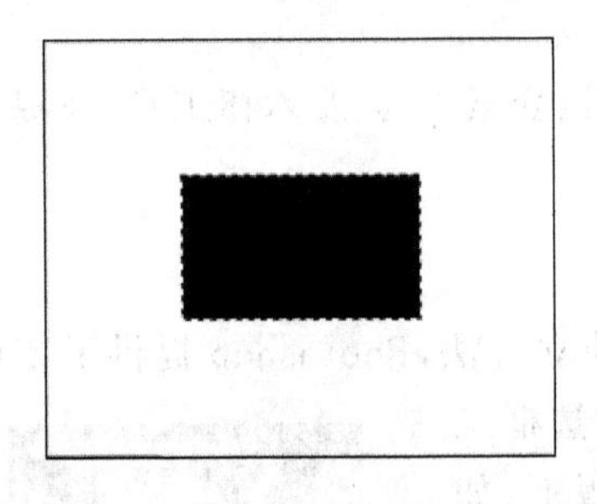

图 3-12　羽化值为 0 的颜色填充效果

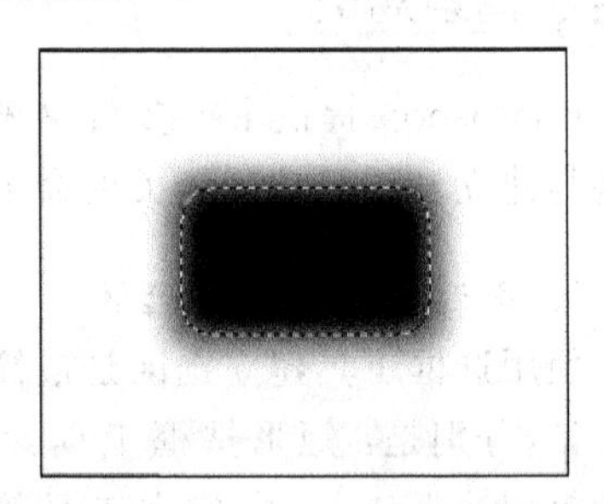

图 3-13　羽化值为 10 的颜色填充效果

样式：可以设置绘制矩形选框的方式。“正常”表示可以用鼠标拖出任意大小的矩形；选择“约束长宽比”时，在文本框中输入数值，定义矩形选区宽度和高度比，默认值为 1∶1，在操作时，将按设定比例拖出矩形选区；选择“固定大小”时，在文本框中直接输入矩形选区宽度和高度像素数值，鼠标在图像窗口单击，即可以直接绘制出设定数值大小的矩形选区。

消除锯齿：该选项可以使椭圆选区边缘比较平滑，图 3-14 的(a)和(b)分别是选中“消除锯齿”与未选中“消除锯齿”的颜色填充效果。

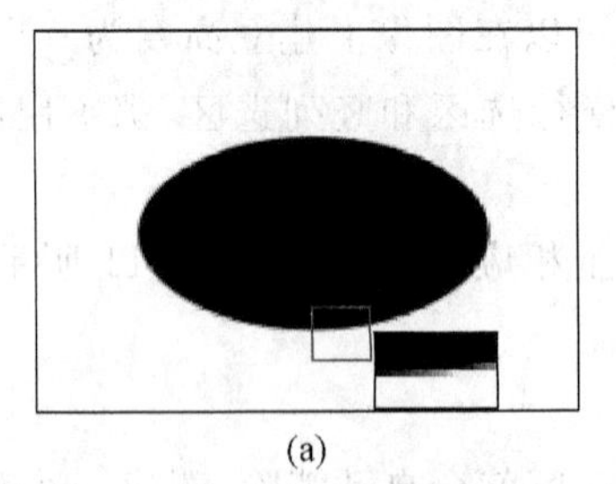

(a)

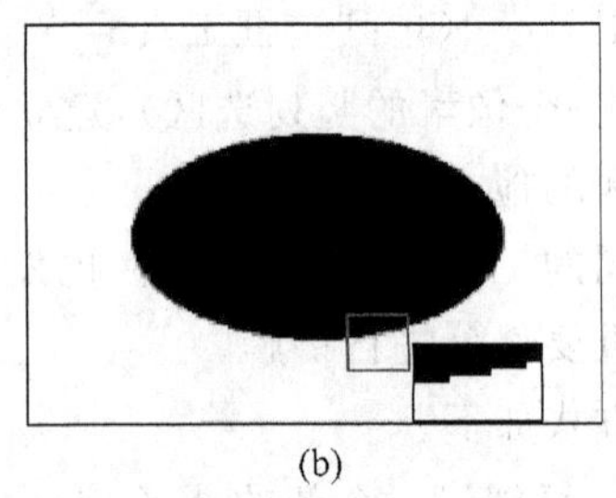

(b)

图 3-14　选中“消除锯齿”(a)与未选中“消除锯齿”(b)的图形颜色填充效果

2. 用套索工具建立选区

在 Photoshop 中所处理的图像的区域很多是不规则的，套索工具是建立不规则选区的一种工具，它们分别是：套索工具、多边形套索工具和磁性套索工具，如图 3-15 所示。

套索工具：使用套索工具选取任意形状的不规则区域，主要操作就是将鼠标移至图像上，单击定出选区边缘的起点，然后沿着要选择的区域边缘移动鼠标，当鼠标移回到起点时松开，此时就会形成一个封闭的选区。如果鼠标未回到起始点就松开鼠标，系统自动在起点与终止点之间连接一条直线，也形成一个封闭的选区。

图 3-15 套索工具

多边形套索工具：使用多边形套索工具可以选取直线型的多边形区域，它的操作是把鼠标移到图像上，单击鼠标选中起始点，然后沿着待选择区域的边缘不断地移动到下一个位置并且单击鼠标，当回到起始点时，光标处出现一个小圆圈，表示选择区域已封闭，单击鼠标，完成操作。如果鼠标未回到起点，双击鼠标，则选区的起点和终点会以直线相连，也构成封闭选区。

磁性套索工具，是一种能自动勾画图像边缘形成选区的套索工具，一般用于在图像中选择不规则的，但其轮廓比较明显，或图像颜色与背景颜色反差较大的区域，它的操作是选中磁性套索工具，鼠标指针移到图像上单击定出选区的起始节点，然后不需要按住鼠标，只要沿着物体的边缘移动鼠标指针，就会自动捕获图像边缘，出现描边节点。如果某处边缘捕捉困难，则可以单击鼠标加入节点。当回到起始节点时，光标下方出现小圆圈，单击鼠标，从而形成图形颜色与背景颜色反差较大的图形选区。

套索工具和多边形套索工具的工具属性栏非常简单，只有选区运算方式、羽化和消除锯齿三项操作，如图 3-16 所示。

图 3-16 套索工具属性栏

磁性套索工具的属性栏如图 3-17 所示。

图 3-17 磁性套索工具的属性栏

磁性套索工具属性栏中有三项与前面属性栏不同的属性。

宽度：磁性套索工具在设定选区边缘位置时探查的距离范围，数值在 1～256 之间，宽度设定好后，移动鼠标指针的过程中，会以鼠标指针所在位置点为中心，自动在设定的宽度范围内探查颜色变化情况，找到颜色交接处，作为选区边缘。

边对比度：设置磁性工具识别颜色反差的灵敏度，范围在 1%～100%，对比度越小，分辨颜色差别的灵敏度越高，反之，只能分辨颜色差异比较大的边缘。

频率：单位长度路径上设置节点个数的频率，数值范围在 1～100 之间，数值越大，节点越多。

3. 使用魔术棒工具建立选区

魔术棒工具用来选择颜色相同或相近的区域，只要在图像上单击，与单击处颜色相近的区域都包含在选区之中，魔术棒工具属性栏如图 3-18 所示。

图 3-18　魔术棒工具属性栏

容差：通过设置魔术棒工具的容差项可以设置颜色选取的容差值，它的数值范围为 1～255。容差数值越小，选取范围内的颜色越接近，选取的区域也就越小，其默认值为 32。

连续：如果此项处于选中状态，使用魔术棒，则只有与单击处相邻位置中颜色相近的区域被选中；如果此项未选中，则整个图像中颜色相近的区域都被选中。

对所有图层取样：如果此项处于选中状态，则各图层中颜色相近的区域都被选中。如果此项未选中，则只有当前图层中颜色相近的区域被选中。

（1）打开图像。选择【文件】→【打开】→【文件】命令，在【打开】对话框的【查找范围】下拉列表框中选择“. \多媒体技术与应用\素材\第 3 章\”目录，在文件列表选择程序文件“书-原图. jpg”，如图 3-19 所示。单击 打开(O) 按钮，打开图像文件。

图 3-19　打开图像文件

（2）调整图像亮度。由于图像偏暗，书本边缘不清晰，需要调整亮度。单击【图像】→【调整】→【亮度/对比度】命令，打开【亮度/对比度】对话框，如图 3-20 所示，调整【亮度】值为 60，单击 确定 按钮。

（3）制作选区。选择工具栏中的多边形套索工具，在图像中沿书本和画轴的边缘勾出轮廓，如图 3-21 所示。

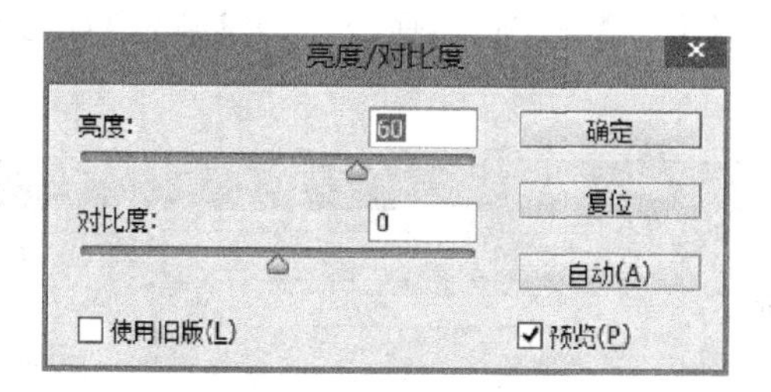

图 3-20 调整图像亮度

图 3-21 制作选区

(4) 羽化选区。为了让选区边缘柔和,对选区进行羽化。单击【选择】→【羽化】命令,打开【羽化选区】对话框,如图 3-22 所示。

羽化选区
羽化半径(R): 1 像素
确定
取消

图 3-22 【羽化选区】对话框及羽化效果

（5）新建文件。选择【文件】→【新建】命令，打开【新建】对话框，如图 3-23 所示，设置新建文件的各种参数。

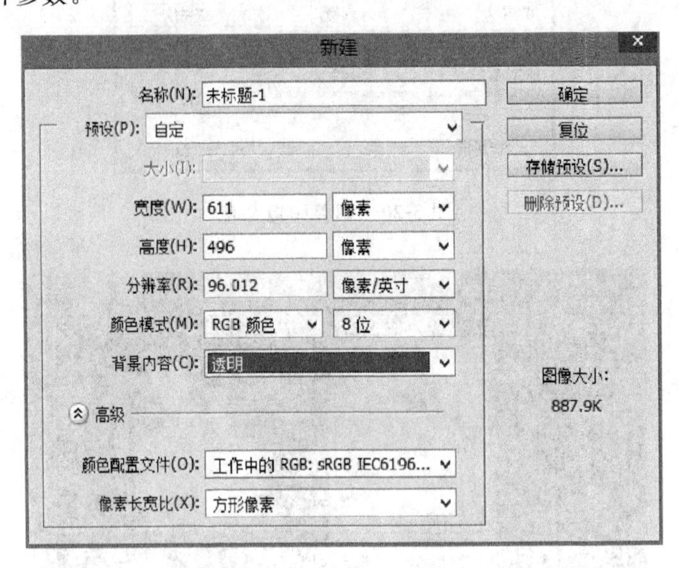

图 3-23 【新建】对话框

（6）移动复制选区。使用工具栏中的移动工具 把“书-原图. jpg”中抠取的图像选区移动复制到新文件中，如图 3-24 所示。

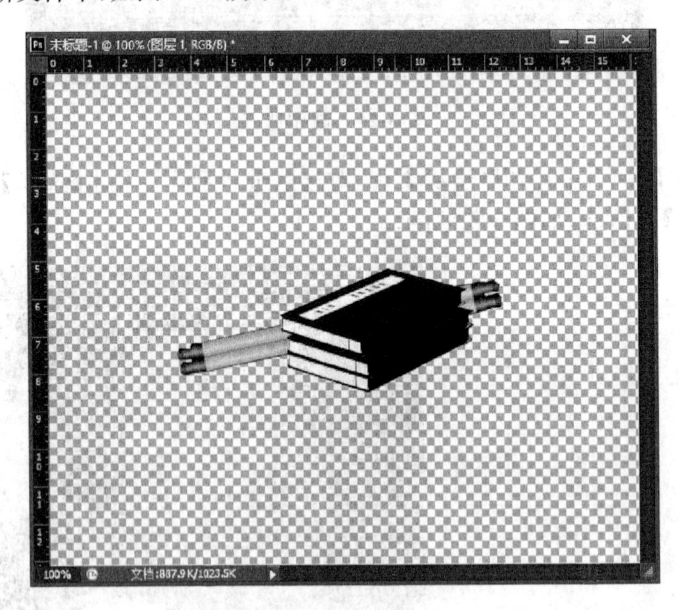

图 3-24 移动复制选区

（7）保存文件。单击【文件】→【保存】命令，把新文件保存为名称为“书. psd”的文件。

Photoshop 中使用移动工具 和【编辑】、【选择】命令项，对已创建选区内的图像，可以进行复制、移动、删除、描边和填充颜色等操作。

归纳说明

本节介绍了如何利用 Photoshop 的各种工具来创建选区：使用选框工具可以创建规整的矩形、圆形和单行选区，使用套索工具可以创建不规整的选区，而用来选择颜色相同或相近的区域，魔术棒工具是最佳选择。

Photoshop 中使用移动工具和【编辑】、【选择】菜单中的命令项，对已创建的选区内的图像，可以进行复制、移动、删除、描边和填充颜色等操作。

在 Photoshop 中，不仅利用选框工具、套索工具、魔术棒工具创建选区，还可以利用路径和蒙版创建选区，而且优点更加突出。

1. 使用路径创建选区

路径是 Photoshop 中的一种矢量绘图工具，利用工具箱中的钢笔工具绘制图形路径，再对路径进行描边、填充等操作，可以获得一幅精美的矢量图形。路径还是创建选区的工具，使用工具箱中的转换点工具、直接选择工具和路径选择工具，对路径可以进行随意调整，所以用它来创建选区更加灵活与方便。

使用路径创建选区的方法是先使用钢笔工具勾出物体的轮廓路径，再使用路径调整工具，使路径与轮廓更加相符，最后使用路径控制面板可以把封闭的路径转换为选区，如图 3-25 所示。

图 3-25　路径转换为选区

2. 使用蒙版创建选区

使用套索工具、魔术棒工具建立的选区一经建立，就无法修改，给图像编辑带来了不便。使用蒙版建立选区，可以在蒙版上使用工具箱中的画笔等绘图工具建立选区，使用橡皮等修改工具修改选区，并且蒙版与选区可以相互转换，从而获得满意的选区效果。长久性的、经常要重复使用的选区一般都保存在Alpha通道中，使得选区可以长期使用。

利用蒙版创建和编辑选区的方法如下。

先利用其他工具在图像上创建一个简单的选区，单击【选择】→【存储选区】命令，打开【存储选区】对话框，如图3-26所示。或者单击通道控制面板的将选区存储为通道按钮，都可以实现在通道控制面板上创建一个Alpha通道，在Alpha通道中，选区的部分作为白色保存，其余部分作为黑色保存，如图3-27所示。

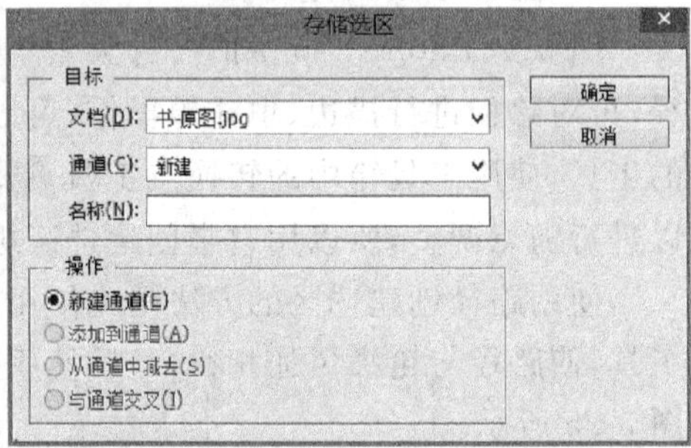

图3-26 【存储选区】对话框

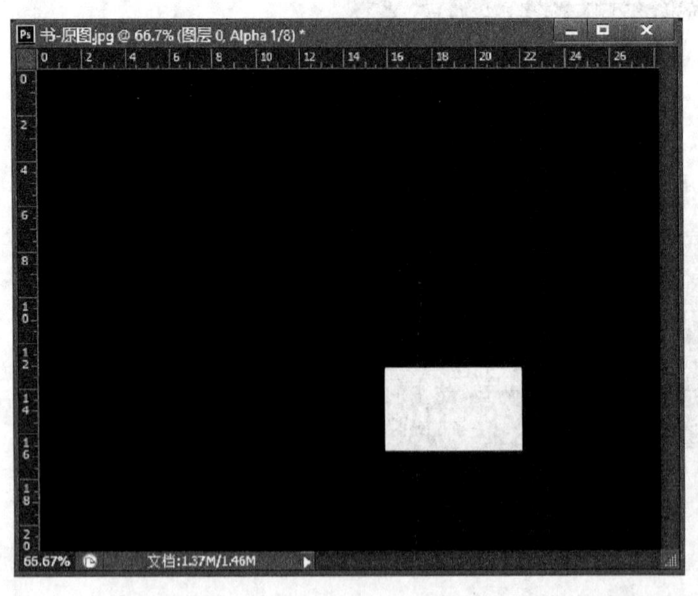

图3-27 通道中白色区域表示选中部分，黑色区域表示未选中部分

当 RGB 通道和 Alpha 通道左侧的可视图标均存在时，单击选中 Alpha 通道，这时图像的选区部分透明显露出来，其余部分被红色遮盖，如图 3-28 所示。

图 3-28　选区部分透明，其余部分被红色遮盖

设置前景色为白色，可以选择各种绘图和编辑工具在 Alpha 通道内修改蒙版，如图 3-29 所示。最后选择【选择】→【载入选区】命令，打开【载入选区】对话框，如图 3-30 所示，在对话框中选定转化选区的通道。或者单击通道控制面板上的把通道作为选区载入按钮，Alpha 通道中白色区域转换为选区，如图 3-31 所示。

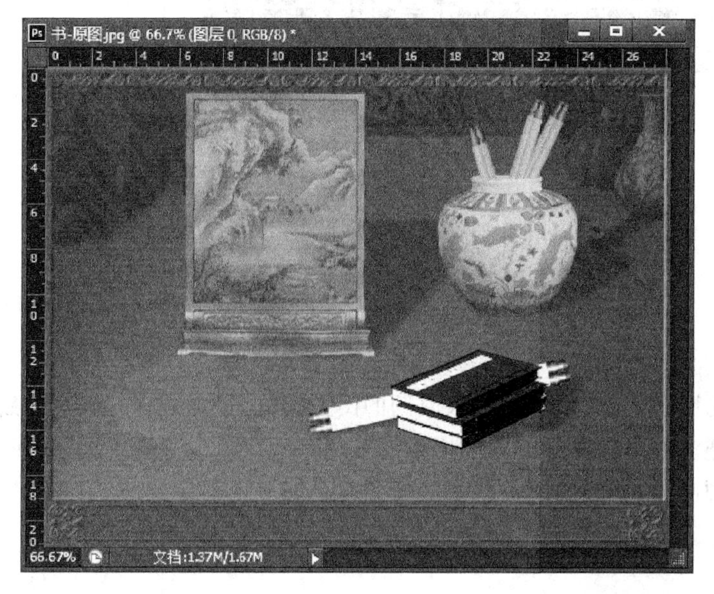

图 3-29　在 Alpha 通道内修改蒙版

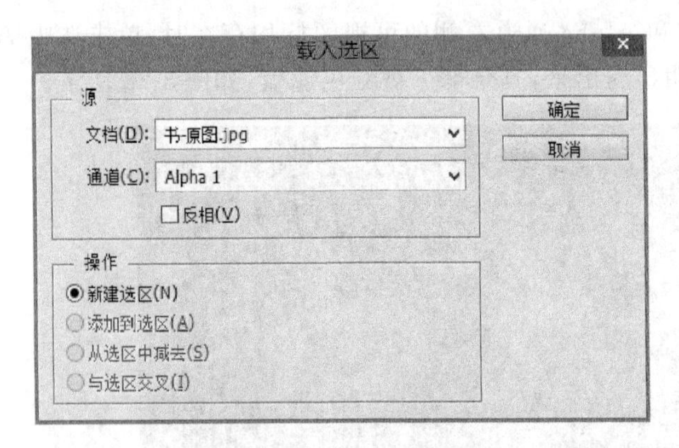

图 3-30 【载入选区】对话框

图 3-31 通道转化为选区

任务 3 图像的合成

本节任务

在多媒体作品中出现的图像，如果仅引用一张原始的图像素材，是不能达到理想的效果的。图像设计者常常会把多张图像放在不同的图像层，对每一层进行不同效果的处理，然后把它们叠加起来，才能制作出精致的图像。本节任务就是把多张图像处理后，合成一张理想的图像。

背景知识

在 Photoshop 中，图层可以使用户在不破坏其他元素的情况下，对其中的某一个元素进行处理。可以将许多图层想象成一叠透明的纸，在一个层内没有图像的地方，可以透过该层看到底下的图层(图 3-32 直观地展示了这种效果)。也可以通过改变图层的叠放次序或属性来改变一幅图像的合成模式，以达到理想的效果。图层的许多操作都在【图层】面板实现。

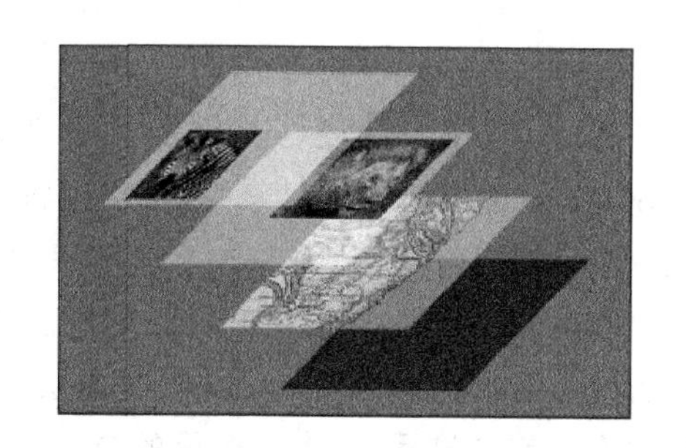

图 3-32 Photoshop 中的图层

打开 Photoshop 示例图像 Flower. psd，可以看到【图层】面板如图 3-33 所示。

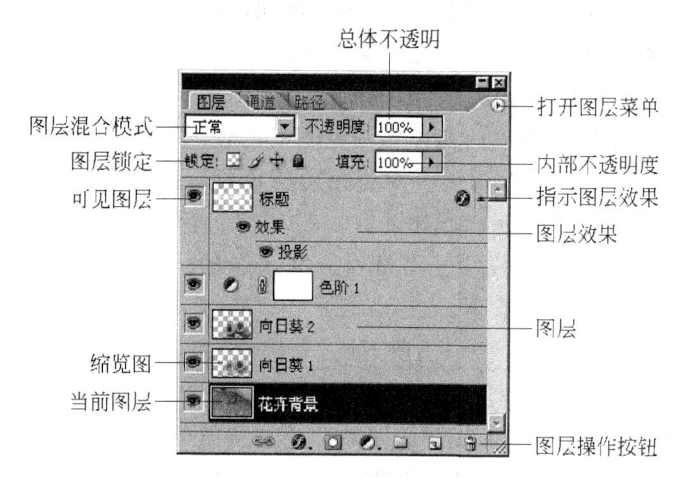

图 3-33 【图层】面板

1. 不透明度

一个层的不透明度决定了其下面一层的完全显示程度。其值在 0～100％之间，当取值为 0 时为完全透明，取值为 100％时则会完全遮住下面的图层。百分比的数值越大，该层显示越不透明。注意不能改变背景图层、被锁定图层和不可见图层的不透明度。

2. 混合模式

Photoshop 提供了 22 种图层混合模式，选择不同的图层混合模式能看到当前图层与位于其下面的图层混合叠加到一起的效果。

选择混合模式和设置不透明度会相互影响，它们共同决定图像的显示效果。

3. 图层锁定按钮

在图层面板有四个锁定按钮，用来部分或者完全锁定图层，以保护图层内容。

锁定透明像素：锁定后，透明区域将被保护起来，只能对当前图层的不透明区域进行处理。

锁定图像像素：锁定后，图像的透明与不透明区域都不能进行修改。

锁定位置：锁定后，当前图层的图像位置不能改变。

锁定全部：上面的三种情况都被锁定。

4. 图层操作

添加图层样式 fx：图层样式使得利用图层处理图像更加方便，用户可以套用 Photoshop 提供的许多图层样式，在进行一些参数设置后，能在图像上制作出特殊效果。充分运用图层样式，是为图像处理增辉的重要手段。

添加图层蒙版：图层蒙版的运用在 Photoshop 中占有很重要的地位，它可以控制图层中的不同区域如何被隐藏或者显示，在多个图像的拼合处理中特别有用。

图层蒙版采用灰度区域来表示透明度，不同程度的灰色蒙版表示图像以不同程度的透明度显示。例如白色区域为透明显示区域，而黑色区域则为隐藏区域。

创建新的填充或调整图层：调整图层主要用来控制色调和色彩的调整，它存放的是图像的色调和色彩，而不存放图像。在调整图层里调节下面层色彩的色阶、色彩平衡等，它不会改变下面层的原始图像。

创建新组：图层组可以用来装载有某些关联的图层，并对这些图层进行统一管理。

创建新图层：新建一个空白透明图层。

删除图层：删除选定图层。

图层面板中的一些功能和面板弹出菜单命令是从图层菜单中分离出去的，所以图层的其他操作可以由图层菜单实现。

单击菜单栏的【图层】按钮，将打开如图 3-34 的图层菜单。

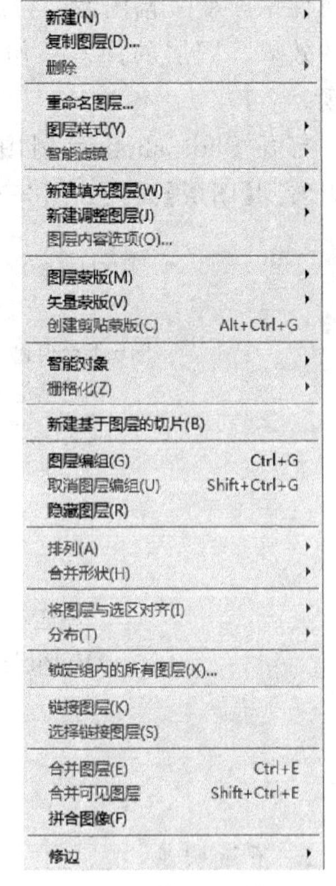

图 3-34 【图层】菜单

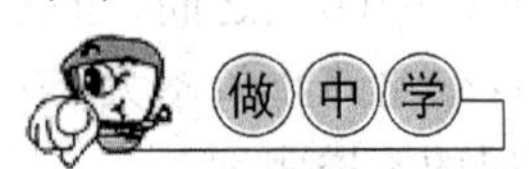

（1）新建文件。选择【文件】→【新建】命令，打开【新建】对话框，如图 3-35 所示设置参数，然后单击 确定 按钮。

（2）打开文件。选择【文件】→【打开】命令，在打开对话框的【查找范围】下拉列表框中选择“.\多媒体技术与应用\素材\第 3 章\”目录，在文件列表中选择程序文件“底纹.jpg”，单击 打开(O) 按钮，打开图像文件，如图 3-36 所示。

（3）建立新图层。按下 Ctrl+A 组合键，选中底纹的所有图像，使用工具栏中的移动工具把选中的图像移至新建的“未标题-1.psd”窗口，形成新“图层 1”，如图 3-37 所示。

（4）复制图层。在【图层】面板拖动“图层 1”至图层操作按钮中的新建图层按钮，形成“图层 1 副本”图层，用移动工具把“图层 1 副本”层内的图像移至合适的位置，如图 3-38 所示。

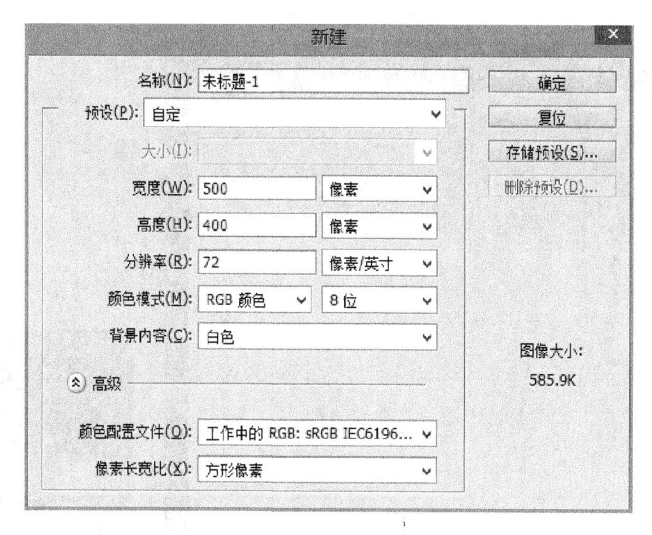

图 3-35 【新建】对话框

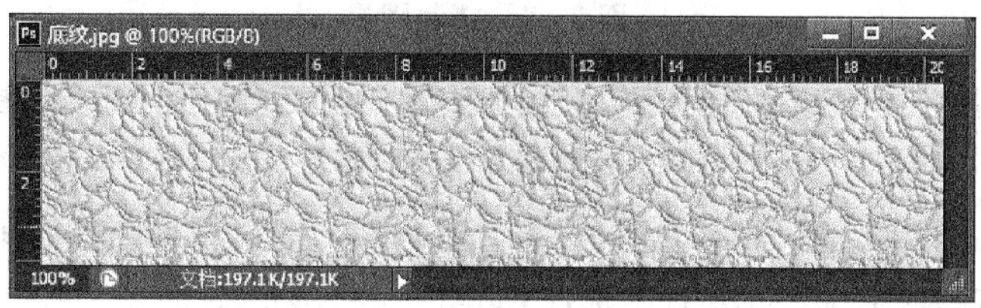

图 3-36 打开图像文件

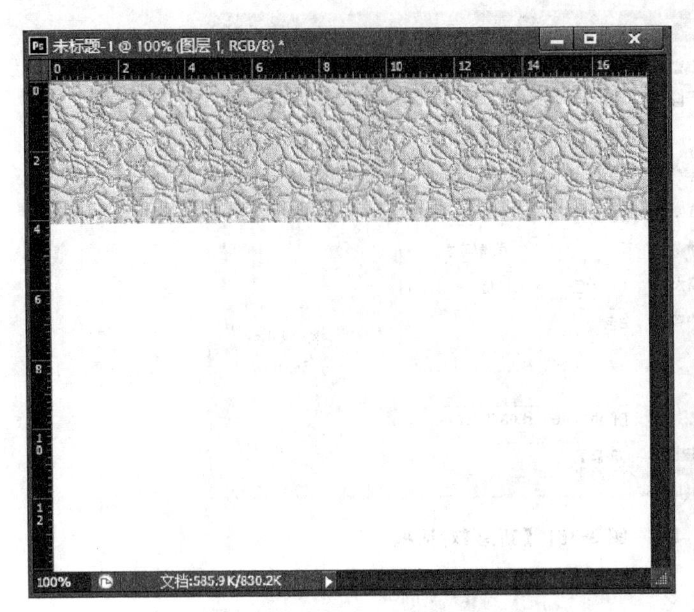

图 3-37 建立新图层

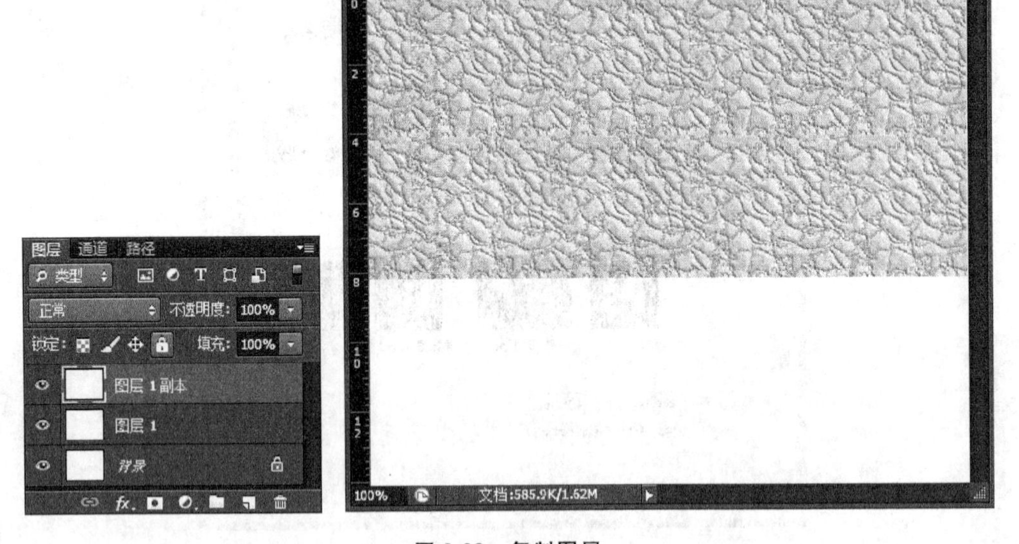

图 3-38 复制图层

(5) 合并图层。以步骤(4)的方法复制"图层 1 副本 2"、"图层 1 副本 3"，然后把各图层的图像移动到合适的位置，使底纹图案铺满整个窗口，并取消"背景"图层的可视性，如图 3-39(a)所示。单击【图层】→【合并可见图层】命令，4 个可见图层合并为 1 个图层"图层 1 副本 3"，并恢复"背景"图层的可视性，如图 3-39(b)所示。

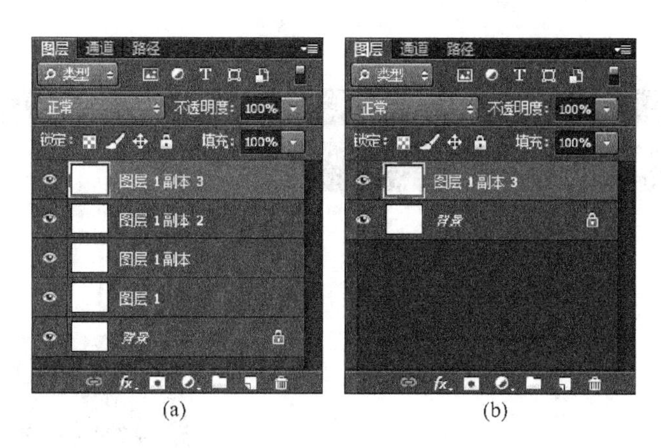

图 3-39 合并图层

(6) 调整图层的不透明度。选择“图层 1 副本 3”,调整该图层的【不透明度】值为30%,如图 3-40 所示。

图 3-40 调整图层的不透明度

(7) 新建文字图层。选择工具栏中的横排文字工具 T ,设置字体为“隶书”,字体大小为 48,输入文字“唐诗赏析”,并自动形成文字图层“唐诗赏析”,如图 3-41 所示。

(8) 设置文字图层样式。单击【图层】面板下方的添加图层样式按钮 fx ,按默认值给文字添加“投影”、“斜面和浮雕”效果,并设置图层的混合模式为“滤色”,文字与背景有一致的颜色,【不透明度】为 40%,如图 3-42 所示。

(9) 变形文字。选中文字层,单击【编辑】→【变换】→【旋转】命令,修改工具栏属性旋转角度值为−40°,如图 3-43 所示。单击 Enter 键,确认文字变形。

(10) 移动复制。把文字拖至窗口的左下角,多次复制文字图层,并把副本移动到合适的位置,如图 3-44 所示。

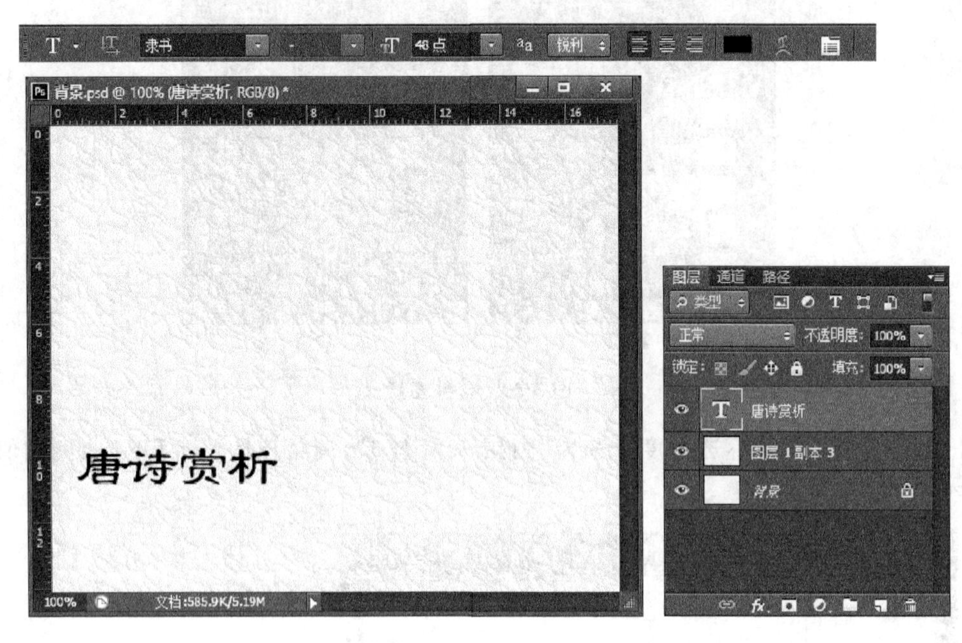

图 3-41　新建文字图层

图 3-42　设置文字图层样式

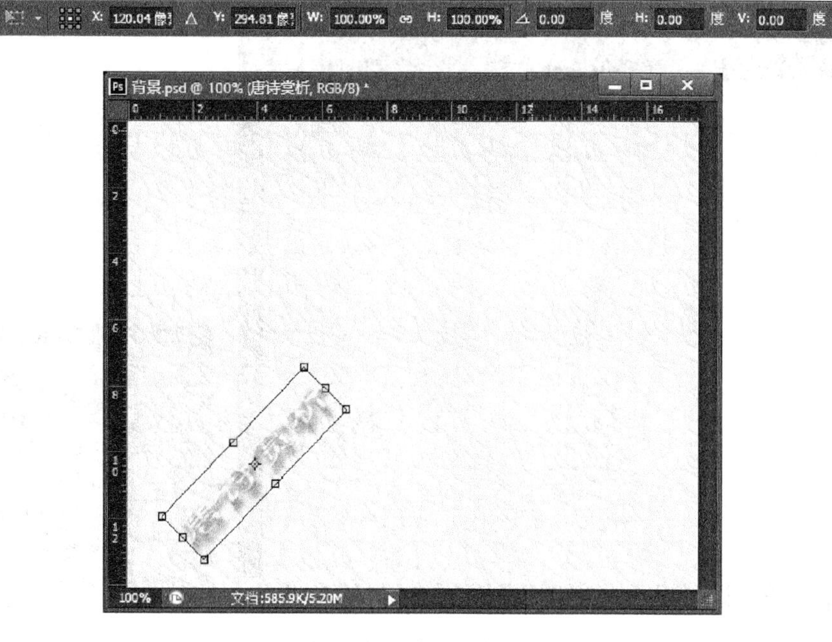

图 3-43 变形文字

图 3-44 移动复制文字图层

(11) 合并文字图层。把所有文字图层合并为一个图层，如图 3-45 所示。

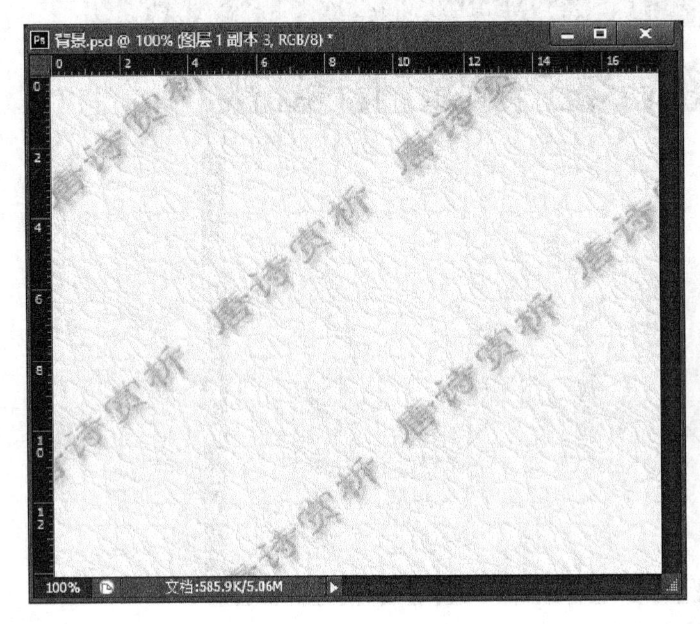

图 3-45 合并文字图层

(12) 打开图像文件。选择【文件】→【打开】命令，在打开对话框的【查找范围】下拉列表框中选择“.\多媒体技术与应用\素材\第 3 章\”目录，在文件列表选择程序文件“书.psd”。单击 打开(O) 按钮，打开图像文件，如图 3-46 所示。

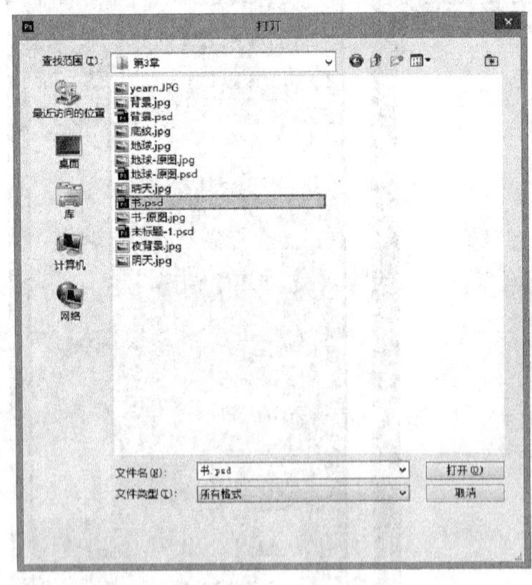

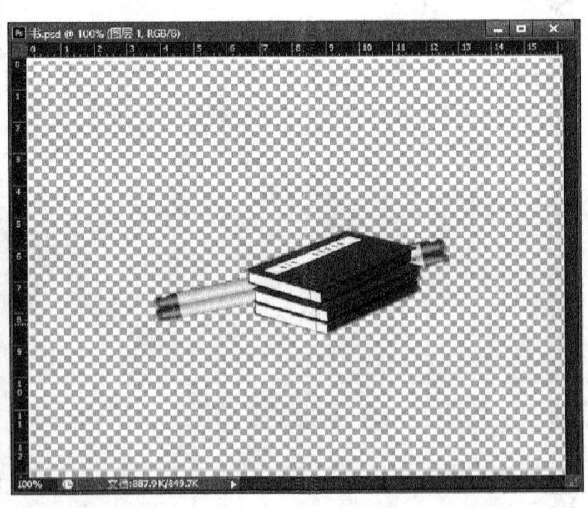

图 3-46 打开图像文件

(13) 选择图像。使用工具栏中的魔术棒工具 在书外部的透明处单击，透明处为选中的选区，选择【选择】→【反向】命令，书的图像部分为选区，使用工具栏中的移动工具 把选区移动到未标题-1.psd 文件图层的顶层，如图 3-47 所示。

图 3-47 创建新图层

(14) 变形图像。选择【编辑】→【自由变换】命令，在【属性】工具栏中设置宽度和高度为原图的 40%，角度为－40°，如图 3-48 所示。

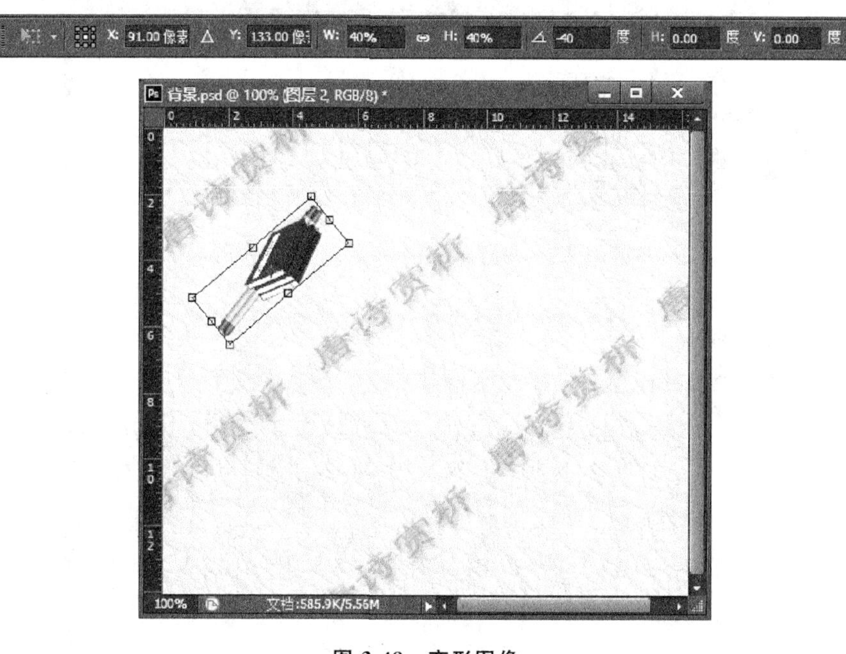

图 3-48 变形图像

(15) 以同样的方法给“图层 1”增加投影和浮雕效果，并设不透明度为 15%，再把“图层 1”多次复制，单击【图层】→【拼合图像】命令，把所有图层合并，如图 3-49 所示。

(16) 保存文件。单击【文件】→【存储为】命令，在【存储为】对话框中，保存文件名为“背景”，文件类型为.jpg，如图 3-50 所示。

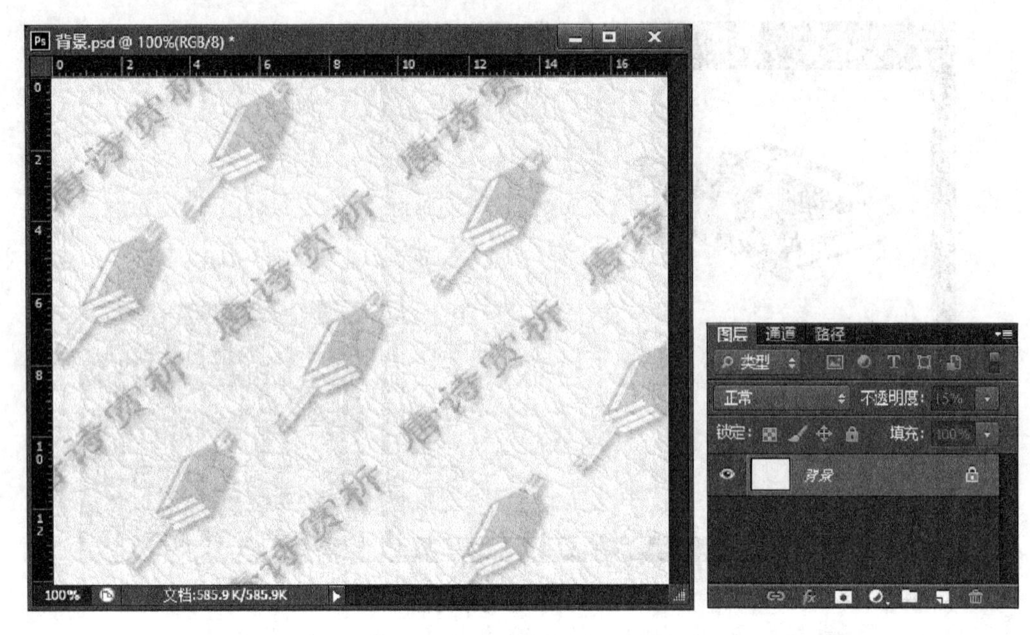

图 3-49 复制图层并拼合图层

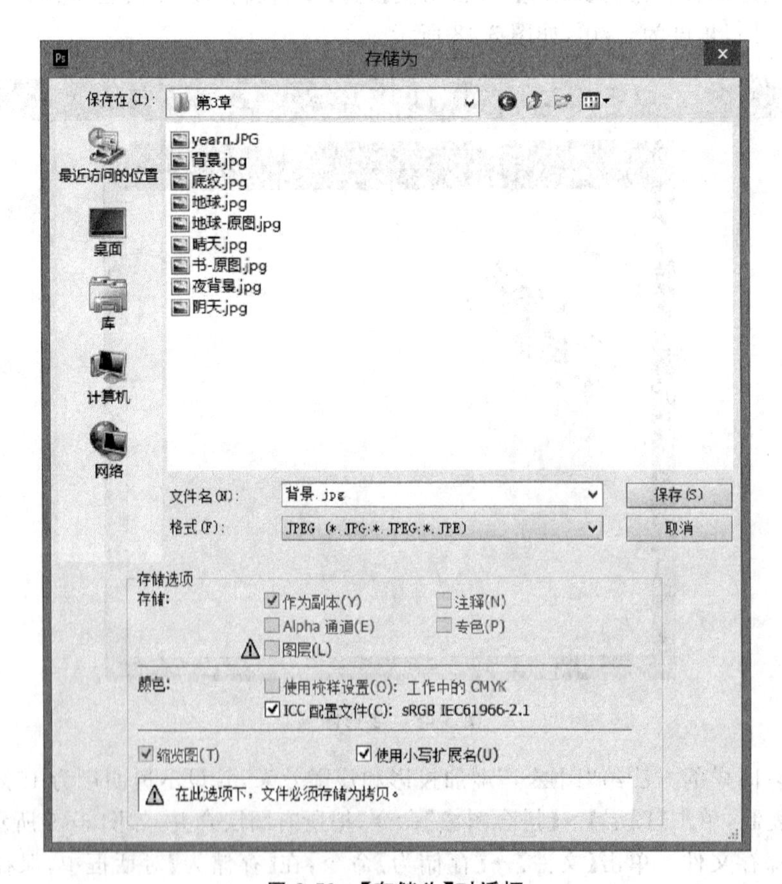

图 3-50 【存储为】对话框

归纳说明

在 Photoshop 中，图层可以使用户在不破坏其他元素的情况下，对其中的某一个元素进行处理。可以将许多图层想象成一叠透明的纸，在一个层内没有图像的地方，能够透过该层看到底下的图层。也可以通过改变图层的叠放次序或属性来改变一幅图像的合成模式，以达到理想的效果。

利用【图层】面板和【图层】菜单可以实现图层的所有基本操作，这些基本操作主要包括：新建图层、复制图层、删除图层、修改图层属性、添加图层样式、新建填充图层、新建调整图层、添加图层蒙版、创建剪贴蒙版、栅格化图层、图层编组、合并及拼合图层等。

拓展提高

在 Photoshop 中，图层有不同的种类。

（1）普通图层：最基本的图层，透过图层的透明区域看到下面的图层。通过更改图层的顺序和属性，可以改变图像的合成。

（2）背景图层：处于图层面板中最下面的图层为背景层。一幅图像只能有一个背景，无法更改背景的堆叠顺序、混合模式或不透明度。但是，可以将背景转换为普通图层。

文字图层：创建文字后自动形成文字图层，可以在文字图层编辑文字并对其应用图层命令。可以更改文字取向、应用消除锯齿、在点文字与段落文字之间转换、基于文字创建工作路径或将文字转换为形状。可以像处理正常图层那样，移动、重新叠放、复制和更改文字图层的图层选项。但是有些命令不能应用于文字图层，或要应用这些命令，首先要单击【图层】→【栅格化】→【文字】命令，栅格化文字图层，同时将文字形状转化为像素图像。

（3）形状图层：可以使用形状工具或钢笔工具来创建形状图层，形状图层中放置的是矢量图形。因为可以方便地移动、对齐、分布形状图层以及调整其大小，所以形状图层非常适合为 Web 页创建图形。

（4）调整图层：可将颜色和色调调整应用于图像，而不会永久更改像素值。例如，可以创建色阶或曲线调整图层，而不是直接在图像上调整色阶或曲线。颜色和色调调整存储在调整图层中，并应用于它下面的所有图层。

（5）填充图层：可以用纯色、渐变或图案填充图层。与调整图层不同，填充图层不影响它们下面的图层。

任务 4 修补图像

本节任务

在编辑图像的过程中使用到的原始图像，无论是数码相机捕捉的，或扫描仪获取的，还是网上下载的，都经常会带有一些污痕。只有修复这些瑕疵，才能得到完美的图像。本节的任务就是利用 Photoshop 提供的图像修补工具，修复图像。

Photoshop 提供了图像的修补工具，主要集中在图章工具和污点修复画笔工具、修复画笔工具等。

1. 图章工具

一种图形复制和修补工具，用户可以用来复制图形或者修补图像。图章工具又分为仿制图章工具和图案图章工具。

(1) 仿制图章工具

仿制图章工具可以从一幅图像取样，然后将取样应用到其他图像或同一图像的不同区域。

在复制取样图像时，如果在目的图像中定义了选区，则只将取样的图像复制到选区内。

在取样时，需要在按住 Alt 键的同时，用鼠标单击取样点。

单击工具栏仿制图章工具后，在工具属性栏中的选项与画笔工具相似，如图 3-51 所示。

图 3-51 仿制图章工具属性栏

对齐：该选项用来确定在复制时是否采用对齐方式。选择对齐，复制过程与鼠标的拖动方式及次数无关，图像保持为一个整体；不选择对齐，再次单击鼠标会重新开始复制。

对所有图层取样：选中该选项后将使取样点作用于所有可见层，否则取样点之作用于当前图层。

(2) 图案图章工具

图案图章工具和仿制图章工具不同，它不是以取样点进行复制，而是以预先定义好的图案进行复制。

图案：单击该按钮将弹出“图案预设管理器”。用户可以对系统自带或自定义的图案进行管理。关于自定义图案的方法将在下面介绍。

对齐：在对齐方式下，图案中的所有元素在所有行上都对齐，而与鼠标拖动位置和次数无关；在非对齐方式下，再次单击并拖动鼠标将重新开始复制，这时可能会出现图案的重叠和覆盖。

2. 修复工具

修复工具用于修复图像，能够有效地清除图片上常见的尘迹、划痕、污渍和折纹。修复画笔和其他的图像复制工具不同，在同一幅图片中或在图片与图片之间进行复制时，能将修复点与周围图像很好地融合，自动地保留图像原有的明暗、色调和纹理等属性。

右击污点修复画笔工具，打开修复工具的面板，如图 3-52 所示。

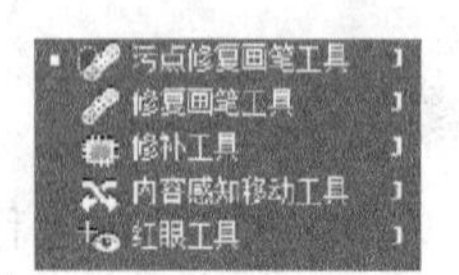

图 3-52 修复工具

(1) 污点修复画笔工具

污点修复画笔工具可以快速移去图像中的污点和缺陷，它不需要指定样本点，能自动从所修饰区域的周围取样。

污点修复画笔工具的属性栏如图 3-53 所示。

图 3-53 污点修复画笔工具属性栏

画笔：设置污点修复画笔的大小，一般选择比要修复的区域稍大一点的画笔，这样只需要单击即可修复污点区域。

模式：污点修复画笔的颜色合成模式。选取“替换”模式可以保留画笔描边的边缘处的杂色、胶片颗粒和纹理。

类型：填充污点区域的方式，包括近似匹配和创建纹理。近似匹配是使用画笔边缘周围的像素来查找要用作选定区域修补的图像区域。创建纹理是使用画笔区域中的所有像素创建一个用于修复该区域的纹理。

对所有图层取样：可从所有可见图层中对数据进行取样。

(2) 修复画笔工具

如果需要修饰大片区域或需要更大程度地控制来源取样，可以使用修复画笔而不是污点修复画笔。

修复画笔工具的属性栏如图 3-54 所示。

图 3-54 修复画笔工具属性栏

画笔：设置画笔直径、硬度、间距、角度、圆度和大小。

模式：选择修复画笔的颜色合成模式。

源：“取样”表示按住 Alt 键并用鼠标在图像上单击取样；“图案”表示用预设图案来进行修复。选择为图案方式后，可以在右边的列表中选择预设图案。

对齐：和仿制图章工具功能一样。选择对齐时，多次复制的部分成为一个整体；不选择对齐时，每次复制都重新开始。

3. 修补工具

修补工具可以从图像的其他区域或使用图案来修补当前选中的区域。

修补工具的属性栏如图 3-55 所示。

图 3-55 修补工具属性栏

源：选区是将要被修复的区域。

目的：选区是用来取样的区域。

使用图案：把选择好的图案应用到选区。

(1) 打开文件。选择【文件】→【打开】→【文件】命令,在【打开】对话框的【查找范围】下拉列表框中选择“.\多媒体技术与应用\素材\第 3 章\”目录,在文件列表选择程序文件“地球-原图.jpg”。单击 打开(O) 按钮,打开图像文件,如图 3-56 所示。

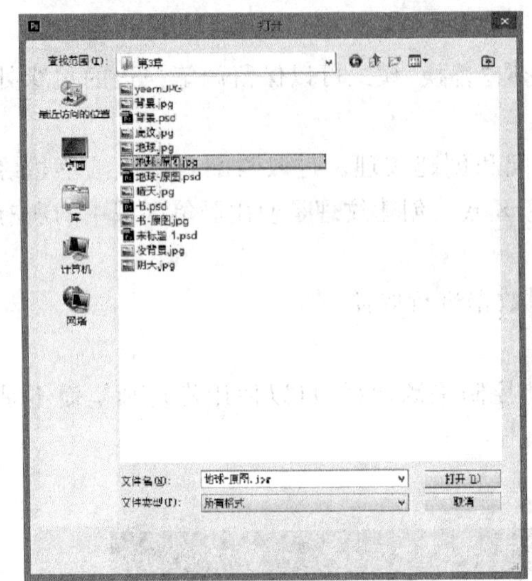

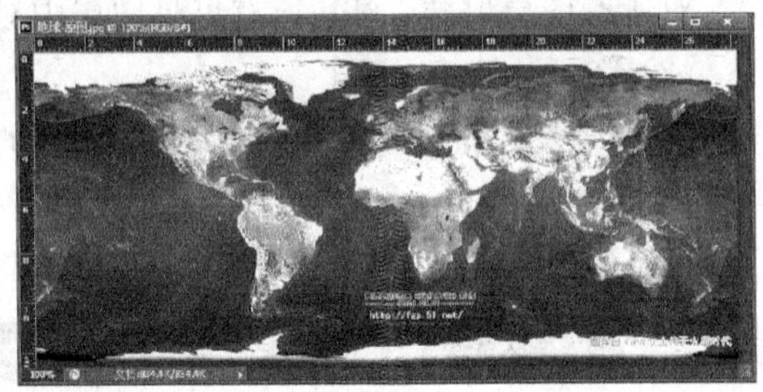

图 3-56 打开图像

(2) 修补绿色文字。打开图片后,可以发现在图片的正下方和右下方都有与图片相关的文字说明,这些都是图片需要修改的部分。通过观察,绿色文字颜色周围海洋颜色反差较大,需修补的区域也比较大,所以选择修复画笔,并设置修复画笔属性如图 3-57 所示。

图 3-57 设置修复画笔属性

(3) 取样。按住 Alt 键并用鼠标在图像上文字附近单击取样,如图 3-58 所示。

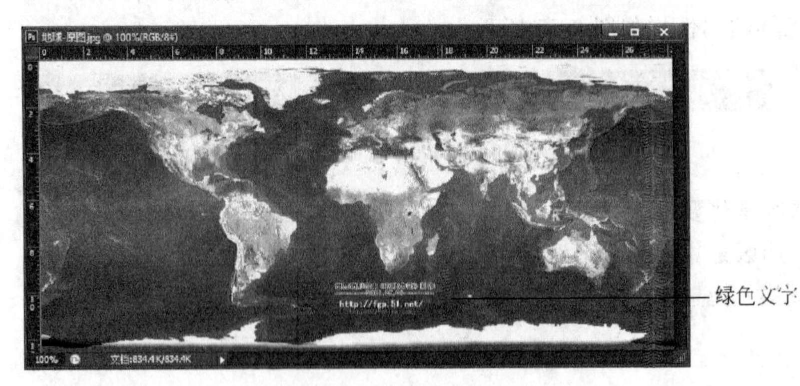

图 3-58 图像取样

(4) 修复绿色文字。按住鼠标左键，利用上一步取样图像修复文字，如图 3-59 所示。

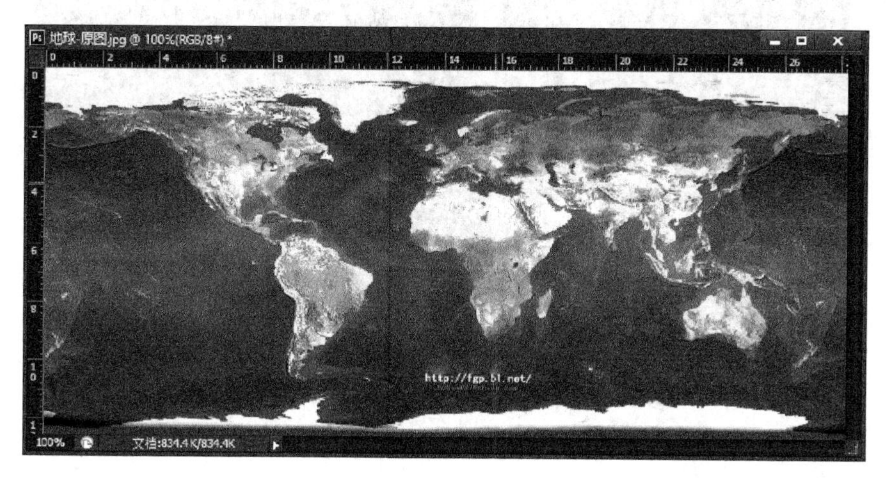

图 3-59　修复文字

(5) 修复白色网站地址。由于图像正下方网站地址所在的海洋区域颜色变化不大，因此使用修补工具从图像文字下方区域图案取样来修补文字区域。选择修补工具，设置修补工具属性如图 3-60 所示。

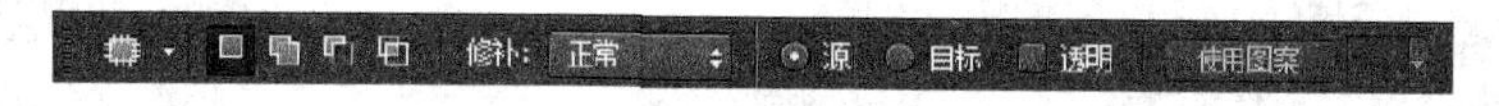

图 3-60　设置修补工具属性

(6) 选取图像上文字部分。按住鼠标左键，勾画出文字部分的封闭区域，如图 3-61 所示。

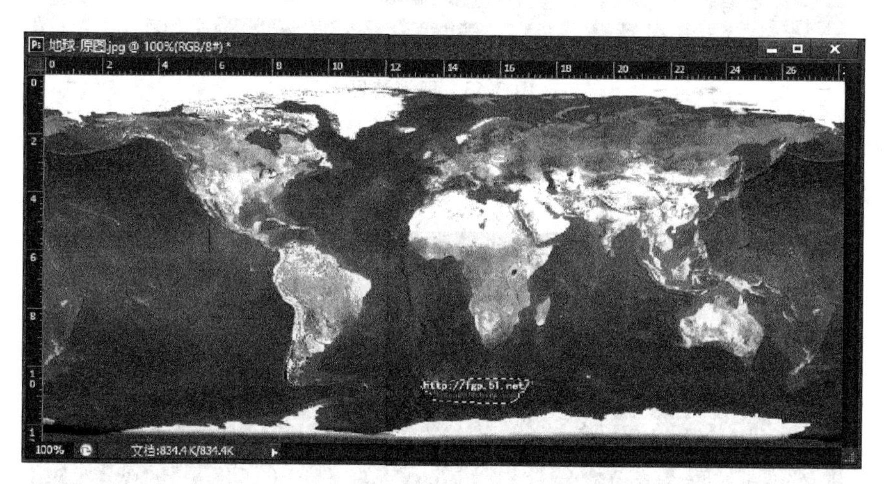

图 3-61　选择文字区域

(7) 用鼠标拖动选区到用来取样的区域，如图 3-62 所示。

(8) 释放鼠标，然后按组合键 Ctrl＋D 取消选区，可以看到文字已经消失了，如图 3-63 所示。

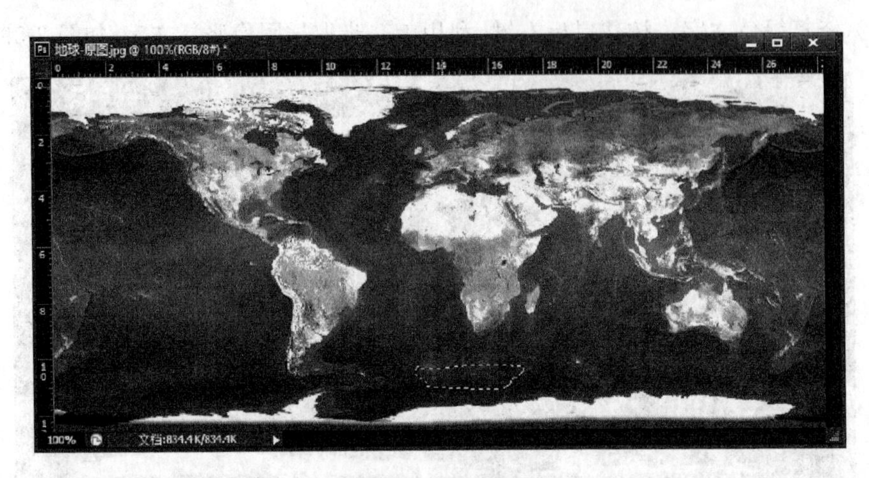

图 3-62　修补图像

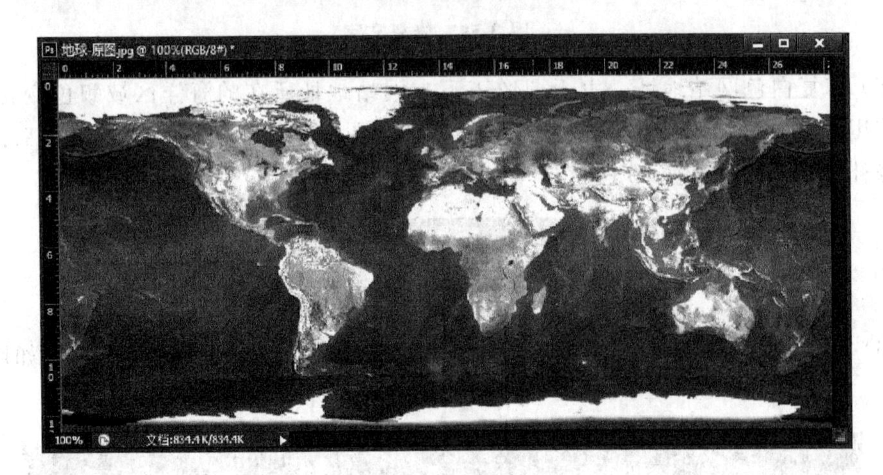

图 3-63　取消选区

(9) 放大显示图像。在导航器窗口放大图像为原来的250%，并把红色方框移动到图像右下角，如图3-64所示。

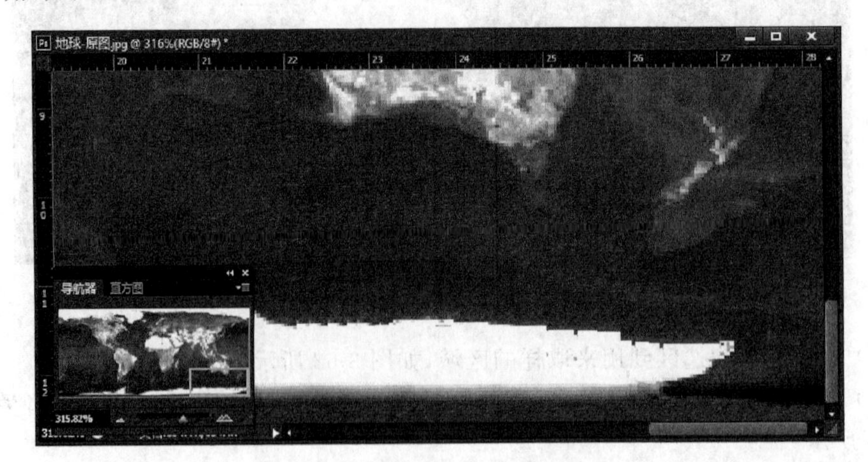

图 3-64　导航器中放大显示图像

(10) 设置仿制图章工具属性。选择工具箱中的仿制图章工具，然后选择合适的画笔,设置仿制图章工具属性。

(11) 取样。按住 Alt 键,在图像中南极处的任意点单击取样,如图 3-65 所示。

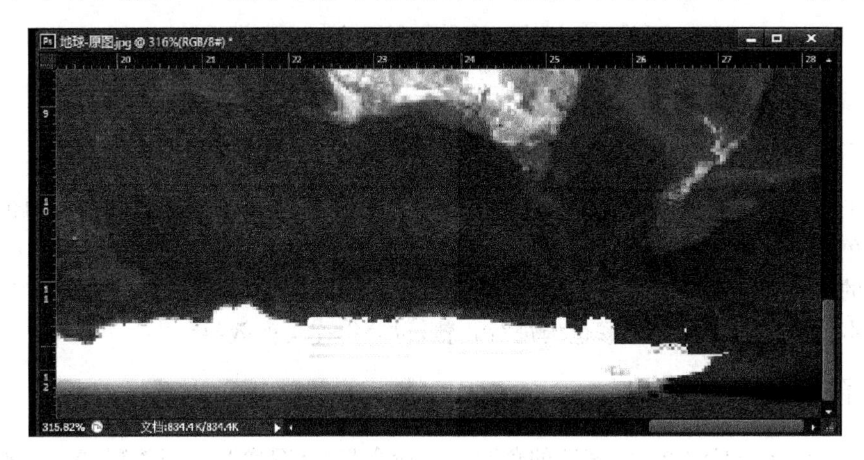

图 3-65 图像取样

(12) 修改图像。用鼠标在需要复制取样图像的区域描绘,如图 3-66 所示。

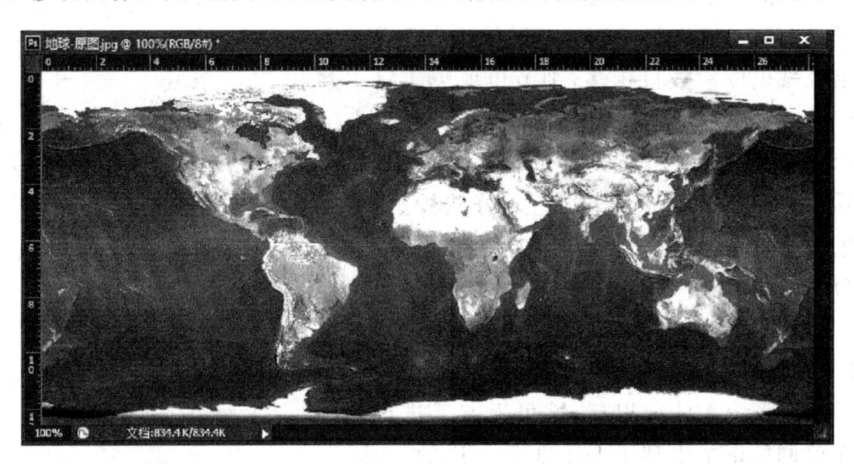

图 3-66 修改图像

归纳说明

Photoshop 提供了图像的修补工具,主要集中在图章工具和污点修复画笔工具、修复画笔工具等。

图章工具是一种图形复制和修补工具,用户可以用来复制图形或者修补图像。图章工具又分为仿制图章工具和图案图章工具。

修复工具用于修复图像,能够有效地清除图片上常见的尘迹、划痕、污渍和折纹。修复画笔和其他的图像复制工具不同,在同一幅图片中或在图片与图片之间进行复制时,能将修复点与周围图像很好地融合,自动地保留图像原有的明暗、色调和纹理等属性。修复工具分为污点修复画笔和修复画笔。

修补工具可以从图像的其他区域或使用图案来修补当前选中的区域。

任务5 图像的色彩色调调整

本节任务

在平面设计中，构图和色彩是最重要的两个方面，一幅好的图像离不开好的色彩。对图像的色调和色彩每一次细微的调整，都将影响最终的视觉效果。Photoshop CS6 提供了丰富的色彩和色调校正工具，只有熟悉并充分运用这些工具，才有可能制作出高品质的图像。本节任务是对图像色彩色调进行调整，以获得完美的效果。

背景知识

在 Photoshop CS6 中，大多数的色彩调整命令都在【图像】→【调整】菜单中，如图 3-67 所示。

图像色调的调整主要是指对图像明暗度的调整。测定图像是否有足够的细节以产生高质量输出是非常重要的。如果区域里像素数目越多，细节也就越丰富。察看图像的细节状况最好的方式就是使用直方图，直方图用图形表示图像的每个亮度色阶处的像素数目，它可以显示图像是否包含足够的细节来进行较好的校正，也提供有图像色调分布状况的快速浏览图。用户通过察看图像的色调分布状况，便可以有效地控制图像的色调。

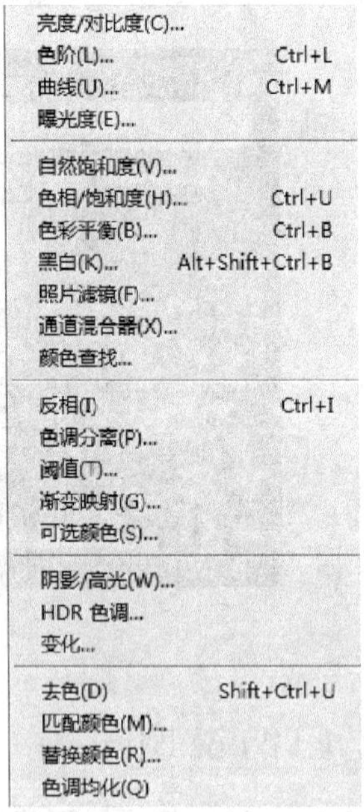

选择【窗口】→【直方图】命令，就可以利用直方图查看整幅图像的色调范围，如图 3-68 所示。

查看了色调分布状况以后，就可以着手进行色调的校正。在色调校正中用到了两个非常有用的工具，那就是“色阶”和“曲线”。

图 3-67 【调整】菜单

选择【图像】→【调整】→【色阶】命令，打开如图 3-69 所示的【色阶】对话框。在色阶图中，可以在【通道】下拉列表框里选择 RGB 主通道，则色阶的调整会对所有通道起作用；也可以选择其中一个通道，则调整会对单一的通道起作用。对于【输入色阶】项，既可以在输入框中输入数值，也可以利用滑块来调整图像的高光、暗调和中间调，来增加图像的对比度。左侧框中输入 0～255 之间的数值可以增加图像暗部的色调，其工作原理是把图像中亮度值小于该数值的所有像素都变成黑色；在中间框中输入 0.1～9.99 之间的数值可以调整图像的中间色调，数值小于 1.00 时中间色调变暗，数值大于 1.00 时中间色调变亮；在右侧框

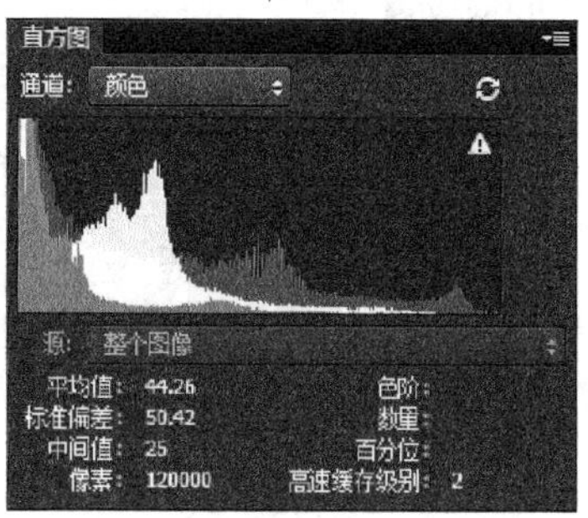

图 3-68 图像直方图

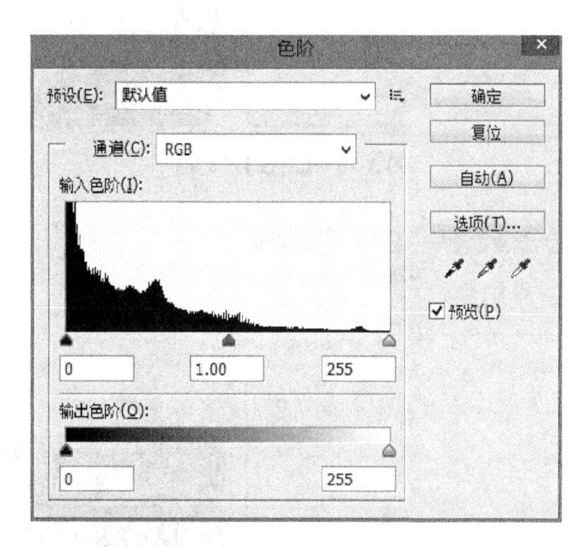

图 3-69 【色阶】对话框

中输入 2～255 之间的数值可以增加图像亮部的色调，它会把所有亮度值大于该数值的像素都变成白色；对于【输出色阶】选项，主要作用是限定图像输出的亮度范围，它会降低图像的对比度。在左侧框中输入 0～255 之间的数值可以调整亮部色调；在右侧框中输入 0～255 之间的数值可以调整暗部色调。

【曲线】命令和【色阶】命令作用相似，都可以用来调整图像的色调范围，但“曲线”功能更强。它不但可以调整图像的高光、暗调和中间调，还能对灰阶曲线中的任何一点进行调整。

选择【图像】→【调整】→【曲线】命令，打开如图 3-70 所示的【曲线】对话框。图中直线代表了 RGB 通道的色调值。当前左下角是黑色而右上角是白色，中心垂直虚线格代表了中间色调区域。改变图中的曲线形态就可以改变当前图像的亮度分布。表格的横坐标代表输入色阶，纵坐标代表输出色阶，其变化范围都是 0～255。选择表格右下方的曲线工具，可以拖动表格中的曲线来改变曲线形态；选择铅笔工具，可以在表格中自由绘制亮度曲线。色阶曲线越向右下凹，图像会越暗，反之则越亮，如图 3-71 所示。

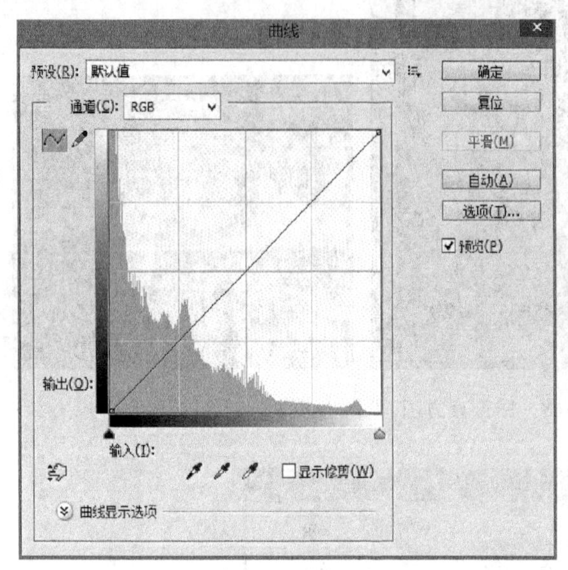

图 3-70 【曲线】对话框

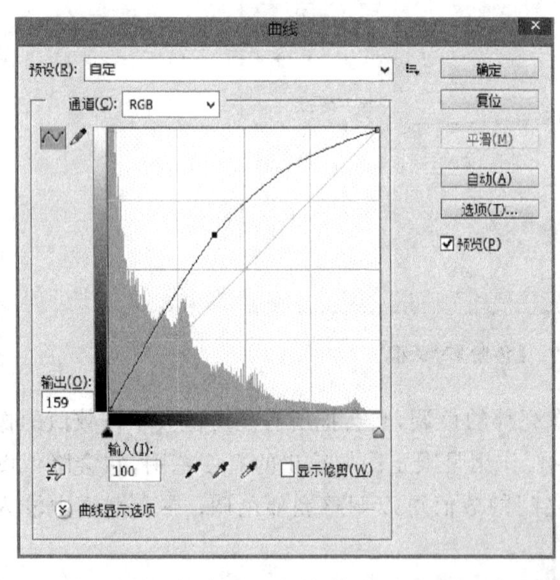

图 3-71 调整曲线

图像色彩调整主要是调整色彩平衡、亮度/对比度、色相/饱和度等。调整色彩的命令也都包含在图 3-67 所示的【图像】→【调整】命令里面。

【色彩平衡】命令可以改变彩色图像中颜色的组成，如图 3-72 所示。

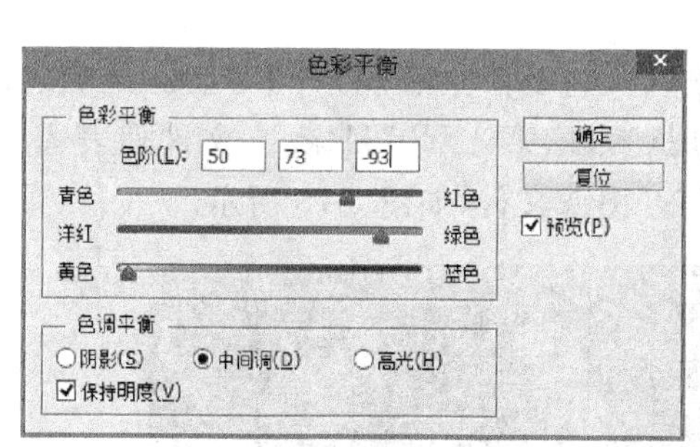

图 3-72 调整色彩平衡

【亮度/对比度】命令用来粗略地调整图像的亮度与对比度。该命令将一次调整图像中所有像素(包括高光、暗调和中间调),但对单个通道不起作用,所以不能进行精细调整,如图 3-73 所示。

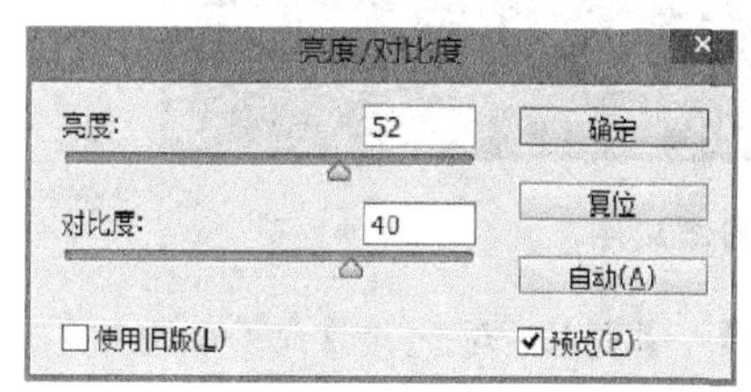

图 3-73 调整亮度/对比度

【色相/饱和度】命令用来调整图像的色相、饱和度和明度,如图 3-74 所示。

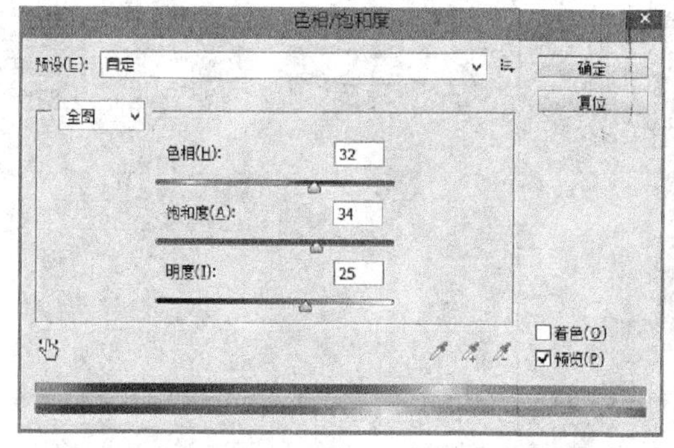

图 3-74 调整色相/饱和度

（1）打开文件。选择【文件】→【打开】→【文件】命令，在【打开】对话窗口的【查找范围】下拉列表框中选择“.\多媒体技术与应用\素材\第 3 章\”目录，在文件列表选择程序文件“夜背景.jpg”。单击 打开(O) 按钮，打开图像文件，如图 3-75 所示。

图 3-75 打开图像文件

（2）调整图像亮度。选择【图像】→【调整】→【亮度/对比度】命令，调整【亮度】为“30”，如图 3-76 所示。

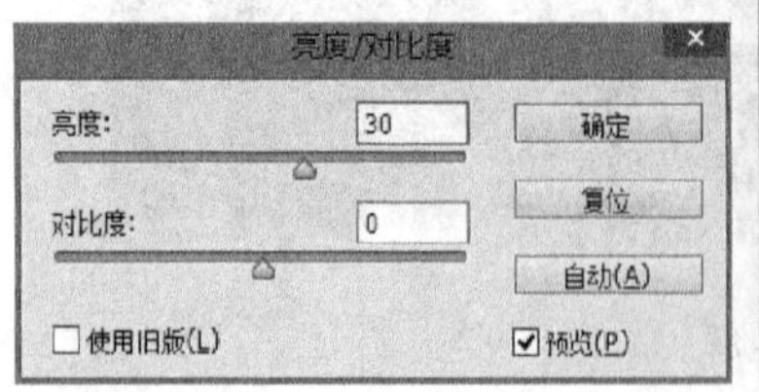

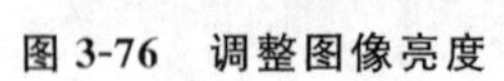
图 3-76 调整图像亮度

归纳说明

在 Photoshop CS6 中，大多数的色彩调整命令都在【图像】→【调整】命令中，只有熟悉并充分运用这些命令，才有可能制作出高品质的图像。

图像色调的调整主要是指对图像明暗度的调整。“色阶”和“曲线”是色调校正中两个非常有用的工具。

图像色彩调整主要是调整色彩平衡、亮度/对比度、色相/饱和度等。

拓展提高

运用【图像】→【调整】菜单中的命令可以调整图像色彩和色调，但是这些命令改变了原始图像。使用【图层】面板下方的创建新的填充或调整图层按钮 。可以调整图层色彩和色调，不会改变图像原始像素，这在实际工作中是非常方便的，调整工作约定都在调整层里进行，如图 3-77 所示。

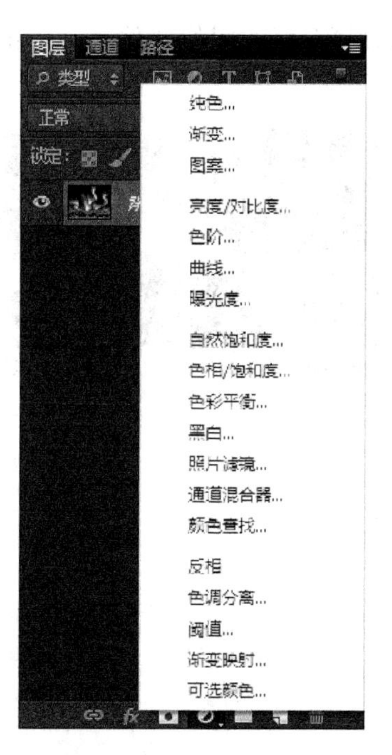

图 3-77 创建新的填充或调整图层菜单

思考与训练

一、思考题

1. 位图图像和矢量图形各有什么特点？

2. 对下列名词给出定义：色调、亮度、饱和度、分辨率。

3. 列举几种制作选区的方法。

4. 讲解【图层】面板各选项和按钮的含义。

5. 修补图像有哪几种方法？

二、训练题

1. 使用多边形套索工具、矩形选框工具及选区收缩、羽化、自由变换、亮度/对比度命令给素材盘第3章的图像文件“阴天.jpg”换上同一文件夹中图像文件“晴天.jpg”的天空，结果如下面的效果图所示。

阴天.jpg

晴天.jpg

效果图

2. 用修补工具去掉素材盘第3章的图像文件 yearn.jpg 中男孩脸上的胶布，结果如下面的效果图所示。

yearn.jpt

效果图

单元 4 视频文件的制作与处理

Unit 4

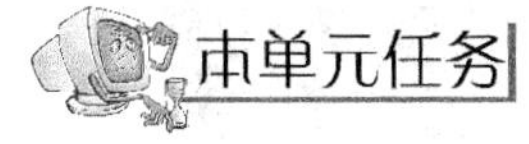

Premiere Pro 是一款由 Adobe 公司推出的、专业化的影视制作及编辑软件，功能十分强大。使用它可以编辑和观看多种格式的视频文件；利用计算机上的视、音频卡，Premiere Pro 可以采集和输出视、音频；可将视频文件逐帧展开，对每一帧的内容进行编辑，并实现与音频文件精确同步；并且对文字、图像、音频、动画和视频素材进行编辑与合成；为视频文件增加字幕、音效和特效，并生成视频.avi 文件输出。

使用 Premiere Pro 这一非线性视频编辑软件，用户可以很轻松地合成编辑影视作品，成为影视制作的高手。

本单元的任务就是利用 Premiere Pro 视频编辑软件，对引入的视频素材文件进行编辑，最后生成视频.avi 文件。

任务 1 建立视频项目

建立新项目是用 Premiere Pro 制作新影片的第一步，这一过程包括创建新项目，引入与项目相关的文字、图像、音频、动画和视频等多媒体素材。本节任务就是建立一个新项目文件，并把相关的素材导入到项目中。

背景知识

在创建新项目之前，先简单介绍 Premiere Pro 与项目相关的窗口界面，如图 4-1 所示。

【项目】窗口：一般包含【项目】与【特效】两个面板。【项目】面板主要用于导入、预览和组织各种素材，如图 4-2(a)所示。【特效】面板为音频和视频素材提供特技效果，如图 4-2(b)所示。

【监视器】窗口：监视器窗口又分为左、右两个窗格，如图 4-3 所示。左窗格包含两个面板，一个是【素材预览】面板，在【项目】面板中双击素材，就可以把素材引入到【素材预览】面板，在此可以对素材进行预览，给素材设置入点与出点，并把它插入或覆盖到其他视频中，而不破坏原视频。另一个面板为【特效控制】面板，可以控制【时间线】窗口内视频轨道中选中素材文件的运动位置、显示大小、透明度及相关的音频特效等特性，如图 4-4 所示。

图 4-1 Premiere Pro 窗口界面

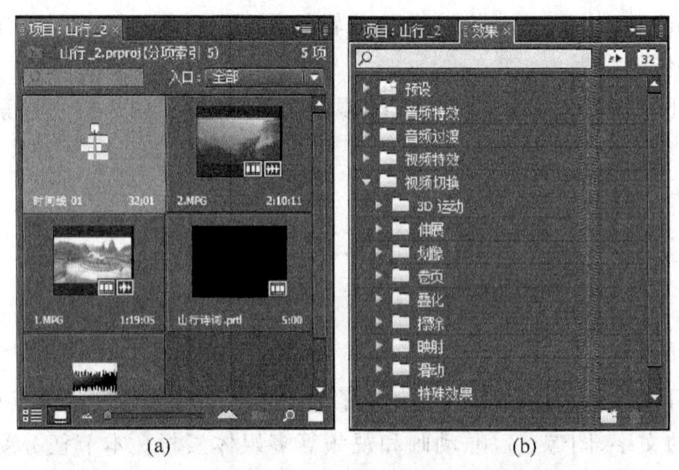

图 4-2 【项目】窗口

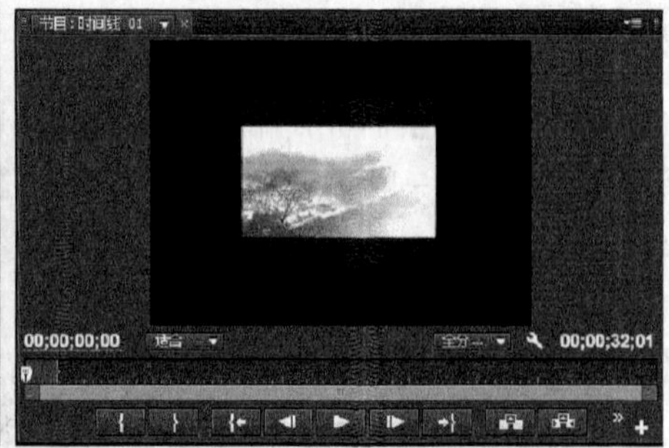

图 4-3 【监视器】窗口

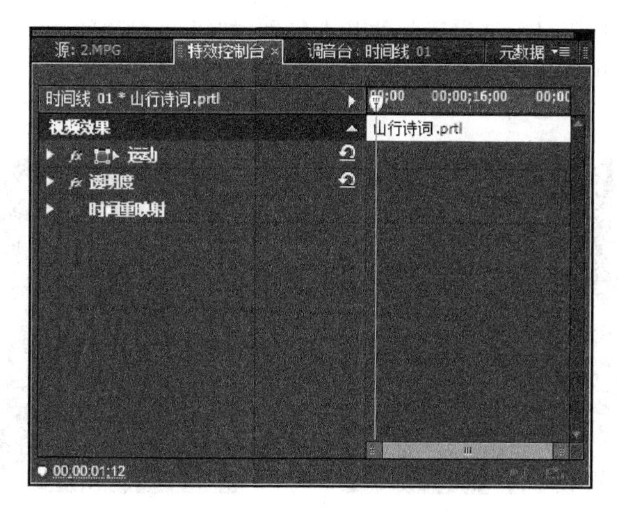

图 4-4 【特效控制】面板

【监视器】窗口的右窗格内是【播放】面板，控制并预览视频文件的演示，如图 4-5 所示。

图 4-5 【播放】面板

【时间线】窗口：是对素材进行非线性编辑操作的窗口，视频文件和音频文件的编辑合成以及特技制作均在此完成，如图 4-6 所示。

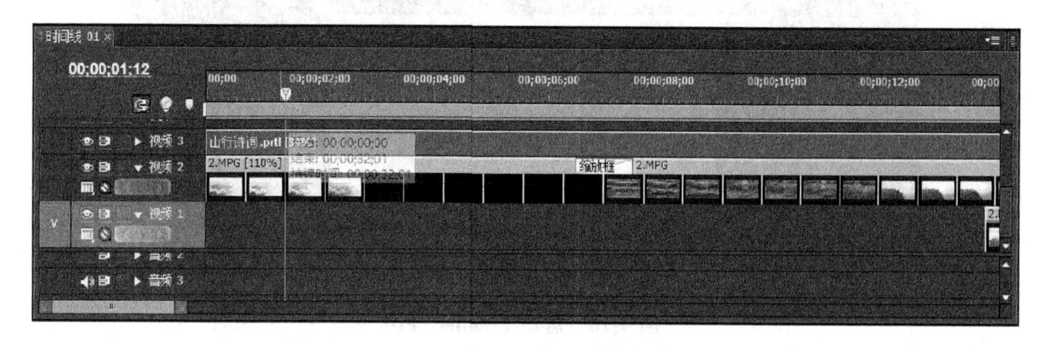

图 4-6 【时间线】窗口

【信息】窗口：用于显示选定素材的基本信息，如图 4-7 所示。

【历史】窗口：用于记录用户的每一步操作，使用【历史】面板可以返回到以前的状态，如图 4-8 所示。

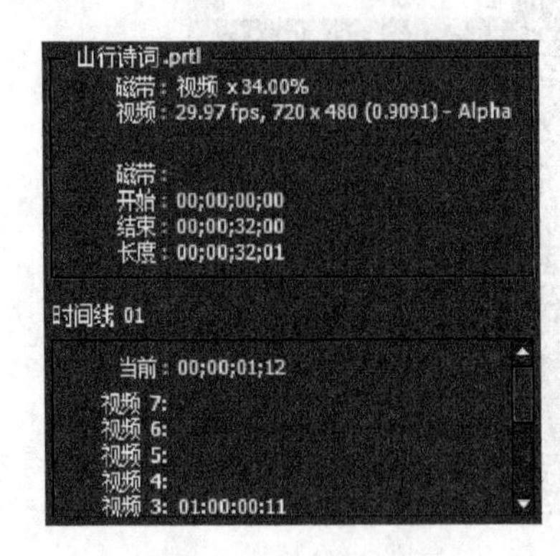

图 4-7 【信息】窗口

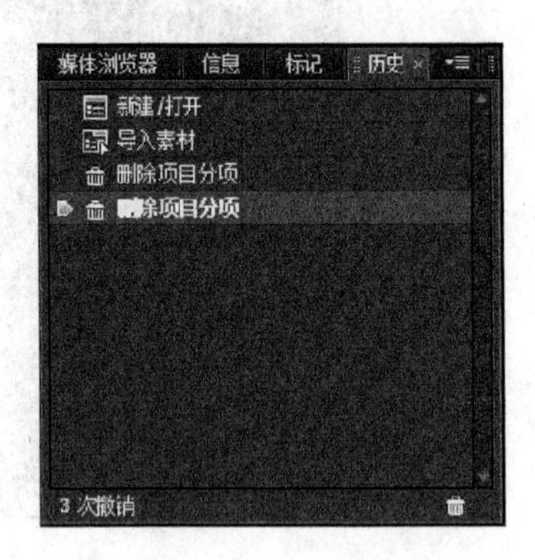

图 4-8 【历史】窗口

【工具箱】：工具箱中存放视频处理的常用工具，如图 4-9 所示。

创建新项目后，Premiere Pro 可以导入视频素材文件(AVI 或 MPEG 格式文件)、音频文件(MP3 或 WAV 格式文件)以及图像文件(JPG、PSD、BMP、TIFF 格式文件)。

图 4-9 【工具箱】

1. 新建项目

(1) 启动 Premiere Pro。运行【开始】→【所有程序】→【Adobe Premiere Pro】命令，启动 Premiere Pro，在启动的欢迎界面单击新建项目按钮，如图 4-10 所示。

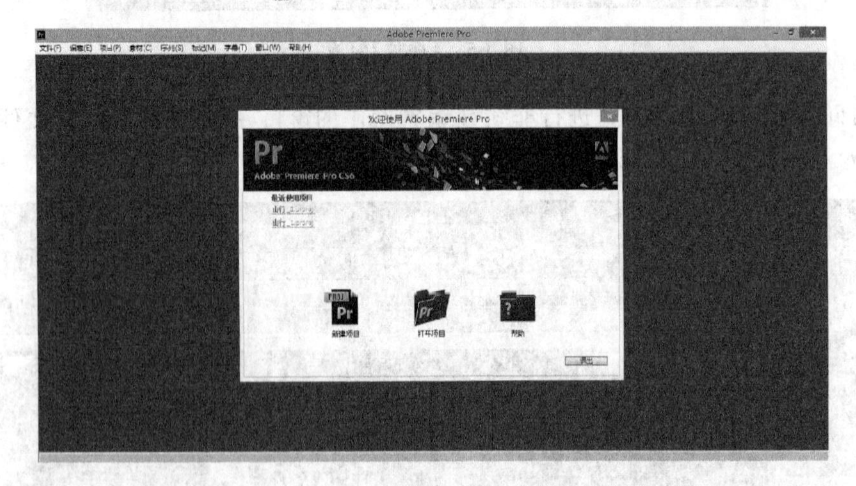

图 4-10 启动 Premiere Pro

（2）新建项目。打开【新建项目】对话框，在【装载预置】选项卡左栏【可用的预置模式】列表框中选择“DV-NTSC 模式”为“标准 32kHz”，NTSC 是一种电视的制式，在【位置】中输入新建项目文件所在的硬盘位置，【名称】文本框输入新建项目文件的名称，如图 4-11 所示，然后单击 确定 按钮。

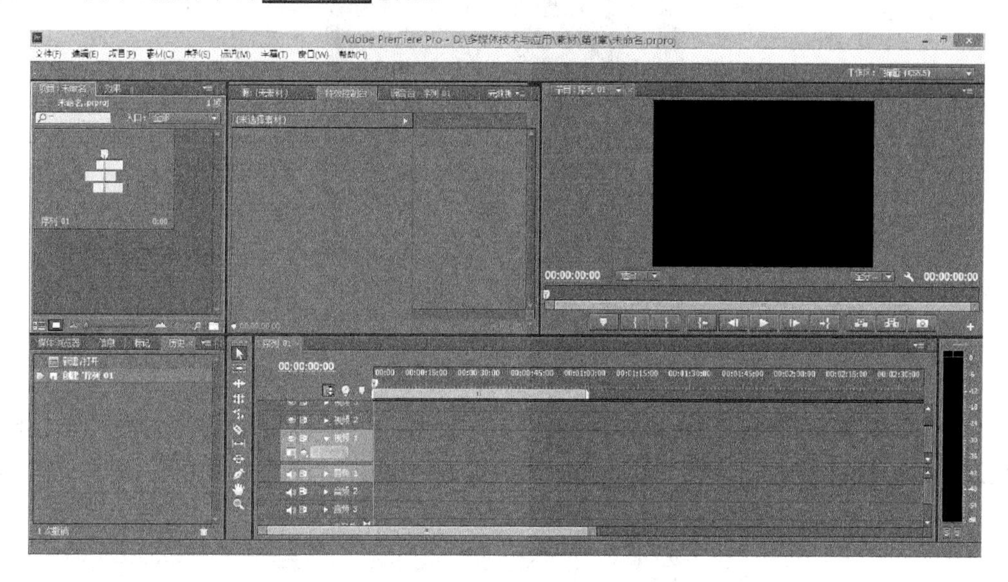

图 4-11 【新建项目】对话框

2. 导入素材

（1）导入素材。选择【文件】→【导入】命令，打开【输入】对话框，导入“.\多媒体技术与应用\素材\第 4 章\1. MPG、2. MPG”文件，单击 打开(O) 按钮，如图 4-12 所示。导入的素材文件列在【项目】窗口中，如图 4-13 所示。

图 4-12 【导入】对话框

图 4-13 导入素材文件

(2) 素材置入【时间线】窗口。在【项目】窗口选择 1. MPG，用鼠标将其拖动到【时间线】窗口的视频 1 轨道，视频文件 1. MPG 附带的音频文件自动放置在音频 1 轨道，如图 4-14 所示。

图 4-14 视频文件 1. MPG 置入【时间线】窗口

(3) 素材置入【时间线】窗口。用同样的方法把 2. MPG 文件置入【时间线】窗口的视频 2 轨道，附带的音频文件自动放置在音频 2 轨道，如图 4-15 所示。

(4) 关闭音频文件。因为视频文件 1. MPG 和 2. MPG 附带的音频文件并非本项目所需，所以需要使它静音。分别取消选择音频 1 和音频 2 轨道左侧的固定轨道输出标志，使音频文件静音，如图 4-16 所示。

图 4-15　视频文件 2. MPG 置入【时间线】窗口

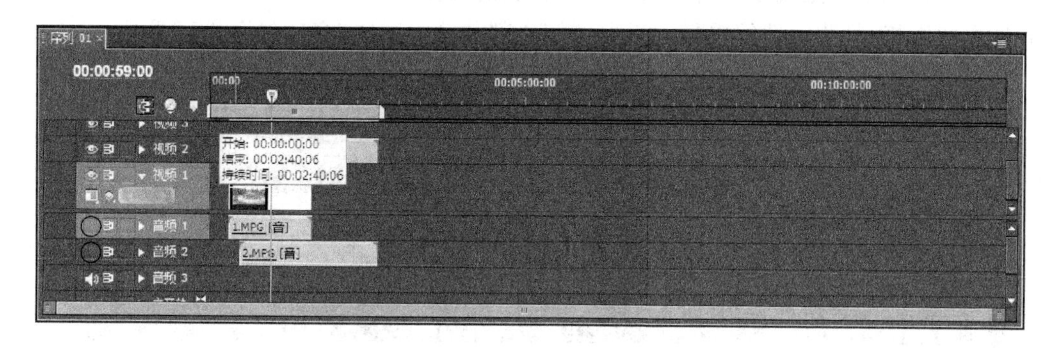

图 4-16　关闭音频文件

归纳说明

Premiere Pro 是美国 Adobe 公司开发的视频采集、编辑与创建的数字视频编辑软件。

使用 Premiere Pro 制作新影片之前，首先要对节目的内容进行规划，然后建立新项目。创建新项目后，可引入与项目相关的文字、图像、音频、动画和视频等多媒体素材。这是制作影视文件的前期准备阶段。

拓展提高

在创建新项目时，都要选定项目的预置模式，即电视制式。它是视频文件传输与存储模式。Premiere Pro 有两种制式可选：PAL 制与 NTSC 制。PAL 制主要在中国和欧洲等国使用，NTSC 制主要在日本和美国等国使用。

PAL 制每秒扫描 25 帧，每帧扫描 625 行；NTSC 制每秒扫描 30 帧，每帧扫描 525 行。每秒扫描的帧数越高，看到的视频图像越平稳。

PAL 制与 NTSC 制下方的标准 32kHz、标准 48kHz 指的是音频标准，代表音频采样速率。采样速率越高，声音质量越好。但是高标准的采样速率，会增加运行时间和音频文件的大小。

任务 2　素材的编排

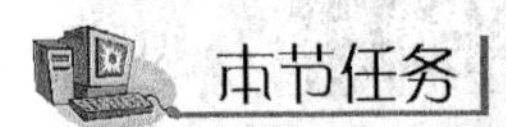

在项目中导入了若干素材文件后，并不是所有的素材都要从头至尾使用，应该截取与项目相关的部分。对于已经剪辑好的视频片段在切换过程中加入转场效果，或者对视频片段添加视频特效，都可以增加影片播放的生动性。本节任务就是对原始素材进行剪辑、转场切换和增加视频特效。

背景知识

1.【时间线】窗口

【时间线】窗口是视频和音频文件编辑合成的工作场所，音、视频片段按时间线顺序在此排列和组接，是非线性编辑最为重要的核心部分，【时间线】窗口如图 4-17 所示。

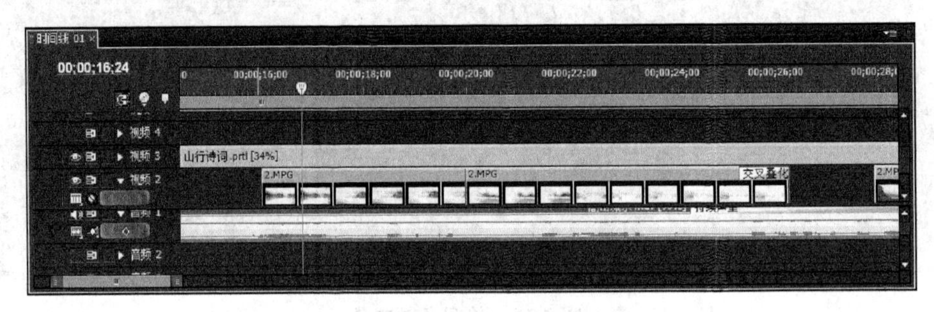

图 4-17　【时间线】窗口

：捕捉按钮，用于两段素材的对齐。

：设置时间线上的标记按钮，可以快速定位要寻找的帧的位置。

：时间标尺放大、缩小按钮，为了更细致地编辑视频片段，可以把时间标尺放大。

：播放头按钮，它所在的位置就是当前【监视器】窗口播放的帧。

视频轨道相关按钮如下。

：视频可视按钮，出现眼睛标志时，表示此视频可见；未出现眼睛标志时，表示此视频不可见。

：设定显示风格按钮，共有四种标志：只显示视频片段名称，只显示视频片段的第一帧，显示视频片段的第一和最后一帧，显示视频片段所有帧。

：锁定轨道按钮，选择锁定轨道按钮后，轨道被斜线覆盖，表示此轨道的所有视频片段均不能够被编辑，但可以被播放。

：显示关键帧按钮，在视频轨道上显示用户设定的关键帧。

2. 转场

转场是指两个视频片段相接时，片段间的切换效果。系统提供的转场特效存放在【项目】窗口的【效果】面板，如图 4-18 所示。

系统共提供 10 类转场效果，单击每种类型左侧的三角按钮，可以打开类型文件夹，显示具体转场效果。把选中的转场效果拖至【时间线】窗口中的视频轨道，即可应用。

图 4-18 【特效】面板中的转场效果

3. 视频特效

视频特效实际上就是视频滤镜，它可以使视频文件变幻出许多特技，提高视频文件的艺术效果。系统提供的视频特效存放在【项目】窗口的【效果】面板。

系统共提供 15 类特效效果，单击每种类型左侧的三角，可以打开类型文件夹，显示具体特效效果。把选中的视频特效拖至【时间线】窗口中的视频片段，此片段上方出现一条绿线，表示应用了选中的视频特效。【监视器】窗口中的【特效控制】面板可对应用特效进行调整，如图 4-19 所示。

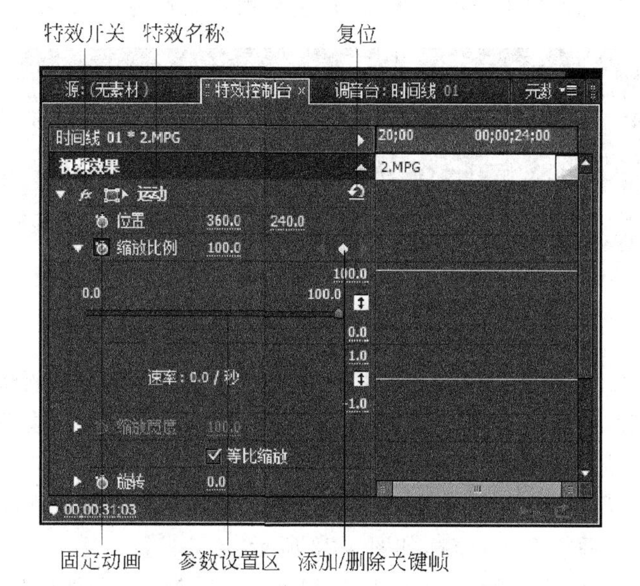

图 4-19 【特效控制】面板调整视频特效

特效名称前的特效开关按钮控制特效有效性；单击设置按钮可打开【特效设置】窗口，进行特效设置，并预览效果；单击复位按钮可使特效设置恢复系统提供的初始值；单击固定动画按钮，同时面板上出现添加/删除关键帧按钮，这时可以设置关键帧，每个关键帧允许单独设置特效参数，弹起固定动画按钮，删除所有关键帧；可在参数设置区对特效进行设置。

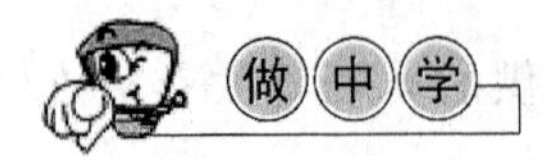

1. 删除帧

(1) 素材以帧显示。因为原始素材中存在一些与项目无关的画面，要去除这些画面，就要准确定位，使用以帧显示的方法可以找到这些画面。分别单击视频1轨道和视频2轨道左侧的设定显示风格按钮，弹出快捷菜单，选择【显示帧】命令。视频1轨道和视频2轨道上的视频文件均按帧显示，如图4-20所示。

图 4-20 素材以帧显示

(2) 逐帧显示素材。视频轨道中的视频文件虽然以帧的方式显示，但并没有逐帧显示，多次单击【时间线】窗口下方的放大按钮，达到用户满意为止，如图4-21所示。

图 4-21 逐帧显示素材

(3) 视频剪辑。选中【工具箱】中的剃刀工具，把鼠标移至视频轨道需要剪切视频部分的帧起始位置，单击起始位置视频文件在此断开。以同样的方法断开需要剪切的视频部分的帧结束位置，如图4-22所示。

(4) 删除不需要的视频片段。选择工具箱中的选择工具，在视频轨道中单击需要删除的视频部分，然后按Delete键，如图4-23所示。

(5) 以同样的方法删除视频轨道中1.MPG和2.MPG文件中所有不需要的视频片段。

2. 转场

(1) 放置视频片段。把视频1和视频2轨道上需要进行转场播放的两个视频片段放置在合适的位置，使它们之间具有一定的重叠，如图4-24所示。

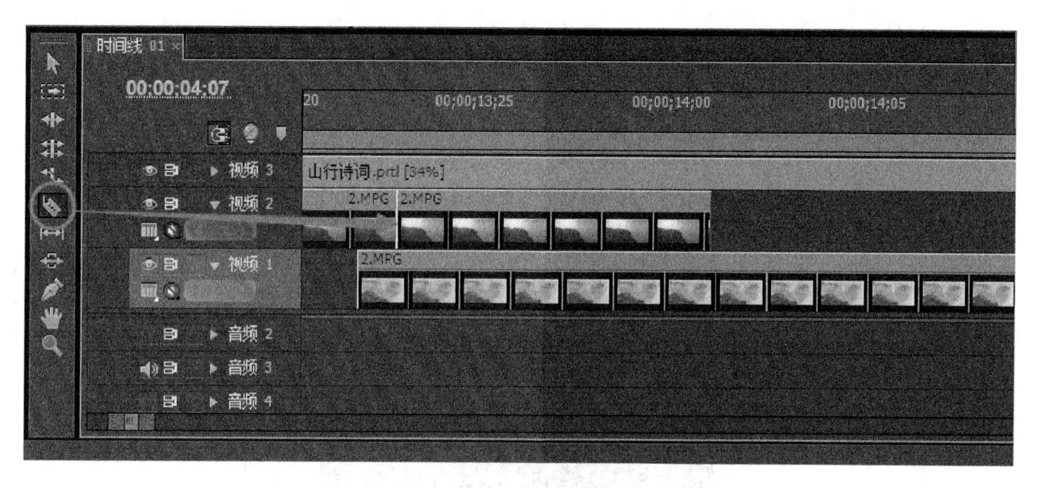

图 4-22　剪辑素材

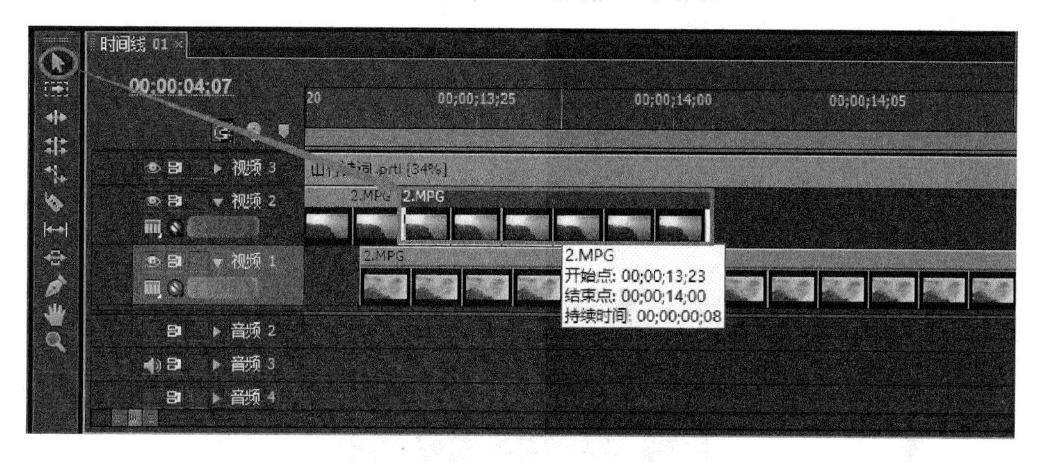

图 4-23　删除视频片段

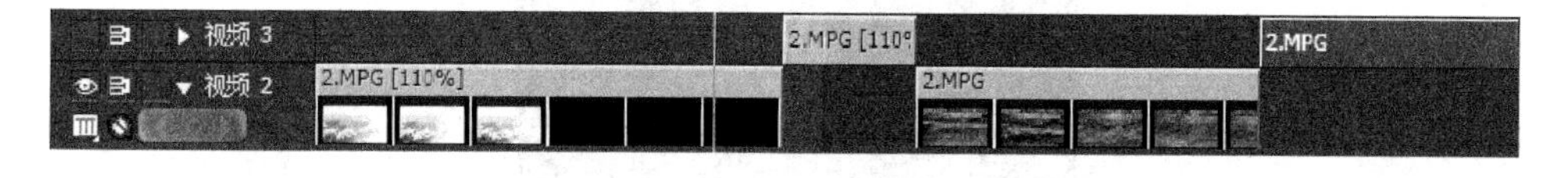

图 4-24　放置视频片段

(2) 选择转场效果。打开【项目】窗口的【特效】面板，从中选择【视频切换】选项下的“叠化”效果中的“交叉叠化”，如图 4-25 所示。

(3) 添加转场效果。拖动“交叉叠化”转场效果到视频重叠部分视频 2 片段的后部，如图 4-26 所示。

(4) 演示转场效果。单击【监视器】窗口【时间线】面板的播放按钮 ▶ ，观看转场效果。

(5) 在单轨视频上添加转场效果。再次打开【项目】窗口的【特效】面板，从中选择【视频转场】选项下的“缩放”效果中的“盒子缩放”，如图 4-27(a)所示。并将其拖至视频 2 轨道上紧连的两个视频片段之间，如图 4-27(b)所示。

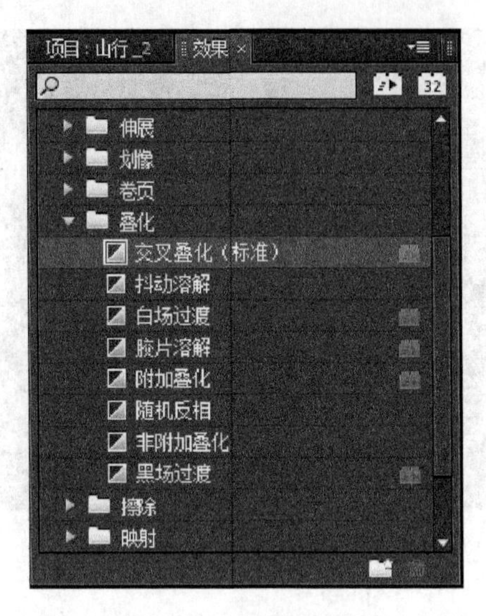

图 4-25　选择转场效果

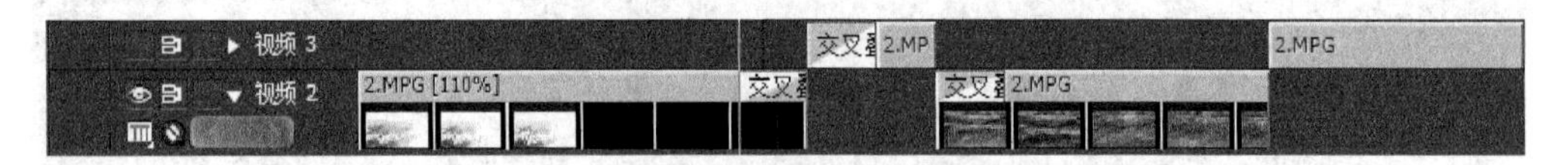

图 4-26　添加转场效果

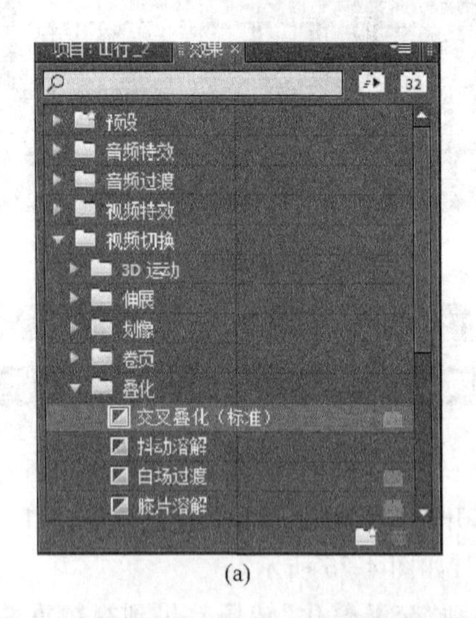

(a)

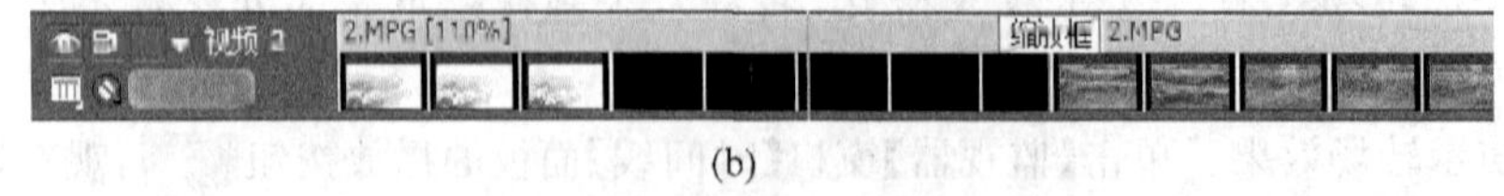

(b)

图 4-27　单轨视频上添加转场效果

(6) 调整转场属性。通过【监视器】窗口的【特效控制台】面板可以调整已设转场的属性，如图 4-28 所示。

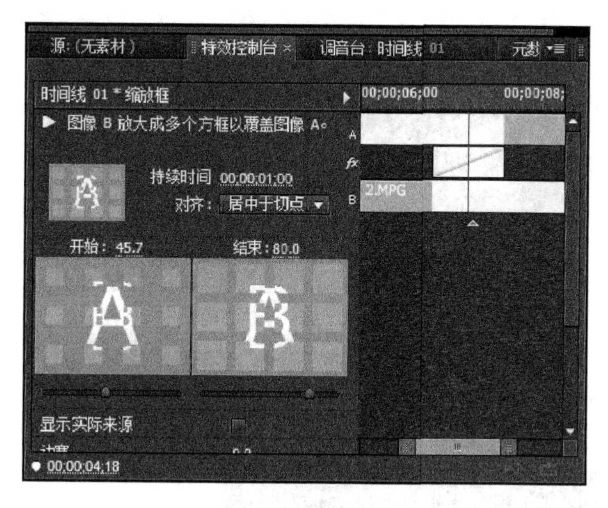

图 4-28 调整转场属性

(7) 演示转场效果。

3. 视频特效

(1) 选择视频素材。在【时间线】窗口视频 1 轨道选择一个要添加特效的视频片段。

(2) 选择视频特效。打开【项目】窗口的【特效】面板，选择【视频特效】中的“模糊与锐化”类型下的“摄像机模糊”特效，如图 4-29 所示。

图 4-29 选择视频特效

(3) 应用特效。拖动“摄像机模糊”特效至【时间线】窗口中选中的视频片段，视频片段上添加一条绿线，如图 4-30 所示。

(4) 设置特效参数。打开【特效控制】面板，修改镜头模糊的模糊值为“45”，如图 4-31 所示。

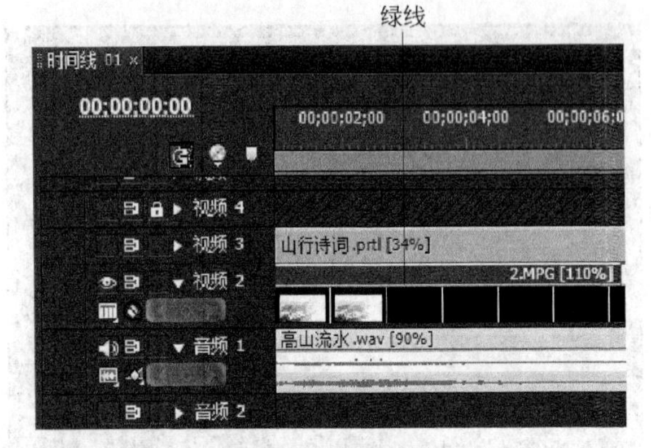

图 4-30　应用特效

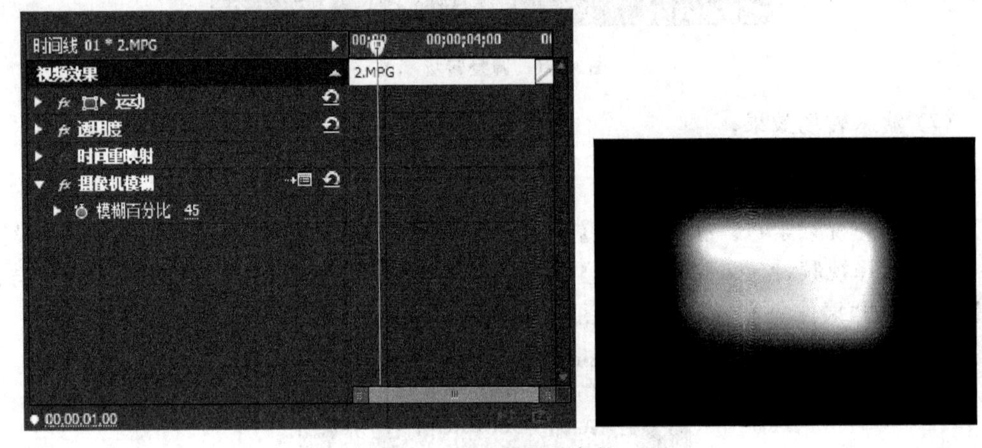

图 4-31　设置特效参数

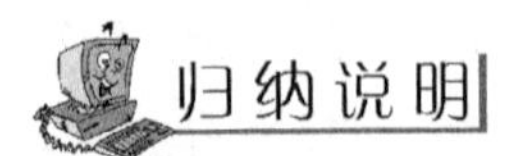

对于导入到视频轨道上的素材文件，可以使用工具箱中的工具进行剪辑，并删除无用的视频片段；对于已经剪辑好的视频片段在切换过程中加入转场效果，并进行参数调整；对视频片段，应用视频特效，也进行适当的参数调整，增加影片播放的生动性，给人以视觉艺术的冲击力。

1. 转场特效

系统提供的转场特效类型介绍如下。

(1) 3D 过渡：产生从二维到三维的立体转换视觉效果。

(2) 擦除：后一个视频片段以时钟、风车、带状等形状擦除前面的画面。

(3) 滑行：以画面的滑动为主进行画面的切换。

(4) 划像：对画面进行分割，实现转场。

(5) 卷页：以页面翻卷或剥落的效果转场。

(6) 溶解：前后画面以溶解方式实现转场。

(7) 伸展：以伸展的特技进行画面的切换。

(8) 缩放：以镜头推拉或缩放的效果实现转场。

(9) 特技：与 Photoshop 等图形软件结合产生的转场效果。

(10) 映射图：以通道叠加或前后画面色彩混合的效果实现转场。

2. 视频特效

系统提供的视频特效类型的主要介绍如下。

(1) 调整：主要用于调节画面的色彩、亮度、对比度等效果。

(2) 风格化：使画面产生浮雕、马赛克及风等滤镜效果。

(3) 光效：在画面中加入镜头光晕、闪电或渐变蒙版的效果。

(4) 键控：采用叠加技巧，使图像发生变化的滤镜效果。

(5) 颗粒：使画面产生玻璃等颗粒的效果。

(6) 模糊锐化：对画面进行模糊或锐化滤镜的处理。

(7) 扭曲：对画面进行各种扭曲处理。

(8) 色彩校正：对画面的色彩进行校正。

(9) 通道：通过不同画面间的混合产生滤镜效果或把画面中的色彩都转换为相应补色的滤镜效果。

(10) 透视：使画面产生三维立体效果。

(11) 图像控制：对画面的色彩进行调整的滤镜效果。

(12) 噪波：画面中每个像素由它周围像素的 RGB 平均值替代的滤镜效果。

任务3 添加字幕

本节任务

字幕是视频节目中的一部分，为视频节目添加完美的字幕，可以更好地满足观看者的需要。字幕在 Premiere Pro 文件中主要用于标题、解说文字及片尾字幕等。本节任务就是为视频文件创建字幕标题，并对它进行滚动控制。

背景知识

在 Premiere Pro 中，字幕与标题的创建和编辑主要是在【字幕设计】窗口实现的，如图 4-32 所示。

字幕类型：主要用于设计字幕进入屏幕的类型，共分静态、滚动和游动三种状态，如图 4-33 所示。

左滚/上飞选项：当字幕类型选择滚动和飞入两种状态时，此项有效。【滚动/游动】对话框内设定字幕进入时间，如图 4-33 所示。其中开始于屏幕外和结束于屏幕外两项若被选中，表示字幕从屏幕外进入，消失时也要移出屏幕；预卷表示滚动之前播放的帧数；

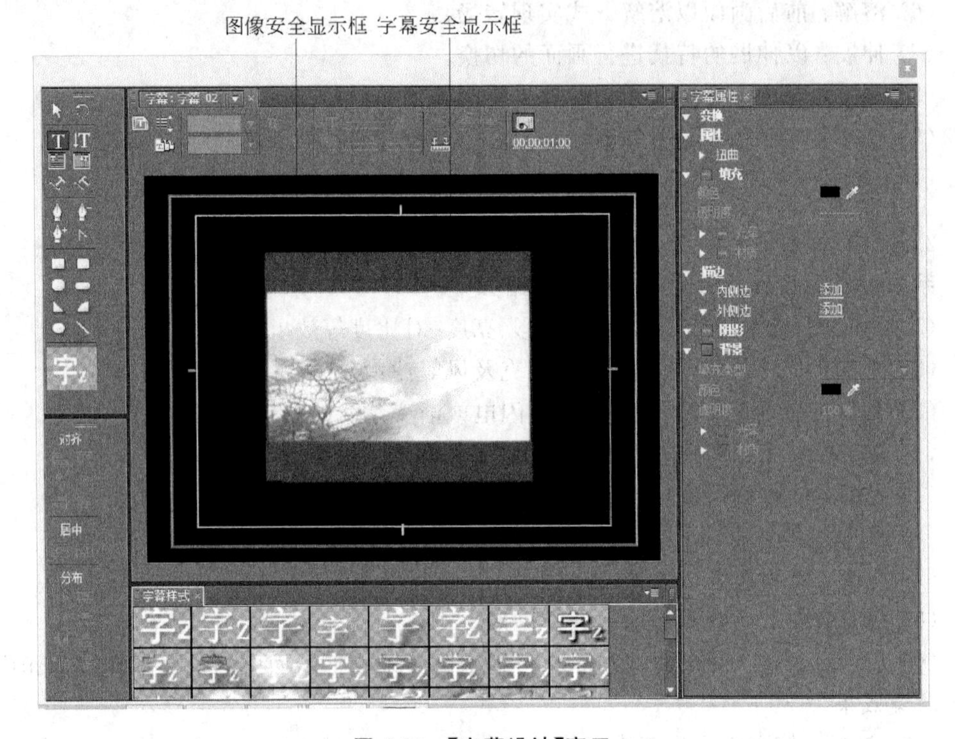

图 4-32 【字幕设计】窗口

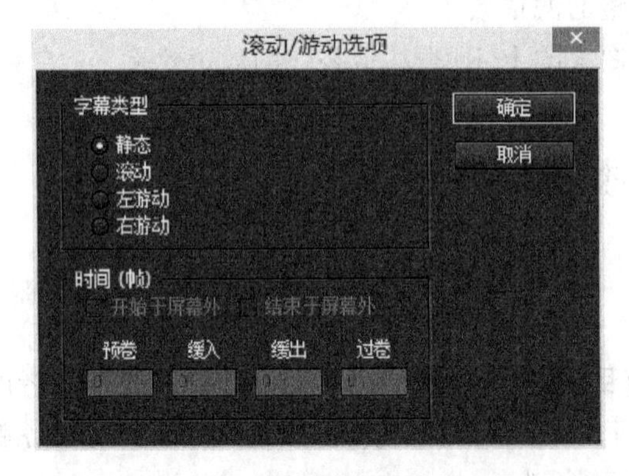

图 4-33 【滚动/游动选项】对话框

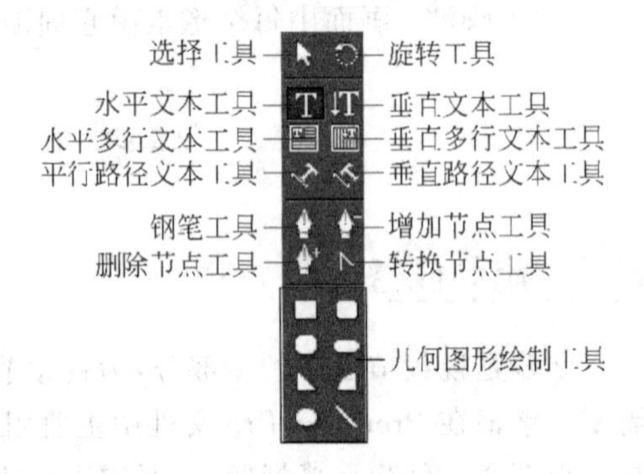

图 4-34 字幕工具栏

缓入表示字幕滚动到达正常回放速度前以较慢加速度运动的帧数；缓出表示字幕滚动直到滚动完成之前以较慢减速度运动的帧数；过卷表示字幕滚动完成后播放的帧数。

工具栏：包含用于创建字幕文本、文本样式和绘制几何图形的工具，如图 4-34 所示。

【对象风格】面板：用于设置字幕文字的各种属性与文字填充、描边和阴影的颜色及其属性，值得注意的是，如果创建的字幕为中文，一定要选择中文字体，如图 4-35 所示。

【风格】面板：显示了系统提供的字幕样式，用户可从中选取所需风格，应用到正在编辑的字幕上，如图 4-36 所示。

【转换】面板：用于设置字幕的透明度、在屏幕中的位置、大小和角度，如图 4-37 所示。

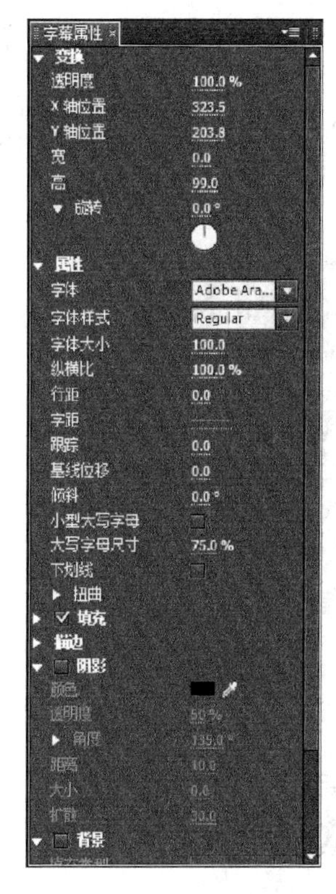

图 4-35 【对象风格】面板

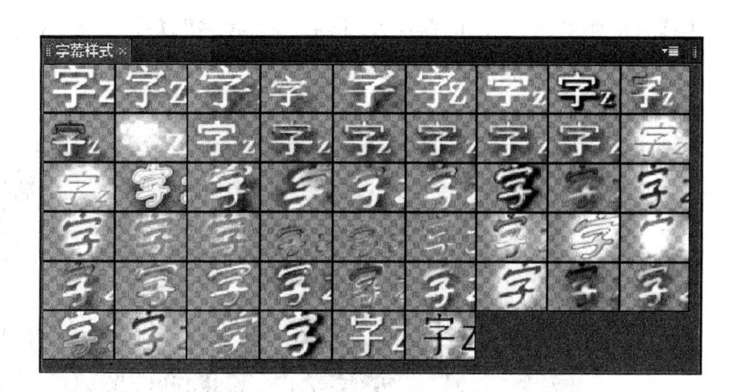

图 4-36 【风格】面板

图 4-37 【转换】面板

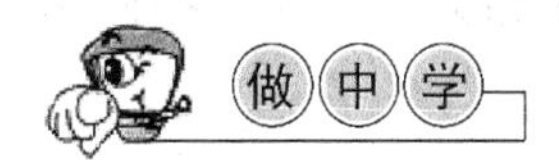

(1) 打开字幕设计窗口。选择【文件】→【新建】→【字幕】命令,打开【字幕设计】窗口,如图 4-38 所示。

图 4-38 【字幕设计】窗口

（2）设置字幕格式。在【字幕设计】窗口工具栏中选取垂直文本工具 ，在工作区单击鼠标定位字幕位置，在【风格】面板中选择字幕的样式为第 1 行第 4 个样式，在【对象风格】面板中修改字幕的【字体】格式为“隶书”，【字体大小】为“25”，【主要】项即行间距为“20”，【填充】项的颜色为“红色”，如图 4-39 所示。

图 4-39 设置字幕格式

（3）编辑字幕文本。切换到中文输入法，在屏幕中输入诗词，每输入完一句即按回车键，光标跳到下一句的位置，等待输入，如图 4-40 所示。

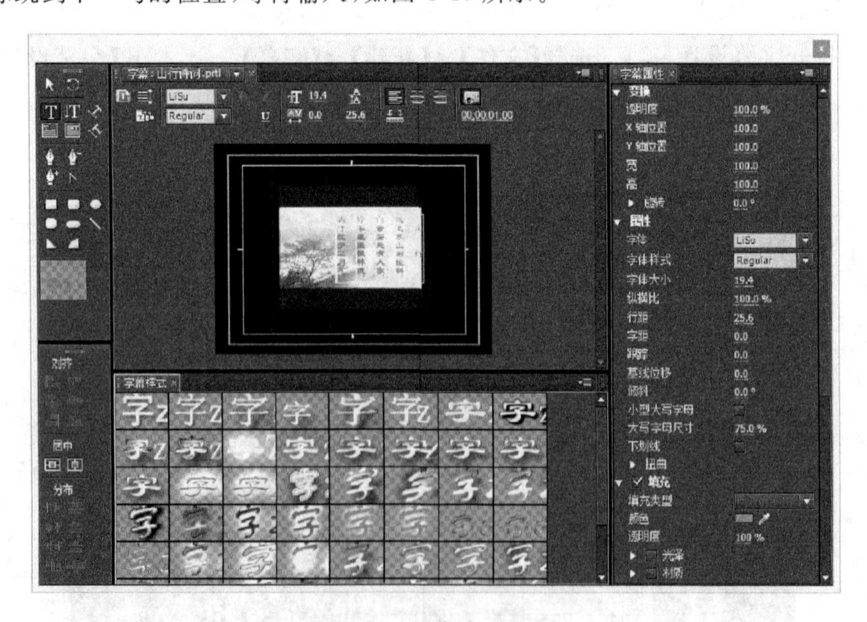

图 4-40 编辑字幕文本

(4) 设置字幕类型。使用工具栏中的选择工具选中字幕文本，单击【字幕类型】左侧的下拉列表框，选择字幕类型为"上滚"。

(5) 设置滚动参数。单击【左滚\上飞选项】按钮，打开【滚动/游动选项】对话框，由于字幕要从屏幕外进入，选中【开始于屏幕外】复选框；字幕进入后要求要停留在屏幕上，直到节目结束，不选中【结束于屏幕外】复选框；【预卷】变灰，不能设置；【缓入】设为"5"；【缓出】设为"20"；【过卷】的帧数设置大一些，为"120"，如图 4-41 所示。

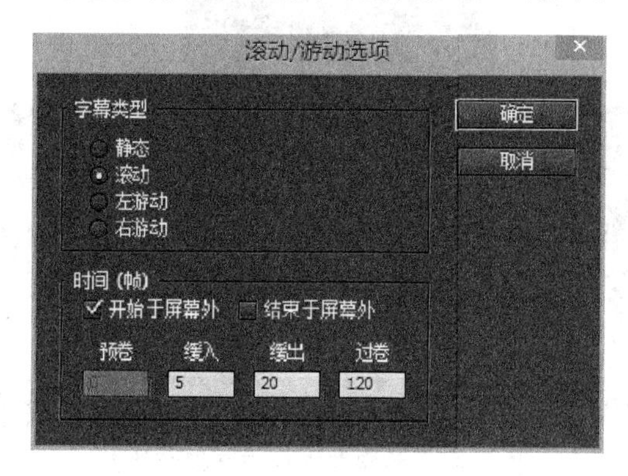

图 4-41　设置滚动参数

(6) 保存字幕文件。单击字幕设计窗口右上角的关闭按钮，弹出【保存】对话框，单击 是(Y) 按钮，打开【保存字幕】对话框，文件名为"山行诗词"，单击 保存(S) 按钮，如图 4-42 所示。

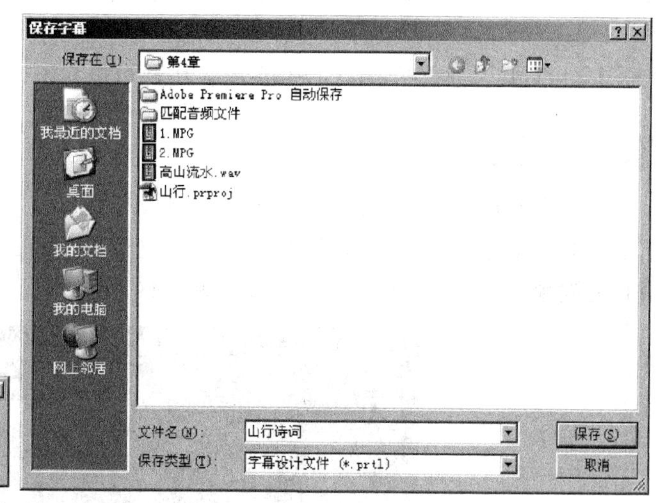

图 4-42　保存字幕文件

(7) 保存字幕文件"山行诗词.prtl"，字幕文件显示在【项目】窗口中，把该字幕文件拖至视频轨道，如图 4-43 所示。

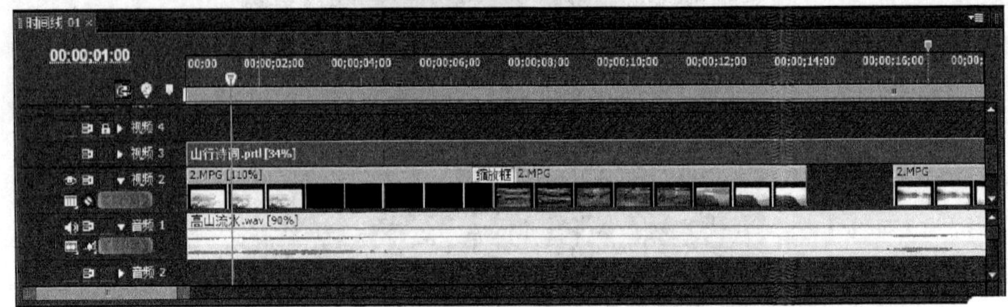

图 4-43　将字幕文件拖至视频轨道

归纳说明

字幕是视频节目中的一部分，字幕在 Premiere Pro 文件中主要用于标题、解说文字及片尾字幕等。字幕文件以.prtl 文件形式保存，并列在【项目】窗口中。

字幕进入屏幕有三种类型：可以以静止的方法直接进入，还可以由下往上以滚动的方法进入，也可以从屏幕左侧或右侧飞入。用户可以对滚动和游动类型进行参数设置。

拓展提高

字幕文件同视频文件一样，可以应用视频转场和视频特效。

字幕的运动除利用【字幕设计】窗口【字幕类型】选项设定，还可利用【特效控制台】面板中对关键帧位置的变化设置来实现，如图 4-44 所示。

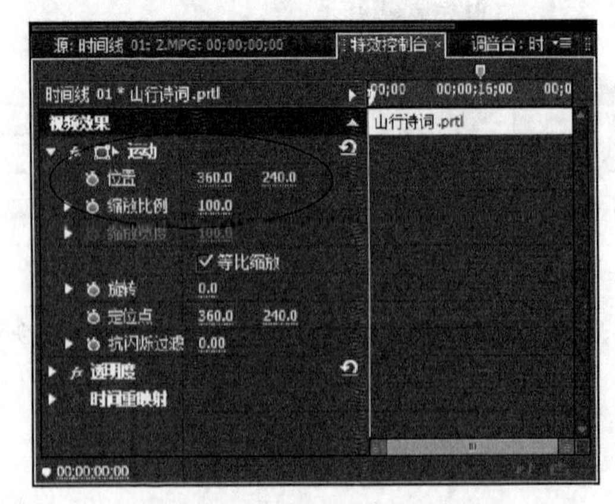

图 4-44　【特效控制台】面板

任务4 音频处理

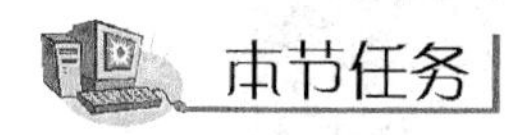

很多生动的视频文件中都带有声音，这些声音有可能是美妙的背景音乐、感人的旁白或者是大自然中的声音，这些声音既可以增强视频文件的真实感，又可以增强感染力。本节的任务就是使用 Premiere Pro，对视频文件中的音频部分进行处理。

对音频内容的处理主要是在【时间线】窗口内音频轨道上实现，如图 4-45 所示。

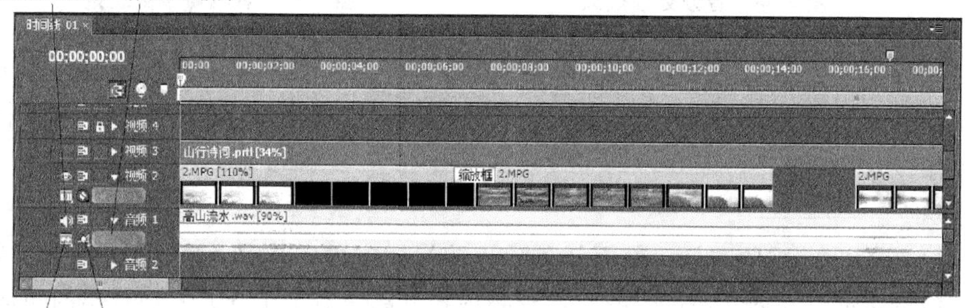

图 4-45 音频轨道

1. 音频处理

音频处理指的是音频转场处理，比较常用的音频处理方式有两种：单音频淡入淡出的调整，即声音从无到有，或从有到无；音频交叉淡化，即两个声音一个逐渐消失，同时另一个逐渐出现。

系统提供的音频处理效果在【项目】窗口的【效果】面板，如图 4-46 所示。

如果对单音频文件进行淡化处理，只要把【特效】面板中“交叉渐隐”文件夹下选中的音频处理效果拖至【时间线】窗口单音频文件的出点即可。如果对两个音频文件进行交叉淡化处理，则首先把两个音频文件在【时间线】窗口排列放好，并有部分重叠，然后把选中的音频特效效果分别拖至两个音频文件的入点和出点。

2. 音频特效处理

对音频文件进行特效处理，可以改善音质、增强效果。

系统提供的音频特效处理效果在【项目】窗口的【效果】面板中，音频特效效果共分为 3 类：5.1 声道、立体声和单声道，如图 4-47 所示。

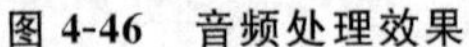
图 4-46 音频处理效果

图 4-47 音频特效处理效果

对音频文件进行特效处理，只要把【效果】面板中选中的音频特效效果拖至【时间线】窗口的音频文件上，在【特效控制】面板中对音频特效参数进行调整即可，如图 4-48 所示。

(1) 分离音、视频文件。前面任务导入的视频文件 1. MPG、2. MPG 都链接着音频，要删除链接的音频内容，首先要把音、视频内容分离。右击 1. MPG，在弹出的快捷菜单中选择【解除视音频链接】命令，如图 4-49 所示，分离 1. MPG 的音、视频文件。用同样的方法分离 2. MPG 的音、视频。

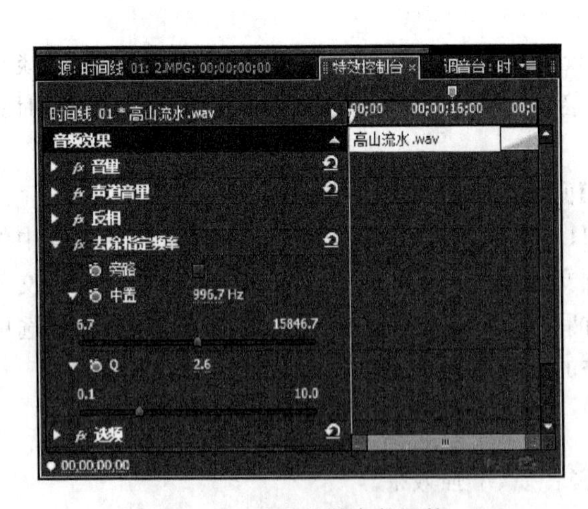

图 4-48 音频特效参数调整

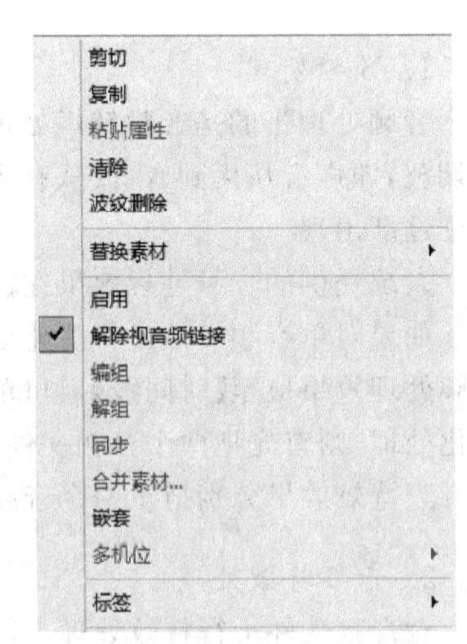

图 4-49 解除视音频链接

(2) 删除音频内容。选择音频 1 轨道中的音频 1. MPG(A)，按 Delete 键，删除所选的音频，如图 4-50 所示。以同样的方法删除音频 2 轨道上的音频 2. MPG(A)。

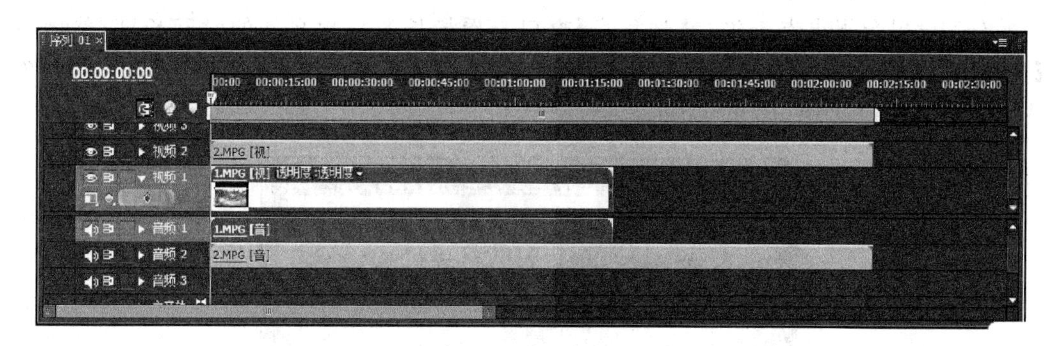

图 4-50 删除音频内容

(3) 导入音频。选择【文件】→【导入】命令,打开【输入】对话框,导入“. \多媒体技术与应用\素材\第 4 章\高山流水. wav”音频文件。把导入到【项目】窗口的“高山流水. wav”音频文件拖至音频 1 轨道上,如图 4-51 所示。

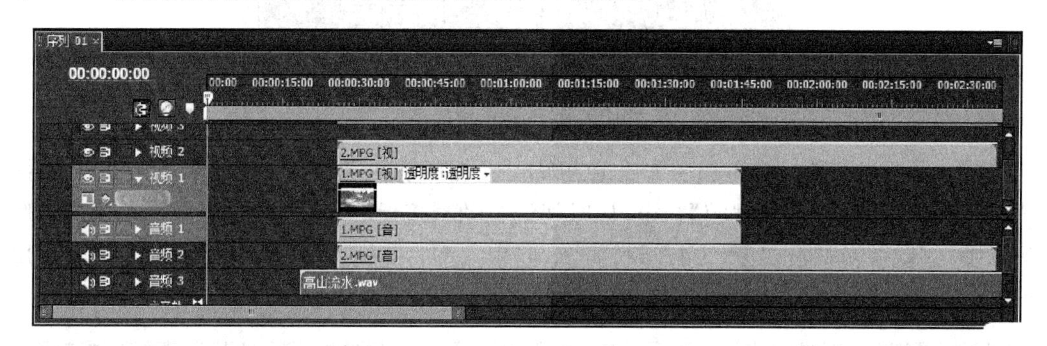

图 4-51 导入音频

(4) 设置音频入点。双击音频 1 轨道上的音频文件,将“高山流水. wav”引入到【监视器】窗口的素材预览面板,按下播放按钮 ▶ ,预听乐曲,在曲子的引子播放结束处单击设定入点按钮 { ,作为音频的入点,如图 4-52 所示。

图 4-52 设置音频入点

（5）设置音频出点。先在【时间线】窗口查看最长的视频文件的时间长度，然后在【监视器】窗口素材预览面板继续预听曲子，找到与最长视频文件时间长度相当的位置，单击设定出点按钮 } ，作为音频的出点，如图 4-53 所示。

图 4-53 设置音频出点

（6）设置音频轨道关键帧。单击音频轨道左侧的显示关键帧按钮，在打开的快捷菜单中选择【显示轨道关键帧】命令，把时间线拖动到接近曲子结尾处，单击音频轨道左侧的添加/删除关键帧按钮，在音频轨道上创建一个关键帧，以同样的方法在音频的结尾处再创建一个关键帧，如图 4-54 所示。

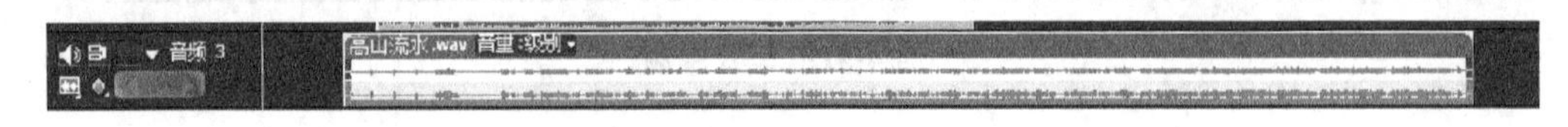

图 4-54 设置音频轨道关键帧

（7）设置淡出效果。选中添加的第 1 个关键帧，向下移动，使音量减小，再选中音频结尾处的关键帧，向下移动至音频右下角，使音量为 0，如图 4-55 所示。

图 4-55 设置淡出效果

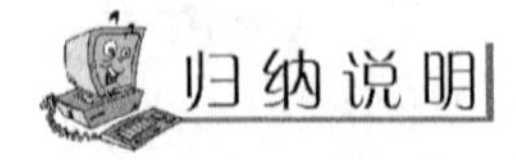

归纳说明

Premiere Pro 程序处理的音频文件主要是背景音乐和解说旁白，音频文件处理主要包括音频转场和音频特效两个方面。

音频转场主要处理单个音频文件的淡入淡出和两个音频文件交叉淡入淡出；音频特效是对音频文件进行特效处理，以改善音质、增强效果。

为音频文件设置转场效果后，发现转场发生时间太短促。要调整转场时间，可以单击【编辑】→【参数选择】→【常规】命令，打开【参数】对话框，在【常规】选项中调整其中的“默认音频切换持续时间”的值，如图 4-56 所示。

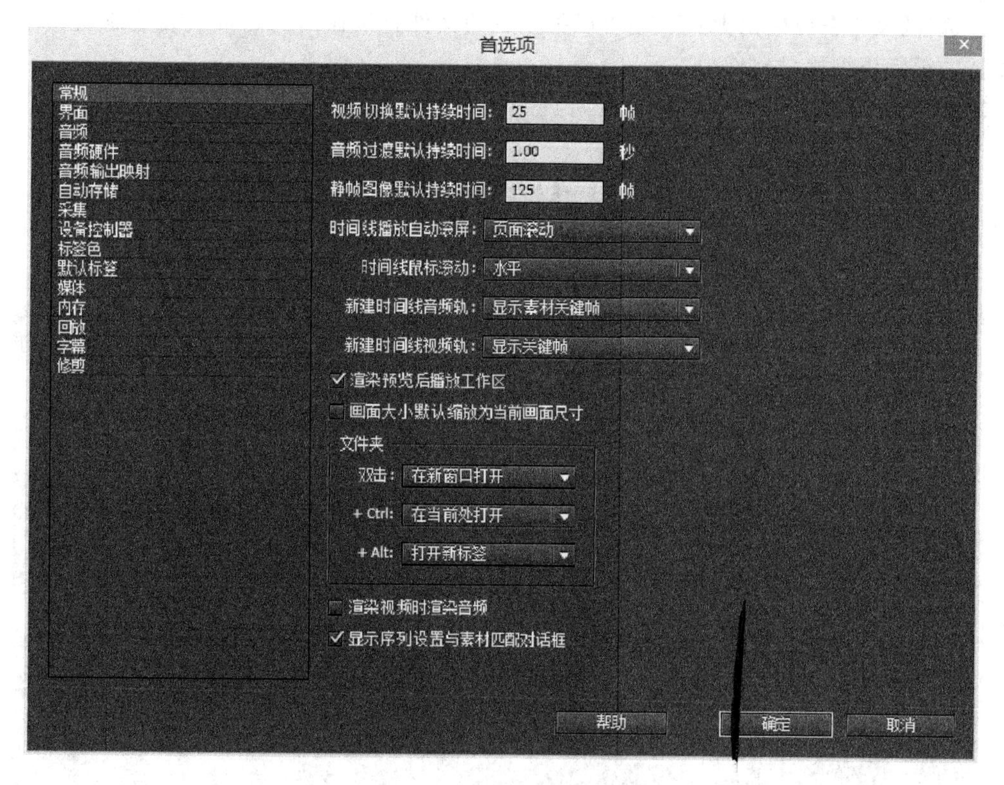

图 4-56　参数设置对话框

任务5　视 频 输 出

本节任务

在 Premiere Pro 的【时间线】窗口中对多媒体素材实现各种编辑、合成操作后，将进行节目制作的后期完成工作：生成、输出视频文件。本节任务就是把前面各项任务编辑合成的音、视频片段生成输出。

背景知识

Premiere Pro 编辑完成多媒体节目后，选择【文件】→【保存】命令，生成的.proj 文件只能在 Premiere Pro 应用程序中播放。只有选择【文件】→【输出】→【影片】命令，生成.avi 文件或其他流行的视频文件格式，才可以使用常见的视频播放软件播放。

Premiere Pro 编辑完成的多媒体节目，还可以以其他格式输出。选择【文件】→【输出】→【帧】命令，输出的是【时间线】窗口中播放头指示的帧的静止图片，图片的格式可以是 BMP、GIF、TARGA 或者是 TIFF。

选择【文件】→【输出】→【音频】命令，仅输出音频文件部分，音频文件的格式是 WAV 格式。

选择【文件】→【输出】命令，还可以把生成的文件直接输出到磁带上或其他 Windows 支持的视频压缩格式文件中。

(1) 运行输出命令。选择【文件】→【导出】→【媒体】命令，打开【导出设置】对话框，设置输出文件名为“山行.avi”，如图 4-57 所示。

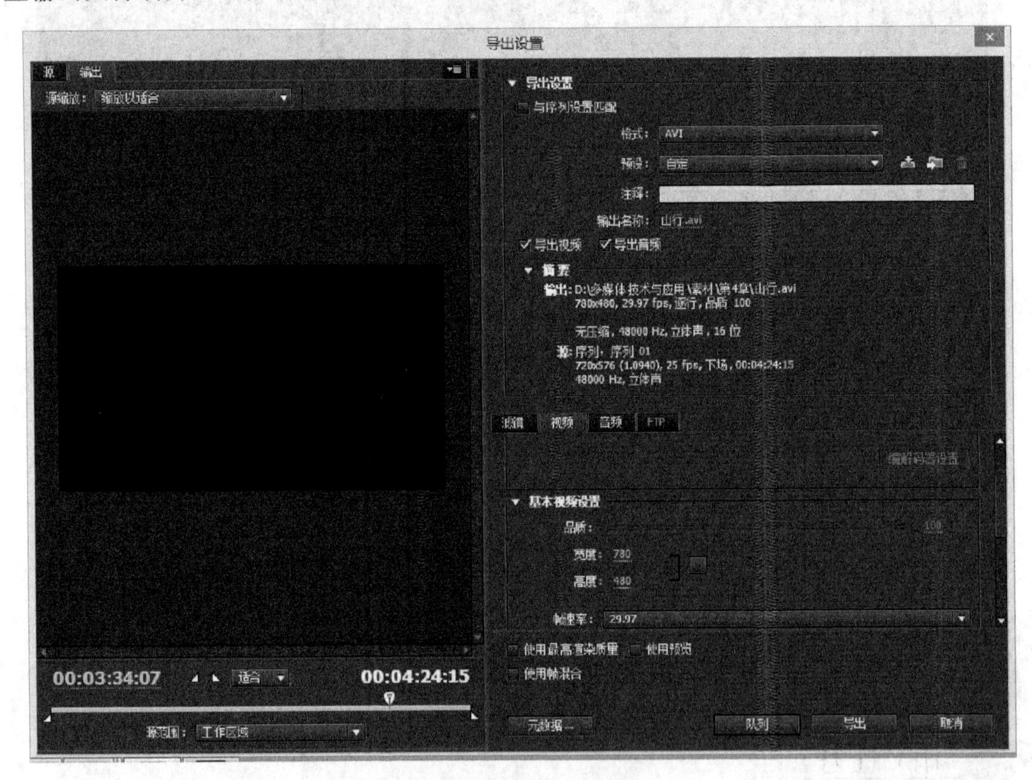

图 4-57 【导出设置】对话框

(2) 常规设置。在【导出设置】对话框的【格式】下拉菜单中提供了可以输出的多种文件格式，既有视频文件格式，也有静止图像格式序列；在【源范围】下拉列表中选择输出的是【时间线】窗口内“入点到出点”中的内容，而非整个时间线中的内容；并选中【导出视频】和【导出音频】复选框，如图 4-58 所示。

(3) 视频设置。选择【导出设置】对话框右侧的【视频】选项卡，打开【视频】内容，【视频编解码器】下拉列表框用于选择输出的压缩器算法；【宽度】和【高度】选项用于设置视频画面的长度和宽度；【帧速率】下拉列表框用于设置帧的播放速度；【品质】选项组用于设置影片的质量。具体设置效果如图4-58所示。

图4-58　视频参数的设置

（4）设置完成后单击 导出 按钮，开始输出AVI文件。

Premiere Pro编辑完成多媒体节目后，可以选择【文件】→【输出】→【影片】命令，生成.avi文件或其他流行的视频文件格式，使用常见的视频播放软件播放。

Premiere Pro还可以把节目输出成静止图像序列和单张静止图像。

拓展提高

在【格式】下拉菜单中，可选的输出文件类型有26种，如图4-59所示。其中BMP、GIF、Targa、TIFF生成的是帧图像序列，也就是图像序列的电影，音频文件不能随之输出；Animated GIF是一种网页支持的GIF动画文件，同样也不能同时输出音频文件；Windows Waveform是音频文件，扩展名是.wav；Microsoft DV AVI和Microsoft AVI是两种视频文件，Microsoft DV AVI是一种数字视频格式，而Microsoft AVI是Windows操作系统支持的视频格式，它们的文件扩展名都是.avi；Filmstrip是指可以直接输出成可供制作电影胶片的文件，生成文件的扩展名是.flm，也不能同时输出音频文件。

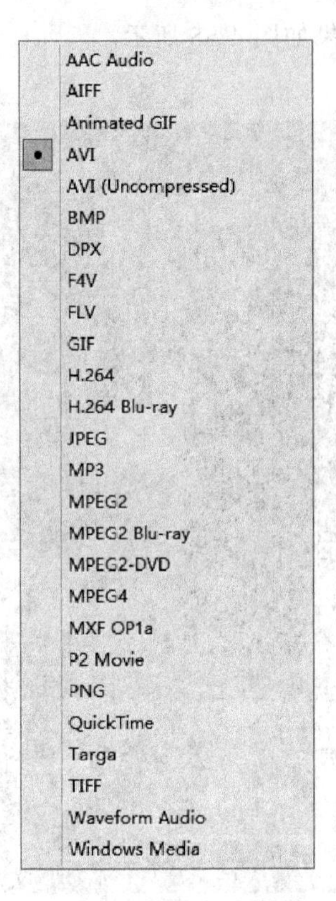

图 4-59　可选输出文件类型

思考与训练

一、思考题

1. 如何为两个视频文件应用转场效果？

2. 音频转场和音频特效有什么区别？

3. 标题窗口由哪些部分构成？

4. 影片输出时可选的文件格式有哪些？

二、训练题

1. 制作一个动画字幕效果。

2. 从收集整理素材开始，制作一个完整的影片，要求包括片头、背景音频、视频转场效果，最后以 AVI 格式输出。

单元5 平面动画信息的制作与处理

Unit 5

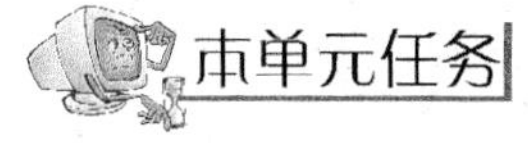

本单元任务

动画通过连续播放一系列画面,给视觉造成连续变化的效果。这种效果是由于人的眼睛的“视觉暂留”特性造成的,人的视觉会短暂保留之前观看的影像,在暂留消失之前观看另一影像,会产生影像之间连续变化的效果。动画用于表达事物的动态变化过程,表达思想直观、具体,具有很强的渲染效果,通常用于广告、娱乐、游戏、教学等领域。

动画的制作方法很多,随着计算机技术、多媒体技术、图形图像技术的发展,借助计算机制作动画的方法得到普遍采用,计算机动画技术得以快速发展。计算机动画通常分为三维动画和平面动画。三维动画通过构造立体模型,控制模型的运动从而产生动画;而平面动画可以称为真正的动画,因为它是由动态的画面帧连续播放产生的变化效果。

计算机平面动画制作软件有很多种,而 Flash 是应用最为广泛和普遍的一个。Flash 是美国 Macromedia 公司出品的一款优秀的矢量动画编辑软件,是当今 Internet 上最流行动画作品的制作工具,已成为事实上的交互式矢量动画标准,因此,微软在其新版的 Internet Explorer 中也不得不内嵌 Flash 播放器。使用 Flash Professional 可以加入图片、声音、视频和特殊效果制作出的动画,可以创建出包含丰富媒体的应用程序。目前,Adobe Flash Professional CS6 是 Adobe 公司推出的最新版本。Adobe Flash Cs6 互动性更强,压缩效率更高,渲染更方便。可以导入和导出更多类型格式文件,兼容性更好。

本单元的任务是为多媒体应用设计显示标题动画和交互动画。交互动画用作与用户的交互操作,以提高多媒体应用程序的使用效果。

任务1 绘制图形

本节任务

精美的图画和文字是生成精彩的动画的基础,熟练地使用 Adobe Flash Professional CS6 绘图和文字处理的技巧,是制作 Flash 动画的基本要求,是制作 Flash 动画的前奏。本节的主要任务是使用 Adobe Flash Professional CS6 为多媒体应用“唐诗欣赏”中所需显示的标题动画绘制图形和输入文字。

1. Adobe Flash Professional CS6 的工作界面

在进行绘图之前，需要了解 Adobe Flash Professional CS6 绘图的工作界面。

Adobe Flash Professional CS6 的工作界面是一个标准 Windows 应用程序窗口，窗口由标题栏、菜单栏、工具栏、时间轴、工具箱、工作区与舞台、库以及各种属性面板组成，如图 5-1 所示。标题栏用于窗口的控制和显示处理文件的标题。菜单栏、工具栏用于提供使用的命令。

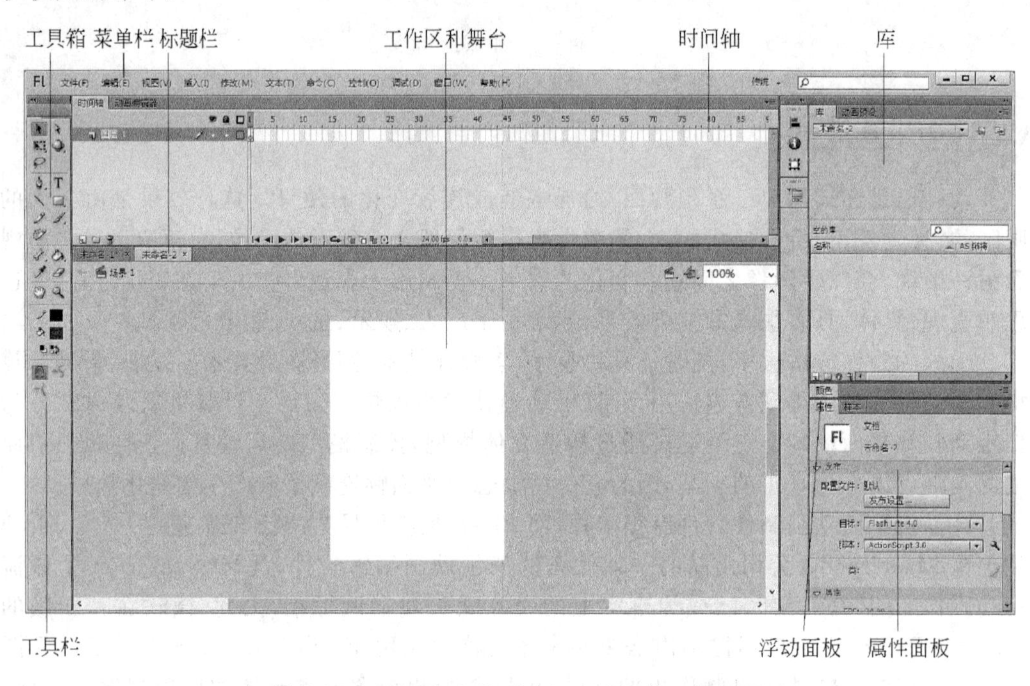

图 5-1 Adobe Flash Professional CS6 的工作界面

Adobe Flash Professional CS6 的时间轴是实现 Flash 动画的关键部分，它包括图层、帧和播放头，如图 5-2 所示。与电影胶片相似，Flash 动画是由一序列的帧组合而成的，每一帧上都至少有一个层。层就像全透明的胶片，每一层上可以绘制不同的图形图像，上一层的图形图像遮盖下一层，没有图形图像的地方透明。一个复杂的动画是由各层上比较简单的动画组合而成的，利用层和帧，就可将动画在空间和时间上有机地组织起来了。

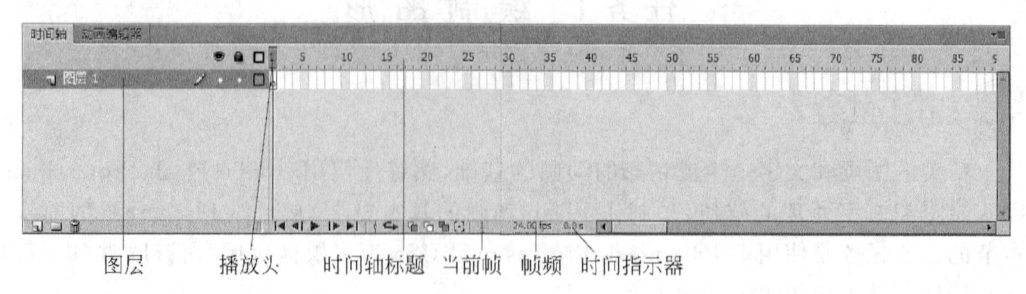

图 5-2 时间轴

Adobe Flash Professional CS6【工具箱】是用于图形设计、创建动画的组件，如图 5-3 所示。利用【工具箱】中的工具，可以在工作区绘制各层各帧的创建内容，如直线、椭圆以及更复杂的图形，并对它们进行编辑和修改，创作出各种不同的效果。

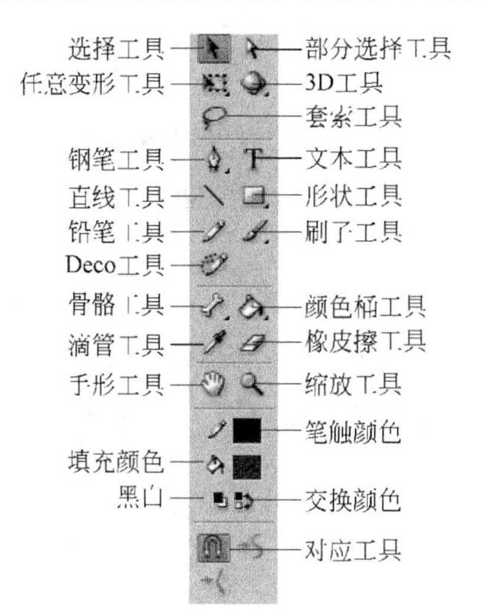

图 5-3 工具箱

Adobe Flash Professional CS6 工作区是进行绘图和编辑的区域，舞台是工作区中突出显示的长方形，如图 5-4 所示。工作区中编辑的内容只有进入舞台才能在播放时展现出来。

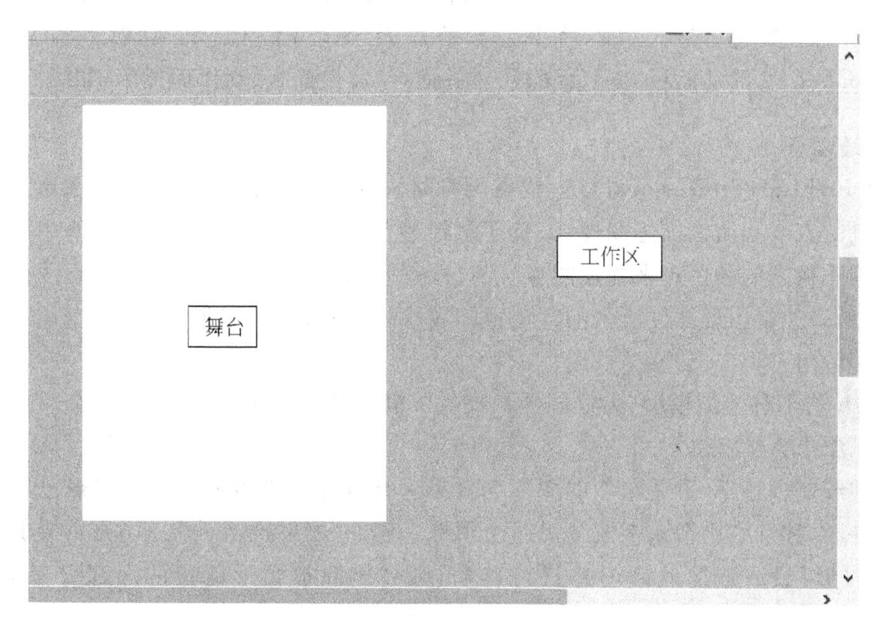

图 5-4 工作区与舞台

Adobe Flash Professional CS6 库是用来存放和组织可以反复使用的动画元件的场所，如图 5-5 所示。动画元件可以是绘制的图形、电影剪辑、导入的图片和声音等。当把一个元件从库中放置到工作区，就称创建了该元件的一个实例，根据需要，可以修改实例的属性。修改实例的属性不会影响到库中的元件，但是，修改库中元件的属性，则该元件的所有实例都将发生相应的变化。在一个 Flash 动画文件中，不管创建了多少个实例，文件只存储元件的一个副本，这样就可以减小文件的大小。所以，对于重复出现的对象最好做成元件。

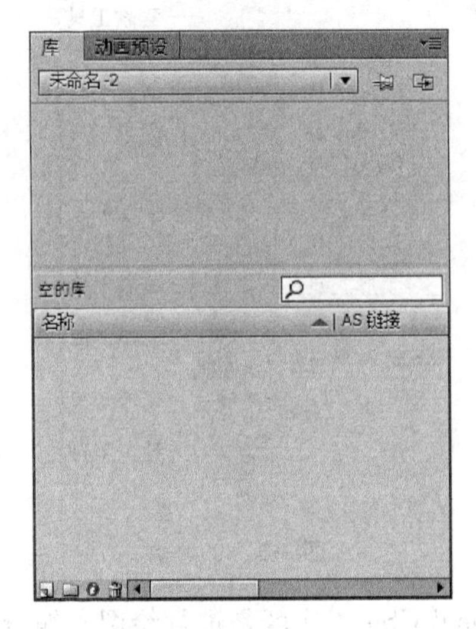

图 5-5 库

Adobe Flash Professional CS6 浮动面板是用来查看、编辑和组织动画中的元素的，可以对对象、颜色、文本、帧、实例、场景以及整个动画进行编辑。Adobe Flash Professional CS6 浮动面板有颜色面板、对齐面板、属性面板、动作面板等，如图 5-6 所示。

2. 绘图模式

Adobe Flash Professional CS6 支持两种格式的图形：矢量图和位图。矢量图形使用称作矢量的直线和曲线描述图像，矢量还包括颜色和位置属性。位图图形使用在网格内排列的称作像素的彩色点来描述图像。与位图图形相比，矢量图形保存的是线条和图块的信息，所以矢量图形文件所占的存储空间较小，图像可以无级缩放，可以以最高分辨率进行打印输出。

Flash 有两种绘图模型，为绘制图形提供了极大的灵活性。

(1) 合并绘制模式

合并绘制模型下，重叠绘制的图形会自动进行合并。当需要移动的图形已与另一个图形合并时，移动它则会永久改变另一个图形。例如，如果绘制一个正方形并在其上方叠加一个圆形，然后选取此圆形并进行移动，则会删除被圆形覆盖的那部分正方形，如图 5-7 所示。

(2) 对象绘制模式

对象绘制模型允许将图形绘制成独立的对象，且在叠加时不会自动合并。分离或重排重叠图形时，也不会改变它们的外形。Adobe Flash Professional CS6 将每个图形创建

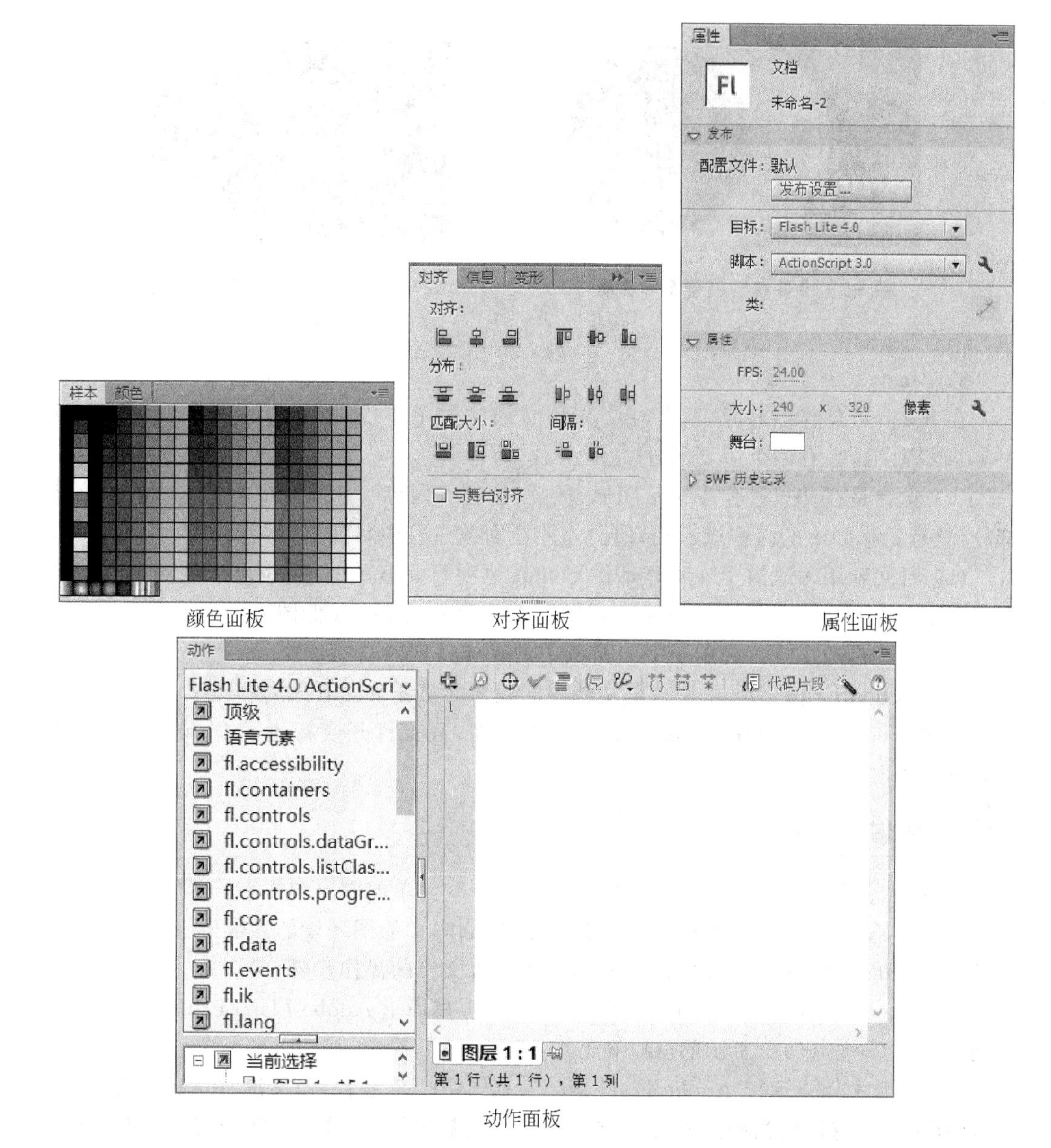

颜色面板　　对齐面板　　属性面板

动作面板

图 5-6　浮动面板

为独立的对象,可以分别进行处理。例如,如果采用对象绘制模型绘制一个正方形并在其上方叠加一个圆形,然后选取此圆形并进行移动,则不会删除覆盖圆形的那部分正方形,如图 5-8 所示。在以前的 Flash 版本中,若要重叠形状而不改变形状的外形,则必须用组合功能(Group)将图形分组,或将不同的图形分放在不同的层上。

选择用对象绘制模型创建的图形时,Adobe Flash Professional CS6 会在图形上添加矩形边框。这样可以使用指针工具移动该对象,只需单击边框,然后拖动图形到舞台上的任意位置即可。

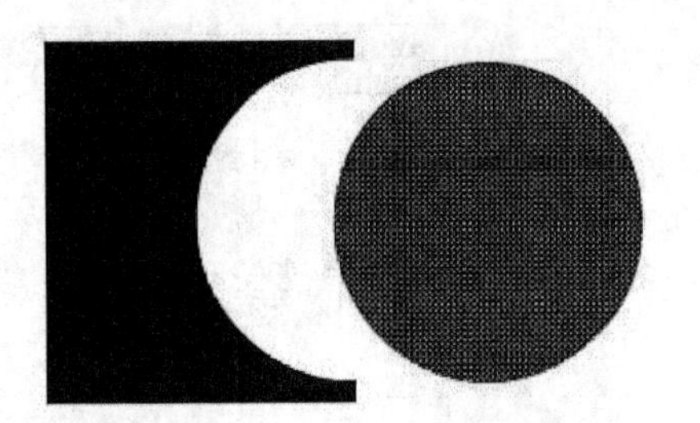

图 5-7 合并绘制模型图形移动

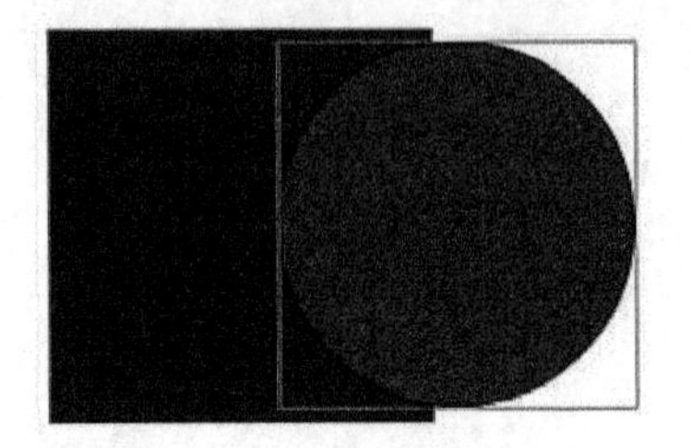

图 5-8 对象绘制模型图形移动

3. Flash 文档组成

在 Flash 中创作内容时，需要在 Flash 文档文件中工作。Flash 文档的文件扩展名为 .fla（FLA），它有四个主要部分。

（1）舞台是在回放过程中显示图形、视频、按钮等内容的地方。舞台是工作区的一个部分，只有工作区中的内容进入到舞台，才能在回放过程中看到。

（2）时间轴用来通知 Flash 显示图形和其他项目元素的时间，也可以使用时间轴指定舞台上各图形的分层顺序。位于较高图层中的图形显示在较低图层中的图形上方。

（3）库面板是 Flash 显示 Flash 文档中的媒体元素列表的位置。

（4）ActionScript 代码可用来向文档中的媒体元素添加交互式内容。

在 Adobe Flash Professional CS6 的工作界面，只有打开或新建了 Flash 文档，才能看到舞台和时间轴。

“唐诗欣赏”中的显示标题动画很简单，包括一些简单的图形和文字。尽管如此，通过绘制图形和输入文字，仍然可以学会有关更多的操作，如绘图环境的参数设置等。下面介绍 Adobe Flash Professional CS6 绘制图形和输入文字的操作步骤。

（1）Adobe Flash Professional CS6 启动。单击桌面上 Adobe Flash Professional CS6 快捷方式，打开如图 5-1 所示的窗口和工作界面。

（2）新建文档。运行 Adobe Flash Professional CS6 之后，如果没有自动新建文档，则选择【文件】→【新建】命令，弹出如图 5-9 所示的【新建文档】对话框，在【常规】标签的【类型】列表框中，单击选定“Flash Lite4”，并在页面右边设置文档属性，单击 确定 按钮，新建文档，默认文档名为“未命名-N”。也可以通过单击【工具栏】上的 按钮，直接新建一个默认文档名为“未命名-N”的文档。其中，N 是一个编号，按执行文档新建的操作次数，自动编码。

（3）设置文档的属性。如果还没有打开如图 5-10 所示的【属性】面板，则单击【属性】面板和【属性】标签，打开【属性】面板。单击【属性】窗口【大小】右侧的 按钮，打开如图 5-11 所示的【文档设置】对话框，修改【尺寸】的宽与高为 216 像素×88 像素。

（4）设置舞台背景颜色。单击【文档设置】对话框上【背景】右侧的 按钮，打开如图 5-12 所示的【颜色样本】面板，单击选择“黑色”颜色块，设置舞台背景颜色。

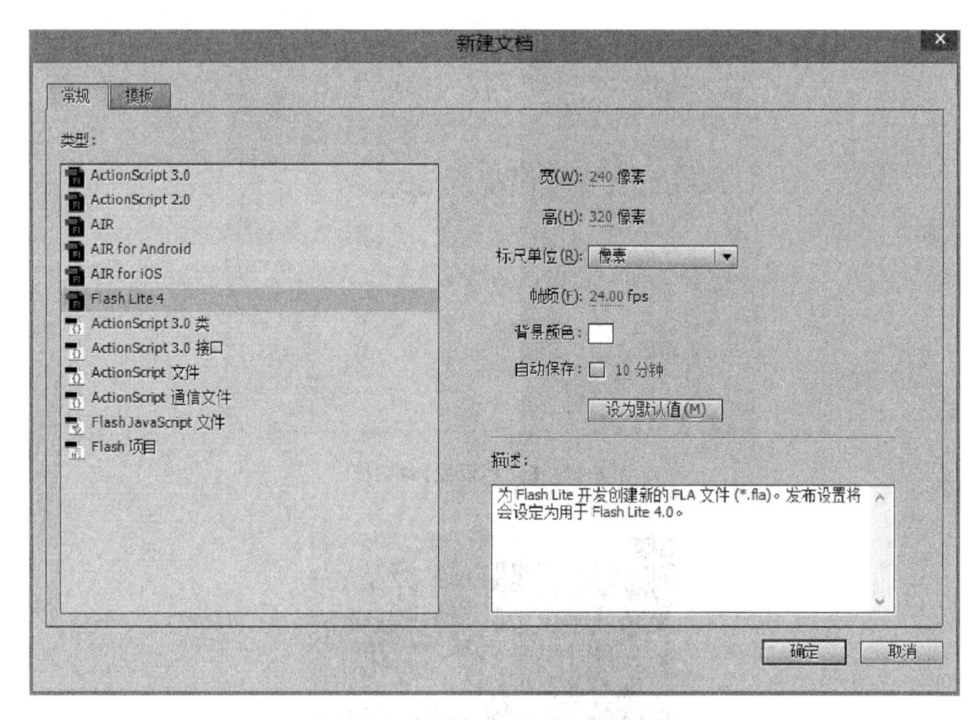

图 5-9 【新建文档】对话框

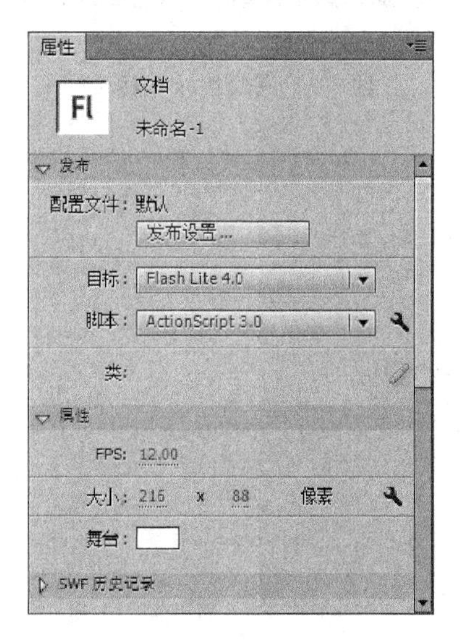

图 5-10 【属性】面板

(5) 设置绘图编辑参数。绘图编辑参数的设置将影响钢笔绘图工具的绘图效果。选择【编辑】→【首选参数】命令,打开图 5-13 所示的【首选参数】对话框,单击【类别】列表框中的"绘画",在对话框的右侧选择绘图和钢笔工具的一些参数设置,单击 确定 按钮保存设置。

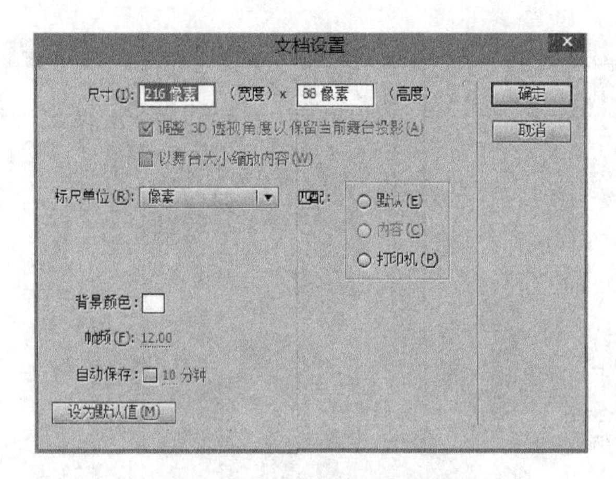

图 5-11 【文档设置】对话框

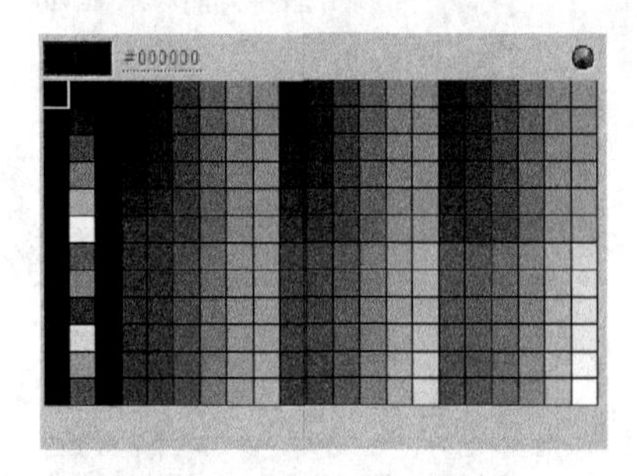

图 5-12 【颜色样本】面板

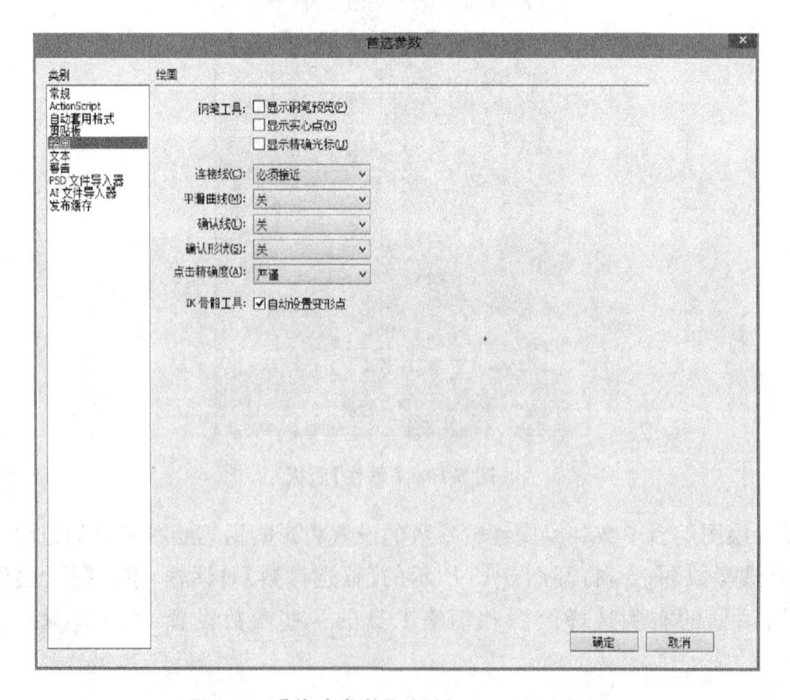

图 5-13 【首选参数】对话框——绘画参数

（6）设置剪贴板参数。在 Flash 工作区中，使用复制命令将所绘图形复制到剪贴板时，剪贴板会按照位图的格式保存图形，并加上标准 Windows 图形信息。设置剪贴板参数，会影响到图形的复制粘贴的精度与效果。选择【编辑】→【首选参数】命令，打开图 5-14 所示的【首选参数】对话框，单击【类别】列表框中的“剪贴板”，在窗口的右侧选择剪贴板保存复制图形的一些参数设置，单击 确定 按钮保存设置。

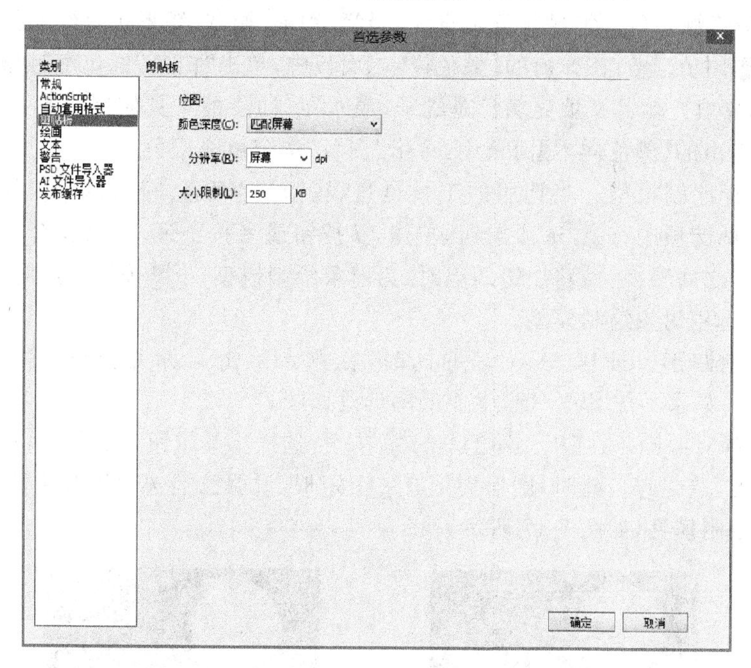

图 5-14　【首选参数】对话框——剪贴板参数

（7）设置工作区网格与标尺。工作区的标尺和网格的设置是为了方便绘图。选择【视图】→【网格】→【编辑网格】命令，弹出如图 5-15 所示的【网格】对话框。单击【颜色】右侧的按钮，从颜色面板选定网格线的颜色；选中【显示网格】复选框，在工作区舞台显示网格；选中【贴紧至网格】复选框，绘制图形的端点贴紧网格；↔右侧输入网格线水平间的像素距离；↕右侧输入网格线垂直间的像素距离。选择【视图】→【标尺】命令，在工作区显示或隐藏标尺。

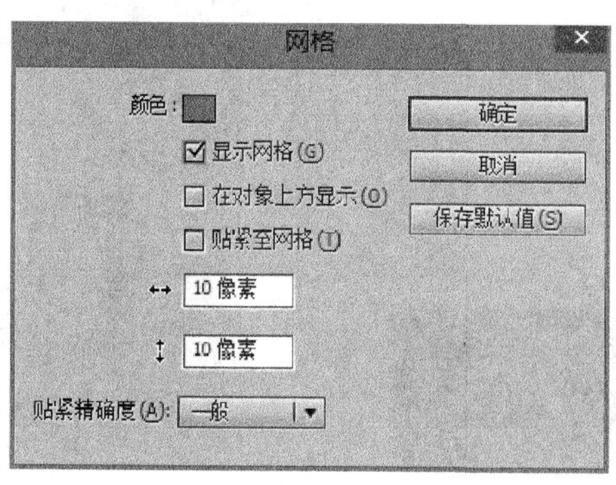

图 5-15　【网格】对话框

(8) 选择椭圆工具。在如图 5-3 所示【工具箱】面板的工具按钮上单击，同时，【工具箱】面板的工具按钮凹陷下去，表示已选中该工具。如果工具按钮右下角有像 的小三角，则表示该工具具有多种类型，此类工具的选择，先在工具按钮上单击并按住鼠标，直到出现该工具的多个类别的列表，释放鼠标，单击列表中的工具进行选择。如在【工具箱】中单击 选择椭圆工具，椭圆工具按钮变成 ，表示选中该工具。

(9) 选择笔触颜色。笔触颜色是直线、铅笔、钢笔、椭圆、矩形工具绘制图形使用的颜色。单击 中的 ，在弹出的【颜色样本】面板中，单击“白色”选定笔触颜色。

(10) 选择填充颜色。填充颜色是刷子、墨水瓶、油漆桶工具使用的颜色。单击 中的 ，在弹出的【颜色样本】面板中，单击“白色”选定填充颜色。

(11) 选择绘制模型。当选用的工具是直线、铅笔、钢笔、椭圆、矩形、刷子工具之一时，【工具箱】的选项中有 选项按钮，单击 按钮或者按 J 键，可以在合并绘制模型与对象绘制模型之间转换。 按钮凹陷时，为对象绘制模型； 按钮凸起时，为合并绘制模型。此时，选用对象绘制模型。

(12) 绘制圆形。按住 Shift 键的同时，在舞台单击鼠标并拖曳，生成一个圆，如图 5-16 所示。如果不按 Shift 键，生成的图形是椭圆。

(13) 选择对象圆。在【工具箱】单击 按钮，选择工具按钮变成 。在工作区中单击绘制的圆形，选中它。此时，圆形周围有一个矩形，说明已经选中该对象，因为绘制图形模型为对象绘制模型，如图 5-17 所示。

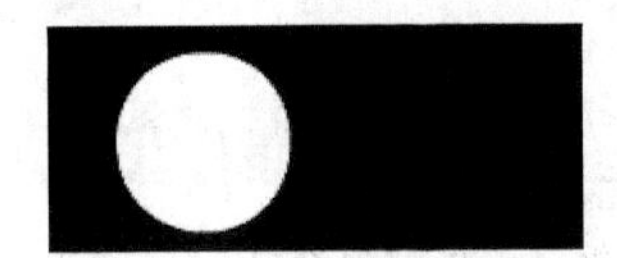

图 5-16 画圆

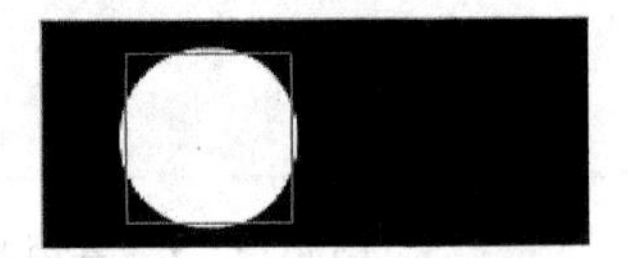

图 5-17 选中圆形对象

(14) 移动圆形。在【工具箱】单击 按钮，选择工具，在舞台选择图形，将其拖曳到舞台的左上角，如图 5-18 所示。也可以在属性窗口中的 X、Y 域，输入数值移动图形的坐标位置，如图 5-19 所示。

图 5-18 移动圆形效果

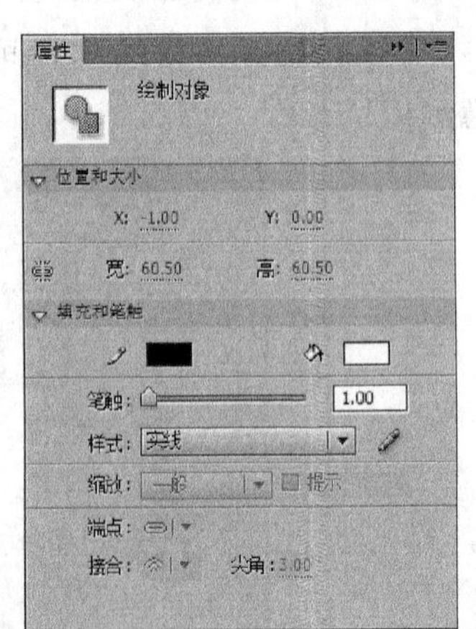

图 5-19 对象圆的【属性】面板

(15) 修改圆形。在【工具箱】单击 按钮,如果是圆形,则在舞台单击选择圆形对象,圆形周围出现具有控制句柄的矩形,如图 5-20 所示。移动鼠标到控制句柄上,当出现左右箭头、上下箭头、旋转、上左下右箭头时,拖动鼠标修改图形的宽、高、旋转角度、倾斜角度。也可从如图 5-21 所示的【属性】面板窗口中修改宽、高,改变其大小。

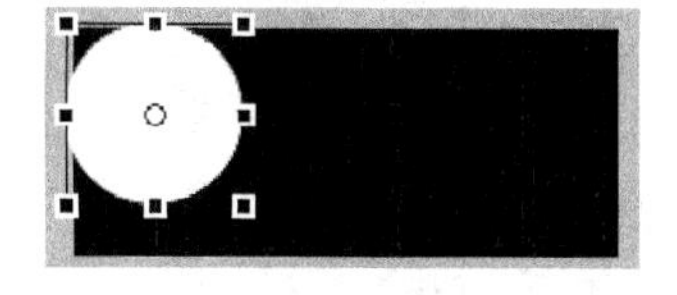

图 5-20 对象圆形任意变形

图 5-21 对象圆的【属性】面板

(16) 插入图层。在【时间轴】的左下角上单击 按钮,或选择【插入】→【时间轴】→【图层】命令,在"图层 1"上增加一个"图层 2",如图 5-22 所示。

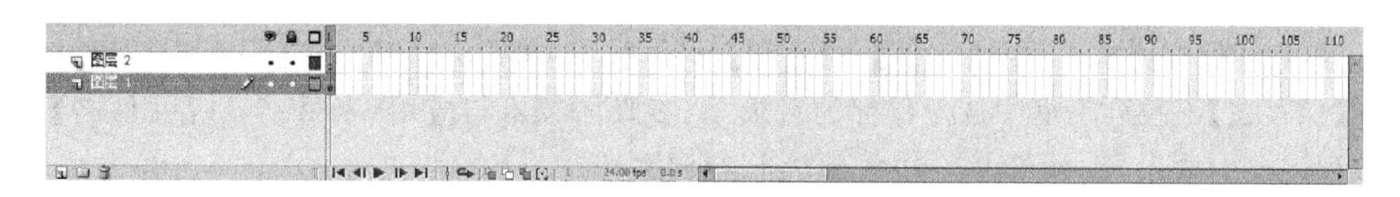

图 5-22 插入一个图层后的时间轴

(17) 选择文字工具。在【工具箱】中,单击 按钮。

(18) 选择文字的颜色。文字的颜色就是指文字的填充色,可以在输入文字之前选定,也可以输入文字之后进行修改。单击 按钮,从弹出的【颜色】面板中选择"黑色"。

(19) 创建文本。单击【时间轴】上"图层 2",在舞台上单击,出现文本输入域和文本属性面板窗口,录入"唐诗欣赏"4 个字,效果如图 5-23 所示。

图 5-23 文本输入

图 5-24 选中文本对象

(20) 修改文本。在【工具箱】中，单击 按钮，在舞台单击输入的文本，选择该文本对象，如图 5-24 所示。把其移动到舞台的上部中央，如图 5-25 所示。在如图 5-26 所示的文本【属性】面板中，可以修改选择文本的文字字型、大小、式样、颜色、对齐方式和文本对象所在的坐标位置、对象大小等。文本的文字字型、大小、式样、对齐方式的改变，可以通过执行【文本】菜单组下面的子菜单【字型】、【大小】、【式样】、【对齐】命令来实现。

图 5-25　文本移动的效果

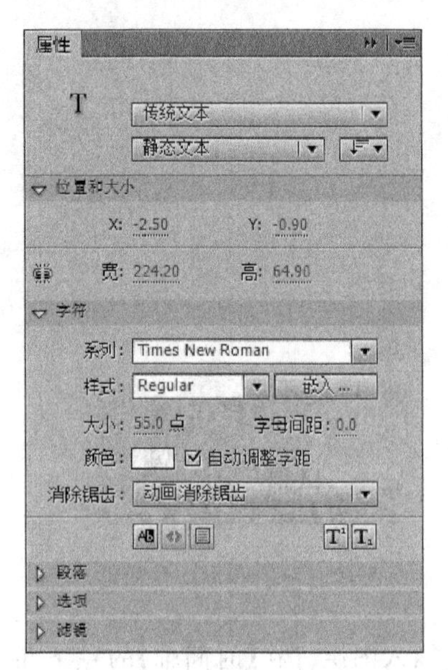

图 5-26　文本【属性】面板

(21) 保存文档。选择【文件】→【保存】命令，弹出如图 5-27 所示的【另存为】对话框，在【保存在】下拉列表框中选定保存的目录“.\多媒体技术与应用\素材\”，在【文件名】下拉列表框中输入 tang，单击 保存(S) 按钮，存储文档。

归纳说明

本节简单介绍了 Adobe Flash Professional CS6 的工作界面和组成部分、绘制图形模型以及 Flash 文档的组成。通过制作“唐诗欣赏”中的显示标题动画中有关绘图和文本输入部分，应该掌握 Adobe Flash Professional CS6 有关图形和文字的制作方法和步骤，如绘图参数的设置、绘图工具的使用和面板工具的使用等。

计算机动画的原理与传统动画基本相同，只是在传统动画的基础上把计算机技术用于动画的处理和应用，并可以达到传统动画所达不到的效果。传统动画是通过在连续多格的胶片上拍摄一系列单个画面，并将胶片以一定的速率放映从而产生视觉变化的动画。而计算机动画是采用连续播放静止图像的方法产生景物运动的效果，即使用计算机产生图形、图像运动的技术。计算机动画是计算机图形学和艺术相结合的产物，它给人们提供了一个充分展示个人想象力和艺术才能的新天地。目前，计算机动画已经广泛应用于影

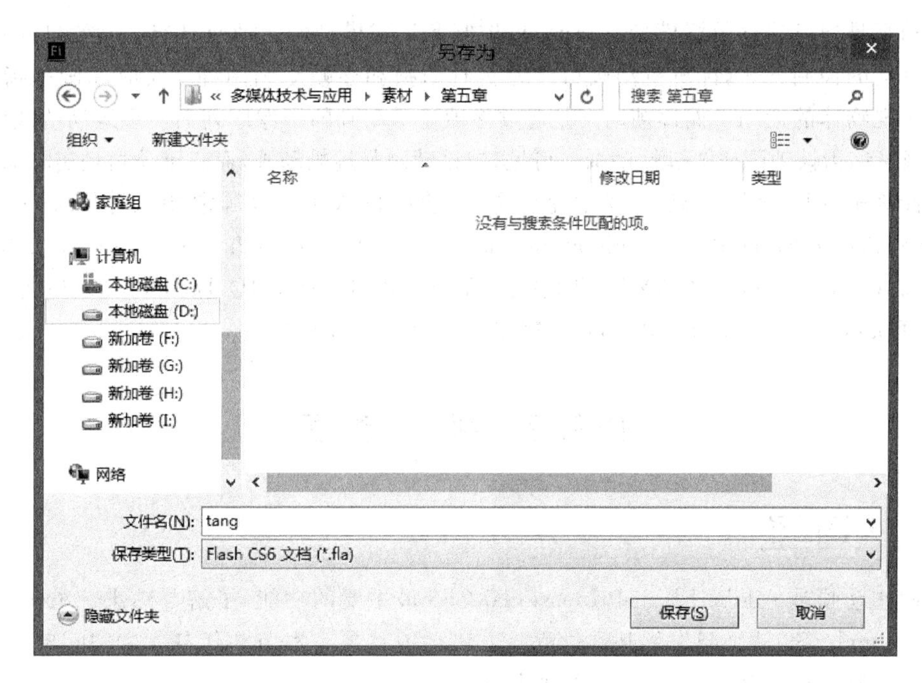

图 5-27 【另存为】对话框

视特技、商业广告、游戏、计算机辅助教育等领域。

计算机动画的发展经历了三个阶段。20 世纪 60 年代，美国的 Bell 实验室和一些研究机构就开始研究用计算机实现动画片中间画面的制作和自动上色。这些早期的计算机动画系统基本上是二维辅助动画系统，也称为二维动画。20 世纪 70～80 年代，计算机图形、图像技术的软、硬件都取得了显著的发展，使计算机动画技术日趋成熟，三维辅助动画系统也开始研制并投入使用。三维动画也称为计算机生成动画，其动画的对象不是简单地由外部输入，而是根据三维数据在计算机内部生成的。80 年代之后，计算机动画已经发展成一个多种学科和技术的综合领域，它以计算机图形学，特别是实体造型和真实感显示技术（如消隐、光照模型、表面质感等）为基础，涉及图像处理技术、运动控制原理、视频技术、艺术，甚至视觉心理学、生物学、机器人学、人工智能等领域，它以其自身的特点而逐渐成为一门独立的学科。目前，不但电视、电影大量运用计算机动画技术，其他领域也广泛应用计算机动画技术，如广告、建筑、工程、美术、教育、娱乐、飞行模拟、空间开发等。

相对于传统动画，计算机动画具有以下不同的特点：一是计算机动画比传统动画制作简单，如描线、着色等操作简单方便、成本低廉、易于修改。二是计算机动画不仅可以是二维平面动画，还可以是三维立体动画。三是计算机动画可以设计制作出更为复杂的场面与效果。

计算机动画通常划分为二维动画与三维动画两大类。二维画面是平面上的画面，如纸张、照片或计算机屏幕显示画面，无论画面的立体感有多强，终究只是在二维空间上模拟真实的三维空间效果。三维画面中的景物有正面、侧面和反面，调整三维空间的视点，能够看到不同的内容。二维和三维动画的主要区别在于动画的运动效果的不同，二维动画的运动效果需要绘制一系列变化的画面，通过播放这一系列的画面获得运动效果；而三维动画是通过建立数据模型，由计算机控制和生成模型的运动及具有运动效果的画面。根据运动的控制方式，计算机动画可分为实时动画和逐帧动画两种。实时动画是指用算法来实现物体的运动。而逐帧动画是通过逐帧显示动画的图像序列而实现运动的效果，逐帧动画又称为帧动画或关键帧动画。可见，二维动画是逐帧动画，而三维动画是实时动画。

计算机动画软件与硬件技术是计算机动画的关键技术，常用二维动画软件有Animo、Toonz、Retas Pro、Usanimation、Flash、Toob Boom Studio、Harmony、Solo等；三维动画软件有3ds max、MAYA、XSI、LightWave 3D、Cinema 4D、Blender、Modo等，其中Toob Boom Studio、Flash、3ds max、MAYA在国内较为多见。

任务2 制作动画

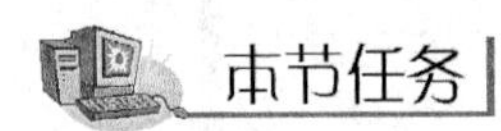

本节任务

制作动画是Adobe Flash Professional CS6最主要的功能，了解与熟悉Adobe Flash Professional CS6动画制作的基本过程与方法至关重要。本节在任务1的“唐诗欣赏”显示标题动画制作的基础上，进行动画的制作。

背景知识

1. Adobe Flash Professional CS6创建动画的基本方法

在Adobe Flash Professional CS6中，可以制作两种动画：逐帧动画和补间动画。

所谓逐帧动画，是指更改每一帧中的舞台内容，然后逐帧播放这些帧的画面内容即可，从而形成的动画。逐帧动画最适合于每一帧中的图像都在更改的复杂动画。在逐帧动画中，Flash会保存每个完整帧的值。因而，逐帧动画文件大小快速增长。

补间动画不同于逐帧动画，它只需定义动画开始和结尾的两个关键帧的内容即可，关键帧之间的帧由Flash自动创建。相对于逐帧动画，补间动画中，Flash只需保存帧的变化值，因而，文件要更小。

Flash可以创建三种类型的补间动画：形状补间、动画补间和传统补间，用来创建动画和特殊效果，为创作精彩的动画内容提供了多种可能。

形状补间可以实现两个对象之间大小、位置、颜色等的变化。创建形状补间需先在时间轴上插入两个空白关键帧，分别在两个关键帧中置入不同对象，然后对首个关键帧应用形状补间即可。创建形状补间动画的对象多为用鼠标或压感笔绘制出的形状，而不能是图形元件、按钮、文字等，如果要使用图形元件、按钮、文字创建形状补间动画，必须先打散该对象（按Ctrl+B组合键）后才可以做形状补间动画。

动画补间又称为动作补间，可实现对象的大小、位置、颜色、透明度、旋转等属性的变化。动画补间只需在时间轴上插入一个空白关键帧并置入非矢量图形（组合图形、文字对象、元件的实例、被转换为元件的外界导入图片等），然后对该关键帧应用补间动画即可。

传统补间在实现效果上与动画补间类似，但是对创建动画的对象唯一性、步骤先后顺序都有严格要求。传统补间要求先在时间轴上插入首个空白关键帧，置入预先设计好的对象并将其转化为元件，然后在时间轴上通过插入普通关键帧的方式复制首个关键帧及已置入的对象，选择该元件实例并在其属性面板中修改大小、位置、颜色、透明度等属性，最后回到首个关键帧应用传统补间即可。

2. 帧

Flash 帧就像电影胶片中的一格一格的胶片，当一格一格的胶片按照一定速度先后顺序播放出来，就产生了“动”的效果。帧在时间轴右侧，顶部的时间轴标题指示帧的编号，按时间从左到右顺序编号。

Flash 帧有不同的帧类型，它们具有不同的作用。

(1) 关键帧

所谓关键帧是指在动画中定义变更内容的动画帧。关键帧是区间动画的重要组成部分，用于定义一个过程的起始和终结。

(2) 过渡帧

两个关键帧之间的部分就是过渡帧，它们是起始关键帧动作向结束关键帧动作变化的过渡部分。在进行动画制作过程中，不必理会过渡帧的问题，只要定义好关键帧以及相应的动作即可。

(3) 空白关键帧

在一个关键帧里，什么对象也没有，这种关键帧就称为空白关键帧。

(4) 一般帧

除了关键帧、过渡帧和空白关键帧，就是一般帧。这种类型的帧创建时，总是复制该帧之前的帧。

3. 图层

Flash 时间轴左侧是图层列，每个图层就像一张幻灯胶片，可以在上面绘制图像，当图像在舞台中，就可以在播放时展示。图层列可以由一个或多个图层组成，它们像叠罗汉那样重叠，从而可以实现多个图层的简单图像，构成一个复杂的图像。

图层具有两大特点：一是图层的透明性，在一个图层上，没有画有图形或文字的地方都是透明的，这样，下层的内容可以通过透明的部分显示出来；二是图层相对独立性，修改一个图层，不会影响到其他的图层。

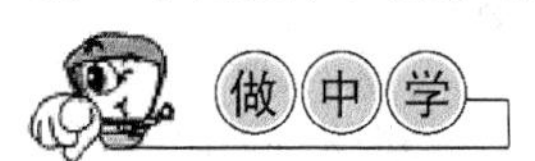

显示标题动画，是采用聚光文字的方式显示标题，动画的效果如图 5-28 所示。

图 5-28 标题动画效果

(1) 打开文档。运行 Adobe Flash Professional CS6 之后，选择【文件】→【打开】→【图层】命令，弹出如图 5-29 所示的【打开】对话框，在【查寻范围】下拉列表框中查找“.\多媒体技术与应用\素材\”目录，选择文件“tang.fla”，单击 打开(O) 按钮，打开文档。

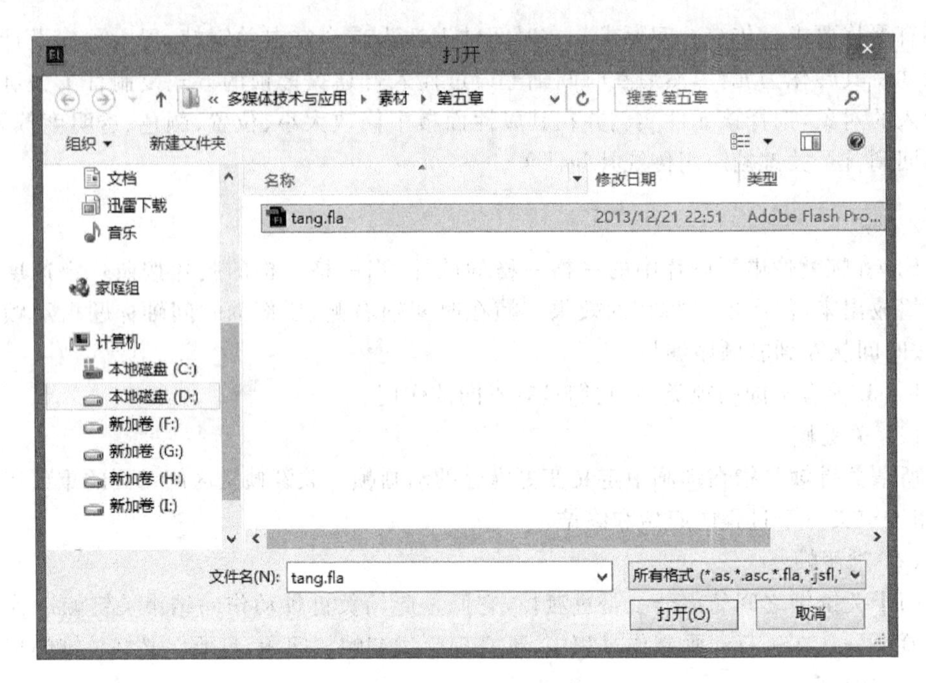

图 5-29 【打开】对话框

(2) 选择“图层 2”。在【时间轴】左侧单击“图层 2”，选择该图层。

(3) 选择“图层 2”第 2 帧。在相应“图层 2”的时间轴标题单击第 2 帧，该帧变为【当前帧】，同时，【当前帧】指示为“2”。

(4) 插入“图层 2”第 2 帧。右击【时间轴】上“图层 2”的第 2 帧上，在快捷菜单中单击【插入帧】命令，创建一般帧，如图 5-30 所示。

(5) 移动“图层 2”第 2 帧到第 10 帧。选中“图层 2”的第 2 帧之后，移动光标到“图层 2”的第 2 帧上面，当光标下面出现一个灰色的矩形时，即可以移动该帧了。拖动该帧到第 10 帧释放，移动该帧的同时，计算机自动生成多个相同内容的帧，并且最后是一个关键帧，如图 5-31 所示。

图 5-30 插入帧效果　　图 5-31 移动帧效果

(6) 修改“图层 2”第 1 帧。单击选中“图层 2”的第 1 帧，该帧是一个关键帧（中间有黑点）。从【工具】菜单选择按钮，在舞台中单击选中文本，在如图 5-32 所示的文本【属性】窗口中选择文本填充颜色为“黑色”，结果文字在黑色的背景下不可见了，如图 5-33 所示。

(7) 修改“图层 2”第 10 帧。单击选中“图层 2”的第 10 帧，从【工具】菜单中选择按钮，在舞台中单击选中文本，从【文本属性】窗口中选择文本填充颜色为“白色”，结果文字变成白色，如图 5-34 所示。

图 5-32 文本【属性】面板

图 5-33 文本填充黑色

(8) 创建补间动画。右击"图层 2"的第 10 帧，弹出快捷菜单，选择【创建补间动画】命令。然后，右击"图层 2"的第 25 帧，弹出快捷菜单，选择【插入关键帧】命令，如图 5-35 所示。这样，在第 10 帧到第 25 帧构成了一个由计算机生成的动画过渡帧。这种创建补间动画的方法，是"关键帧→生成补间动画→关键帧"的过程。还有另外一个方法，是"关键帧→关键帧→选中中间帧→生成补间动画"的过程(下面介绍)。

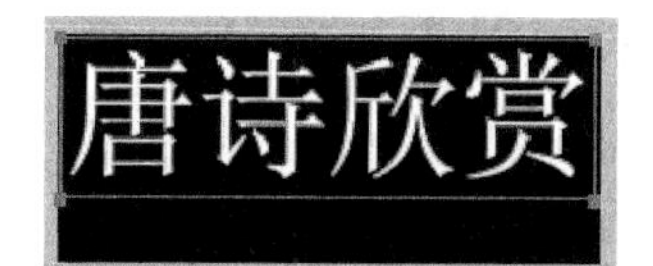

图 5-34 文字填充白色

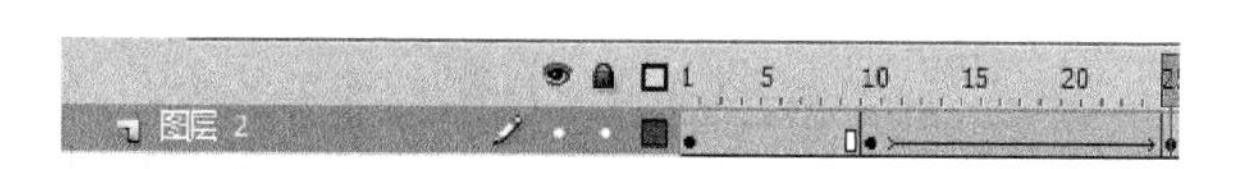

图 5-35 生成补间动画的效果

(9) 修改"图层 2"的第 25 帧。从【工具】菜单中选择 按钮，在舞台中单击选中文本，在图 5-36 所示的【属性】面板中的【颜色】下拉列表框中选择"色调"，颜色选择为"黑色"。用鼠标拖动【时间轴】的时间线 的红色块，从第 10 帧到第 25 帧移动，在舞台上可以看到文本从白到黑的渐变过程。

(10) 选择"图层 1"。单击【时间轴】上的"图层 1"，选择该图层，"图层 1"有 按钮，表示可以编辑该图层。如果是 按钮，表示该层被"锁定"或"隐藏"，可以单击 中的 按钮、 按钮"解锁"或"显示"。相反的，单击 上的 按钮，分别进行"锁定"或"隐藏"。

(11) 选择"图层 1"第 1 帧。在相应"图层 1"的时间轴标题单击第 2 帧，该帧变为【当前帧】，同时，【当前帧】指示为"1"。

(12) 复制粘贴帧。右击"图层 1"的第 1 帧，弹出快捷菜单，如图 5-37 所示，选择【复制帧】命令。然后，右击“图层 1”的第 10 帧，弹出快捷菜单，选择【粘贴帧】命令，创建第 10 帧关键帧，如图 5-38 所示。这样，从第 1 帧到第 10 帧构成了一个由计算机生成的动画帧。

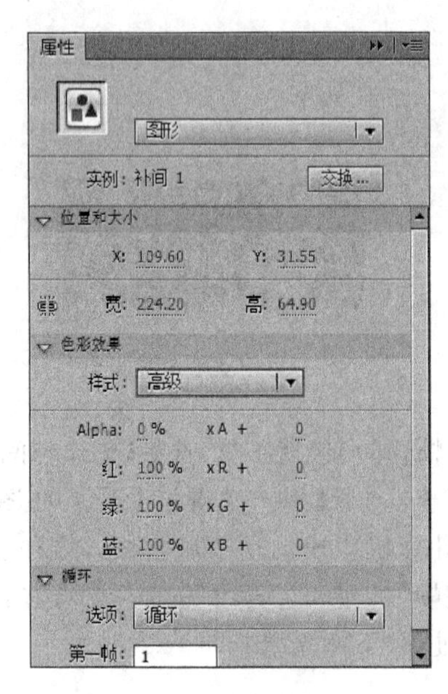

图 5-36 【属性】面板

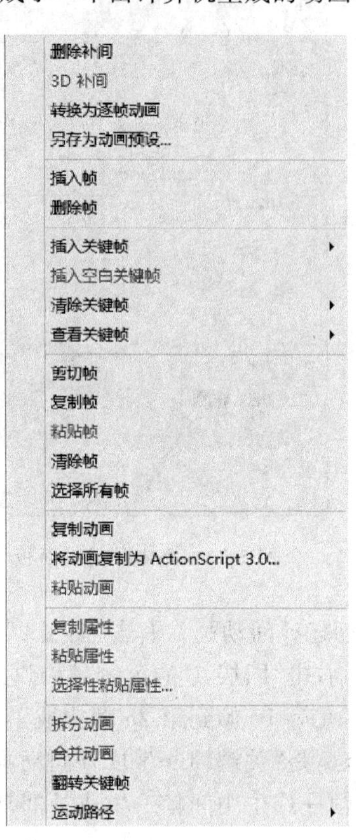

图 5-37 快捷菜单

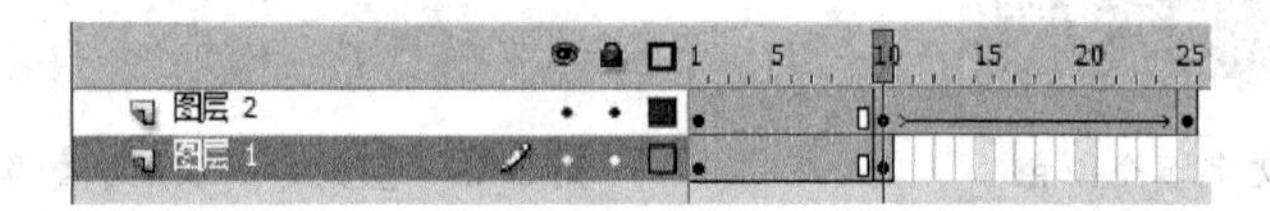

图 5-38 粘贴帧

(13) 选择多帧。如果选择图层上的单帧，直接单击该图层上所在帧。当鼠标指针变为 ，在“图层 1”的第 2 帧到第 11 帧拖动，选中这些帧，如图 5-39 所示。

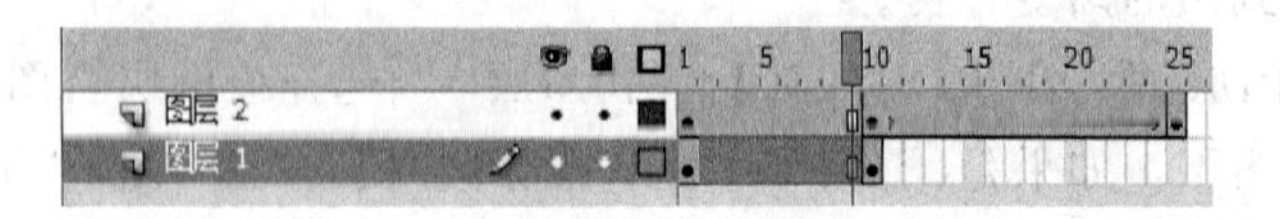

图 5-39 选择多帧效果

(14) 生成补间动画。右击选中的多帧，从快捷菜单选择【创建补间动画】命令，生成补间动画，如图 5-40 所示。这种方法采取的是“关键帧→关键帧→选中中间帧→生成补间动画”的构成。

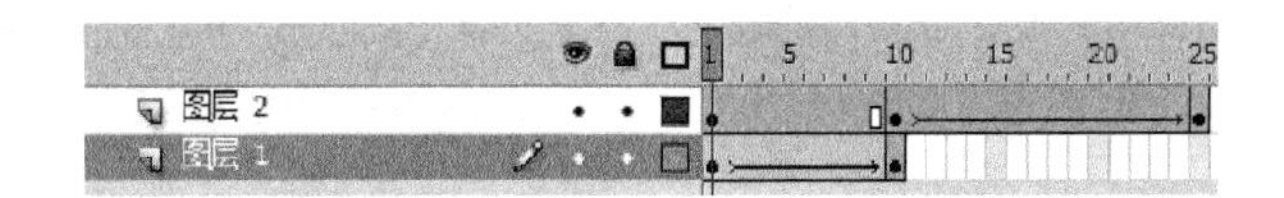

图 5-40 生成补间动画

(15) 修改“图层 1”的第 10 关键帧。单击【时间轴】“图层 1”的第 10 帧，选中第 10 帧，从【工具】菜单选择 按钮，在舞台中单击图形圆，选中该对象，把该对象从舞台的左上角拖动到舞台的右上角，正好与“唐诗欣赏”的“赏”对齐即可，如图 5-41 所示。拖动【时间轴】的时间线 的红色块，从第 1 帧到第 10 帧移动，舞台上可以聚光文本的渐变效果，如图 5-42 所示。

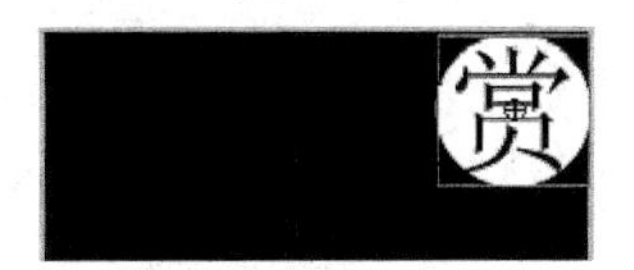

图 5-41 关键帧的对象对齐

图 5-42 聚光文本的动画效果

(16) 锁住多个图层。“图层 1”、“图层 2”的动画已经做好，为了防止在制作其他图层动画时，不经意地改动“图层 1”、“图层 2”的动画，可以把这两个图层进行锁定。在【时间轴】所有图层的上面有 图案，分别表示图层的可视性、锁定、轮廓状态，单击 中的锁定按钮锁定这两个图层，如图 5-43 所示。

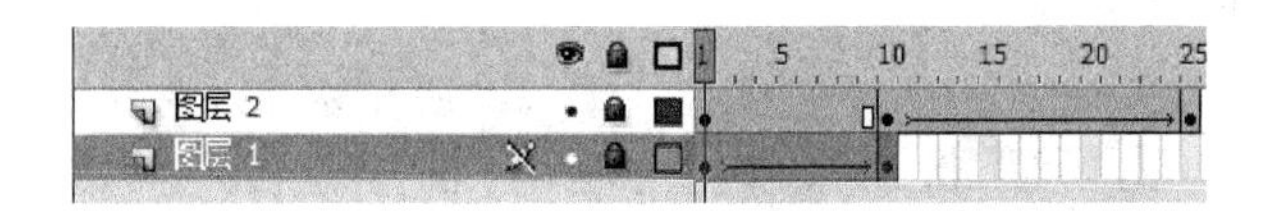

图 5-43 锁定图层

(17) 插入图层 3。在“图层 2”上插入“图层 3”，首先在【时间轴】上单击“图层 2”，单击 中的 按钮，在“图层 2”上插入“图层 3”。这样，“图层 3”上绘制的图形、文字等对象将在“图层 2”中的对象上面显示。也可以右击“图层 2”，从弹出的快捷菜单中选择【插入图层】命令。还可以选中“图层 2”后，单击【插入】→【时间轴】→【图层】命令插入图层。

(18) 在“图层 3”的第 1 帧创建关键帧。单击【时间轴】上“图层 3”的第 1 帧，右击该帧，从快捷菜单中选择【插入关键帧】命令，或者单击【插入】→【时间轴】→【关键帧】命令，创建关键帧。在【工具】菜单中，单击 按钮，从弹出的【颜色样本】面板中选择“红色”；单击 按钮，从弹出的【颜色样本】面板中选择“黑色”。单击 A 工具，在舞台上单击，出现文本输入域，录入 Tang Dynasty' Poem。选中所有文字，在图 5-44 所示的【属性】面板中，选定文本的字型为 Times New Roman，字体大小为“20”，效果如图 5-45 所示。

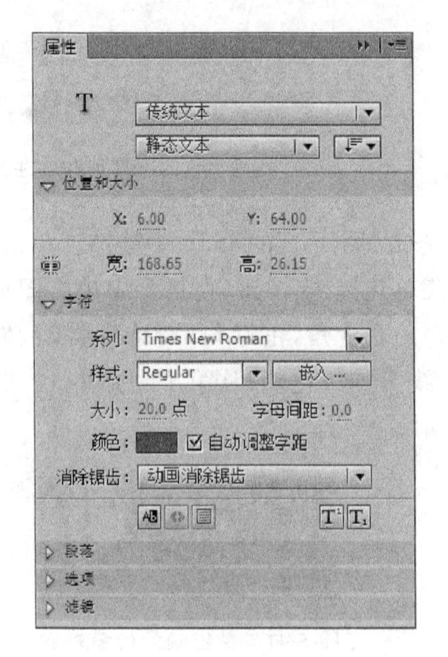

图 5-44 输入文本

图 5-45 修改文本字型、字体、颜色【属性】面板

(19) 插入并移动帧。右击“图层 3”的第 2 帧，弹出快捷菜单，选择【插入帧】命令，在“图层 3”的第 2 帧插入与第 1 帧相同的一般帧。单击“图层 3”的第 2 帧，当鼠标指针下方出现小矩形时，拖动该帧到第 25 帧释放鼠标，从第 2 帧到第 25 帧生成相同的帧，其中第 25 帧是关键帧，如图 5-46 所示。

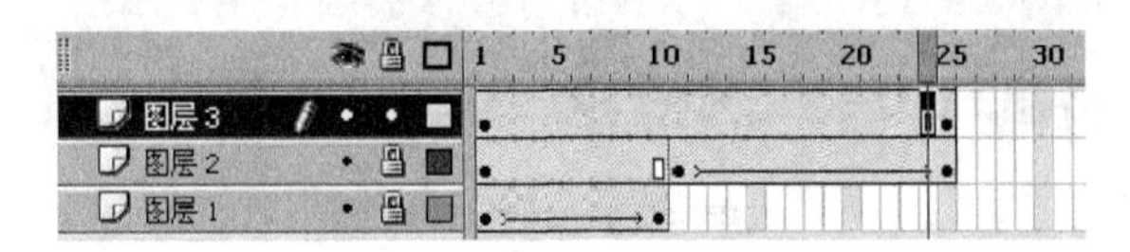

图 5-46 插入并移动帧的效果

(20) 插入“图层 4”。在“图层 3”上插入“图层 4”，首先在【时间轴】上单击“图层 3”，单击 中的 按钮，在“图层 3”上插入“图层 4”。这样，“图层 4”上绘制的图形、文字等对象将在“图层 3”中的对象上显示。通过在“图层 3”上的文本“Tang Dynasty' Poem”叠加一个“黑色”填充颜色的矩形，让矩形从左到右移动，就可以看到文字从左到右逐个出现，效果如图 5-47 所示。

(21) 在“图层 4”的第 1 帧创建关键帧。右击【时间轴】上“图层 4”的第 1 帧，从快捷菜单中选择【插入关键帧】命令，创建关键帧。在【工具】菜单中，单击 按钮，从弹出的【颜色样本】面板中选择“黑色”；单击 按钮，从弹出的【颜色样本】面板中选择“黑色”。单击 按钮，在舞台上拖动鼠标，绘制一个矩形(同时按 Shift 键，绘制正方形)。单击 按钮，在舞台上单击选择矩形，将其拖曳到舞台中“图层 3”的文本“Tang Dynasty' Poem”的上面。单击 按钮，通过鼠标控制矩形对象句柄，使其大小正好遮盖文本对象“Tang Dynasty' Poem”，如图 5-48 所示。

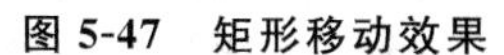
图 5-47　矩形移动效果

图 5-48　绘制、修改矩形

(22) 创建补间动画。右击"图层 4"的第 1 帧，弹出快捷菜单，选择【创建补间动画】命令。然后，右击"图层 4"的第 14 帧，弹出快捷菜单，选择【插入关键帧】命令，如图 5-49 所示。单击选中"图层 4"的第 14 帧，单击 按钮，在舞台上单击选择矩形，将其拖动到舞台右侧，正好显示出文本"Tang Dynasty' Poem"，如图 5-50 所示。拖动【时间轴】的时间线 的红色块，从第 1 帧到第 14 帧移动，在舞台上可以看到文字从左到右逐个出现的效果。

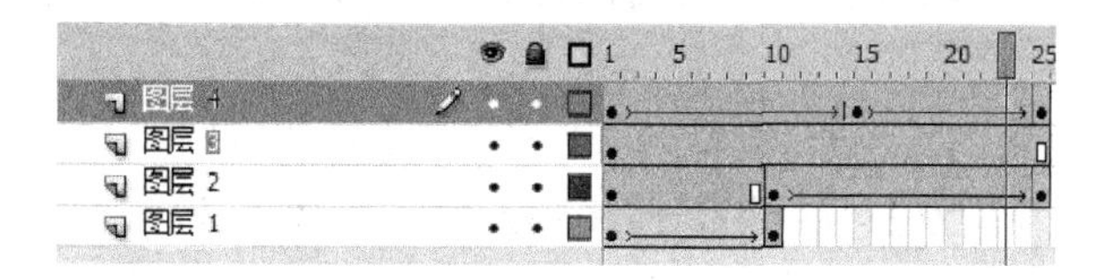

图 5-49　"图层 4"创建动画帧

图 5-50　第 14 关键帧的修改

(23) 保存动画文档。选择【文件】→【保存】命令，存储文档。

归纳说明

本节介绍了 Adobe Flash Professional CS6 有关动画的帧、帧的类型、图层的概念，介绍了逐帧动画、补间动画两种动画的制作方法。Adobe Flash Professional CS6 动画是按照帧的方式组织的，每帧可以有多个图层，不同的图层重叠在一起，从而构成 Adobe Flash Professional CS6 动画的基础。

本节继续上一节的"唐诗欣赏"显示标题动画实例，完成实例中动画制作并进行了完善，使之成为一个具有完整功能的动画。在制作的过程中，不仅能够掌握制作动画的方法，进行具体的动画制作操作，而且也会对帧、图层进行编辑操作，如帧的插入、选择、移动、复制、粘贴、删除，图层的插入、删除、命名等操作。

Flash 动画中补间动画只能使对象产生直线方向的移动，为此，Flash 提供一个自定义运动路径的功能——引导层动画。引导层可以通过右击图层来进行选择创建，创建的引导层可以用于其下层图层对象的对齐和运动引导，而本身在播放时是隐藏的。作为动画的引导层，可以在引导层上使用绘制图形的工具绘制对象的运动路线，让补间动画沿路线运动。

除了引导层，遮罩层用于制作遮罩动画。如果选中某一层作为遮罩层，那么它的下一图层就被遮挡住了，只有在遮罩层的填充色块之下的内容才是可见的，而遮罩层本身在播放时隐藏。选中某个图层，单击快捷菜单中的【遮罩层】命令，可以在普通层与遮罩层之间转换。

时间轴特效可以应用于文本、图形、元件等对象，产生一些更为复杂的常见效果或动画，以提高动画的开发效率。这些特效有复制到网格、分散式直接复制、模糊、投影、展开、分离、变形和转换。

(1) 复制到网格。把选中的对象进行复制，然后在网格中按照行数×列数创建该对象的复件。单击【插入】→【时间轴特效】→【效果】→【复制到网格】命令，添加该特效。

(2) 分散式直接复制。把选中的对象根据设置的复制次数、偏移位置、偏移旋转等参数创建该对象的复件。单击【插入】→【时间轴特效】→【效果】→【分散式直接复制】命令，添加该特效。

(3) 模糊。把选中的对象根据 Alpha、位置、缩放参数，创建该对象的模糊动画效果。单击【插入】→【时间轴特效】→【效果】→【模糊】命令，添加该特效。

(4) 投影。把选中的对象根据 Alpha、阴影偏移、颜色参数，创建该对象的投影效果。单击【插入】→【时间轴特效】→【效果】→【投影】命令，添加该特效。

(5) 分离。把选中的对象根据碎片大小、碎片旋转量、分离方向、持续时间等参数，创建该对象的分离动画效果。单击【插入】→【时间轴特效】→【效果】→【分离】命令，添加该特效。

(6) 展开。把选中的元件根据展开\压缩方式、移动方向、持续时间等参数，创建该对象的展开动画效果。单击【插入】→【时间轴特效】→【效果】→【展开】命令，添加该特效。

(7) 变形。把选中的对象根据缩放比例、旋转角度、透明度、淡入\淡出等参数，创建该对象的变形动画效果。单击【插入】→【时间轴特效】→【效果】→【变形/转换】命令，添加该特效。

(8) 转换。把选中的对象根据方向、涂抹、淡入\淡出等参数，创建该对象的转换动画效果。单击【插入】→【时间轴特效】→【效果】→【变形/转换】命令，添加该特效。

任务3 导入对象

本节任务

在制作 Flash 动画时，可能需要使用一些已有的图片、声音、视频甚至 Flash 动画，导入这样的素材对象，可以节省大量的时间，提高设计制作效率。Adobe Flash Professional CS6 提供了位图矢量化功能，这样可以导入漂亮的图片，帮助绘制图形。

本节的任务通过设计制作“小喇叭”的动画了解对象的导入。“小喇叭”的动画用来指示和控制多媒体应用中的声音的播放状态。小喇叭的动画非常简单，在两个关键帧上放置同样的、大小不同的喇叭图片，关键帧之间的帧由计算机自动生成。

背景知识

Adobe Flash Professional CS6 可以导入使用其他应用程序创建的矢量图形和位图，还可以导入声音和视频。Flash 导入矢量和位图时，可以将图导入到当前 Flash 文档的舞台或库中，也可以通过将位图粘贴到当前 Flash 文档的舞台中来导入它们。所有直接导入到 Flash 文档舞台的位图都会自动添加到该文档的库中。位图导入到 Flash 后，可以修改该位图，并且可以用各种方式在 Flash 中使用它。Flash 可以将位图分离为可编辑的像素，这些像素分散到不同的各个区域，可以使用绘画和涂色工具来选择和修改位图的区域。

Adobe Flash Professional CS6 可以导出 Flash 文档的内容和帧，并且可以用十几种不同的格式导出 Flash 内容和图像。

做中学

“小喇叭”的动画用来指示和控制到多媒体应用中的声音的播放状态，通过制作这个简单的动画，掌握简单的导入操作和库面板的简单使用。

(1) 导入图片。选择【文件】→【导入】→【导入到库】命令，弹出如图 5-51 所示的【导入到库】对话框，从【查找范围】下拉列表框中找到图片所在的文件夹“.\多媒体技术与应用\素材\”，从该文件夹下选取“喇叭. gif”，单击 打开(O) 按钮，导入文件到 Adobe Flash Professional CS6 的库中，如图 5-52 所示。

图 5-51　【导入到库】对话框

(2) 创建第一个关键帧。在库中选中“喇叭. gif”，从库中拖动到舞台，并在时间轴的第一帧创建关键帧。可以看到，当前舞台比较大，可以修改文档属性，调整其大小。

(3) 设置动画文档属性。在 Adobe Flash Professional CS6 工作区右击，弹出快捷菜单，选择【文档设置】命令，如图 5-53 所示，设置尺寸为宽 50 像素、高 40 像素，其他不变，单击 确定 按钮，修改舞台大小。

图 5-52　Adobe Flash Professional CS6 的库

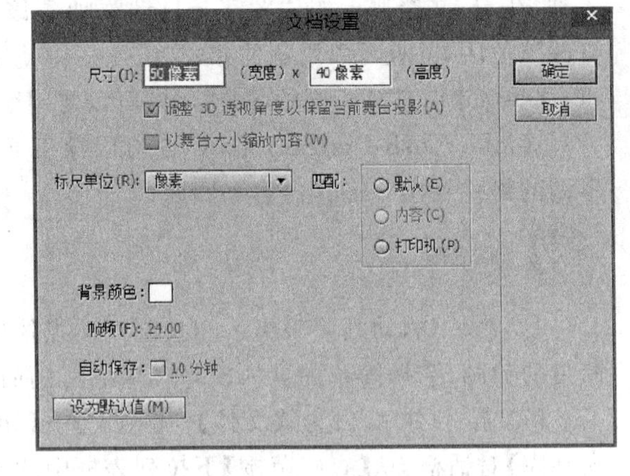

图 5-53　【文档设置】对话框

(4) 设计第一个关键帧。调整动画文档属性后，舞台与图片的效果如图 5-54(a)所示。单击并拖动到舞台中央。精确定位可以通过图 5-54(b)所示的坐标(x,y)为(0,0)，设置图片的左上角的坐标。调整后，舞台如图 5-54(a)所示。

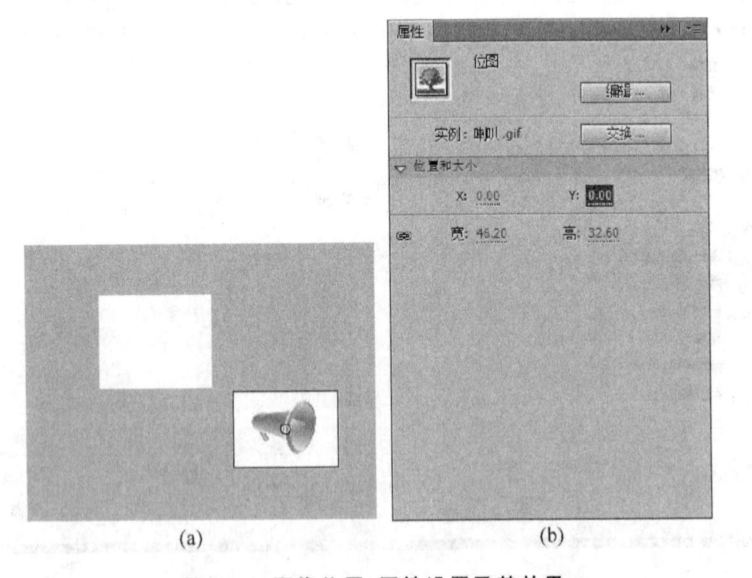

图 5-54　图像位置、属性设置及其效果

(5) 创建补间动画。单击“图层 1”的第 1 关键帧，右击，在快捷菜单中单击【创建补间动画】命令，或者单击【插入】→【时间轴】→【创建补间动画】命令，由计算机自动生成补间动画，其属性如图 5-55 所示。

(6) 设计另一个关键帧。在设计另一个关键帧之前,首先复制第一个关键帧,因为另一个关键帧与第一个关键帧的变化很小,有利于另一个关键帧的设计。单击选中第一个关键帧,右击,从快捷菜单中单击【复制】命令。在"图层 1"的第 10 帧处右击,从快捷菜单中单击【粘贴】命令,创建关键帧,并在第 1 关键帧与本关键帧之间填充补间动画帧,"图层 1"的时间轴如图 5-56 所示。在舞台上单击"喇叭",在【属性】窗口中,精确修改"喇叭"图片的宽、高、坐标 X、坐标 Y 值,如图 5-57 所示。

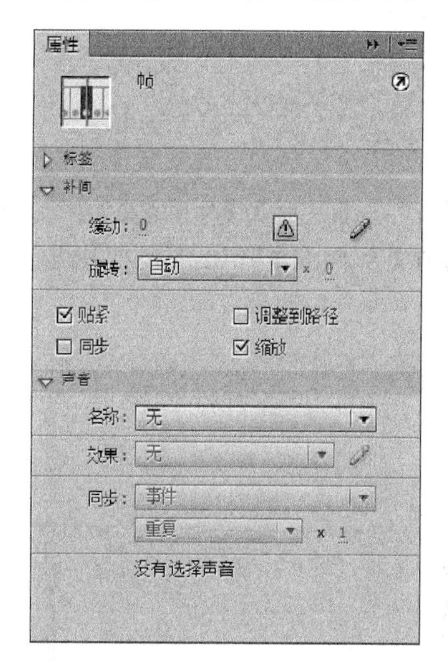

图 5-55 补间动画【属性】面板

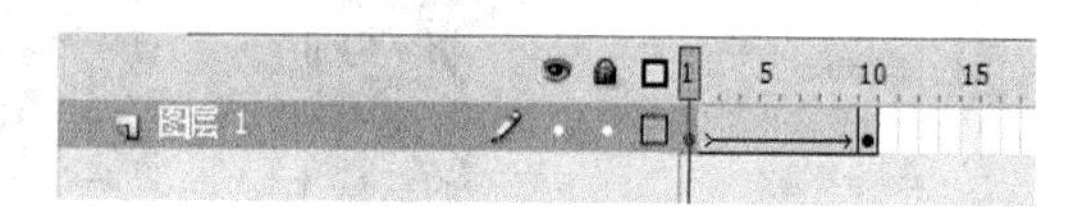

图 5-56 包含"图层 1"的时间轴

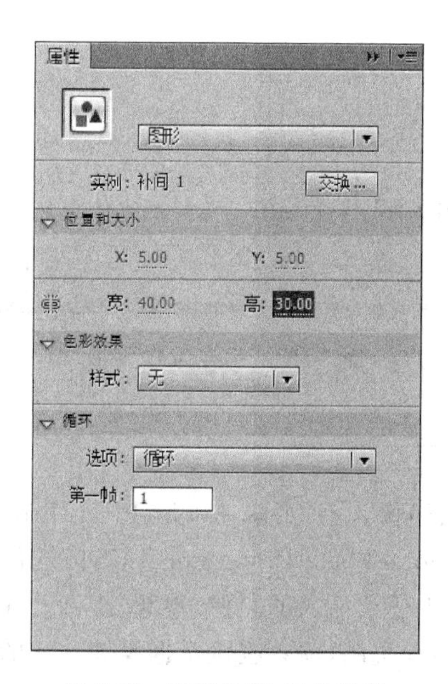

图 5-57 图像位置、属性设置

（7）测试。选择【控制】→【测试影片】命令，打开【测试】窗口，播放动画，效果如图 5-58 所示。如果不满意，关闭【测试】窗口，进行修改。

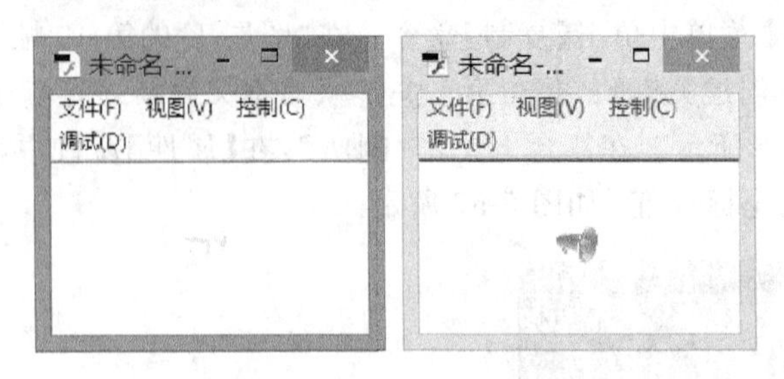

图 5-58 “喇叭”动画效果

（8）保存动画文档。选择【文件】→【保存】命令，弹出【另存为】对话框，如图 5-59 所示，在【保存在】下拉列表框中选定保存的目录，在【文件名】下拉列表框中输入“喇叭.fla”，单击 保存(S) 按钮，存储文档。

图 5-59 【另存为】对话框

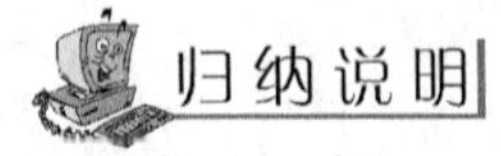

本节从介绍 Flash 导入图像入手，了解 Adobe Flash Professional CS6 支持的导入媒体格式，也简单地介绍了 Adobe Flash Professional CS6 的导出。库是 Flash 存放媒体资源和元件的地方，也常常用于存放导入的图像、视频、声音。库分为专业库和公共库。

通过制作一个简单的动画实例，读者应该掌握媒体导入的过程与步骤，了解 Flash 是如何使用和操作库的。

Adobe Flash Professional CS6 还能够导入声音。导入的声音根据其在 Flash 动画中的作用不同分为：流式声音和事件声音。流式声音的播放与动画紧密相关，它随动画的播放而播放，随动画的停止而停止，它可以一边下载一边播放；事件声音只有在用户触发了对应的事件后才能播放，而且必须下载完成之后才能播放。

任务 4　动画的发布

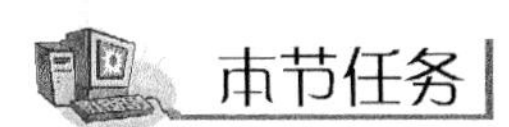

只有输出 Adobe Flash Professional CS6 的内容，才能提供给其他应用使用。本节的任务介绍动画的输出方法与过程。

Adobe Flash Professional CS6 内容输出的方法可以是导出和发布，输出的格式可以是 Flash SWF 文件、一系列位图图像、单一的帧或图像文件，或多种格式的活动和静止图像(包括 GIF、JPEG、PNG、BMP、PICT、QuickTime 或 Windows AVI)。

Adobe Flash Professional CS6 可以导出能在其他应用程序中编辑的内容，并将 Flash 内容直接导出为单一的格式。在默认情况下，发布将创建 Flash SWF 文件，以及将 Flash 内容插入浏览器窗口中的 HTML 文档。发布允许以多种方式快速地发布文档，通过创建和保存发布配置文件，将 Flash 内容发布，以便在其他文档中使用，或供在同一项目上工作的其他人使用。

发布配置文件保存发布设置的配置。在 Flash 文档中可以导入发布配置文件，也可以导出发布配置文件到其他文档，或供他人使用。发布配置文件提供了很多优点，包括以下各项。

(1) 可以创建配置文件，以多种媒体格式一起发布。

(2) 可以创建公司内部使用的发布配置文件，确保公司内部交流媒体资源。

(3) 公司可以创建标准的发布配置文件，从而确保以一致的方式发布文件。

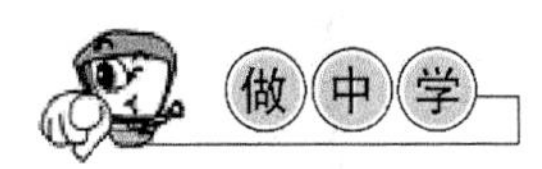

本章任务 1、任务 2 制作的实例保存在 Flash 的. fla 文档中，没有进行输出，因而，也无法在 Athorware 中使用。下面介绍导出、发布 Flash 文档的操作。

(1) 打开文档。运行 Adobe Flash Professional CS6 之后，单击【文件】→【打开】→【图层】命令，弹出【打开】对话框，在【查寻范围】下拉列表框中查找“.\多媒体技术与应用\素材\”，单击“Tang. fla”文件，单击 打开(O) 按钮，打开文档。

(2) 作品测试。作品测试用于对作品在播放过程中影响播放的下载情况进行模拟，以便找出原因。单击【控制】→【测试影片】命令，或按 Ctrl+Enter 组合键，打开图 5-60(a)所示的测试窗口，进入测试模式。单击测试窗口【视图】→【下载设置】→【速率】命令，设定模拟的下载设备速率，单击测试窗口【视图】→【带宽设置】命令，测试窗口如图 5-60(b)所示。单击【视图】→【模拟下载】命令，进行下载测试，从窗口可以看到有关下载的相关数据。当方框表示帧数据量在红线以上，表明下载的速度慢于播放速度，动画播放在这些地方会停顿，需要作出调整。

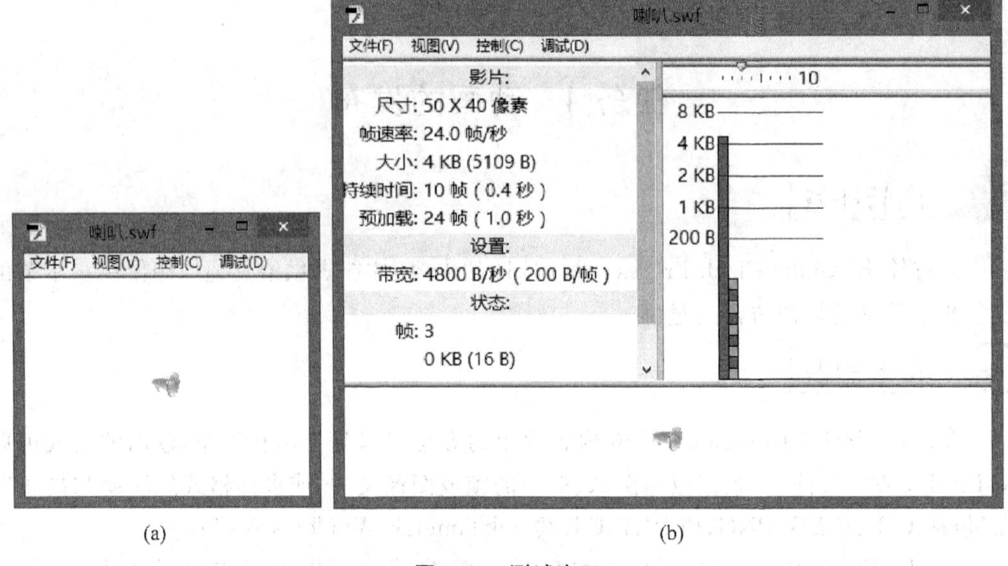

(a) (b)

图 5-60 测试窗口

(3) 导出。选择【文件】→【导出】→【导出影片】命令，打开如图 5-61 所示的【导出影片】对话框，在【保存在】下拉列表框中选择“.\多媒体技术与应用\素材\”文件夹，在【保存类型】下拉列表框中选择“PNG 序列(＊.png)”，在【文件名】下拉列表框中输入“喇叭”文件名，单击 保存(S) 按钮，完成导出。

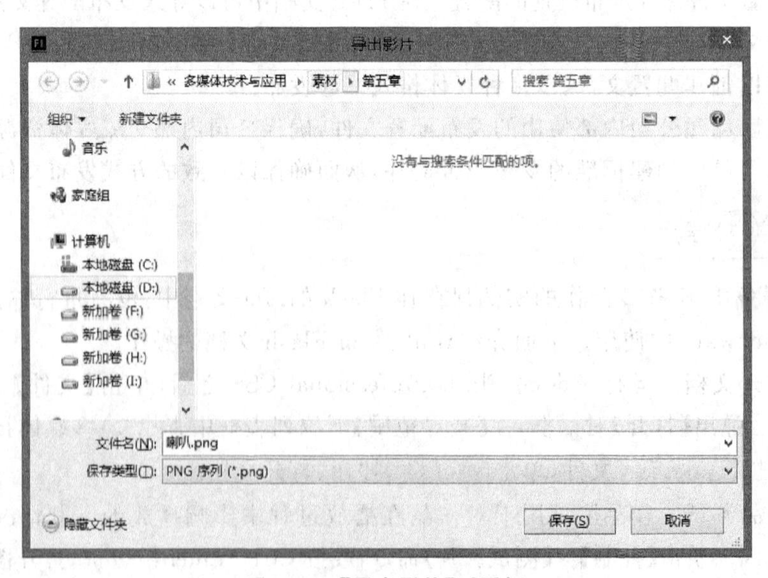

图 5-61 【导出影片】对话框

(4) 发布设置。导出一次只能导出一种格式类型的文件,但发布设置文件,可以一次发布多种格式的文件。单击【文件】→【发布设置】命令,打开【发布设置】对话,如图 5-62 所示。Adobe Flash Professional CS6 可以生成多种格式的动画文件。如单击【类型】中的【Flash】复选框,选中【Flash】类型,单击其右侧的 按钮,设置发布文件的路径和名称;同时,【发布设置】对话框有了【Flash】标签,单击【Flash】标签,打开该标签的设置面板,如图 5-62 所示,可以设置相关参数。其他类型格式的操作类似 Flash 类型。

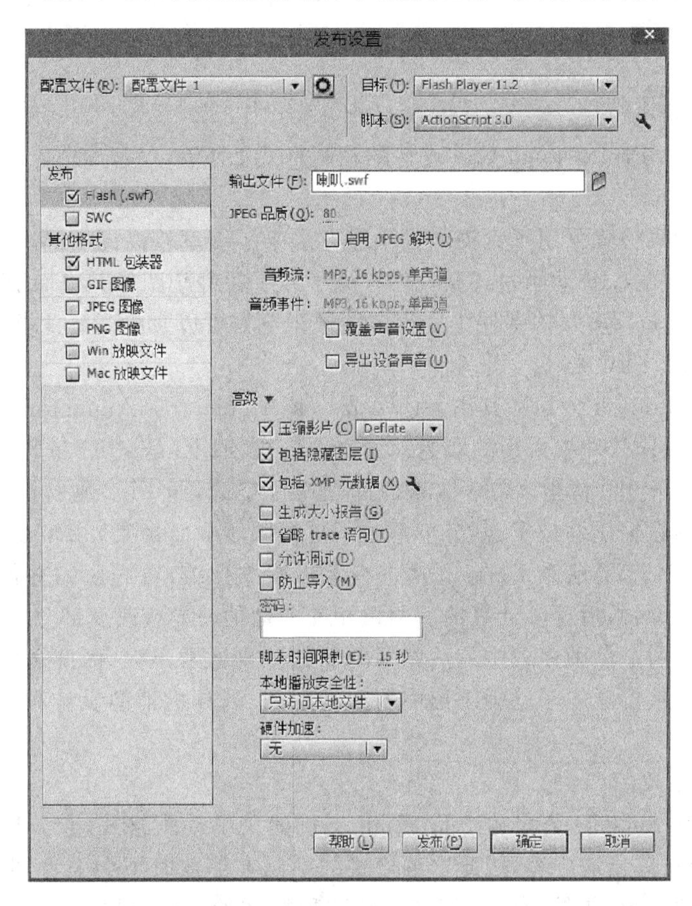

图 5-62 【发布设置】对话框

(5) 发布设置的配置文件的操作。在【发布设置】对话框的【当前配置文件】的下拉列表框中,可以选用新建的和导入 Flash 文档的发布设置的配置文件。单击该列表右侧的 按钮,弹出【导入】、【导出】菜单,选择它们可以导入、导出发布的配置文件;单击 按钮,新建配置文件;单击 按钮,直接复制当前的配置文件,生成一个备份;单击 按钮,给选择的配置文件重新命名;单击 按钮,删除当前选择的配置文件。一个发布设置的配置文件可以设置发布 Flash 文档的多种输出格式,并设置相应的配置参数。使用发布设置的配置文件进行发布,可同时发布多种格式的文件。

(6) 发布。选择【文件】菜单→【发布设置】命令,打开【发布设置】对话框,如图 5-62 所示。在【配置文件】的下拉列表框中是“默认配置”。单击选中【类型】中的【Flash】复选框，将发布 SWF 文件，然后单击其右侧的按钮，设置发布文件的路径和名称“.\多媒体技术与应用\素材\tang.swf”。单击 发布(P) 按钮发布。

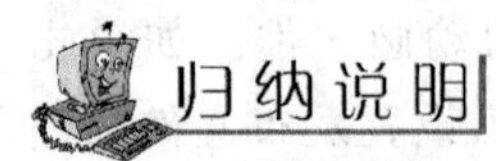

本节介绍了 Flash 文档输出的方法以及它们的区别，还对输出的文件格式和发布设置的配置文件的使用做了简单的介绍。最后，演示了一个 Flash 文档输出的操作方法与过程。

Adobe Flash Professional CS6 支持的动画格式如下。

(1) GIF 格式

GIF 图像动画格式采用了无损数据压缩方法中压缩率较高的 LZW 算法，因此，文件较小，被广泛采用。GIF 动画格式文件中存储了若干幅静止图像并进而形成连续的动画，广泛地用于 Internet、多媒体课件中。很多图像浏览器可以直接观看此类动画文件。

(2) FL(FLI/FLC)格式

FLIC 是 Autodesk 公司在其出品的 Autoesk Animator / Animator Pro / 3D Studio 等 2D/3D 动画制作软件中采用的彩色动画文件格式，FLIC 是 FLC 和 FLI 的统称，其中，FLI 是最初的基于 320 像素×200 像素的动画文件格式，而 FLC 则是 FLI 的扩展格式，采用了更高效的数据压缩技术，其分辨率也不再局限于 320 像素×200 像素。FLIC 文件采用行程编码(RLE)算法和 Delta 算法进行无损数据压缩，首先压缩并保存整个动画序列中的第一幅图像，然后逐帧计算前后两幅相邻图像的差异或改变部分，并对这部分数据进行 RLE 压缩，由于动画序列中前后相邻图像的差别通常不大，因此可以得到相当高的数据压缩率。它被广泛用于动画图形中的动画序列、计算机辅助设计和计算机游戏应用程序中。

(3) SWF 格式

SWF 是 Micromedia 公司的产品 Flash 支持的矢量动画格式，它采用曲线方程描述其内容，不是由点阵组成内容，因此这种格式的动画在缩放时不会失真，非常适合描述由几何图形组成的动画，如教学演示等。由于这种格式的动画可以与 HTML 文件充分结合，并能添加 MP3 音乐，因此被广泛地应用于网页上，成为一种“准”流式媒体文件。

(4) AVI 格式

AVI 是对视频、音频文件采用的一种有损压缩方式，该方式的压缩率较高，并可将音频和视频混合到一起，因此尽管画面质量不是太好，但其应用范围仍然非常广泛。AVI 文件目前主要应用在多媒体光盘上，用来保存电影、电视等各种影像信息，有时也出现在 Internet 上，供用户下载、欣赏新影片的精彩片段。

(5) MOV 格式

MOV、QT 都是 QuickTime 的文件格式，该格式支持 256 位色彩，支持 RLE、JPEG 等领先的集成压缩技术，提供了 150 多种视频效果和 200 多种 MIDI 兼容音响和设备的声音效果，能够通过 Internet 提供实时的数字化信息流、工作流与文件回放，国际标准化组织(ISO)最近选择 QuickTime 文件格式作为开发 MPEG 4 规范的统一数字媒体存储格式。

(6) JPEG 序列、PNG 序列 、GIF 序列

动画文件格式还增加了 JPEG 序列、PNG 序列 、GIF 序列等多种,这些序列格式为游戏制作等更复杂的需求提供方便。

思考与训练

一、思考题

1. Flash 动画有哪些应用?

2. Adobe Flash Professional CS6 的绘图模式有什么特点?

二、训练题

利用引导层制作一个按指定路径飞行的飞机,尾部喷出一个图案。

单元 6

三维动画信息的制作与处理

本单元任务

三维动画就是利用计算机进行动画的设计与制作，产生真实的立体场景与动画。

计算机三维动画的设计，是利用计算机三维动画软件来实现各种三维动态的几何模型的综合技术应用的过程。它是在二维动画设计的基础上发展起来的最新的计算机综合技术。

在三维动画设计中，角色的几何模型属于真三维的造型，通常可由线框、小平面和几何实体创造出来。其中几何实体造型是三维动画软件最好的模型，它的三维表达力也最强。随着计算机图形学的不断完善，特别是真实感图形的生成技术，包括光照、纹理映射、自动成像等技术的采用，以及加速图形显示卡、具有实时处理能力的超级图形工作站的硬件支持，计算机三维动画软件不断地发展。目前，由三维动画软件生成的物体模型，真实感已达到了让人难辨其真伪的程度。

三维动画设计和制作作为近年来新兴的计算机艺术，发展非常迅猛，已经在许多行业得到了广泛的应用，三维动画主要应用于影视动画、电影特技、广告制作、建筑效果、可视化教学和艺术等领域。

本章的任务是在 3ds max 中建立一个有文字环绕旋转的三维地球动画，并生成视频 .avi 文件。通过制作这个三维动画的，对在 3ds max 中建立三维动画完整过程进行介绍。

任务 1 建立三维对象模型

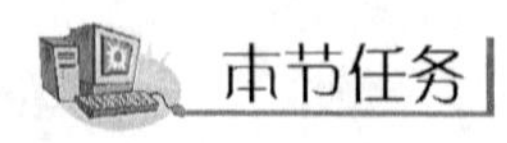

本节任务

在所有的三维制作中，建模都是最关键的一步。建模，就是创建三维对象模型，它关系到作品的真实感及可视性。本节任务就是建立一个文字环绕的地球模型。

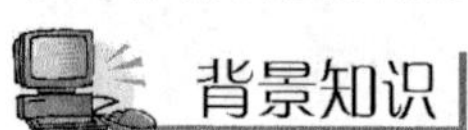

背景知识

1. 基本建模

基本建模在三维制作中占有一席之地，包括二维基本建模和三维基本建模。有时复杂的三维对象就是在平面建模或基本建模的基础上加工转换而成的。直接创建基本模型是 3ds max 中比较常用的一种方式。

在 3ds max 中，一些规则的几何形体可以从如图 6-1 所示的 Create(创建)面板直接获得。在 Create 面板上有一排按钮，是可创建对象按钮，如图 6-2 所示。

图 6-1　Create 面板

图 6-2　可创建对象按钮

当单击按钮(三维几何体)时，与创建几何体命令相关的 Object Type(物体类型)卷展栏就会出现，共包括 10 种三维模型，它们分别是：Box，创建盒子；Cone，创建锥体；Sphere，创建经纬球体；GeoSphere，创建几何球体；Cylinder，创建圆柱；Tube，创建圆管；Torus，创建圆环；Pyramid，创建角锥；Teapot，创建茶壶；Plane，创建平面，如图 6-3 所示。这些标准的几何体都是创建复杂模型的基础。

单击 Create 命令面板的 Shapes(平面建模)按钮，与创建平面图形相关的 Object Type(物体类型)卷展栏就会出现，共包括 11 种平面图形，它们分别是：Line(直线)、Rectangle(矩形)、Circle(圆)、Ellipse(椭圆)、Arc(圆弧)、Donut(圆环)、NGon(多边形)、Star(星形)、Text(文本)、Helix(螺旋线)和 Section(截面)，如图 6-4 所示。

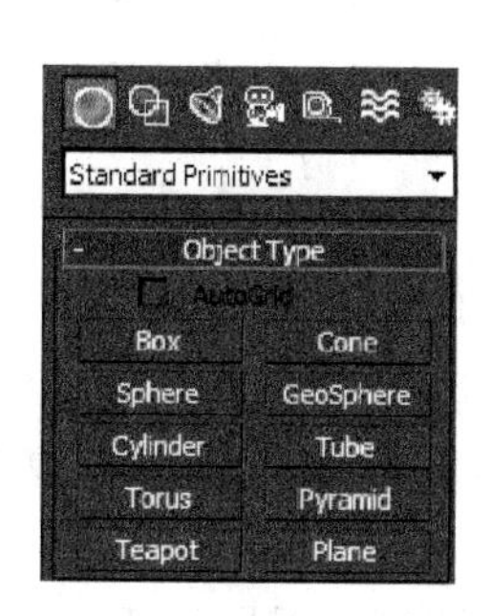

图 6-3　【Object Type】卷展栏

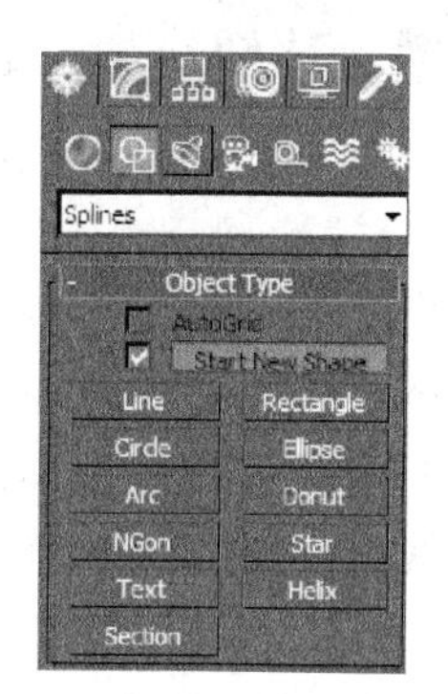

图 6-4　平面建模命令面板

在 3ds max 中，可以利用平面图形工具创建一些复杂的三维模型。平面图形由一条或数条曲线组成，每一条样条曲线又由点和线段连接而成，调整顶点的数值，可以使样条曲线上的线段变成曲线或直线。

2. 修改模型

3ds max 中最基本的修改模型的方法是使用修改器。当选择需要修改的物体模型后，打开修改器，在修改器面板中调整物体模型的参数，从而创建非标准的复杂物体模型。修改器面板如图 6-5 所示。

修改器面板可以分为以下 4 个部分。

(1) 修改器选择栏

修改器选择栏可以选择使用何种修改器，通过修改器的使用可将简单的物体模型修改为复杂的对象。单击 Modifier List(修改器列表)旁的▼按钮，将弹出如图 6-6 所示的修改器下拉列表。

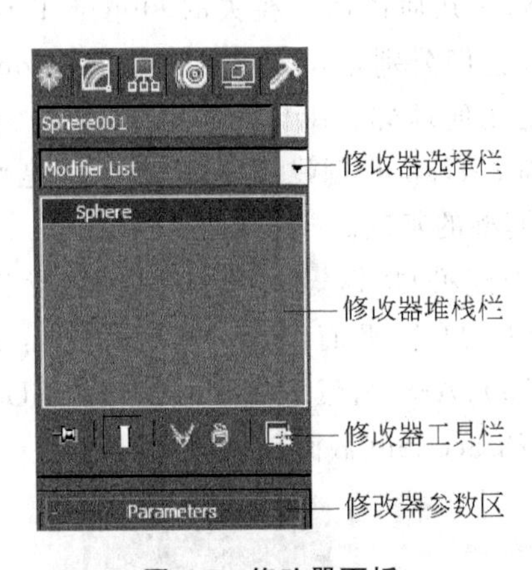

图 6-5 修改器面板

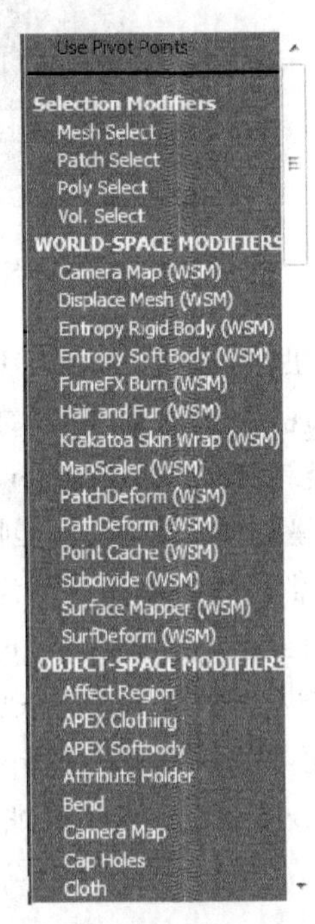

图 6-6 修改器下拉列表

(2) 修改器堆栈栏

堆栈是 3ds max 的一大特色，它在对物体模型的修改操作上给用户提供了极大的灵活性。堆栈的主要构成元素就是修改器，对一个对象可同时使用多个修改器，这些修改器都存储在修改堆栈中，往往要用多个修改器对物体进行修改，这样修改器的层层叠加，就形成了堆栈。

通过堆栈可以方便地控制和调整每个修改器，还可以返回到任何一层修改物体模型，也可以开启和关闭任何一层修改器的应用。

(3) 修改器工具栏

Pin Stack(锁定堆栈)，将修改堆栈锁定在当前物体模型上，即使选取场景中其他对象,修改器仍适用于锁定对象。

Show End Result on/off Toggle(显示最终结果开关),当单击该按钮后,即可观察对象修改的最终结果。

Remove Modifiers from the Stack(从堆栈中删除修改器)。

Configure Modifier Sets(修改器设定),如图 6-7 所示,单击该按钮会弹出菜单,可选择是否显示修改器按钮及改变按钮组的配置。

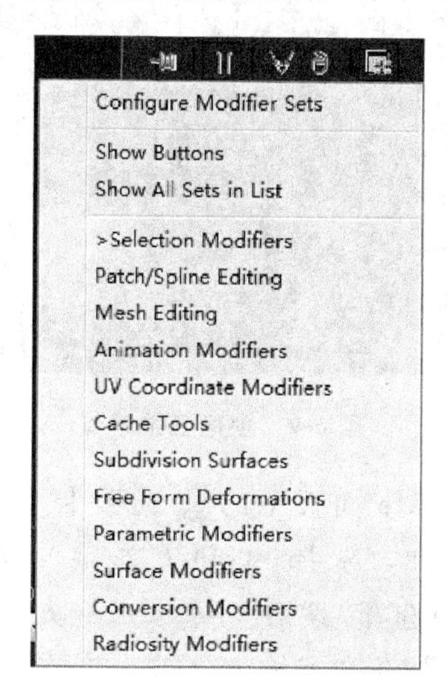

图 6-7　修改器设定菜单

(4) 修改器参数区

Parameters 参数卷展栏:此卷展栏显示当前所用修改器可修改的参数。

(1) 启动 3ds max。双击桌面上的 Autodesk 3ds max 2013 图标,启动 3ds max,如图 6-8 所示。

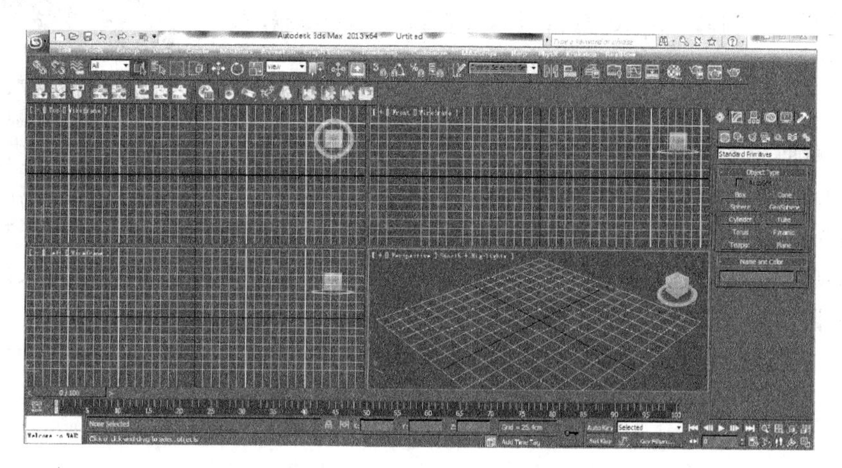

图 6-8　启动 3ds max

(2) 创建三维球体。单击 Create(创建)面板中的命令选项卡下的 Geometry(三维几何体)按钮，选择 Sphere(球体)，按住鼠标左键在透视图中心拖动，创建一个 Radius(半径)为 39.665，Segments(段数)为 32 的圆球，段数越多，创建的物体越平滑，如图 6-9 所示。

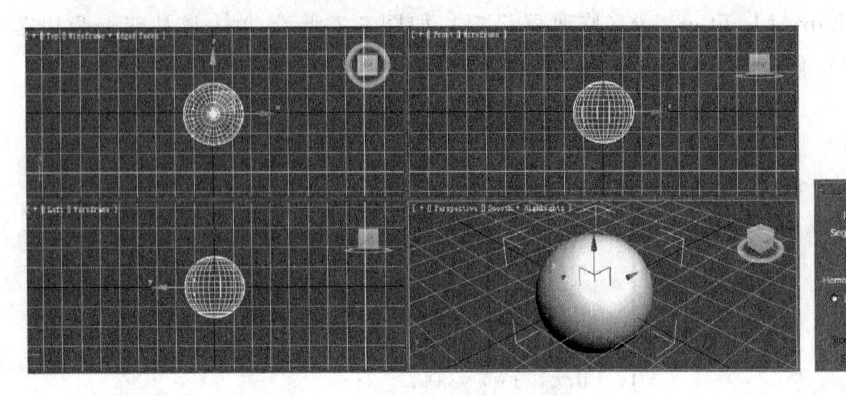

图 6-9 创建三维球体

(3) 创建文字。单击 Create 面板中的选项卡下的 Shapes(平面建模)按钮，选择 Text(文字)，在【Parameters】(参数)卷展栏中选择"隶书"字体，Size(大小)文本框中设置文字大小为"40"，在文本输入区输入文本"长河工作室"，如图 6-10 所示。在 Front 视图中单击，并使用(移动)工具，把文字调整到适当的位置，如图 6-11 所示。

图 6-10 设置参数

(4) 修改文字插值属性。确定文字为选择状态，打开修改命令面板，单击【Interpolation】(插值)卷展栏，在卷展栏参数中将文字的【Steps】(步长)值改为 32；为了不让系统省略线条上的点，取消选中【Optimize】(优化)复选框，如图 6-12 所示。

(5) 制作文字倒角。选定文字，打开修改命令面板的修改器选择栏，选择【Extrude】(挤压)，并在【Parameters】(参数)卷展栏中将【Amount】(数量)值设为"6"，文字成为立体造型，如图 6-13 所示。

(6) 弯曲文字。选定文字，在修改命令面板的修改器选择栏中选择【Bend】(弯曲)，并在【Parameters】(参数)卷展栏中将【Angle】(角度)值设为"240"，选中【Bend】【Axis】(弯曲轴)选项组中的【X】轴，如图 6-14 所示。

(7) 调整文字位置。利用主工具栏中的选择并移动工具，在 Top 视图和 Front 视图中调整文字和球体的相对位置，最后效果如图 6-15 所示。

归纳说明

在 3ds max 制作三维动画过程中，给场景中的物体建模是重要而关键的一步。使用

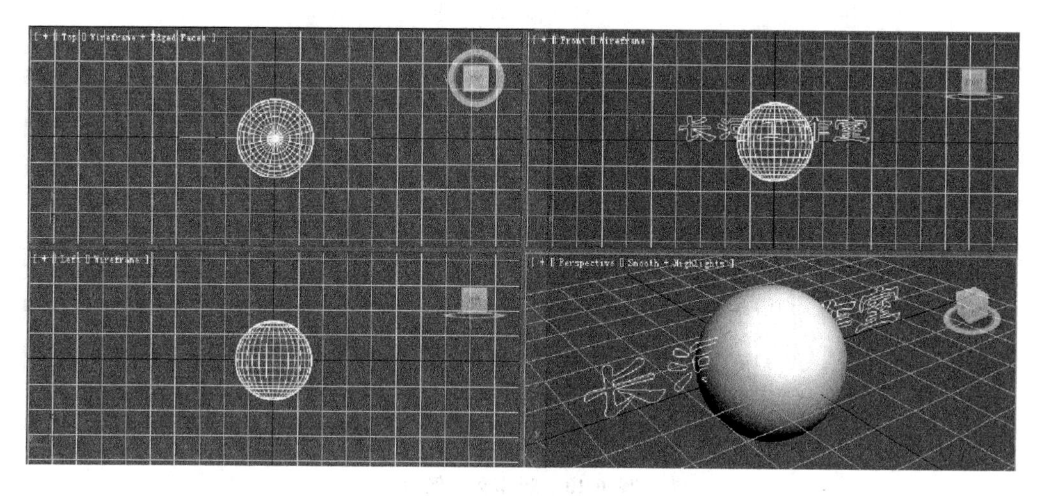

图 6-11　创建文本

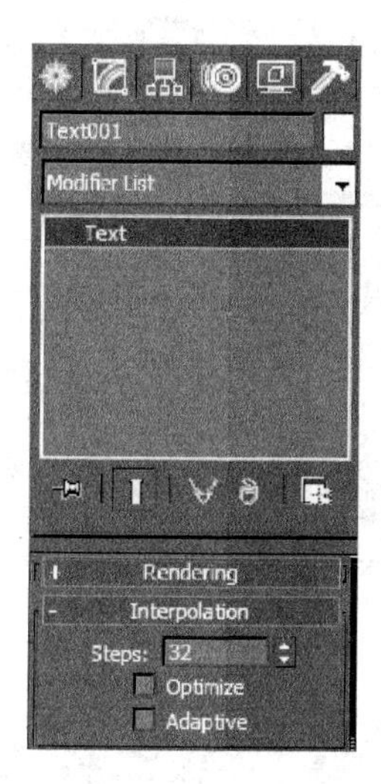

图 6-12　修改文字插值属性

3ds max 建模的方法有多种多样，最基本的是利用创建命令选项卡的三维几何体命令项创建基本的几何体模型。还可以利用平面图形工具创建一些复杂的三维模型。

但由于自然界中的物体并非都是规则的，因此需要在规则的几何体上进行修改。3ds max 中最基本的修改模型的方法是使用修改器。当选择需要修改的物体模型后，打开修改器，在修改器对话框中调整物体模型的参数，从而创建非标准的复杂物体模型。

在 3ds max 中，三维建模的方法共有三种。

1. 利用创建和修改变形基本几何体的方法构造三维模型

这是最基本的建模方式，本节已经详细讲述过，在此不再赘述。

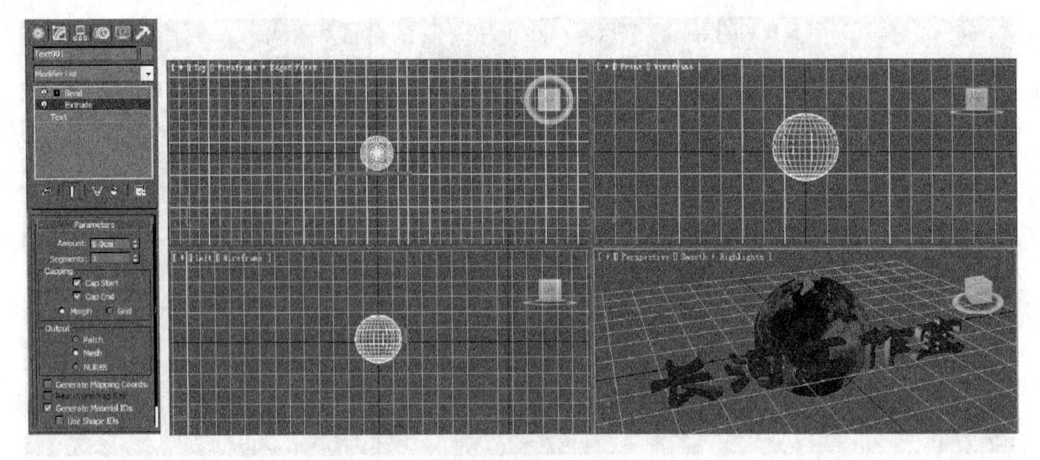

图 6-13　制作文字倒角

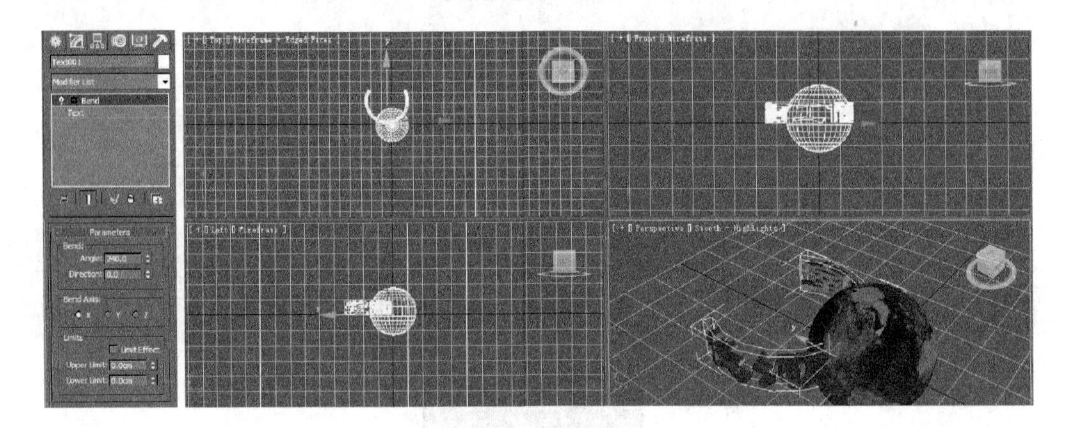

图 6-14　弯曲文字

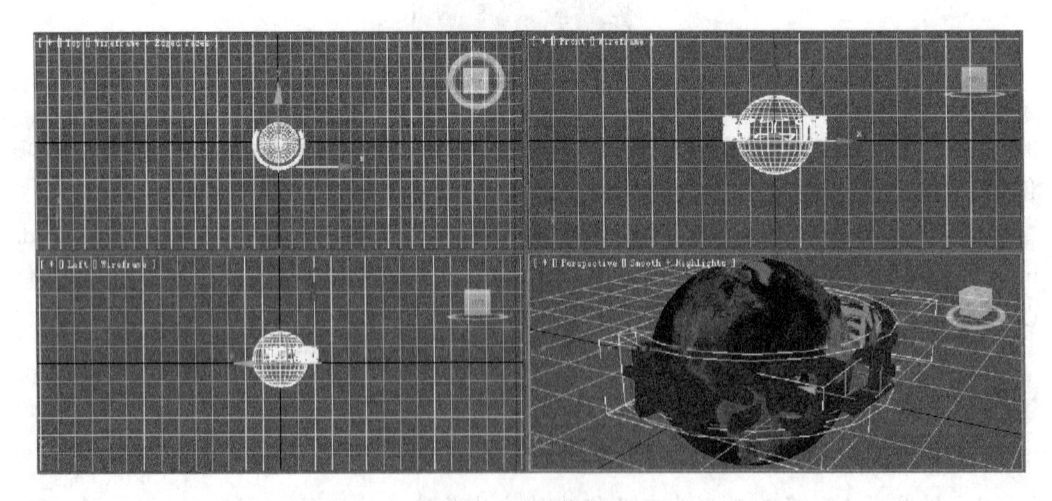

图 6-15　调整文字位置

2. 二维图形经过放样或拉伸、旋转、倒角操作，转换为三维模型

(1) 放样建模

以二维造型为基础形成三维模型，称为放样。Loft Object(放样)是将一个二维形体对象作为沿某个路径的剖面，而形成复杂的三维对象。同一路径上可在不同的段给予不同的形体。可以利用放样来实现很多复杂模型的构建。

制作放样物体的方法如下。

第一种方法——利用获取路径进行放样操作。

① 画出一条直线，作为物体生长的路径。

② 画出一个平面(如圆形或正方形)，作为物体的截面备用，如图 6-16 所示。

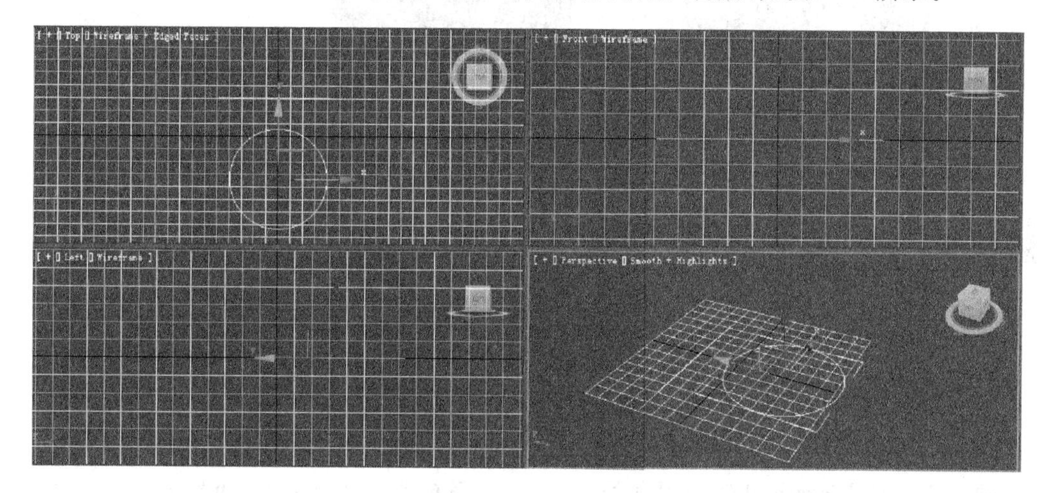

图 6-16　创建二维图形

③ 选取一个路径建模(如圆形)。

④ 在 Create 命令面板的 Geometry 选项下拉列表框中选择【Compound Objects】(合成物体)，如图 6-17 所示。

⑤ 单击 Loft 按钮，选择 Get Path 命令，并选择 Instance (关联)为当前选项，进行放样操作，如图 6-18 所示。

⑥ 在任意视图中单击直线，可以看到圆形的关联复制品被移动到路径的起始点上，产生了一个建模物体，如图 6-19 所示。

第二种方法——利用获取图形进行放样操作。

① 画出一条直线，作为物体生长的路径。画出一个平面(如正方形或圆形)，作为物体的截面备用，如图 6-20 所示。

② 选取平面(如正方形)。

③ 在 Create 命令面板的 Geometry 选项下拉框中选择 Compound Objects (合成物体)，如图 6-17 所示。

④ 单击 Loft 按钮，选择 Get Shape 命令，并选择 Instance (关联)为当前选项，进行放样操作，如图 6-21 所示。

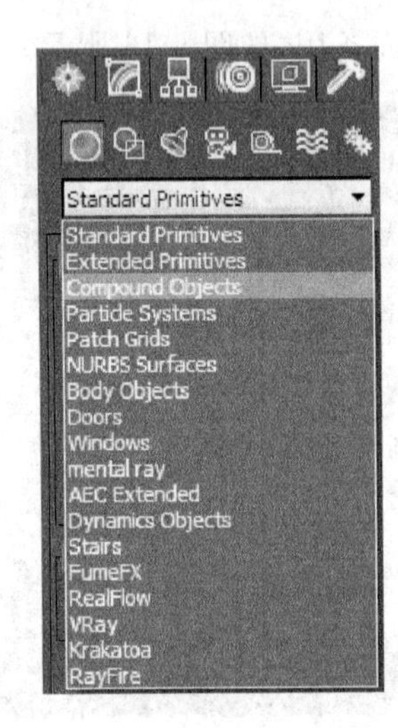

图 6-17　选择【Compound Objects】命令

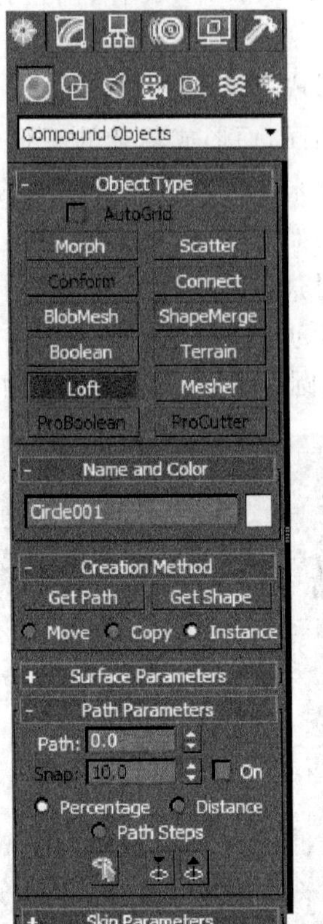

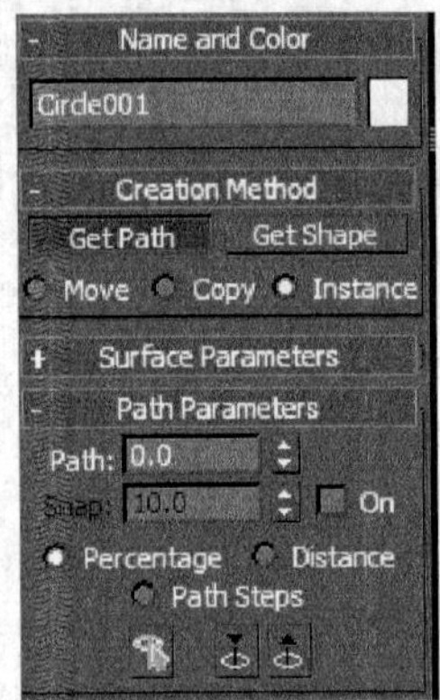

图 6-18　Loft 的 Get Path 操作

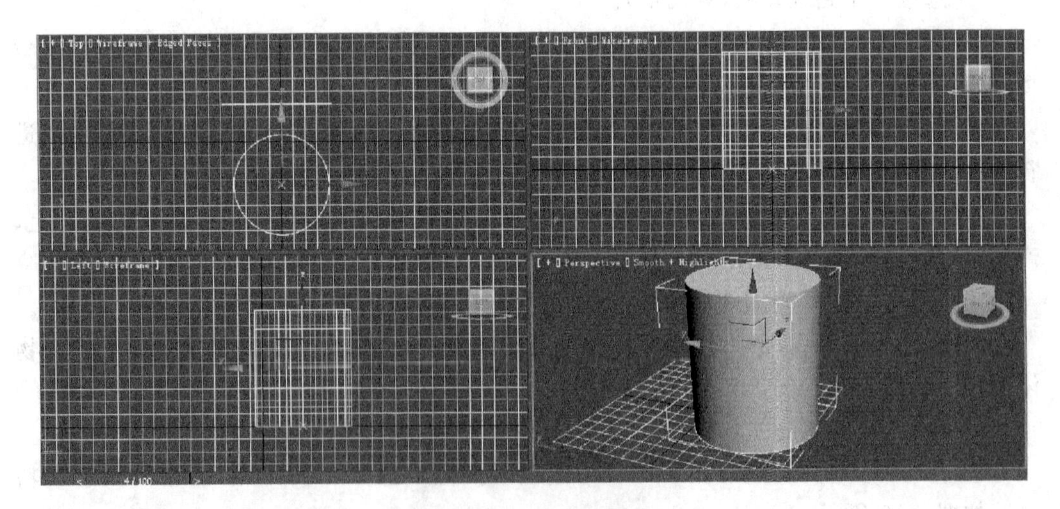

图 6-19　获取路径放样

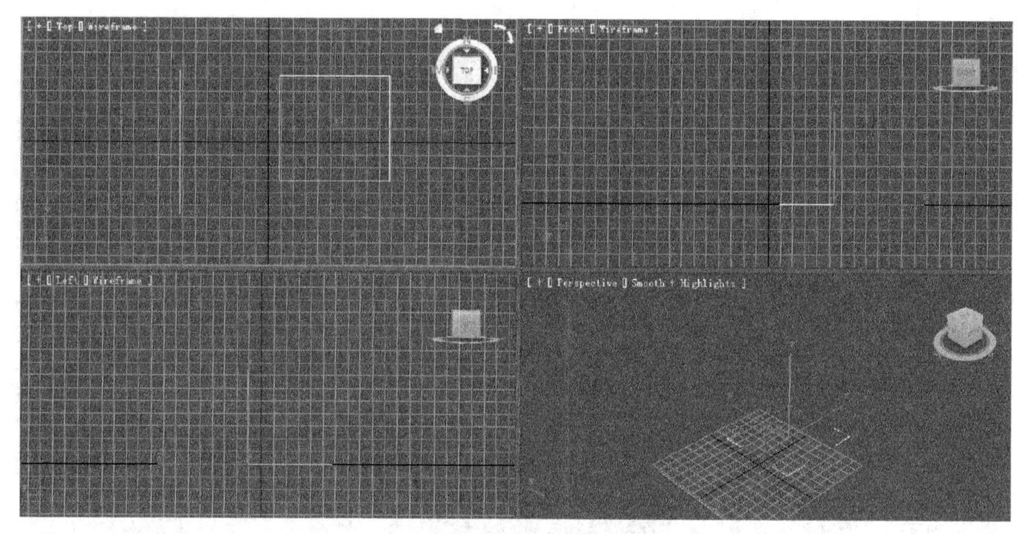

图 6-20　创建二维图形

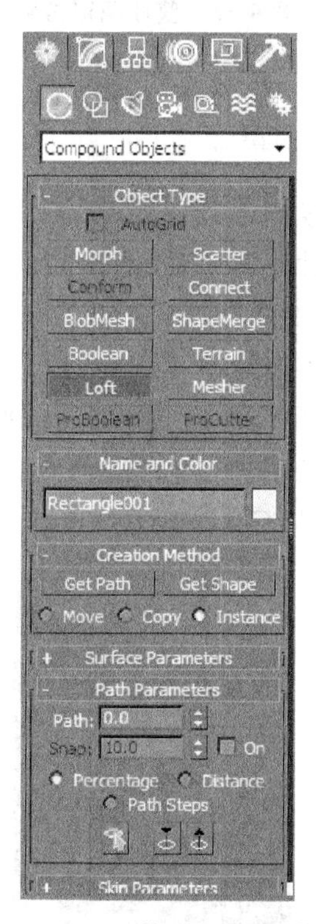

图 6-21　Loft 的 Get Shape 操作

⑤ 在任意视图中单击直线，可以看到方形的关联复制品被移动到路径的起始点上，产生了一个建模物体，如图 6-22 所示。

(2) 拉伸、旋转、倒角建模

利用拉伸、旋转、倒角等操作建模的方法如下。

先利用 Create(创建)命令选项卡下的 Shapes(平面建模)，建立物体的部分或全

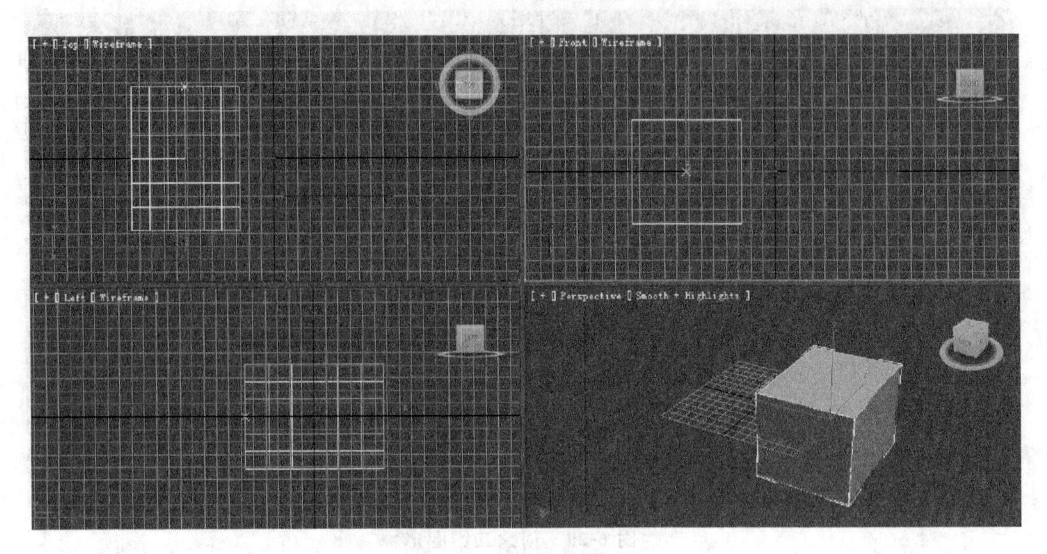

图 6-22　获取图形放样

部平面图形，单入修改面板按钮，在修改器选择栏中选择使用拉伸、旋转、倒角等修改器，再通过修改参数建立三维立体模型。

3. 利用 NURBS 建立三维模型

NURBS 是 3ds max 的又一种建模工具，使用 NURBS 适合于创建复杂的、边缘光滑的曲面，NURBS 建模的方法有以下几种。

(1) 直接建立 NURBS 曲面和曲线

选择 Create(创建)命令选项卡下的 Shapes(平面建模)，在平面建模面板中的下拉列表中选择【NURBS Curves】(NURBS 曲线)命令，如图 6-23 所示。然后单击此面板中的【Point Curve】(点曲线)或【CV Curve】(控制点曲线)按钮建立原始的 NURBS 曲线。

图 6-23　选择 NURBS Curves

(2) 建立标准的几何模型，然后转化为 NURBS 模型

先利用 Create(创建)命令选项卡下的 Geometry(三维几何体)命令，创建一个标准的几何体，然后右击这个几何体，在弹出的快捷菜单中选择【Convert to NURBS】(转换为 NURBS)命令，如图 6-24 所示，将标准的几何模型转化为 NURBS 模型。

（3）建立 2D 曲线，然后转化为 NURBS 模型

单击 Create(创建)命令选项卡下的 Shapes(平面建模)命令，创建一个 2D 曲线，然后右击这个曲线，在弹出的快捷菜单中选择【Convert to NURBS】(转换为 NURBS)命令，如图 6-25 所示，将 2D 曲线转化为 NURBS 模型。

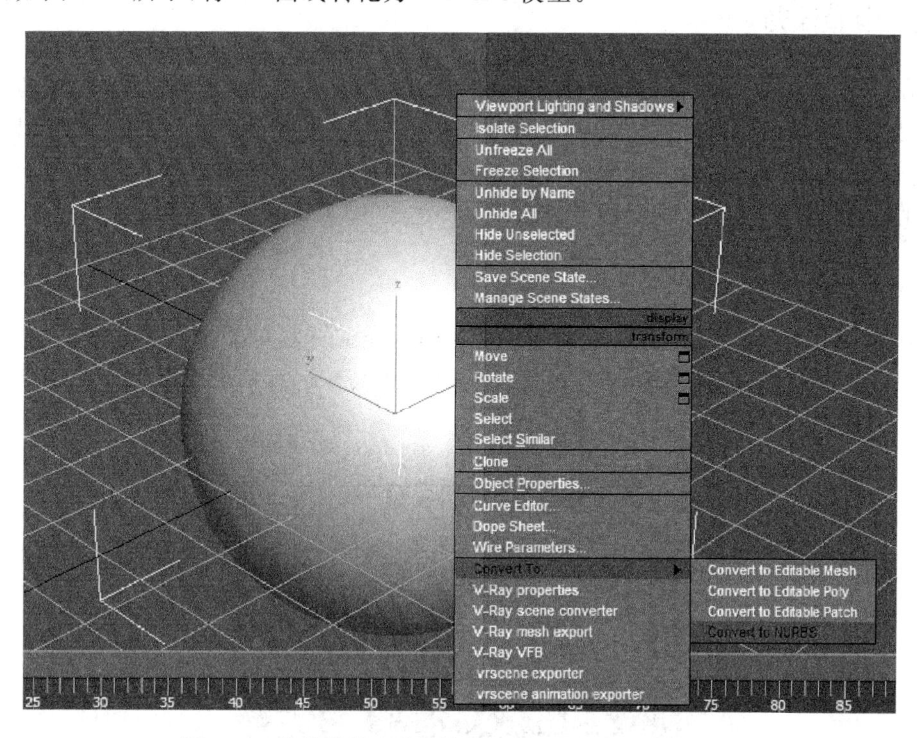

图 6-24　快捷菜单中选择【Convert to NURBS】命令(一)

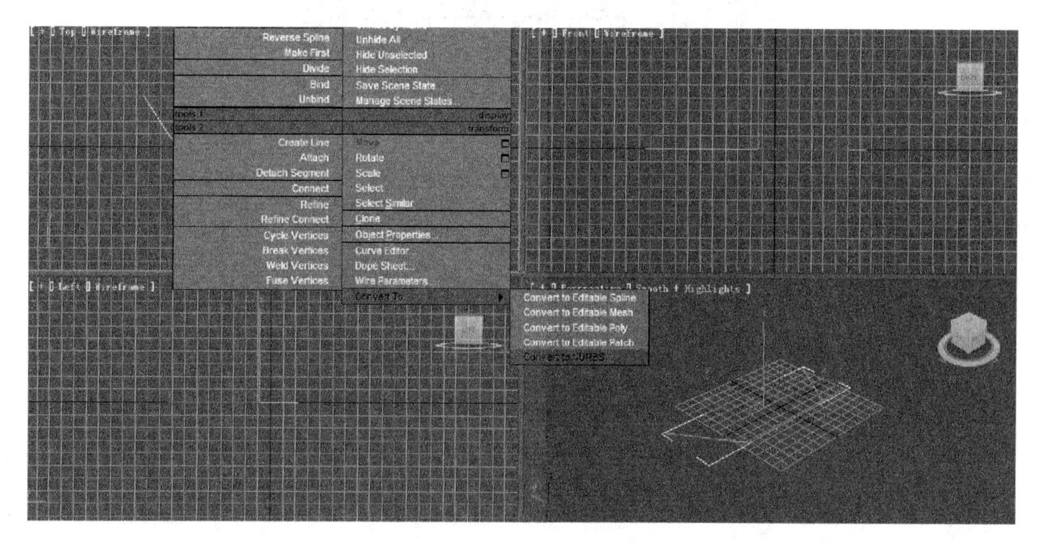

图 6-25　快捷菜单中选择 Convert to NURBS 命令(二)

任务 2 粘贴材质

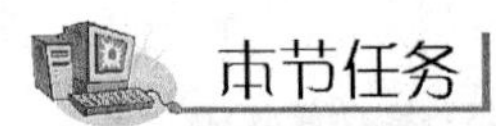

在 3ds max 中，为模型附上材质是一件重要的工作，它关系到整个场景的视觉效果。材质是物质特征的体现。世界上任何物体都有各自的表面特征，一个物体，它是玻璃的，是木质的，还是金属的，或者有着美丽花纹，都需要靠材质来体现。本节任务是给任务 1 建立的地球和文字模型穿上美丽的外衣。

在 3ds max 中，为模型添加材质主要是通过材质编辑器实现。

单击工具栏中的材质编辑器，打开如图 6-26 所示的材质编辑器。

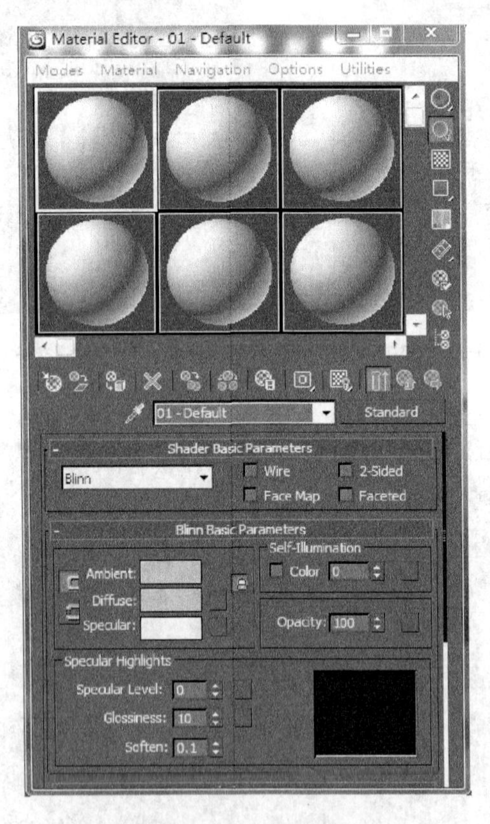

图 6-26 材质编辑器

材质编辑器可分为两大部分：固定区域和可变区域。

1. 固定区域

上部分为固定不变的视窗区。视窗区提供了显示材质的示例球以及一些控制显示属性，层级切换等常用工具。视窗区包括 6 个样本视窗、水平工具栏、垂直工具栏、名称栏、材质类型栏和一个吸取物体材质的吸管，如图 6-27 所示。

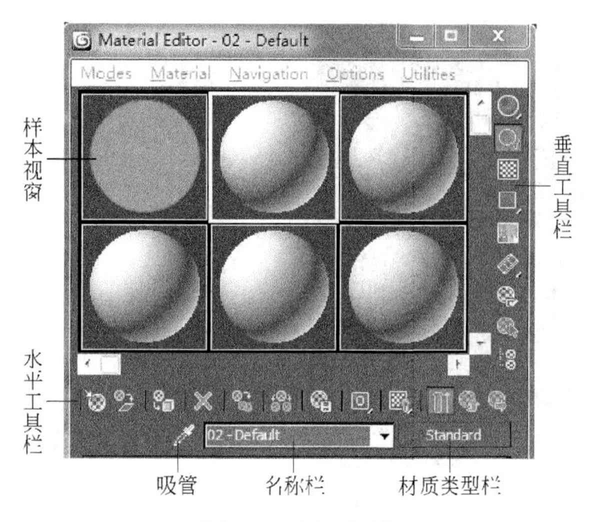

图 6-27　固定区域

(1) 样本视窗

样本视窗显示了大尺寸的 6 个示例球，用作显示材质及贴图效果，处于当前激活状态的示例窗四周为白色显示。

(2) 垂直工具栏

垂直工具栏位于示例窗的右侧，主要用来控制材质显示的属性。每个按钮的具体含义如下。

① Sample Type(样本类型)：单击该图标，会弹出示例球显示方式选择框，其中提供了球形显示、圆柱形显示及立方体显示 3 种选择，如图 6-28 所示。

② Backlight(背光)：决定示例球是否打开背光灯。

③ Background(背景)：决定是否在示例窗中增加一个彩色方格背景，通常在制作透明、折射与反射材质时开启此方格背景。

④ Sample UV Tiling(UV 向平铺数量)：单击此按钮会弹出如图 6-29 所示的工具条，可将示例球上的贴图重复 4 倍、9 倍、16 倍的效果。但只改变示例窗中的显示，对材质本身没有影响。

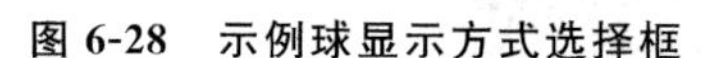

图 6-28　示例球显示方式选择框

图 6-29　示例球上的贴图平铺数量选择

⑤ Video Color Check(视频颜色检查)：检查除 NTSC 和 PAL 制式以外的视频信号色彩是否超过视频界限。

⑥ Make Preview(创建材质预览)：当需要制作材质动画时单击此按钮，可弹出生

成材质预视对话框，如图 6-30(a)所示。如果单击该图标时不立即松手，会弹出播放材质动画预视按钮和存储动画预视按钮，如图 6-30(b)所示。

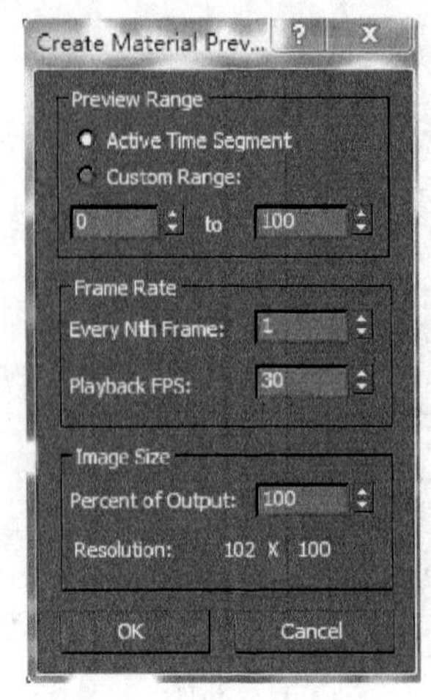

(a) 生成材质预视对话框

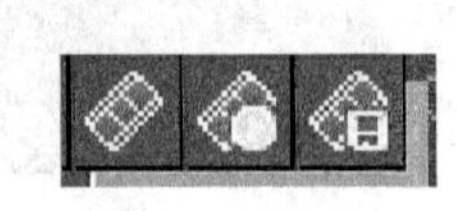

(b) 播放/存储材质动画预视按钮

图 6-30　创建材质预览

⑦ Options(选项)：单击此按钮将弹出材质编辑器选项，如图 6-31 所示，此时可逐一设置示例窗的功能选项。

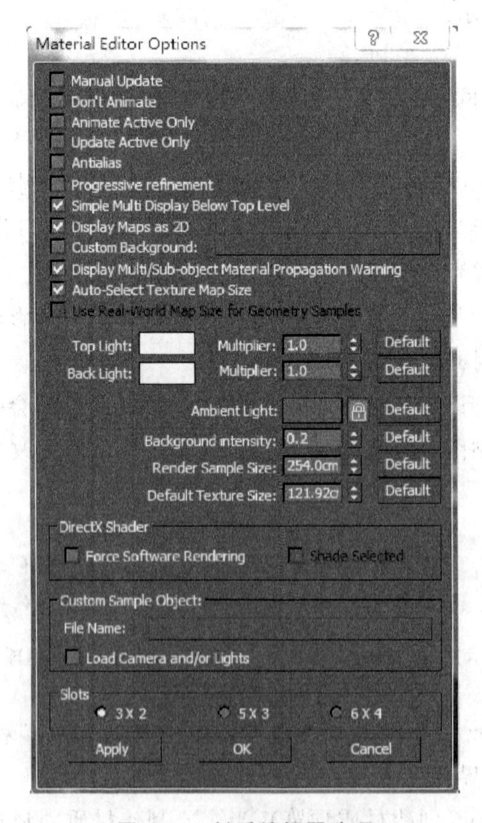

图 6-31　材质编辑器选项

⑧ Select by Material(由材质选取)：单击该按钮将弹出材质选择对话框，如图 6-32 所示，根据示例窗中选择的材质，可将场景中相同材质的物体选择出来。

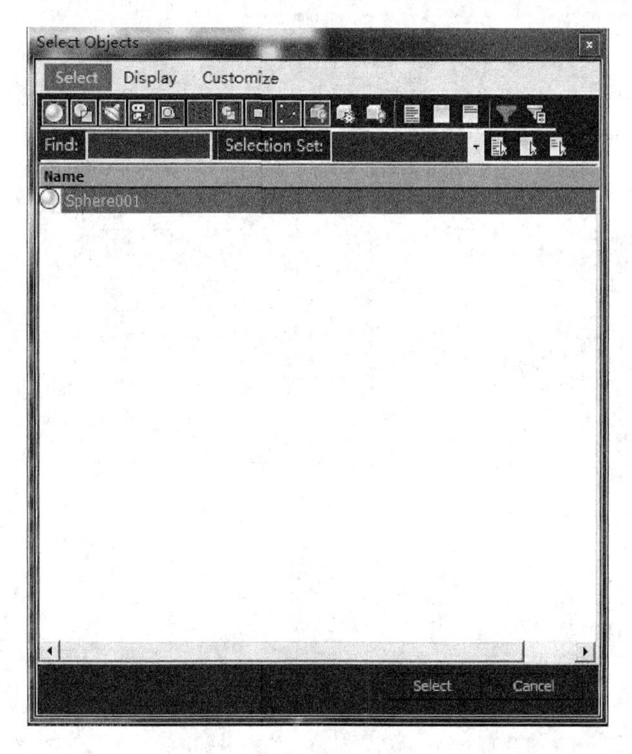

图 6-32 材质选择窗口

⑨ Material/Map Navigation(材质/贴图导航器)：单击该按钮将弹出如图 6-33 所示的材质/贴图导航器，其中小球代表材质，平行四边形代表贴图。在对话框顶部单击不同的按钮，可以用不同的方式显示。

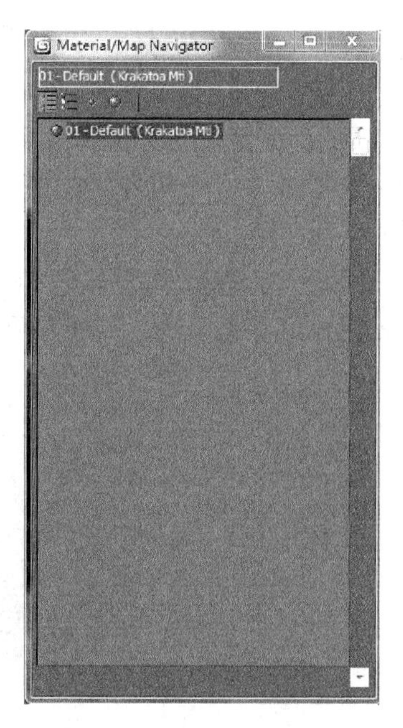

图 6-33 材质/贴图导航器

(3) 水平工具栏

水平工具栏在示例窗的下方，它包含了一些关于材质的常用工具，主要工具如下。

① Get Material(获取材质)：单击该按钮，将弹出如图 6-34 所示的材质/贴图浏览器，在这里可以调出材质和贴图进行编辑修改，也可以获取一个新的已经存在的材质。

注意：单击工具栏中与材质相关的按钮，或在参数栏中单击材质类型或赋予贴图时，都会弹出材质/贴图浏览器。

② Assign Material to Selection(赋予选择物体)：将材质赋予当前场景中所有选择的对象。

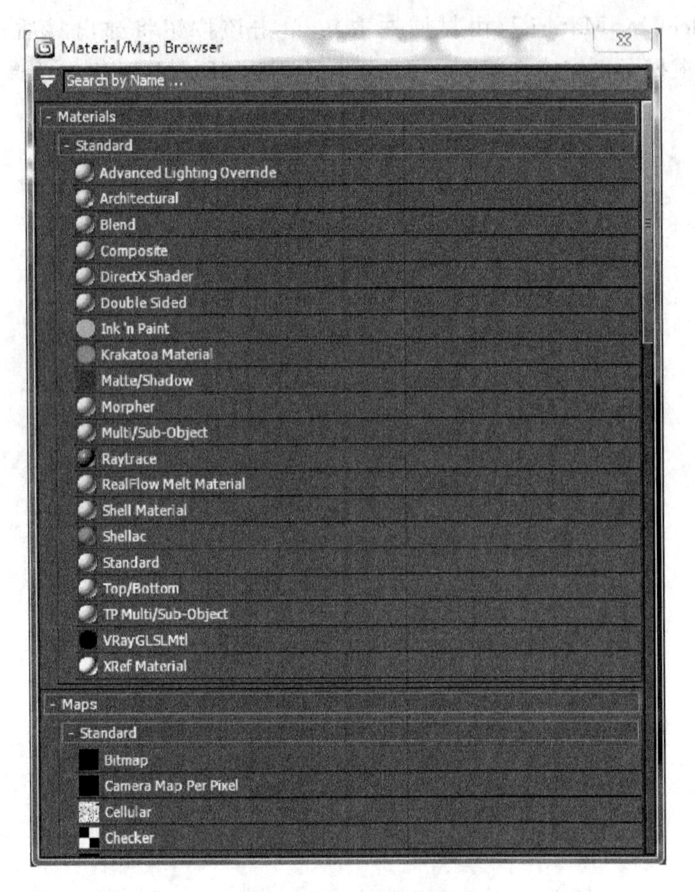

图 6-34　材质/贴图浏览器

③ Reset Map/Mtl to Default Settings(清除材质)：单击该按钮后将把示例窗中的材质清除为默认的灰色状态。如果当前材质是场景中正在使用的材质，则会弹出一个对话框，让用户在只清除示例窗中的材质和连同场景中的材质一起清除中选择其一，如图 6-35 所示。

④ Put-Material-to-Scene(将材质放入场景)：当完成材质的制作又赋予了场景中的模型时，这个材质变为同步材质，也称热材质。

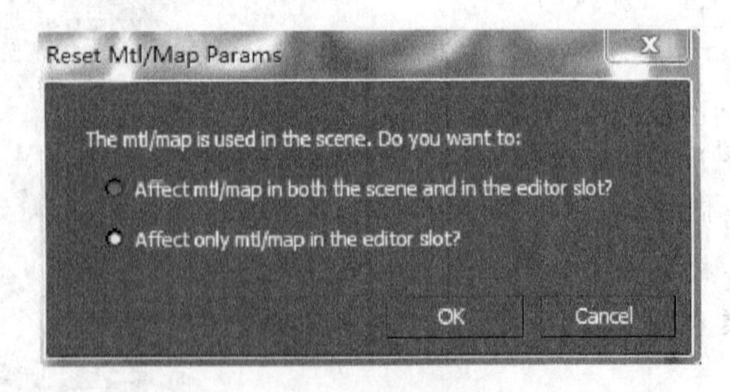

图 6-35　选择所清除的材质

⑤ Show Mps in Viewport(贴图显示)：单击该按钮将使材质的贴图在视图中显现出来。如图 6-36 所示。

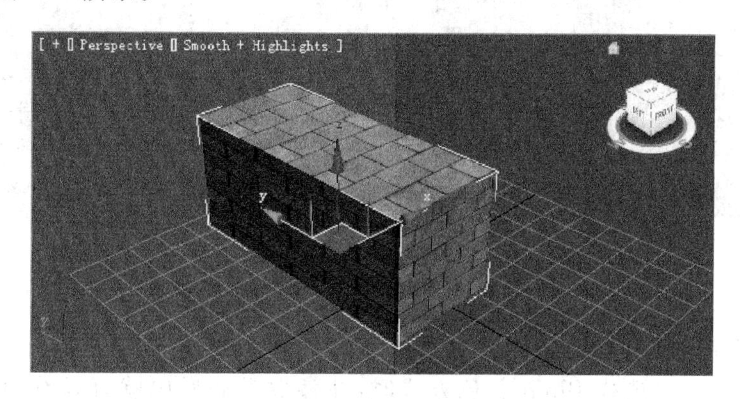

图 6-36　贴图显示

2. 可变区域

下半部分的可变区域是各种参数卷展栏，如图 6-37 所示。

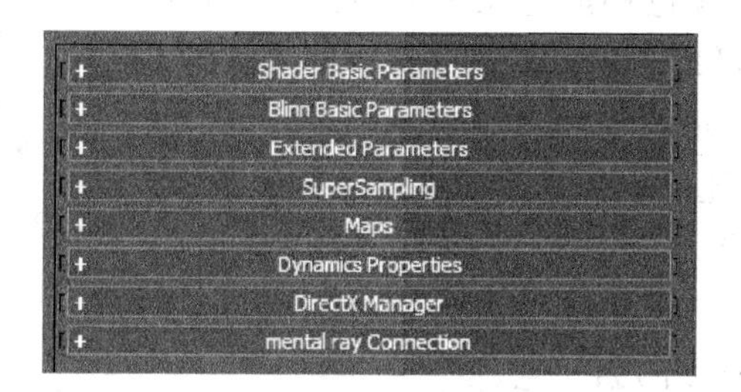

图 6-37　可变区域

(1) 着色基本参数区

单击图 6-37 中的【Shader Basic Parameters】(着色基本参数)卷展栏前面的“+”打开卷展栏，如图 6-38 所示，这里显示的是着色基本参数区。

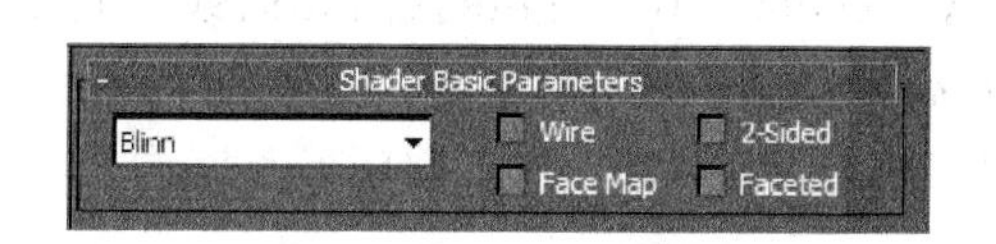

图 6-38　着色基本参数区

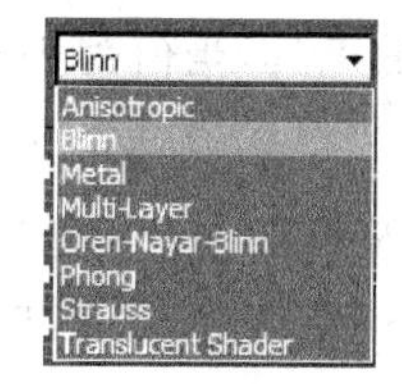

图 6-39　8 种着色方式

着色基本参数区包含 8 种着色方式，如图 6-39 所示，在这里可以选择一种着色方式，如 Metal 方式。

选择不同的着色方式，会改变基本参数区的参数内容，图 6-40(a)为 Metal 着色方式下的基本参数区，图 6-40(b)为 Blinn 着色方式下的基本参数区。

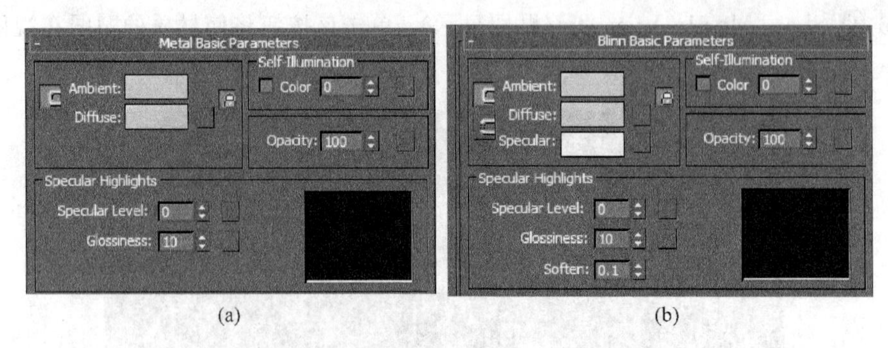

(a) (b)

图 6-40 基本参数随着色方式的变化而改变

（2）宾氏基本参数区

当从图 6-39 中选择 Blinn 着色方式时，在参数卷展栏中就可以看到【Blinn Basic Parameters】(宾氏基本参数区)，单击该卷展栏前的"＋"可打开它。

① Blinn、Anisotropic、Oren-Nayar-Blinn、Phong 或 Translucent Shader 着色方式的材质，其颜色由环境光颜色、漫反射颜色、高光色 3 部分组成，如图 6-41 所示。

基本材质使用 3 种颜色构成对象表面，使用 3 种颜色及对高光区的控制，可以创建出大部分基本反射材质。

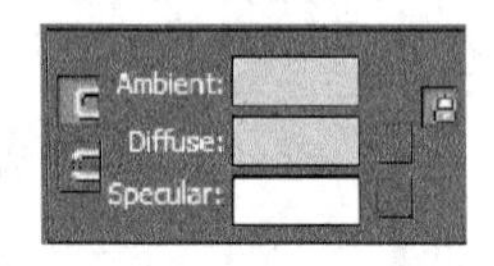

图 6-41 环境光颜色、漫反射颜色、高光色

- Ambient Color(环境光颜色)：对象阴影处的颜色，它是环境光比直射光强时对象反射的颜色。
- Diffuse Color(漫反射颜色)：光照条件较好，比如在太阳光和人工光直射情况下，对象反射的颜色。又被称作对象的固有色。
- Specular Color(高光颜色)：反光亮点的颜色。高光颜色看起来比较亮，而且高光区的形状和尺寸可以控制。根据不同质地的对象来确定高光区范围的大小以及形状。

②【Self-Illumination】和【Opacity】选项位于宾氏基本参数区上方右侧，如图 6-42 所示。【Self-Illumination】(自发光)：制作灯管、星光等荧光材质时选此项，可以指定颜色，还可以单击颜色选择框旁边的空白按钮指定贴图。【Opacity】(不透明度)是控制灯管物体透明程度的工具，当值为 100 时为不透明荧光材质；值为 0 时则完全透明。

③ 宾氏基本参数区的最下面是【Specular Highlights】(高光曲线区)，如图 6-43 所示。高光曲线区包括 Specular Level(高光级别)、Glossiness(光泽度)和 Soften(柔和度) 3 个参数区及右侧的曲线显示框，其作用是用来调节材质质感的。

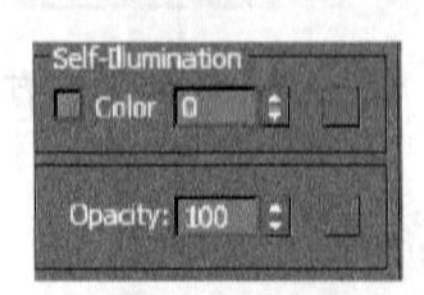

图 6-42 自发光和不透明度功能按钮

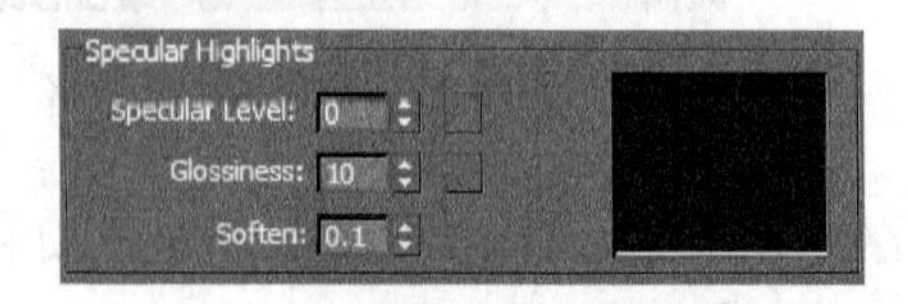

图 6-43 宾氏基本参数区的高光曲线区

高光级别、光泽度与柔和度三个值共同决定物体的质感，曲线是对这三个参数的描述，通过它可以更好地把握对高光的调整。对于光滑的硬性材质，如硬塑料，高光级别、光泽度的值应较高，而柔和度要低；对于反射较柔和的材质，如软塑料、橡胶、纸等，对高光级别、光泽度的控制应低一些，而柔和度要高；墙壁、地板、衣料等较粗糙的材质，高光级别、光泽度及柔和度的值都要较低。如果需要制作反射强烈的材质，如金属、玻璃、宝石等，那么首先应选择 Metal(金属)着色模式，然后再对高光级别、光泽度的值进行调节。

(3) 扩展参数区

单击图 6-37 所示参数卷展栏中的【Extended Parameters】(扩展基本参数)卷展栏前面的"+"，打开扩展参数卷展栏，如图 6-44 所示。扩展参数区是基本参数区的延伸，主要针对场景对象。扩展参数卷展栏有 3 个区域：高级透明度控制区、线架材质控制区和反射暗淡控制区。

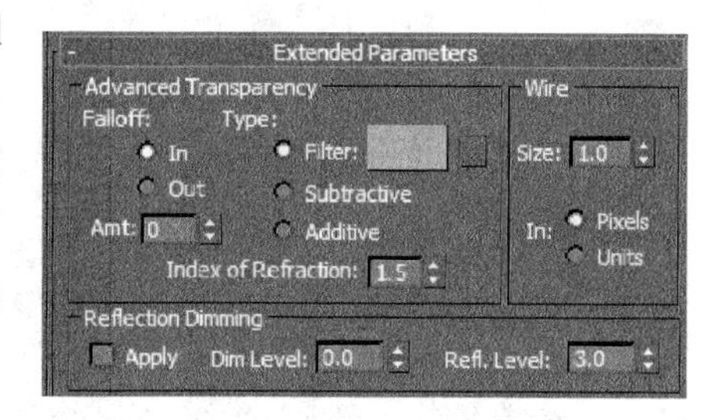

图 6-44　扩展参数区卷展栏

①【Advanced Transparency】(高级透明度)控制区调节透明材质的透明度。

【Falloff】为两种透明材质的不同衰减效果，In 是由外向内衰减，Out 是由内向外衰减。如图 6-45 显示了两种透明度的不同衰减效果。Amt 是控制衰减的程度。

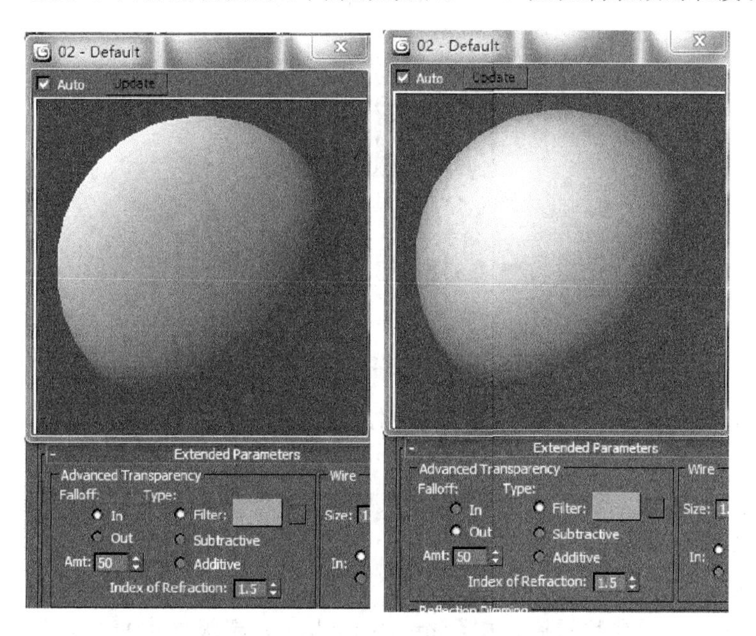

图 6-45　In 和 Out 两种透明度的不同衰减效果

不透明度控制区有 3 种透明过滤方式，即 Filer(过滤法)、Subtractive (删减法)、Additive(递增法)。在 3 种透明过滤方式中，Filer(过滤法)是常用的选择，该方式用于制作玻璃等特殊材质的效果。图 6-46 所示是 3 种不同过滤方式的效果对比。

Index of Refraction (折射率)用来控制折射贴图和光线的折射率。

②【Wire】(线架材质)控制区必须与基本参数区中的线架选项结合使用，可以做出不同的线架效果。【Size】(尺寸)用来设置线架的大小。图 6-47 显示了 Pixels(像素)和 Units (单位)两种不同效果。

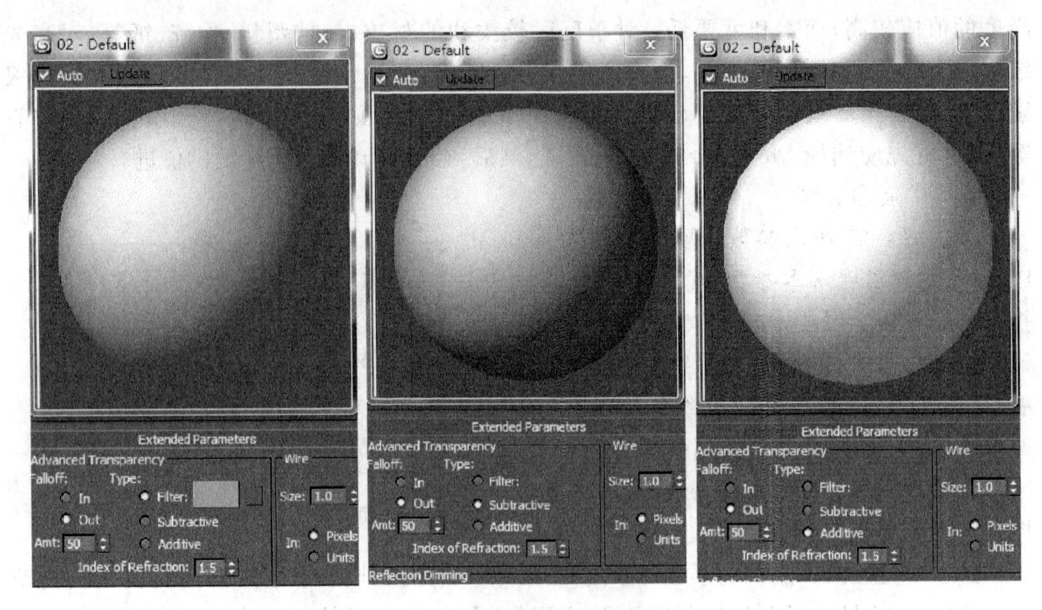

图 6-46　3 种不同过滤方式的效果对比

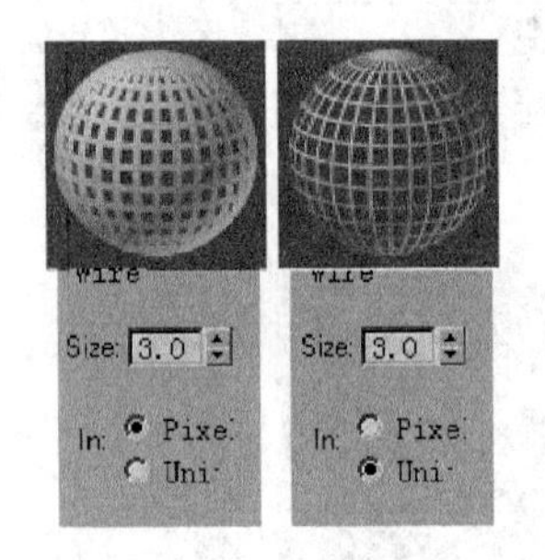

图 6-47　线架材质控制区的两种不同效果

③【Reflection Dimming】（反射暗淡）控制区位于扩展参数区的最下方。反射暗淡控制区主要针对使用反射贴图材质的对象。当物体使用反射贴图以后，全方位的反射计算导致其失去真实感。此时，单击【Apply】（作用）选项旁的复选框，打开反射暗淡，反射暗淡即可起作用。

(4) 超级样本

单击图 6-37 所示参数卷展栏中【SuperSampling】（超级样本）卷展栏前面的"＋"，可以打开如图 6-48 所示的超级样本界面。针对使用很强 Bump（凹凸）贴图的对象，超级样本功能可以明显改善场景对象渲染的质量，提高图像质量，并对材质表面进行抗锯齿计算，使反射的高光特别光滑，但渲染时间也大大增加。

超级样本界面内的下拉式列表中提供了超级样本的 4 种不同类型的选择，如图 6-49 所示。一般情况使用系统默认的 Max 2.5 Star 便能达到较好的效果。

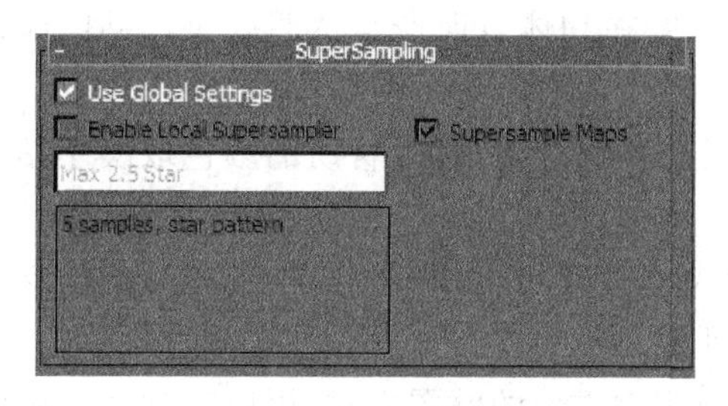

图 6-48 超级样本的界面

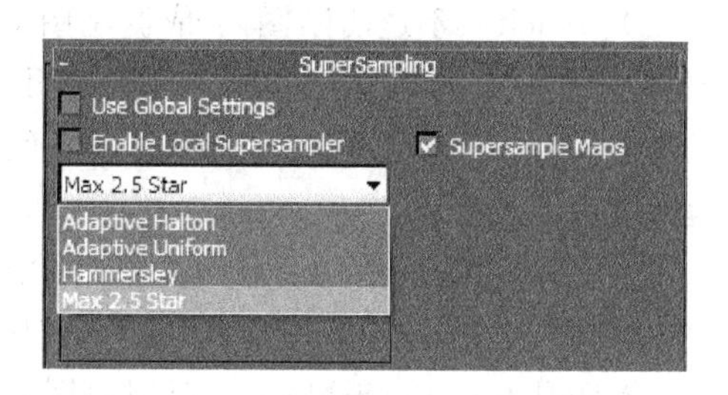

图 6-49 超级样本的 4 种不同类型

(5) 贴图区

【Maps】(贴图区)是材质制作的关键环节。打开贴图卷展栏,如图 6-50 所示。从图中可以看出,3ds max 在标准材质的贴图区提供多种贴图方式,每一种方式都有它独特之处,能否塑造真实材质在很大程度上取决于贴图方式与贴图类型结合运用的成功与否。

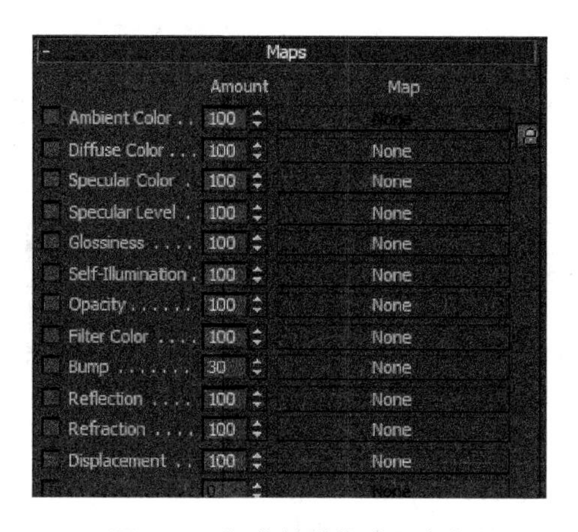

图 6-50 标准材质的贴图方式

① Ambient Color(环境光颜色贴图):默认状态中呈灰色显示,通常不单独使用,效果与 Diffuse(漫反射颜色贴图)锁定。

② Diffuse Color(漫反射颜色贴图):使用该方式,物体的固有色将被置换为所选择的贴图,应用漫反射原理,将贴图平铺在对象上,用以表现材质的纹理效果,是最常用的一种贴图。

③ Specular Color(高光色贴图):高光色贴图与固有色贴图基本相近,不过贴图只展现在高光区。

④ Specular Level(高光级别贴图):与高光色贴图相同,但强弱效果取决于参数区中的高光强度。

⑤ Glossiness(光泽度贴图):贴图出现在物体的高光处,控制对象高光处贴图的光泽度。

⑥ Self-Illmination(自发光贴图):在自发光贴图赋予对象表面后,贴图浅色部分产生发光效果,其余部分不变。

⑦ Opacity(不透明贴图)：依据贴图的明暗度在物体表面产生透明效果。贴图颜色深的地方透明；颜色越浅的地方越不透明。

⑧ Filter Color(过滤色贴图)：过滤色贴图会影响透明贴图,材质的颜色取决于贴图的颜色。

⑨ Bump(凹凸贴图)：非常重要的贴图形式,贴图颜色浅的部分产生凸起效果,颜色深的部分产生凹陷效果,是塑造材质真实感的重要形式。

⑩ Reflction (反射贴图)：反射贴图是一种非常重要的贴图方式,用以表现金属的强烈反光质感。

⑪ Refraction (折射贴图)：折射贴图运用于制作水、玻璃等材质的折射效果,可通过参数控制面板中的 Refract Map/Ray Trace IOR(折射贴图/光线跟踪折射率)调节其折射率。

⑫ Displacement(置换贴图)：3ds max 2.5 以后新增的置换贴图。

(6) 动力学属性区

【Dynamics Properties】(动力学属性区)：专门针对动力学属性而开发的功能,可以对材质的反弹系数、静止摩擦力、滑动摩擦力进行设置,与动力学系统配合模拟自然规律运动。图 6-51 所示是参数区卷展栏的动力学属性界面。

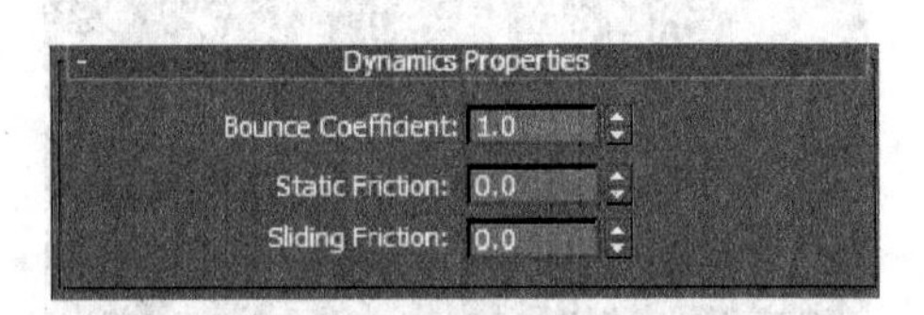

图 6-51　动力学属性界面

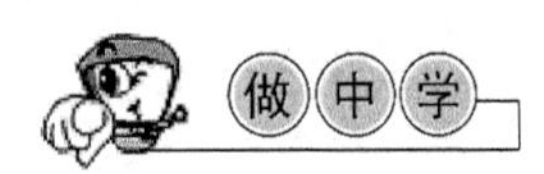

(1) 打开材质编辑器。使用主工具栏中的选择工具,选定三维球体。单击主工具栏中的材质编辑器按钮,打开材质编辑器,如图 6-52 所示。

(2) 打开材质编辑器中的【Maps】卷展栏。选择第一个示例球,打开材质编辑器中的【Maps】(贴图区)卷展栏,如图 6-53 所示。

(3) 打开材质/贴图浏览器。单击【Diffuse Color】(漫反射颜色)复选框右侧的 None(空白)按钮,将弹出材质/贴图浏览器,如图 6-54 所示。

(4) 选择位图文件。双击材质/贴图浏览器窗口右侧最上面的 Bitmap(位图),这时将弹出位图文件选择对话框。选择“.\多媒体技术与应用\素材\第 6 章\地球.jpg”,如图 6-55 所示。单击 打开(O) 按钮退出。

(5) 贴图赋予地球。回到材质编辑器,单击水平工具栏的赋予选择物体按钮,将贴图赋予地球,如图 6-56 所示。

(6) 显示贴图。单击水平工具栏的显示贴图按钮,将赋予球体的贴图显现出来,如图 6-57 所示。

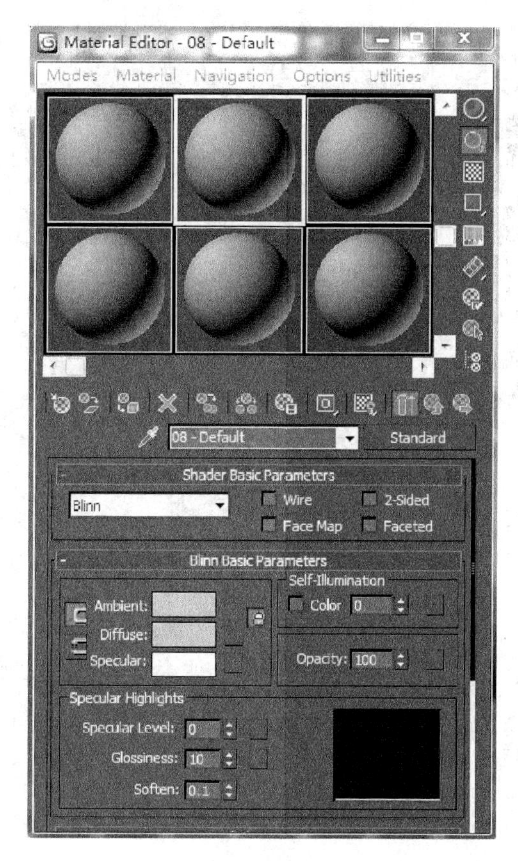

图 6-52　材质编辑器

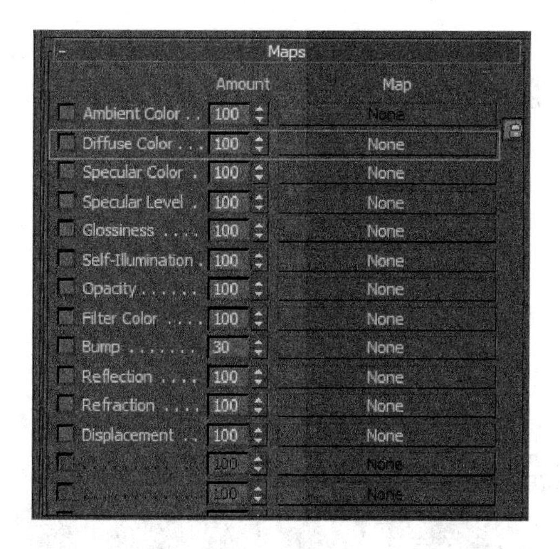

图 6-53　材质编辑器中的【Maps】卷展栏

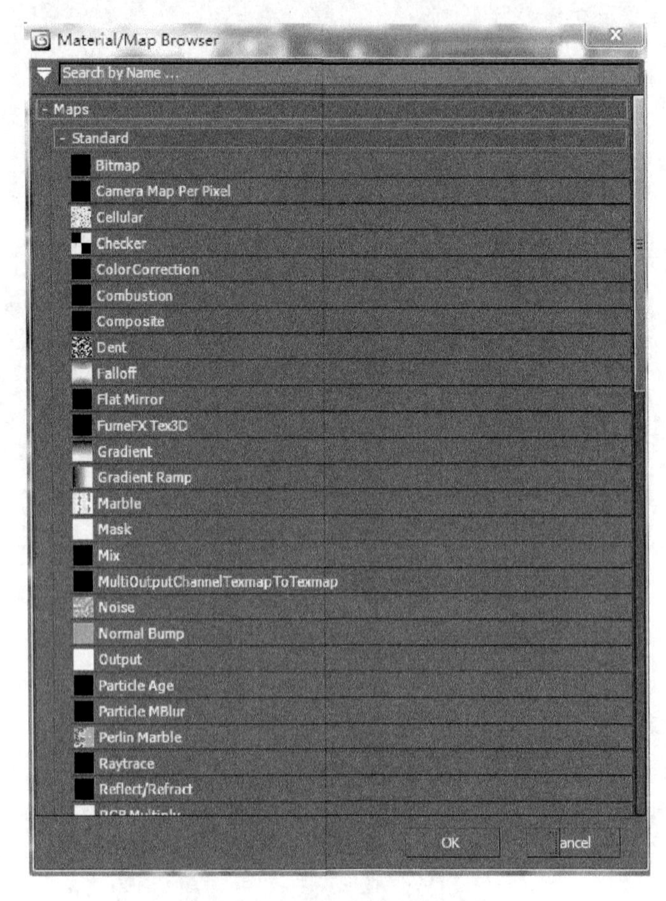

图 6-54　打开材质/贴图浏览器

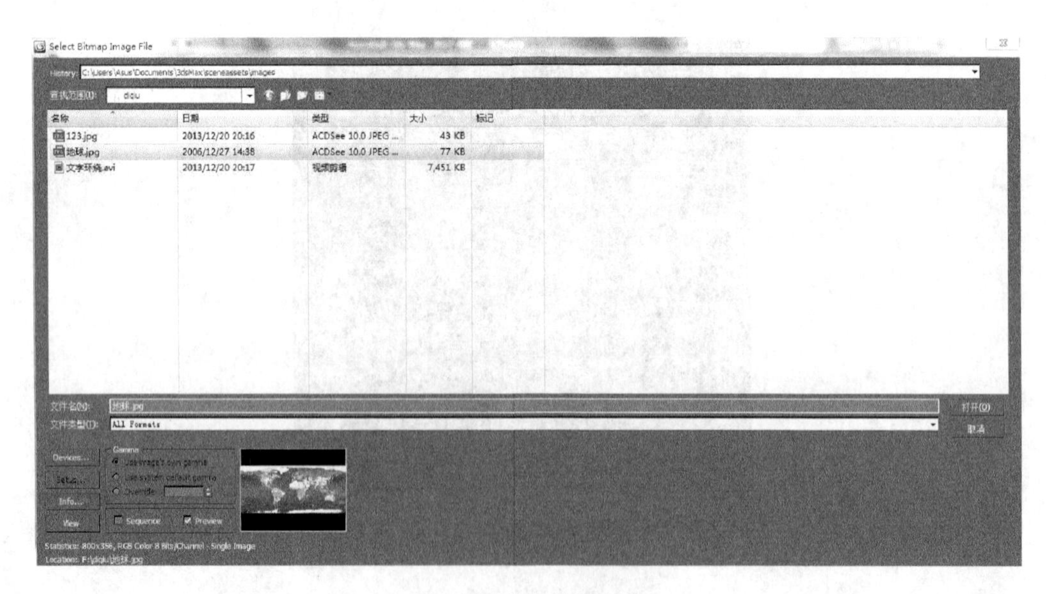

图 6-55　选择位图文件

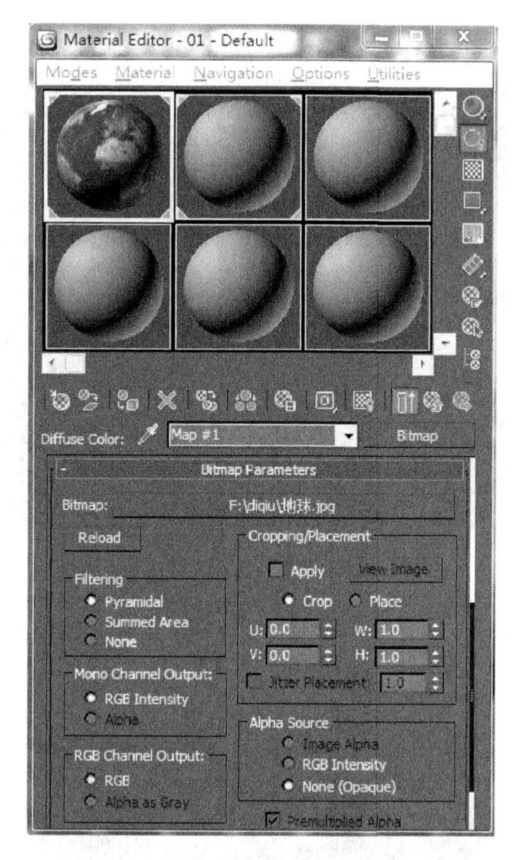

图 6-56　将贴图赋予地球

图 6-57　显示贴图

（7）选择文字。使用主工具栏中的选择工具，选定文字，如图 6-58 所示。

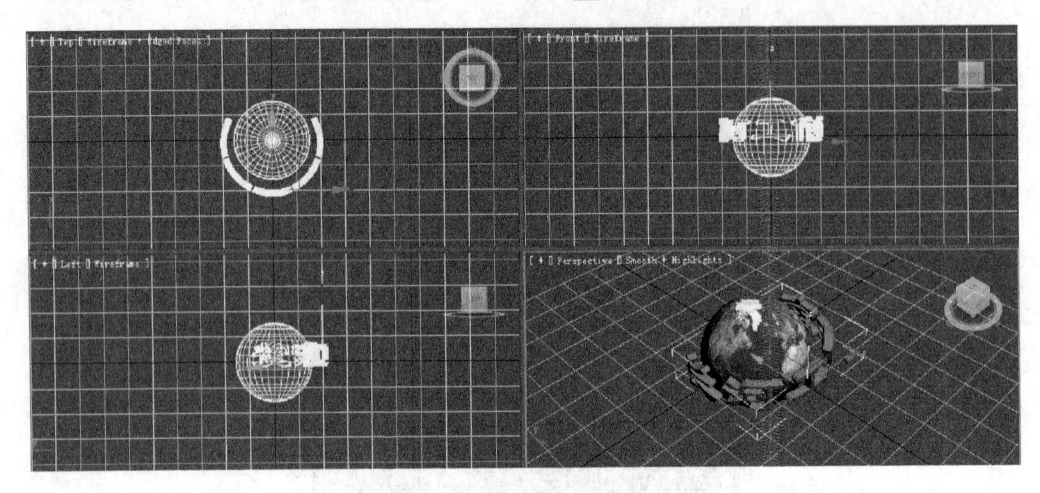

图 6-58　选择文字

（8）打开材质编辑器。单击主工具栏中的材质编辑器按钮，打开材质编辑器，选择第二个示例球，如图 6-59 所示。

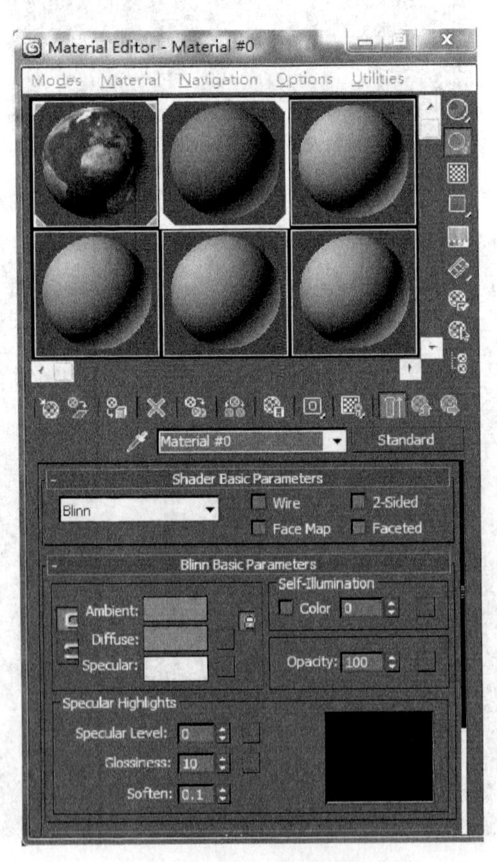

图 6-59　材质编辑器

(9) 为文字着色。打开材质编辑器中的【Shader Basic Parameters】(着色基本参数)卷展栏,修改着色方式为"Metal"方式。打开与 Metal 着色方式相对应的【Metal Basic Parameters】(金属基本参数)卷展栏,当设置环境光比直射光强时对象反射的颜色【Ambient Color】(环境光颜色)的 RGB 值分别是 228、226 和 224,设置对象固有色【Diffuse Color】(漫反射颜色)的 RGB 值分别是 229、137 和 7,设置【Specular Highlights】(高光曲线区)的【Specular Level】(高光级别)值为 85,【Glossiness】(光泽度)为 61,如图 6-60 所示。

图 6-60　材质设置

(10) 赋予文字颜色。单击水平工具栏的赋予选择物体按钮,将颜色赋予文字,如图 6-61 所示。

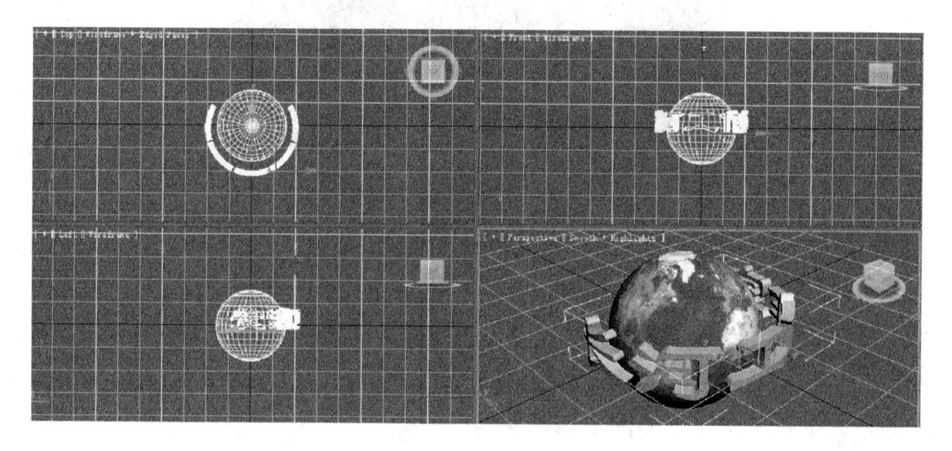

图 6-61　文字着色

归纳说明

给物体穿上美丽的外衣，既可以把材质指定到物体表面，也可以使用贴图的方式。

不同的材质对物体的颜色、反光度和透明度等特性产生的效果是不同的，材质的建立与调整使用材质编辑器完成。

要使物体更加逼真，只使用材质是不够的，把各种不同的图形指定到材质中去，给物体表面赋予纹理或图案，这就是贴图。

贴图图像可以是标准的位图文件，如 GIF、TIF 等格式。

1. 贴图的类型

贴图存放在材质/贴图浏览器中。不同类型的贴图组织在不同的目录下，如图 6-62 所示。

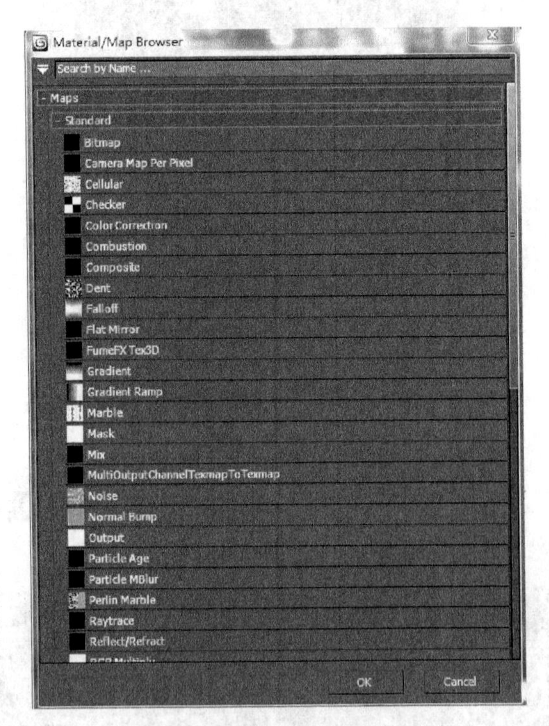

图 6-62 材质/贴图浏览器

2D Maps（二维贴图）：二维平面图像，用于环境贴图创建场景背景或映射在几何体表面。最常用也是最简单的二维贴图是 Bitmap。其他二维贴图都是由程序生成的。

3D Maps（三维贴图）：是程序生成的三维模板，如 Wood 木头，在赋予对象的内部同样有纹理。被赋予这种材质的物体切面纹理与外部纹理是相匹配的。它们都是由同一程序生成的。三维贴图不需要贴图坐标。

Compositors（复合贴图）：以一定的方式混合其他颜色和贴图。

Color Modifier(颜色修改器)：改变材质像素的颜色。

Other(其他贴图)：是用于特殊效果的贴图，如反射、折射。

以上介绍的几种类型的贴图都将被应用到材质贴图中。进入材质编辑器，在 Maps 卷展栏中选择材质贴图。只要单击 None 按钮就会弹出材质/贴图浏览器，可以选择任何一种类型的贴图作为材质贴图，如图 6-63 所示。

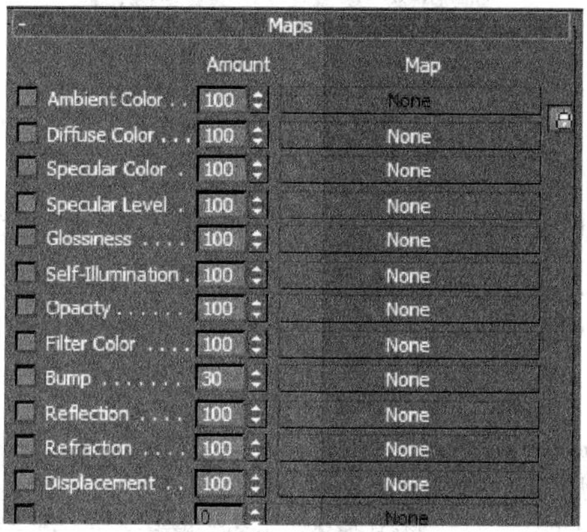

图 6-63 贴图卷展栏

2. 贴图的坐标

如果赋予物体的材质中包含任何一种二维贴图，物体就必须具有贴图坐标。这个坐标用来确定二维的贴图以何种方式映射在物体上。贴图坐标不同于场景中的 XYZ 坐标系，而使用的是 UV 或 UVW 坐标系。但是一些对象不能自动应用 UVW 贴图坐标，可以通过 UVW Map 修改器为物体调整二维贴图坐标。选择修改面板的修改器选择栏中的 UVW MAP 修改器，如图 6-64 所示。在 UVW MAP 修改器的参数卷栏中可以选择以下几种坐标。

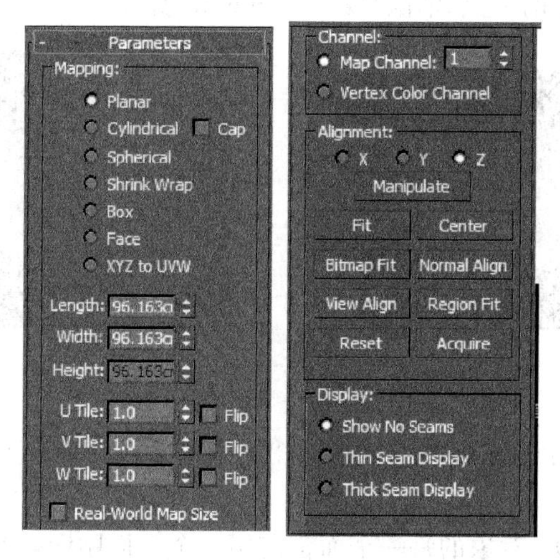

图 6-64 UVW MAP 修改器

(1) Planar(平面)：以平面投影方式向对象上贴图，如图 6-65 所示。

图 6-65　平面贴图方式

(2) Cylindrical(柱面)：以圆柱投影方式向对象上贴图，环绕在圆柱的侧面。这种坐标在物体造型近似柱体时非常有用。在默认状态下柱面坐标系会处理顶面与底面的贴图，如图 6-66(a)所示。选择了 Cap 选项后才会在顶面与底面分别以平面贴图投影，如图 6-66(b)所示。

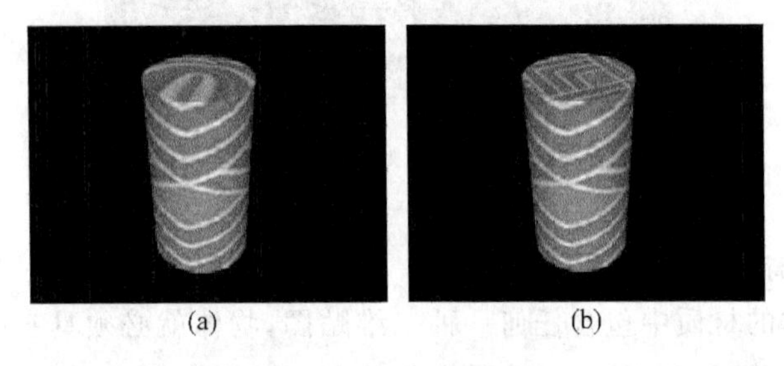

(a)　(b)

图 6-66　柱面贴图方式

(3) Spherical(球面)：贴图坐标以球面方式环绕在物体表面，这种方式用于造型类似球体的物体，会产生接缝，如图 6-67 所示。

(4) Shrink Wrap(收紧包裹)：这种坐标方式也是球形的，但收紧了贴图的四角，使贴图的所有边聚集在球的一点，消除接缝，如图 6-68 所示。

图 6-67　球面贴图方式

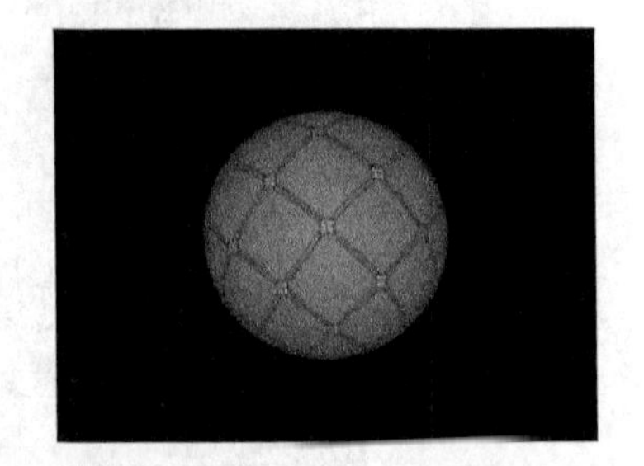

图 6-68　收紧包裹贴图方式

(5) Box(立方体)：立方体坐标是将贴图分别投射在六个面上，每个面是一个平面贴图，如图 6-69 所示。

(6) Face(面贴图)：对象的每一个面都应用一个平面贴图，如图 6-70 所示。

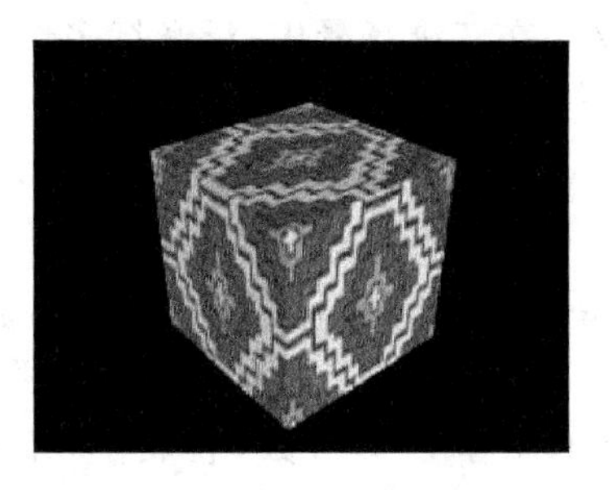

图 6-69　立方体方式

图 6-70　面贴图方式

(7) XYZ to UVW：此方式贴图设计用于 3D Maps，3D 贴图好像粘贴在对象表面一样，如图 6-71 所示。

图 6-71　XYZ to UVW 方式

任务 3　加入灯光

本节任务

灯光对于营造三维场景的气氛有着十分重要的作用。没有好的灯光效果，整个场景就会黯然失色。良好的照明环境不仅能增强场景的真实感和生动感，而且还能在减少建模、贴图工作量的同时使人有身临其境之感。本节的任务就是给前面任务建立的场景加入灯光，烘托气氛。

背景知识

3ds max 提供了 8 种灯光对虚拟三维场景进行光线处理，加入灯光可以使场景达到更真实的效果。在这 8 种灯光中，泛光灯与聚光灯是最常用的，它们相互配合能获得最佳的效果。泛光灯是具有穿透力的照明，也就是说在场景中泛光灯不受任何对象的阻挡。如果将泛光灯比作一个不受任何遮挡的灯，那么聚光灯则是带着灯罩的灯。在外观上，泛光灯是一个点光源，而目标聚光灯分为光源点与投射点，在修改命令面板中，它比泛光灯多了聚光参数的控制选项。

1. 泛光灯

Omni(泛光灯)是一种向外扩散的点光源，可以照亮周围物体，没有特定的照射方向。

这是一种柔和的光源，它可以影响物体的明暗。在三维场景中，泛光灯多作为补光使用，用来增加场景中的整体亮度。

泛光灯的优点是比较容易建立和控制，缺点是不能建立太多，否则场景对象将会显得平淡而无层次。

泛光灯的参数区卷展栏默认状态为【General Parameters】（总体参数）卷展栏。其他卷展栏还包括【Intensity /Color/Attenuation】（强度/颜色/衰减）卷展栏、【Advanced Effects】（高级影响）卷展栏、【Shadow Parameters 】（阴影参数）卷展栏和【Shadow Map Params 】（阴影贴图参数）卷展栏等，如图 6-72 所示。

（1）在【General Parameters】（总体参数）卷展栏中，常用的就是【Light Type】（灯光类型）中的 On（打开）选项和【Shadows】（阴影）及 Exclude... （排除）选项。

- On（打开）选项用于设置泛光灯是否打开，和人们生活中灯的开关的效果一样。
- Shadows（阴影）选项是设置使用了灯光后是否打开阴影和选择阴影类型。
- Exclude（排除）选项是设置当前灯光不照亮哪个物体。

（2）打开【Intensity /Color/Attenuation】（强度/颜色/衰减）卷展栏，如图 6-73 所示，在【Multiplier】（灯光的亮度）后面有一个颜色块，在这里设置灯光颜色。Attenuation（衰减参数）可以调整整个场景的明暗度。

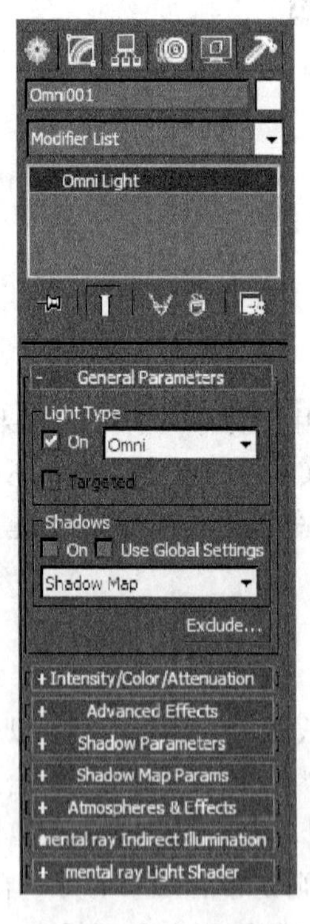

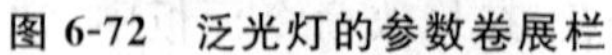

图 6-72 泛光灯的参数卷展栏

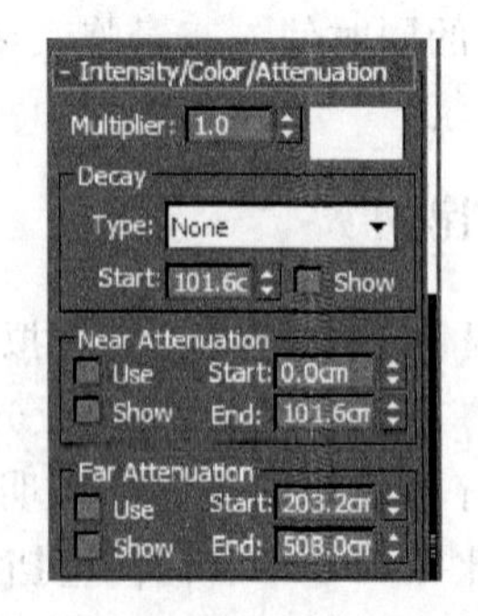

图 6-73 【Intensity /Color/Attenuation】（强度/颜色/衰减）卷展栏

2. 聚光灯

聚光灯相对泛光灯而言就像为灯泡加上了一个灯罩，并且多了投射目标的控制。由于这种灯光有照射方向和照射范围，所以可以对物体进行选择性的照射。3ds max 中的聚光灯又分为目标聚光灯和自由聚光灯。目标聚光灯和自由聚光灯的强大能力使得它们成为 3ds max 环境中基本并十分重要的照明工具。与泛光灯不同，聚光灯的方向是可以控制的，而且它们的照射形状可以是圆形或长方形。在 3ds max 中比较常用的是目标聚光灯。

每个聚光灯都有聚光区和衰减区，中间明亮部分为聚光区，周围暗淡部分为衰减区，聚光区和衰减区由两个同心圆来表示，浅蓝色圆圈内部为聚光区，深蓝色圆圈与浅蓝色圆圈之间部分为衰减区。

3ds max 的【Target Spot】(聚光灯)修改面板中包括 9 个卷展栏，如图 6-74 所示。

【Target Spot】的卷展栏分别为 General Parameters(总体参数)、Intensity /Color/ Attenuation(强度/颜色/衰减)、Spotlight Parameters(聚光灯参数)、Advanced Effects (高级影响)、Shadow Parameters(阴影参数)、Shadow Map Params(阴影贴图参数)、Atmospheres & Effects(环境与影响)等。对这些卷展栏中的参数进行调整，会出现不同的效果。

图 6-75 所示的 General Parameters(总体参数)卷展栏中的 Shadows(阴影)和 Exclude...(排除)两个参数与泛光灯的这两个参数的效果和用途完全一样。

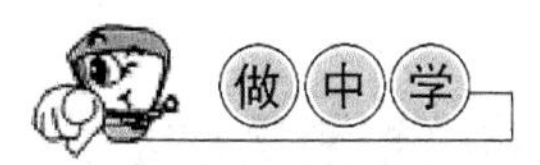

(1) 单击命令面板的 Create(创建)命令按钮，然后单击 Lights(灯光)按钮，如图 6-76 所示。

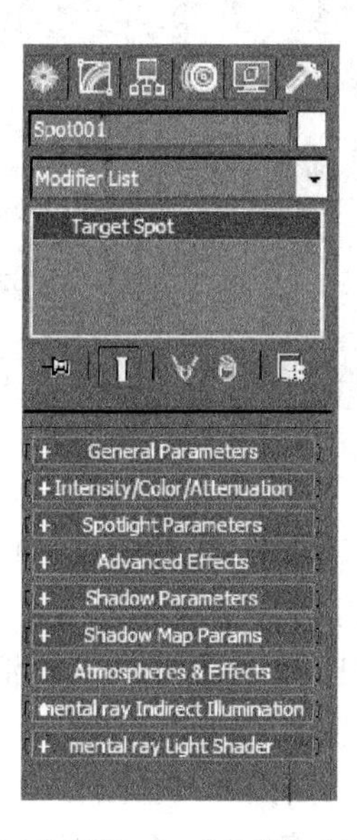

图 6-74 【Target Spot】修改面板

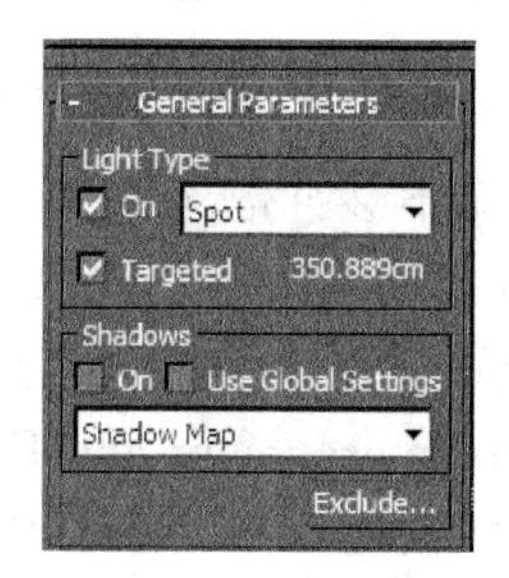

图 6-75 总体参数卷展栏

图 6-76 打开灯光面板

(2) 创建第一盏聚光灯。选择【Target Spot】(目标聚光灯)，在 Front 视图中，由右上方向左下方拖动鼠标，如图 6-77 所示。

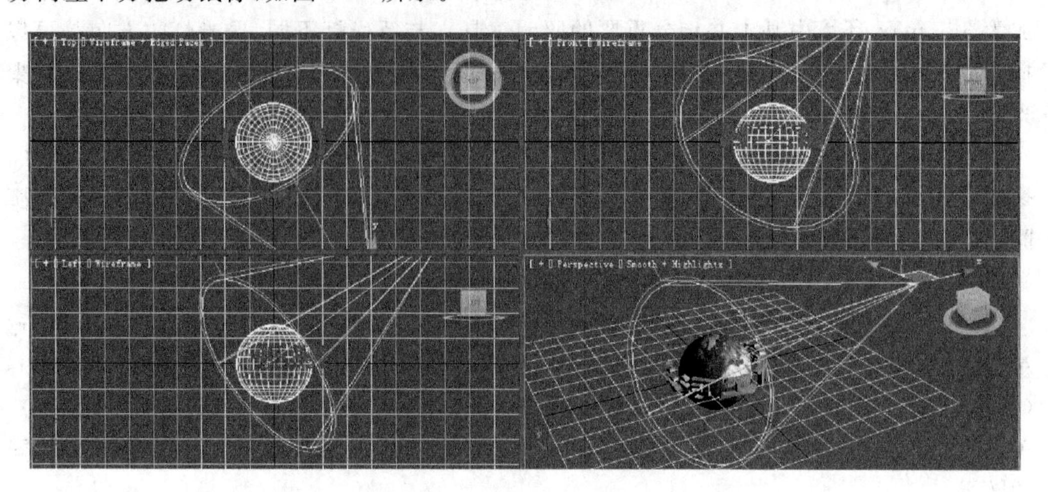

图 6-77　创建第一盏聚光灯

(3) 创建第二盏聚光灯。选择【Target Spot】(目标聚光灯)，在 Front 视图中由左上方向右下方拖动鼠标，如图 6-78 所示。

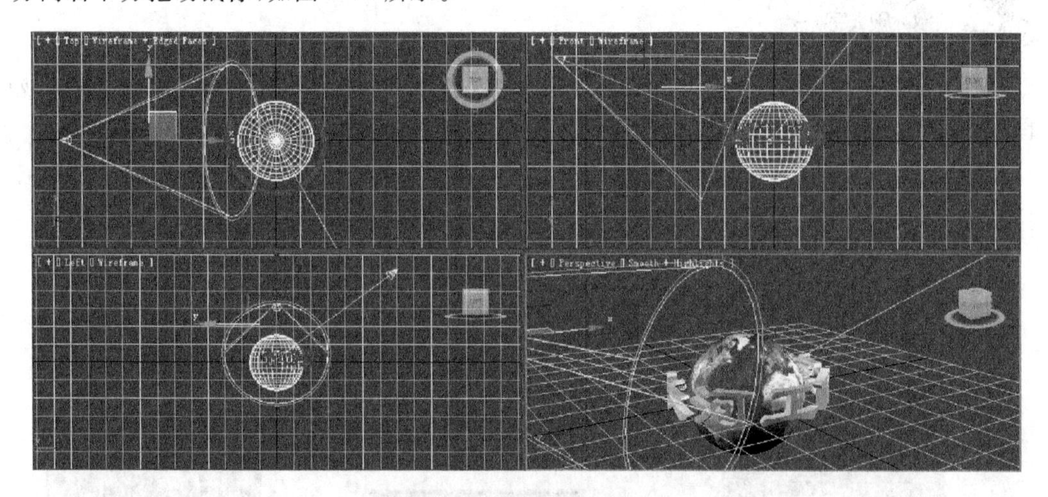

图 6-78　创建第二盏聚光灯

(4) 创建泛光灯。由于场景不够明亮，在灯光面板选择【Omni】(泛光灯)，在 Front 视图中央放置泛光灯的位置单击鼠标，在场景中置入一盏泛光灯，如图 6-79 所示。

(5) 创建环境光。环境光可以使整个场景光亮发生变化，单击 Rengering(渲染)→Environment(环境)命令，弹出 Environment and Effects(环境与效果)对话框，在 Global Light 区中单击【Ambient】色块，改变 Level 的值，使环境变亮，如图 6-80 所示。

(6) 添加背景图片。在环境与效果对话框 Background(环境)区中单击 None(空白)按钮，打开浏览器/贴图对话框，如图 6-81 所示。双击 Bitmap(位图)项，在打开的 Select Bitmap Image File(选择位图文件)对话框，选择“.\多媒体技术与应用\素材\第 6 章\夜

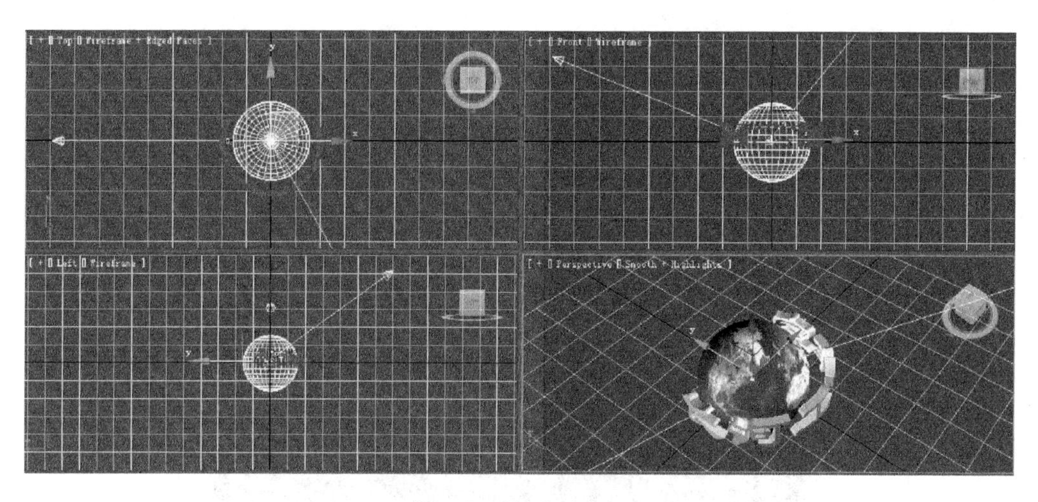

图 6-79　创建泛光灯

Environment and Effects
Environment
Effects
Common Parameters
Background:
Color:
Environment Map:
Use Map
None
Global Lighting:
Tint:
Level:
0.8
Ambient:
Exposure Control
<no exposure control>
Active
Process Background
and Environment Maps
Render Preview
Atmosphere
Effects:
Add...
Delete
Active
Move Up
Move Down
Name:
Merge

图 6-80　创建环境光

背景.jpg”文件，单击 打开(O) 按钮，如图 6-82 所示。

（7）渲染场景。单击工具栏中的快速渲染按钮，对场景进行快速渲染，如图 6-83 所示。

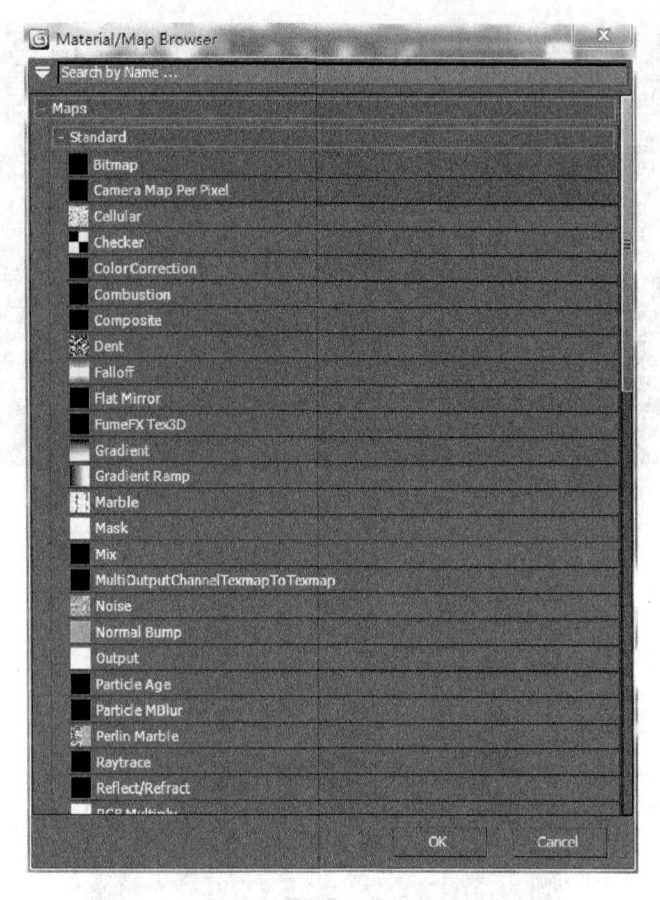

图 6-81　浏览器/贴图对话框

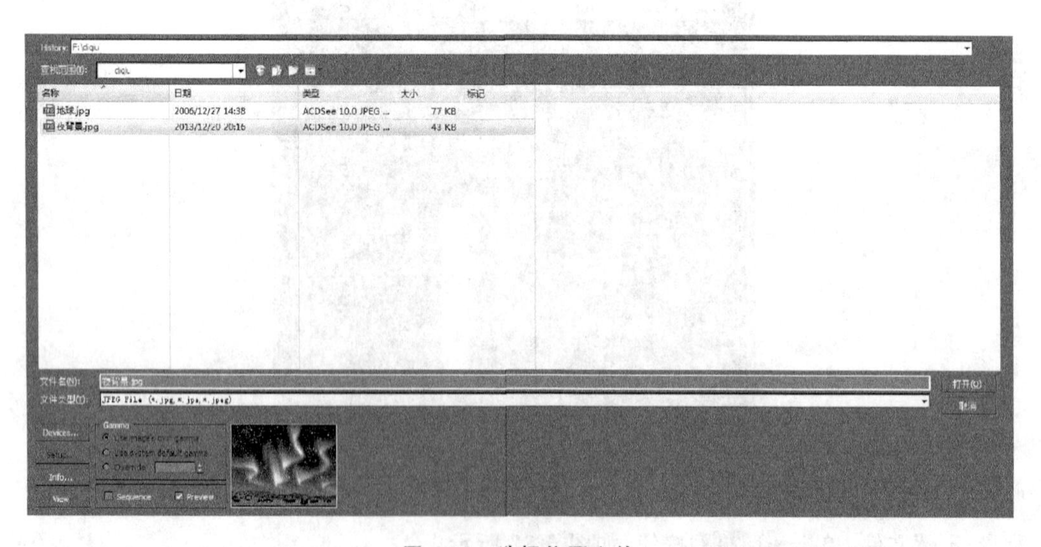

图 6-82　选择位图文件

图 6-83 渲染场景

归纳说明

灯光对于营造三维场景的气氛有着十分重要的作用。没有好的灯光效果，整个场景就会黯然失色。良好的照明环境不仅增加场景的真实感和生动感，而且还能在减少建模、贴图工作量的同时使人有身临其境之感。

泛光灯是一个从固定点向四面八方照射的点光源，可以为场景提供均匀的灯光效果；聚光灯是一种有方向的光源，即有光源投射方向的光源，常用于制造场景的照明及阴影效果。

任务4 制作动画

本节任务

动画通过一系列单个画面来产生视觉效果，但计算机对运动对象进行描述时不需要对动画的每一帧画面都进行设计，只要设置动作的起始帧、动作变化帧和结束帧即可。本节任务是给前面任务建立场景中的地球和文字设计动画效果。

背景知识

每一系列的动画都包含很多的帧，用户只要设置动作变化关键帧的内容即可，两个相邻关键帧之间的帧，计算机会以插值的方法计算出来。

3ds max 常常利用关键帧制作动画。

首先选择要创建动画效果的对象。然后单击动画控制面板上的自动记录动画按钮 Auto Key，此时 Auto Key 按钮将变为红色，如图 6-84 所示。时间条也将显示为红色，如图 6-85 所示。

图 6-84 动画控制面板上 Auto Key 按钮选中状态

图 6-85 时间条状态

拖动时间滑块到动作发生变化的关键帧位置，如图 6-86 所示。设定第 50 帧为第二个关键帧（第一个关键帧是第 0 帧）。在场景中对对象的变化进行修改。

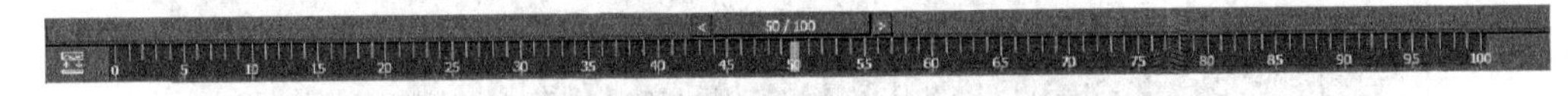

图 6-86 移动到 50 帧的时间滑块

按照上一步骤的方式设置完成所有关键帧的变化，最后设置结束帧。

其中，时间条上方的时间滑块的功能是控制动画时间。主要作用就是显示当前动画的帧数所在的位置，默认是制作 100 帧的动画。可以在下面讲解的图 6-88 所示时间设置对话框的【Animation】选项组中的 Length 处设置动画的帧数。

动画控制面板上的 X，Y，Z 显示坐标的两种情况：在有选择物体的情况下，任何视图中都实时显示当前物体的 XYZ 坐标；当没有选择物体的情况下，只在透视图中实时显示当前鼠标的 XYZ 坐标。

制作完成动画后，要利用动画播放面板观看动画，如图 6-87 所示。位于动画播放面板上面一行的按钮依次为：回到动画起点按钮、单帧回放按钮、播放按钮、单帧前进按钮和前进到动画终点按钮。

图 6-87 动画播放面板

位于动画播放面板下面一行的按钮，Auto Key 为帧模式切换按钮；在中间的文本输入框中输入数字后，就可以直接移动到指定帧；右边的按钮是时间设置按钮，单击后会弹出 Time Configuration（时间设置）对话框，如图 6-88 所示。

在时间设置的对话框中，可以设置【Frame Rate】（帧速率），它的含义是每秒播放的帧数（f/s），包括以下 4 个选项。

（1）NTSC 制式，美国和日本的视频标准，帧速率是 30f/s。

（2）Film，胶片速度，帧速率是 24f/s。

(3) PAL 制，我国及欧洲国家的视频标准，帧速率是 25f/s。

(4) Custom，用户自定义，如果以 PAL 制 25f/s 为基准，则需要 1s 的动画就需要制作 25 帧，2s 的动画就需要制作 50 帧。时间设置对话框还可以定义动画帧数或设置任何需要的自定义速率。

- Time Display（时间显示）：设置区域指定时间的显示方式。
- Playback（播放）：控制在窗口中播放动画的方式。
- Animation（动画）：设置动画区域指定激活的时间段。
- Key Steps（关键步幅）：设置在关键帧之间移动时间滑块的方式。

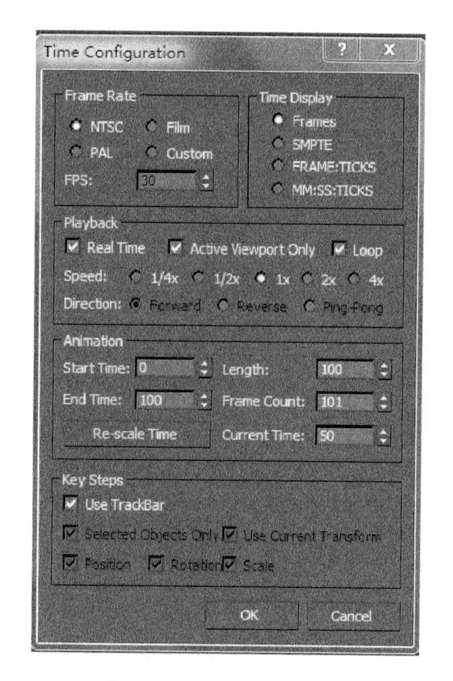

图 6-88　时间设置对话框

下面是制作文字环球动画的过程。

(1) 单击命令面板中的 Create（创建）命令选项卡的 Shapes（平面建模），选择 Circle（圆形），在 Top 视图中以球体为中心创建一个圆形，它的大小比地球稍大一点，如图 6-89 所示。

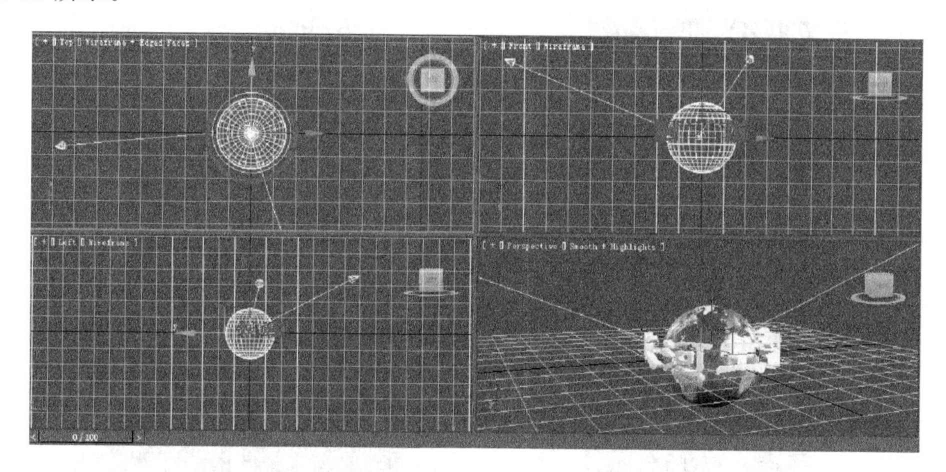

图 6-89　在 Top 视图中以球体为中心创建一个圆形

(2) 点选文字造型，单击命令面板中的 Motion（运动）按钮，打开运动命令面板，如图 6-90 所示。

(3) 单击【Motion】（运动）命令面板中的 Assign Controller 卷展栏，之后选择 Position：Position XYZ，如图 6-91 所示。

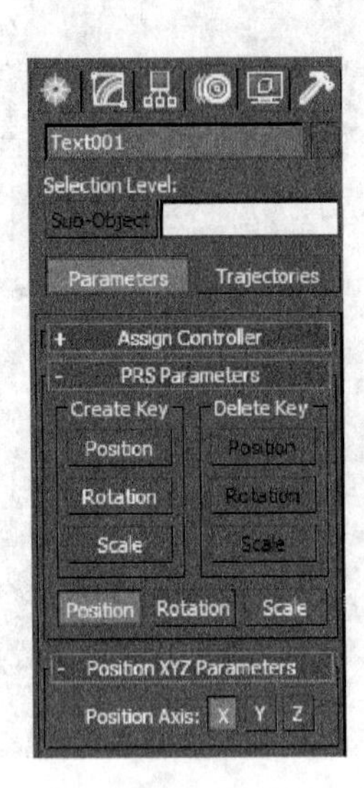

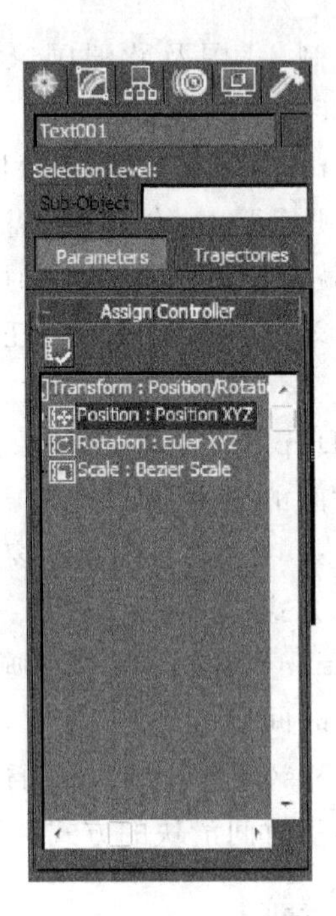

图 6-90 【Motion】(运动)命令面板　　　图 6-91 选择 Position：Position XYZ

(4) 单击 Assign Controller 卷展栏中的 Assign Controller 按钮，如图 6-92 所示。

(5) 在弹出的 Assign Position Controller 对话框中选择“Path Constraint”并单击 OK 按钮退出，如图 6-93 所示。

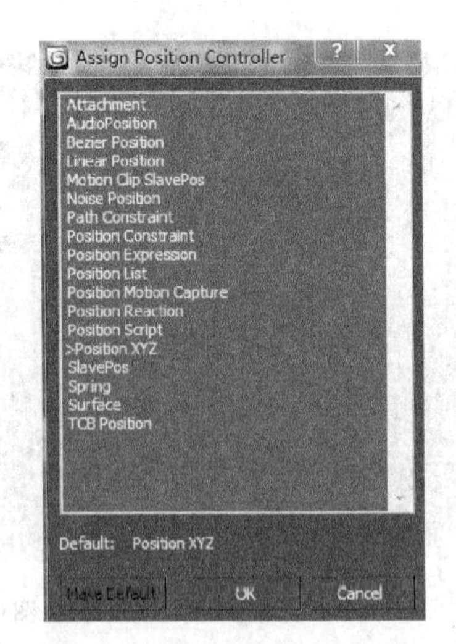

图 6-92 Assign Controller 按钮　　　图 6-93 选择 Path Constraint 并退出

(6) 向上推动运动命令面板的卷展栏，在【Path Parameters】(路径参数)卷展栏中找到 Add Path (添加路径)按钮，如图 6-94 所示。

(7) 单击 Add Path 按钮，然后在视图中点选圆形路径。此时文字已经链接到路径上，但是环球的效果没有了，如图 6-95 所示。

(8) 选中 Add Path 按钮下面的 Follow(跟随)项，这时文字又成为环球状了，如图 6-96 所示。

(9) 单击播放动画按钮，细心观察会发现，文字的环球运动是反方向的。现在将它调整过来。选择文字，确定当前处在第 0 帧，单击【Auto Key】动画记录按钮，将 Add Path 按钮下面【Path Options 】中%Along Path 的值设为 100，如图 6-97 所示。

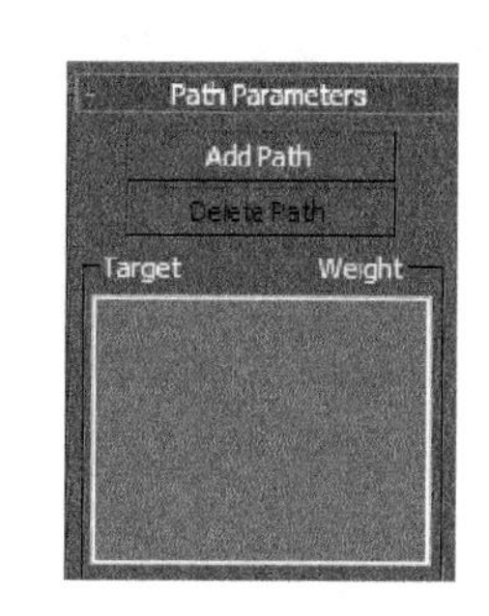

图 6-94 【Add Path】按钮

(10) 拨动时间滑块到 100 帧，将%Along Path 的值设为 0。再次播放动画，这时环球文字的旋转方向正常了。快速渲染效果如图 6-98 所示。

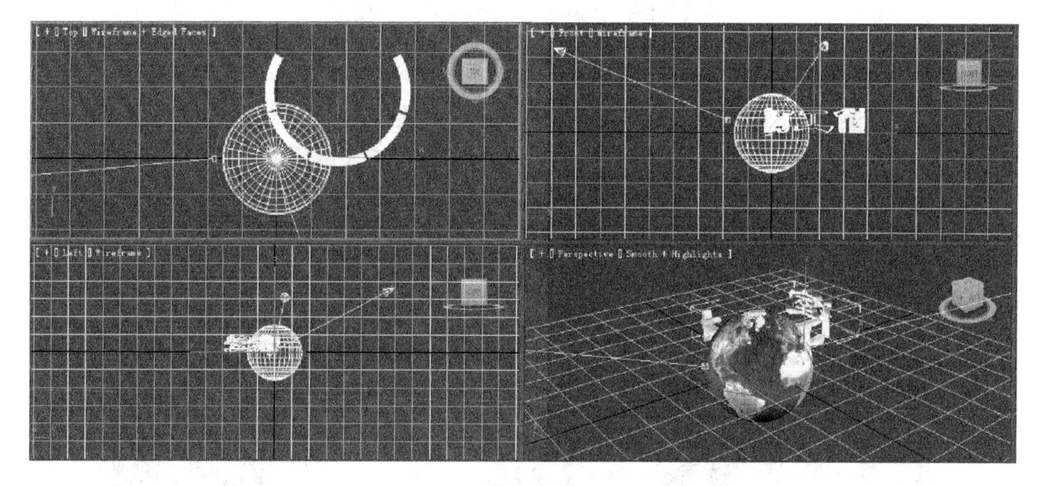

图 6-95 文字已经链接到路径上但环球的效果消失

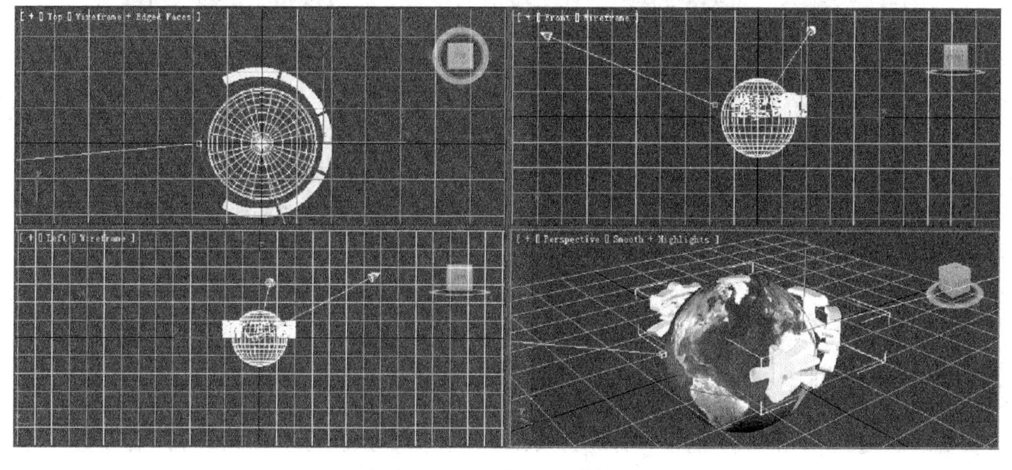

图 6-96 文字又成为环球状

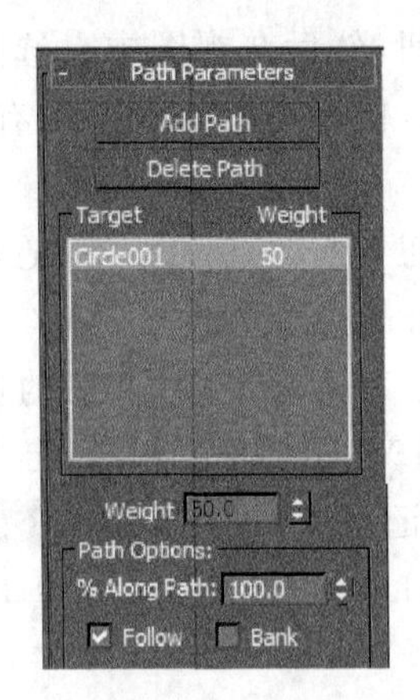

图 6-97 将 Path Options 中%Along Path 的值设为 100

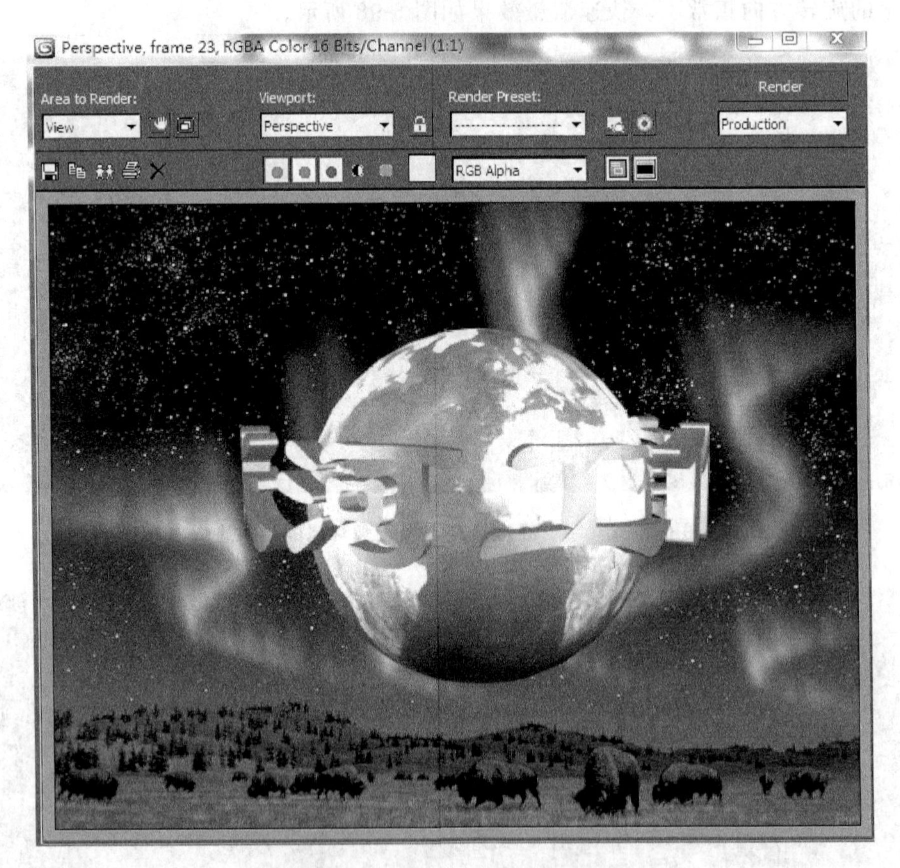

图 6-98 环球文字的快速渲染效果

归纳说明

动画通过一系列单个画面产生视觉效果，对运动对象进行动画设计，只要设置动作的起始帧、动作变化帧和结束帧即可。两个相邻关键帧之间的帧，计算机会以插值的方法计算出来。

3ds max 创建动画常常利用动画控制面板。

在 3ds max 中,可以使用以下 3 种方法编辑动画。

1. 使用关键帧编辑动画

这种方法在前面已经讲解,不再赘述。

2. 使用轨迹视图编辑动画

在 Track View 轨迹视图中不仅可以编辑动画,还可以直接创建对象的动作,设置动画的发生时间、持续时间、运动状态,为动画插入声音等。

(1) 单击菜单工具栏上的 Track View(轨迹视图)按钮,打开 Track View 轨迹视图窗口,如同 6-99 所示。

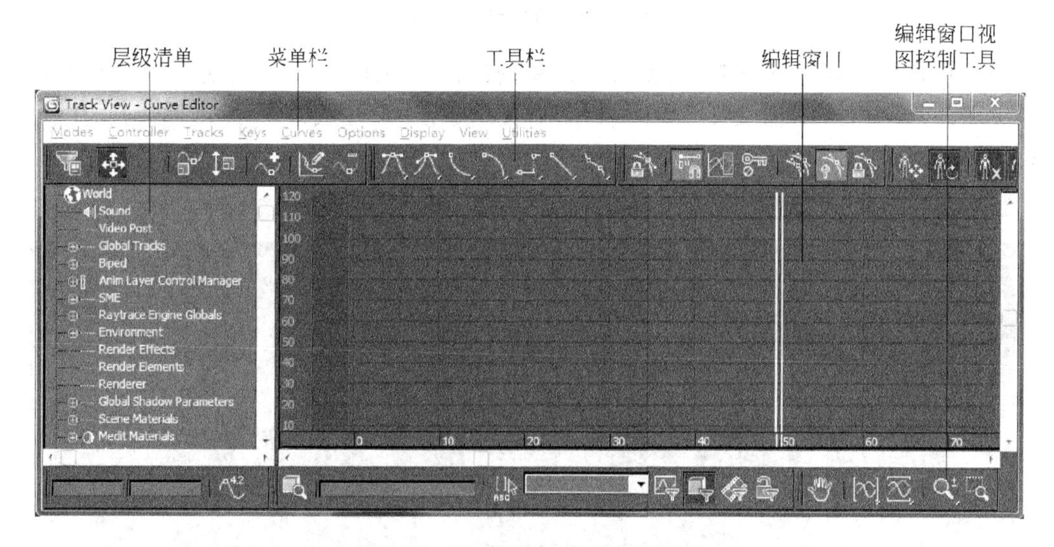

图 6-99 Track View 轨迹视图窗口

Track View 轨迹视图窗口分布如下。

- 左侧的层级清单显示场景中所有的物体,场景中所有可以进行动画设置的项目。
- 右侧的编辑窗口可以进行关键点和关键曲线的编辑。
- 顶部的工具栏,用来编辑各种操作。
- 右下角的编辑窗口视图控制工具,可以进行编辑窗口视图的放缩。

如果当前场景中仅有一个 Box 对象,在层级清单中只显示 Box 对象。

(2) 单击左侧层级清单最下面 Objects(物体)旁边的加号,单击次层级 Box 选项旁边的加号,再次单击 Transform(变换)旁边的加号,如图 6-100 所示。

(3) 变换控制器由 Position(位置)、Rotation(旋转)和 Scale(缩放)三个控制器组成。选定 Position(位置)控制器,拖动时间滑块时可以看到 Track View 轨迹视图上的两条蓝色竖线也在移动,蓝线所在的位置就是帧数。

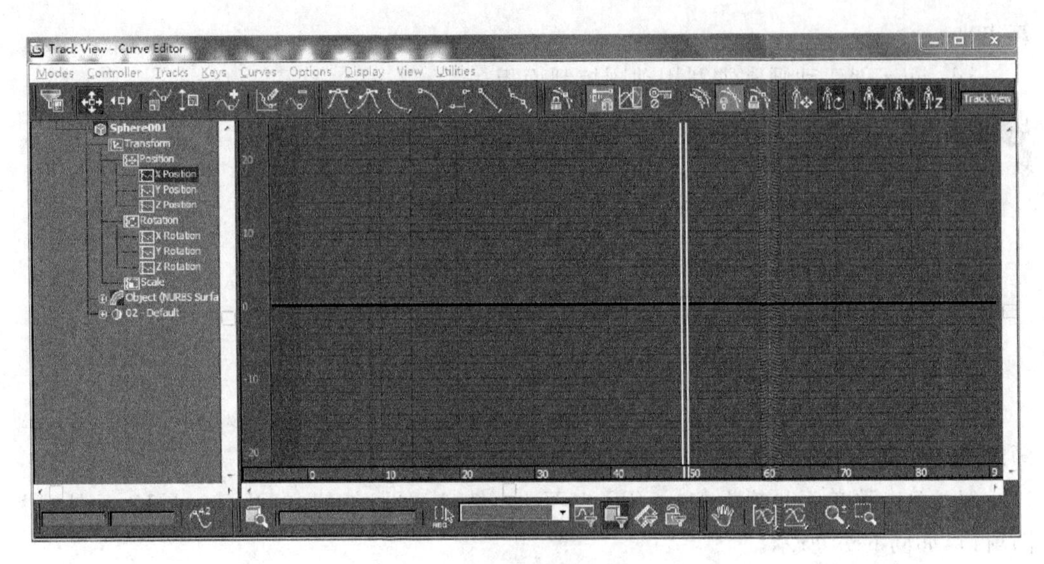

图 6-100 打开层级清单

(4) 单击 Auto Key 按钮，改变 Box 对象的位置，Track View 轨迹视图用虚线自动记录下 X、Y、Z 轴上的位置变化，如图 6-101 所示。使用工具栏或菜单栏可以对动画曲线进行编辑。

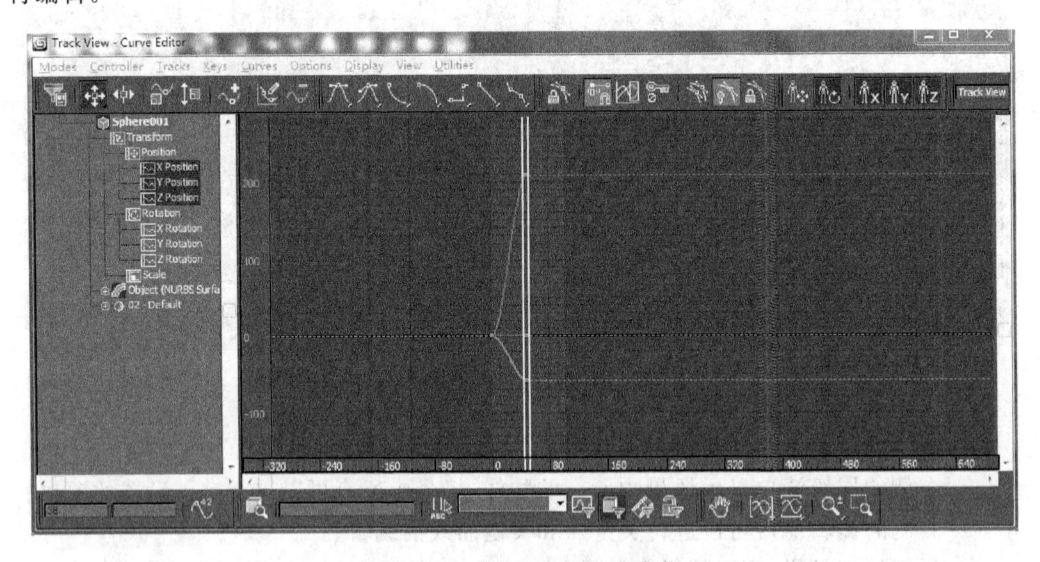

图 6-101 Track View 轨迹变化

3. 使用动画控制器

3ds max 装载了各种各样的控制器，动画控制器可以控制对象的动画，它可以在运动命令面板和轨迹视图中得到。

(1) 利用轨迹视图指定动画控制器

① 打开 Track View 轨迹视图，在左侧层级清单选择对象的参数层级。

② 右击，在弹出的快捷菜单中选择 Assign Controller(指定控制器)命令，打开与层

级相关的指定控制器窗口。

(2) 利用运动命令面板指定动画控制器

① 选择对象,单击命令面板中的 Motion(运动)按钮打开运动命令面板,如图 6-102 所示。单击 Motion 运动命令面板中的 Assign Controller(指定控制器)卷展栏,如图 6-103 所示。

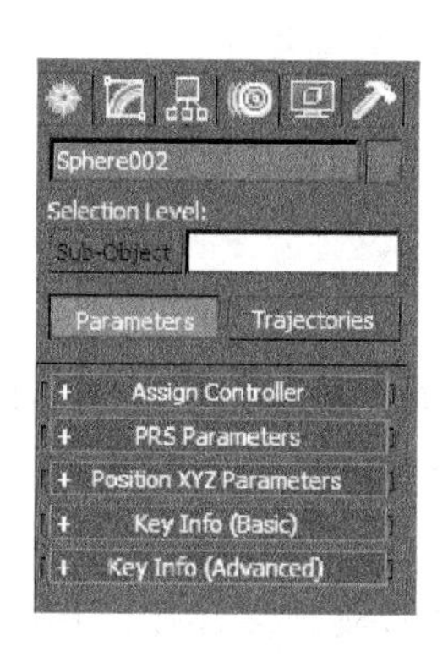

图 6-102 打开运动命令面板

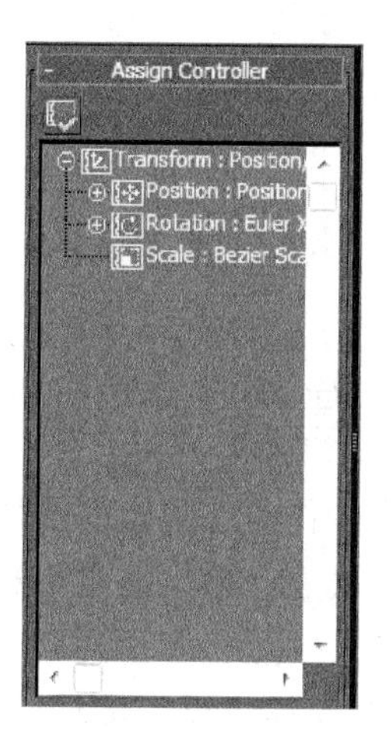

图 6-103 打开指定控制器

② 选择其中的参数,如 Position,单击 Assign Controller 中的按钮,打开相关的指定控制器窗口。

思考与训练

一、思考题

1. 什么是建模? 它的基本方法有哪些?
2. 材质编辑器的作用是什么?
3. 泛光灯与聚光灯有什么区别? 主要作用是什么?
4. 创建动画的方法有哪些?

二、训练题

1. 利用 Extrude(拉伸)的方法创建“三维动画制作”的立体文字。
2. 创建一个小球对象,为该对象赋予一个木纹效果的材质。
3. 从建模、修改、材质、灯光入手,根据需要设计一个动画。

单元 7 多媒体应用集成

Unit 7

本单元任务

一个多媒体作品中包含的媒体素材有声音、图形图像、视频、文字、动画，这些媒体素材通过集成工具进行有机的组织和控制，构成多媒体作品的有机组成部分。前面介绍了多媒体应用开发的过程和所需素材的获取、制作方法，在多媒体应用的素材资料准备好后，即可使用多媒体集成工具对素材进行组织和控制，实现多媒体应用的功能，从而满足用户对多媒体应用的实际要求。

本单元的主要任务就是采用美国 Adobe Systems 公司发布的 Authorware 7.02 集成各种媒体素材，制作出一个多媒体作品，在调试测试满意后，进行打包封装，发布成为一个可独立运行的程序。

任务 1 使用多媒体创作工具软件实现多媒体应用的集成

本节任务

本节任务就是使用多媒体创作工具软件实现多媒体应用的集成。

背景知识

Authorware 是一款基于设计图标和流程线的多媒体制作和在线网络教学开发专业软件，采用开放式的程序设计思想和所见即所得的编程风格，将多种媒体素材有机地集成到一起，达到多媒体软件制作的目的。Authorware 正是凭借这种通过对图标的调用来编辑流程图用以替代传统的计算机语言编程的设计思想，成为满足人们工作、学习、娱乐等要求的应用软件产品。

Authorware 7.02 是一种基于图标和流程图的可视化、面向对象的原型性多媒体集成工具，它特别适合用于快速原型法进行多媒体作品的开发。

快速原型法是一种以计算机为基础的系统开发方法，它的基本思想就是首先构造一个功能简单的原型系统，然后对原型系统逐步求精，不断扩充完善，最终得到真正的软件系统。

原型是一个模型，而原型系统就是应用系统的一个模型，它是待实现的实际系统的缩小版的模型。这个模型应该保留实际系统的大部分性能，可在运行中被检查、测试、修改，直到它的性能达到用户要求为止。

原型法有以下三个层次。

第一层包括各种联机的屏幕活动，这一层的目的是确定屏幕及屏幕显示的版式和内容、屏幕活动的顺序及屏幕排版的方法。

第二层是第一层的扩展，这一层的主要目的是论证系统关键区域的操作，用户可以输入操作或数据，检查原型执行的模拟过程，包括出错处理。

第三层是系统的工作模型，它是系统的一个子集，这一层的目的是开发一个模型，使其发展成为最终系统的模型。

原型法的主要优点在于它是一种支持用户的方法，使得用户在系统生存周期的设计阶段起到积极的作用。它能减少系统开发的风险，特别是在大型项目的开发中，由于对项目需求的分析难以一次完成，应用原型法效果更为明显。原型法的概念既适用于系统的重新开发，也适用于对系统的修改。近年来，快速原型法的思想也被应用于产品的开发活动中。

Authorware 7.02 for Windows 软件工具，与其他的 Windows 软件一样，在 Windows 操作系统中使用。它具有自己的窗口，在这个窗口中，使用其提供的各种菜单、工具来创作多媒体应用。下面简单介绍 Authorware 7.02 的一些基本情况，有助于了解与使用 Authorware 7.02。

1. Authorware 7.02 的工作界面

启动 Authorware 7.02，Authorware 7.02 显示询问窗口，选择新建的文件样式后，新建一个"未命名"的文件，同时，在屏幕桌面弹出一个窗口，这个窗口称为 Authorware 7.02 的主窗口，如图 7-1 所示。主窗口由标题栏、菜单栏、工具栏三部分组成。标题栏是窗口顶端的水平栏，用于显示程序名称、标志和打开文件的名称等。深蓝色标题栏表示窗

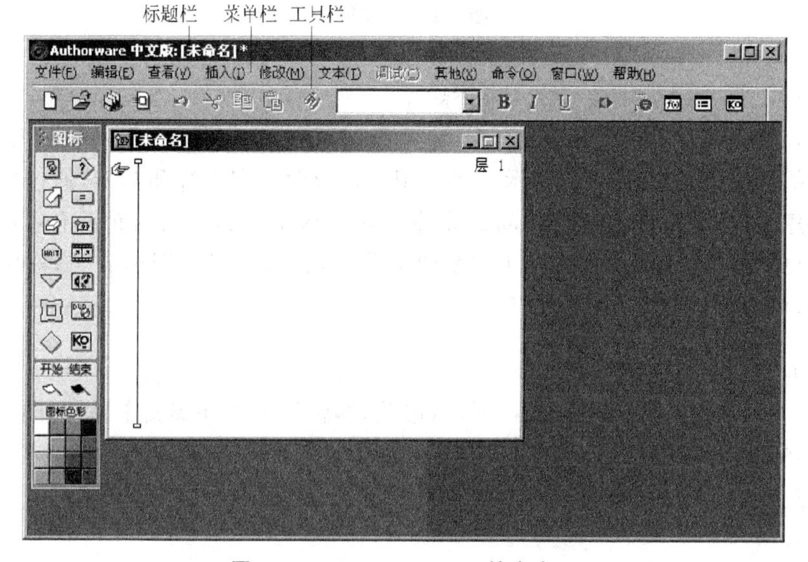

图 7-1　Authorware 7.02 的主窗口

口当前处于活动状态，浅蓝色标题栏表示窗口当前处于非活动状态。菜单栏位于标题栏的下方，有 11 个菜单组。工具箱面板是存放文本、图形创建、修改、编辑和属性设置工具的场所，通常位于菜单栏下面。主窗口内包含有一个设计窗口、一个含有设计图标的面板。

2. Authorware 7.02 菜单结构

Authorware 7.02 菜单位于标题栏的下方，是一个 3 级菜单结构，共有 11 个菜单组，如图 7-2 所示，使用这些功能可以完成多媒体作品的制作。每个菜单组都有一个下拉菜单，下拉菜单中的命令有些有子菜单（带 ▸），有些命令执行时会弹出对话框（带 ...），有些命令定义了组合键（如复制与 Ctrl+V），有些命令可以复选（带 ✓）。菜单组或命令有黑色和灰色的区分，灰色表示当前不能使用，黑色表示当前可以使用。

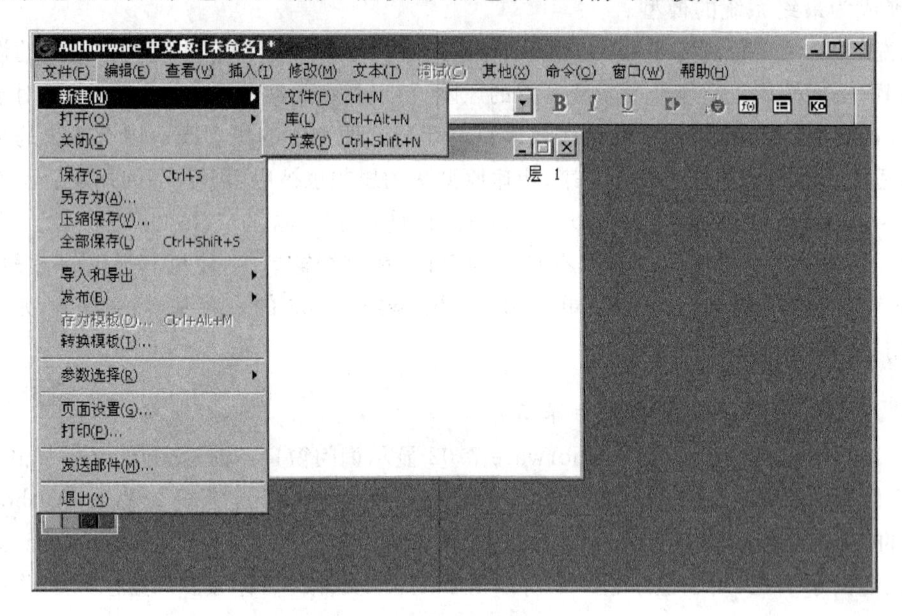

图 7-2 菜单结构

3. Authorware 7.02 主要设计图标

Authorware 7.02 图标面板上含有 14 个设计图标，它们是 Authorware 7.02 进行多媒体开发的核心工具，如图 7-3 所示。每个图标都包含一定内容和功能，通过使用这些图标可以创建 Authorware 多媒体作品。此外，Authorware 7.02 图标面板上还包含有用于方便、快速地调试程序的开始和停止旗及图标着色按钮，通过对图标着色，标明图标的特性或类别，可以帮助开发人员提高开发效率。

4. 【工具箱】面板和其他窗口

【工具箱】面板是存放创建文本、图形，修改、编辑导入的外部文本、图形图像等属性设置工具的场所。工具箱面板包括【工具】面板、【填充】面板、【线型】面板、【模式】面板和【颜色】面板，它是 Authorware 7.02 进行多媒体程序设计频繁使用的工具之一，如图 7-4～图 7-8 所示。

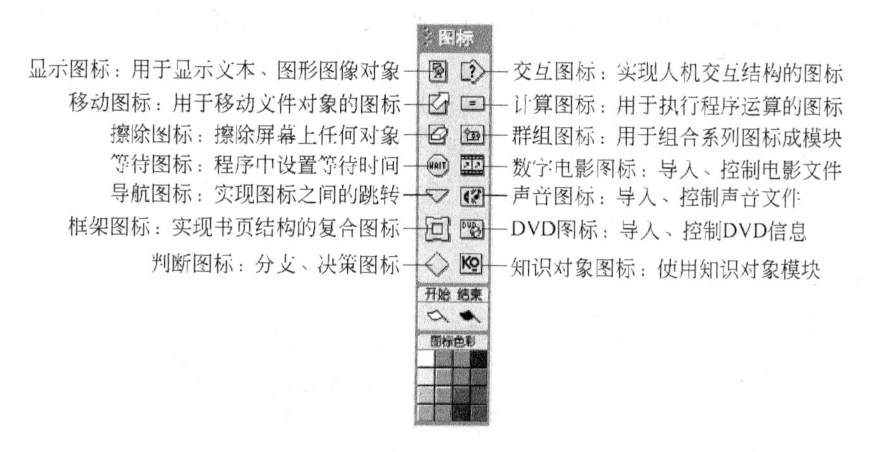

图 7-3　【图标】面板及图标

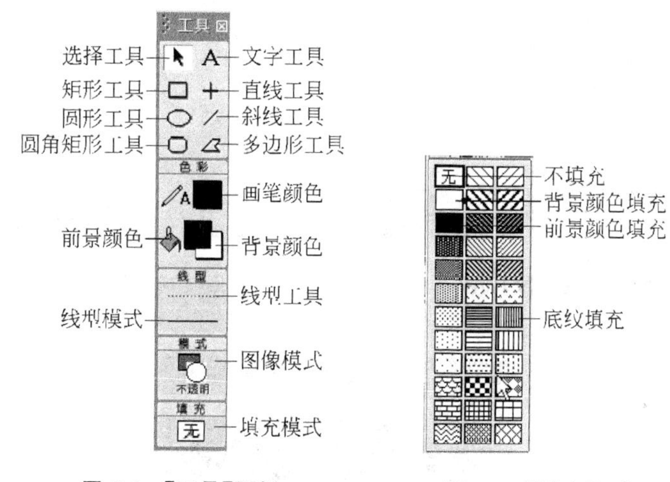

图 7-4　【工具】面板　　　　图 7-5　【填充】面板

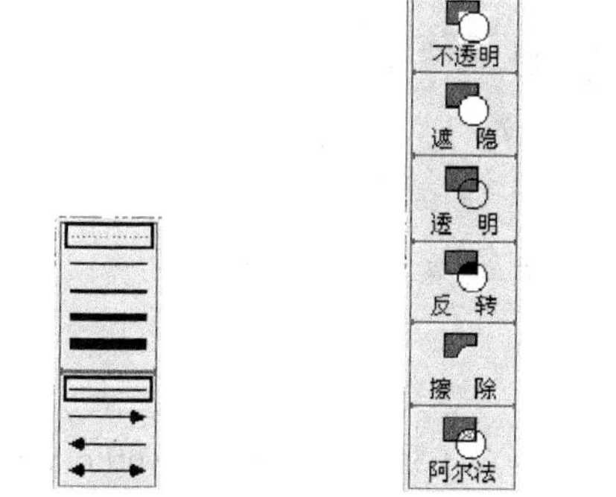

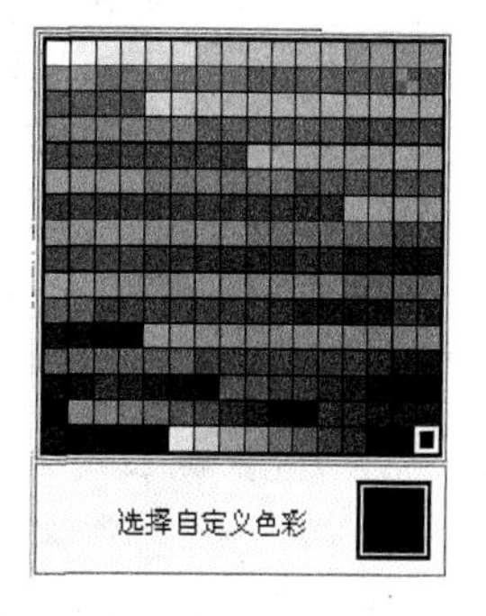

图 7-6　【线性】面板　　图 7-7　【模式】面板　　　　图 7-8　【颜色】面板

【函数】面板是用于存放、载入、查找使用函数的面板，如图 7-9 所示。Authorware 7.02 提供了大量的用于数据操作和应用程序控制的函数。为了增强 Authorware 7.02 的功能，体现 Authorware 7.02 的可扩展性，可以通过【函数】面板载入函数包，以支持更多的多媒体硬件或者增加更多的可用函数。

【变量】面板用于存放、定义、查找使用用户变量、系统变量的面板，如图 7-10 所示。

【知识对象】面板用于存放、查找使用知识对象、功能模块的面板，如图 7-11 所示。知识对象是一种特殊的功能模块，它包括有一个向导程序、知识对象功能模块以及它们之间的链接。只要把知识对象、功能模块放在 Authorware 7.02 的 Knowledge Objects 文件下就可以通过该面板来查询使用。

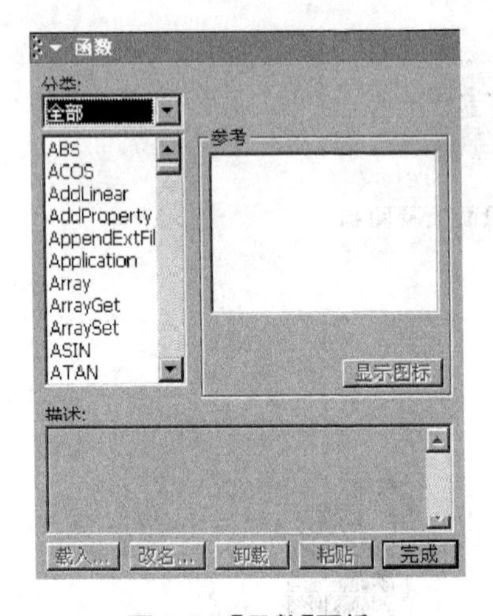

图 7-9 【函数】面板

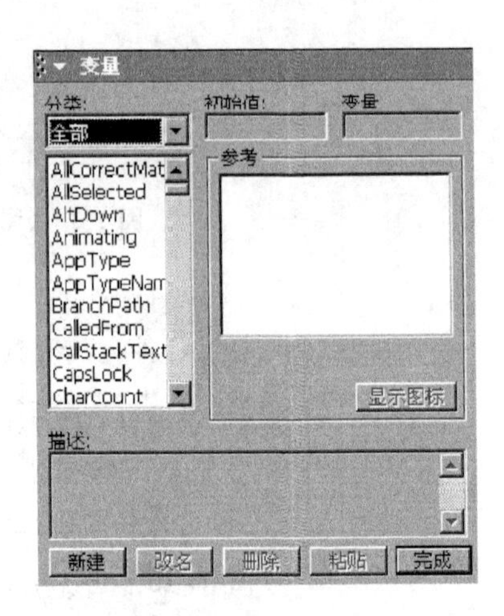

图 7-10 【变量】面板

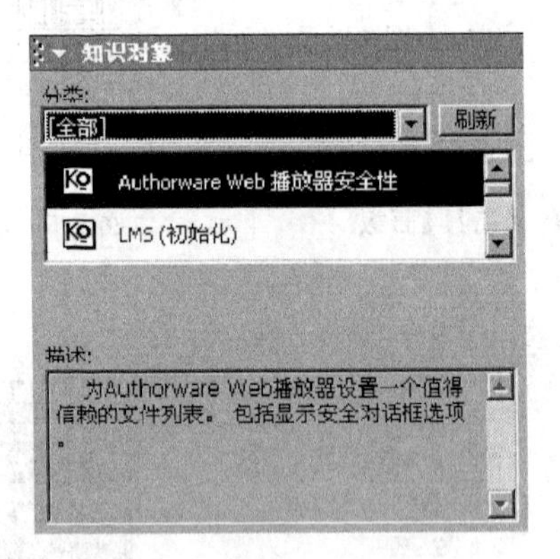

图 7-11 【知识对象】面板

5. Authorware 7.02 基本操作

在使用 Authorware 7.02 进行多媒体集成之前，对于那些不太熟悉 Authorware 7.02 的多媒体制作人员来说，有必要了解 Authorware 7.02 的一些基本操作。

(1) Authorware 7.02 关闭

关闭、退出 Authorware 7.02 的方法有 4 种。分别是菜单命令方法、关闭按钮方法、软件标志方法、组合键 Alt+F4 方法。

① 菜单命令方法。选择【文件】→【退出】命令。

② 关闭按钮方法。单击 Authorware 7.02 主窗口右上角的关闭按钮。

③ 软件标志方法。双击 Authorware 7.02 主窗口左上角软件标志。

④ 组合键 Alt+F4 方法 。按 Alt+F4 组合键。

(2) Authorware 7.02 窗口操作

① 窗口的最大化与还原。单击标题栏上的按钮,或者双击标题栏都可实现窗口的最大化与还原。

② 窗口的最小化与还原。单击标题栏上的按钮,或者单击操作系统的状态栏都可实现窗口的最小化与还原。

③ 窗口和 Authorware 7.02 的关闭。单击标题栏上按钮,或者双击标题栏程序图标都可实现窗口和 Authorware 7.02 的关闭。

④ 演示窗口的打开与关闭。演示窗口是程序的素材编辑窗口,也是最终作品的播放窗口。选择【窗口】→【演示窗口】命令,打开或关闭演示窗口,如图 7-12 所示。或者按 Ctrl+1 组合键,打开或关闭演示窗口。或者单击演示窗口中的关闭按钮,关闭【演示窗口】。

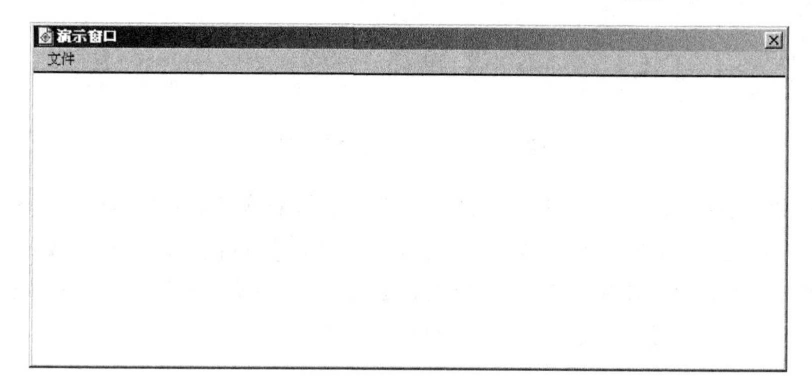

图 7-12 演示窗口

⑤ 设计窗口的打开。设计窗口是放置设计图标和流程线的场所。【设计主窗口】在程序文件新建或打开时自动打开,如图 7-13 所示。其他的如组合图标、框架图标的设计窗口,只要双击组合图标、框架图标即可打开其相应的设计窗口。单击【窗口】→【演示对象】命令,再单击某个设计对象,切换到某设计对象的设计窗口。单击设计主窗口或设计窗口中的关闭按钮,关闭设计窗口。

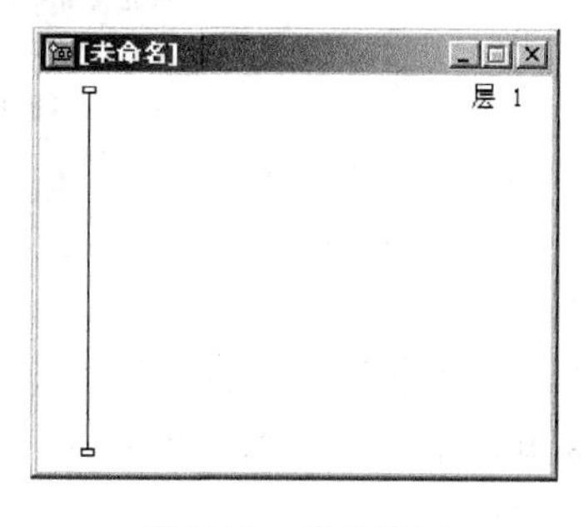

图 7-13 设计窗口

⑥ 文件属性的打开和关闭。选择【修改】→【文件】→【属性】命令，打开或关闭文件属性面板，如图7-14所示。单击【窗口】→【面板】→【属性】命令，或者按Ctrl＋Shift＋D、Ctrl＋I组合键，打开或关闭文件属性面板。

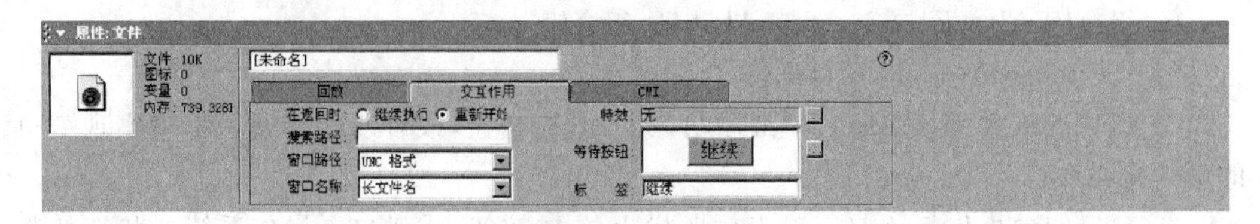

图7-14 文件属性面板

⑦ 图标属性面板的打开和关闭。选择【修改】→【图标】→【属性】命令，打开或关闭图标属性面板，如图7-15所示显示图标属性面板。或者单击【窗口】→【面板】→【属性】命令，或者按Ctrl＋I组合键，打开或关闭图标属性面板。

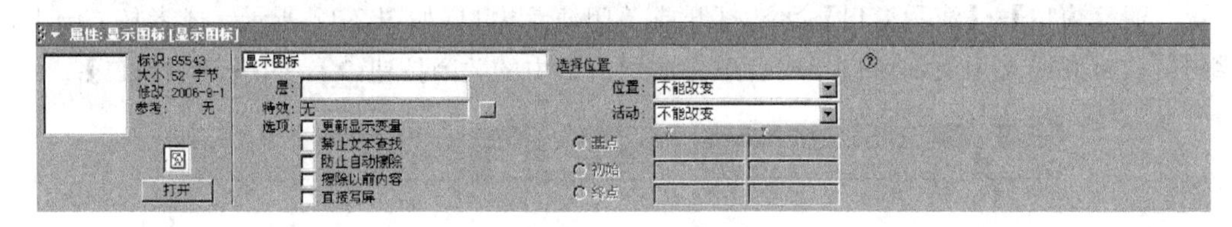

图7-15 显示图标属性面板

⑧【函数】面板的打开和关闭。选择【窗口】→【面板】→【函数】命令，或按Ctrl＋Shift＋F组合键，打开和关闭【函数】面板。或者单击工具栏上的 按钮，打开与关闭【函数】面板。

⑨【变量】面板的打开和关闭。选择【窗口】→【面板】→【变量】命令，或按Ctrl＋Shift＋V组合键，打开和关闭【变量】面板。或者单击工具栏上的 按钮，打开与关闭【变量】面板。

⑩【知识对象】面板的打开和关闭。选择【窗口】→【面板】→【知识对象】命令，或按Ctrl＋Shift＋K组合键，打开和关闭【知识对象】面板。或者单击工具栏上的 按钮，打开与关闭【知识对象】面板。

⑪【控制面板】面板的打开和关闭。选择【窗口】→【控制面板】命令，或按Ctrl＋2组合键，打开和关闭如图7-16所示的【控制面板】面板。单击工具栏上的 按钮，打开与关闭【控制面板】面板。也可单击【控制面板】面板上的 关闭按钮，将其关闭。

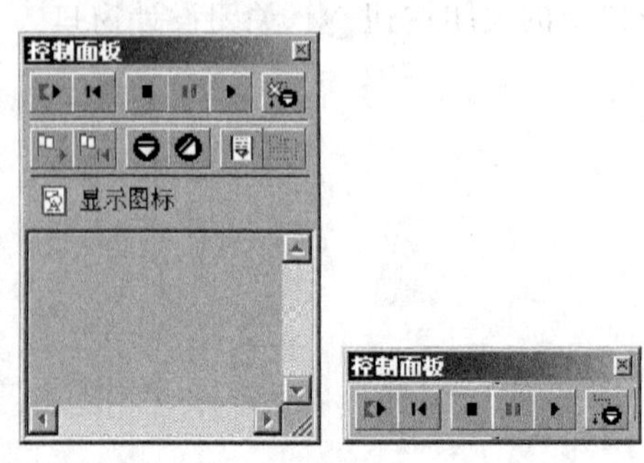

图7-16 【控制面板】面板

(3) 菜单的操作

① 选择【文件】命令新建一个Authorware 7.02文件。单击【文件】→【新建】→【文件】命令，即可创建一个“未命名”文件。

② 使用键盘选中【文件】菜单命令新建一个Authorware 7.02文件。按组合键Alt＋F，打开【文件】下拉菜单。按方向键↑、↓在

【文件】下拉菜单中选中【新建】命令，按→键选中【文件】命令，按 Enter 键，即可创建一个“未命名”文件。

（4）工具栏操作

菜单栏下方是工具栏。工具栏又称为工具条，是常用工具存放的场所。工具是常用的菜单命令，通过使用工具按钮可以快速地执行相应的菜单命令，以提高工作效率。

工具栏有 18 种常用的工具，如图 7-17 所示。工具栏可以根据需要显示与隐藏。显示与隐藏工具栏有菜单的方法和快捷键方法。

图 7-17　常用工具栏

① 工具栏的显示与隐藏。单击【查看】→【工具条】命令，如果该菜单前没有√，则隐藏工具栏；反之，显示工具栏。

② 按 Ctrl+Shift+T 组合键在显示与隐藏工具栏之间进行切换。

（5）文件操作

① 新建 Authorware 7.02 文件。选择【文件】→【新建】→【文件】命令，或者按组合键 Alt+F，打开【文件】下拉菜单。按方向键↑、↓在【文件】下拉菜单中选中【新建】命令，按→键选中【文件】命令，按 Enter 键，或者单击工具栏中的按钮，弹出如图 7-18 所示的【新建】对话框，单击 不选 按钮，即可创建一个“未命名”文件。

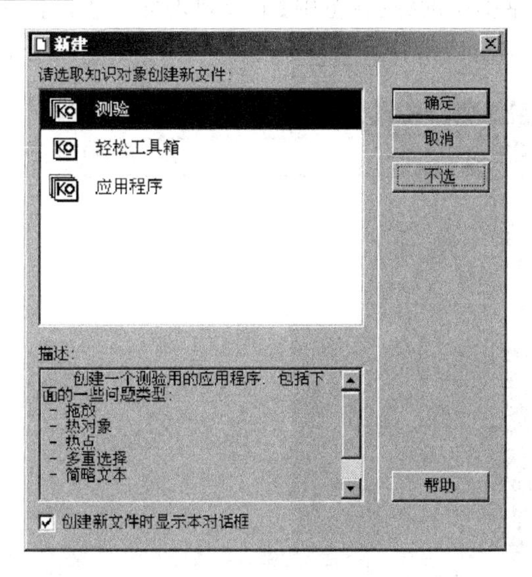

图 7-18　【新建】对话框

② 保存 Authorware 7.02 文件。选择【文件】→【保存】命令，或者按组合键 Alt+F，打开【文件】下拉菜单。按方向键↑、↓在【文件】下拉菜单中选中【保存】命令，按 Enter 键，或者单击工具栏中的按钮，弹出如图 7-19 所示的【保存文件为】对话框，在对话框中的【保存在】下拉列表框中选择文件保存的目录，在【文件名】右侧输入文件的名称，单击 保存(S) 按钮，即可命名和保存 Authorware 7.02 文件。

图 7-19 【保存文件为】对话框

③ 打开 Authorware 7.02 文件。选择【文件】→【打开】→【文件】命令。或者按组合键 Alt+F，打开【文件】下拉菜单，按方向键↑、↓在【文件】下拉菜单中选中【打开】命令，按→键，选中【文件】命令，按 Enter 键。或者单击工具栏中的按钮，弹出如图 7-20 所示的【选择文件：】对话框，在对话框中的【查找范围】下拉列表框中选择打开文件的目录，在文件列表中单击要打开文件的名称，单击 打开(O) 按钮，即可打开选中的 Authorware 7.02 文件。

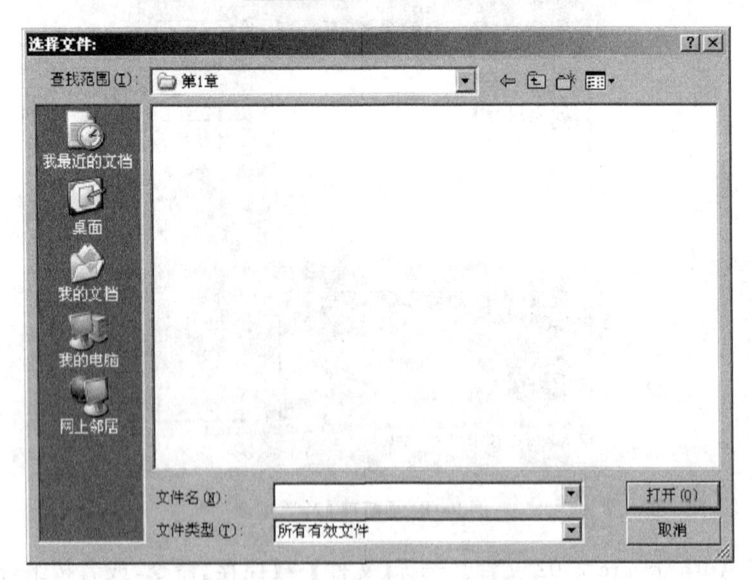

图 7-20 【选择文件：】对话框

④ 关闭 Authorware 7.02 文件。单击【文件】→【关闭】命令。或者单击【设计主窗口】上的关闭按钮 ✕。都可以关闭 Authorware 7.02 文件，如果文件未曾保存，则弹出图 7-21 所示的【Authorware】对话框，单击 是(Y) 按钮，保存文件后关闭。或者单击

Authorware 7.02 标题栏上的 按钮。或者单击【文件】→【退出】命令，关闭 Authorware 7.02 文件。

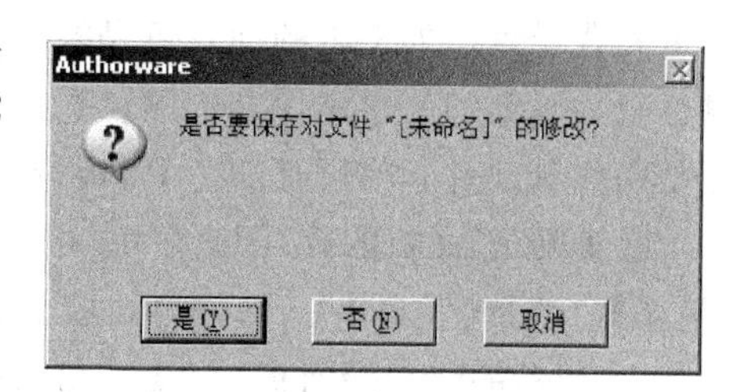

图 7-21 【Authorware】对话框

(6) 面板操作

Authorware 7.02 的面板有【图标】面板、【工具箱】面板、【图标调色】面板和【模型调色】面板。

① 【图标调色】面板的显示。单击【窗口】→【图标调色板】命令，或按 Ctrl+4 组合键，【图标调色】面板显示在屏幕的最前面。

② 图标的选用。单击选中设计图标，在该图标上出现一个影子的图标，如 ，把图标拖动到流程线相应的位置上，释放鼠标即完成图标的选用。

③ 图标的着色。在设计窗口的流程线上，单击选中需要着色的图标，然后，单击【图标】面板上的【图标调色】面板的颜色图块，即可将选中的图标着色。

④ 开始和停止旗的选用。单击选中 开始旗或者 停止旗，开始旗或者停止旗弹起，把 开始旗或者 停止旗拖动到流程线相应的位置上，释放鼠标即定义开始或停止位置。如果 开始旗或者 停止旗没在【图标】面板上，则在开始旗或者停止旗位置上双击， 开始旗或者 停止旗就会出现在【图标】面板上。

⑤ 【工具箱】面板的打开与关闭。双击流程线上的 显示图标或 交互图标，打开【演示】窗口的同时打开图 7-22 所示的【工具箱】面板。或者在【演示窗口】中双击文本、图形图像对象，也可以打开【工具箱】面板。关闭【演示】窗口，或单击【工具箱】面板上的关闭按钮 ，关闭【工具箱】面板。

⑥ 【工具箱】面板的工具选用。在打开的【工具箱】面板上单击所选工具，如矩形工具 ，就可以在【演示】窗口中使用该工具。

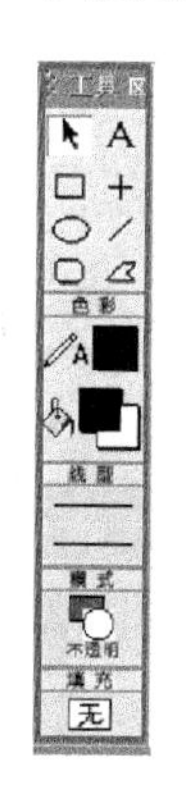

7-22 【工具箱】面板

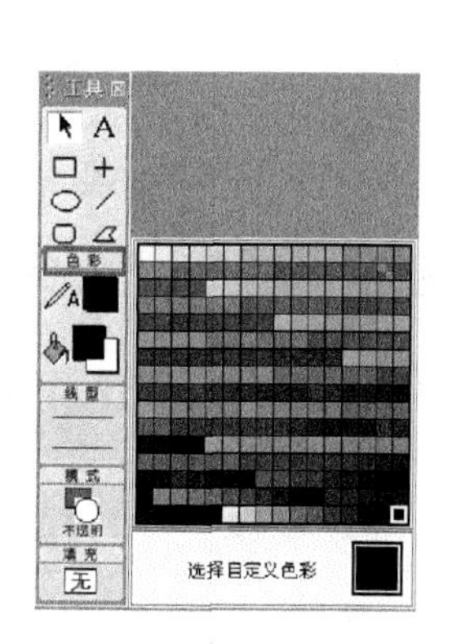

图 7-23 【颜色】面板

⑦ 【颜色】面板的打开与关闭。打开【工具箱】面板，单击【窗口】→【显示工具盒】→【颜色】命令，或者单击【工具箱】面板上的 色彩 区域，或者按 Ctrl+K 组合键，打开图 7-23 所示的【颜色】面板。在【颜色】面板外单击，即可关闭【颜色】面板。

⑧ 颜色的选用。【颜色】面板有两组图案，分别对应文字、线条、边框前景色，填充前

景色和背景色。如文本的前景色是指文字的颜色，背景色是指文字周围的颜色，而图形的颜色分为画笔的颜色和填充的颜色。单击不同颜色图案，首先确定是为填充选用颜色还是用作其他，同时打开【颜色】面板，在【颜色】面板上单击选用颜色。

⑨【填充】面板的打开与关闭。打开【工具箱】面板，单击【窗口】→【显示工具盒】→【填充】命令，或者单击【工具箱】面板上的 填充 区域，或者按 Ctrl+D 组合键，打开图 7-24 所示的【填充】面板。在【填充】面板外单击，即可关闭【填充】面板。

⑩ 填充图案的选用。单击【工具箱】面板上的 填充 区域，打开【填充】面板，单击 无 按钮，不填充；单击 □ 按钮，选用填充背景色填充；单击 ■ 按钮，选用前景色填充；单击其他图案，选用相应的填充图案。

⑪【模式】面板的打开与关闭。打开【工具箱】面板，单击【窗口】→【显示工具盒】→【模式】命令，或者单击【工具箱】面板上的 模式 区域，或者按 Ctrl+M 组合键，打开图 7-25 所示的【模式】面板。在【模式】面板外单击，即可关闭【模式】面板。

⑫ 模式的选用。单击【工具箱】面板上的 模式 区域，打开【模式】面板，单击选择模式。

⑬【线型】面板的打开与关闭。打开【工具箱】面板，单击【窗口】→【显示工具盒】→【线型】命令，或者单击【工具箱】面板上的 线型 区域，或者按 Ctrl+L 组合键，打开图 7-26 所示的【线型】面板。在【线型】面板外单击，即可关闭【线型】面板。

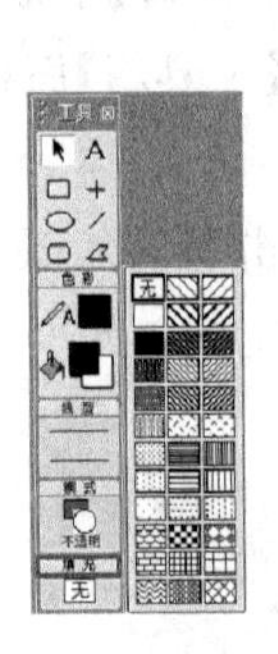

图 7-24 【填充】面板

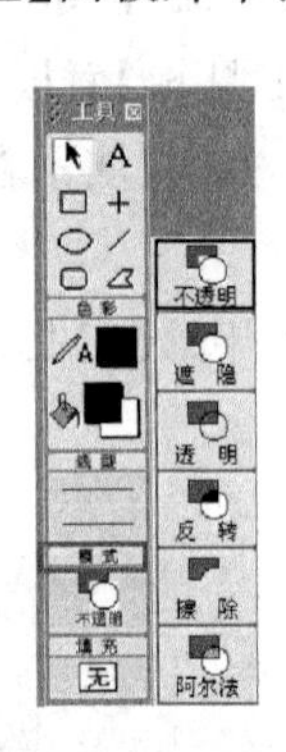

图 7-25 【模式】面板

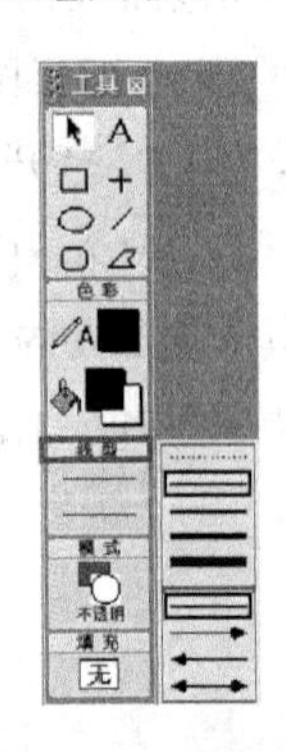

图 7-26 【线型】面板

⑭ 线型的选用。单击【工具箱】面板上的 线型 区域，打开【线型】面板，单击选择线型的粗细、箭头。

单元 1 中对多媒体应用的功能及其信息结构进行了详细的分析，该应用实现了唐诗标题、唐诗诗句和唐诗意境图片的显示，唐诗的声音朗诵，以及唐诗作品的操作控制。

唐诗多媒体作品有四个模块，包括片头、唐诗文字和图像、唐诗声音、片尾的内容。唐诗文字和图像、唐诗声音这两个部分，使用两个框架结构来进行组织，结构比较清晰，内容便于扩充。

按照唐诗多媒体作品的功能需求，采用 Authorware 7.02 设计这个多媒体作品。

1. 片头设计

片头部分的功能主要是通过动画、视频的综合效果介绍主题。这一部分采用QuickTime、Animated GIF 精灵(Sprite)图标、ShockWave Flash Object 控件、显示图标来综合展示本作品的主题,效果如图 7-27 所示。其中,包括 4 个 GIF 动画(花儿与蝴蝶)、一个视频(中间呈现)、一个图片(小熊)和一个 Flash 动画(虚线框)。这些内容的图标需要同时运行。

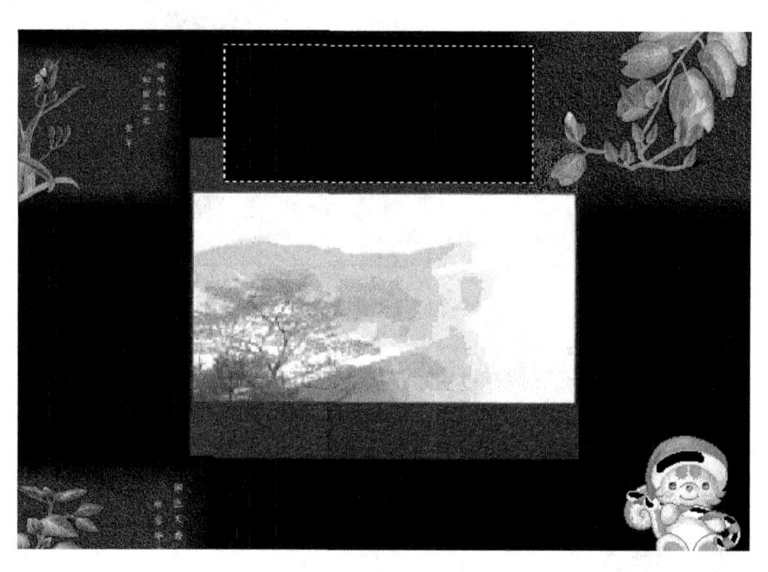

图 7-27 片头效果

(1) 运行 Authorware 7.02。启动 Authorware 7.02 的操作方式有 3 种方法,分别是菜单命令、运行 Authorware 7.02exe 和打开 Authorware 7.02 源文件。使用菜单命令,运行 Authorware 7.02。单击【开始】→【所有程序】→【Macromedia】→【Authorware 7.02 中文版】命令。

(2) 新建 Authorware 7.02 文件。Authorware 7.02 启动之后,弹出一个【新建】对话框,可以选择新项目需要包含的有关内容。单击取消或不选,新建一个不包含知识对象等内容的 Authorware 7.02 文件。此外,可以通过选择【文件】→【新建】→【文件】命令,或者单击工具栏上的新建文件按钮,新建 Authorware 7.02 文件。同样,会弹出【新建】对话框,如图 7-28 所示。

(3) 保存文件。选择【文件】→【保存】命令,或者单击工具栏上的保存文件按钮,保存已建的 Authorware 7.02 文件。在弹出的【保存文件为】对话框中,如图 7-29 所示,在【保存在】下拉列表框中选择文件夹“.\多媒体技术与应用\素材\”,输入文件名称“唐诗”,单击【保存】按钮即完成保存任务。在程序设计过程中,需要及时保存,以免所做工作白费。

(4) 新建一个计算图标。在【图标】面板的计算图标上,单击计算图标,拖动该图标到设计窗口流程线上释放鼠标,即在流程线上创建了一个计算图标。单击该图标右侧的文字,当该文字变为蓝色时,输入图标的新名称 initial,完成图标的重新命名,如图 7-30 所示。在设计窗口的流程线上新建【图标】面板的设计图标,也可以采用此方法。

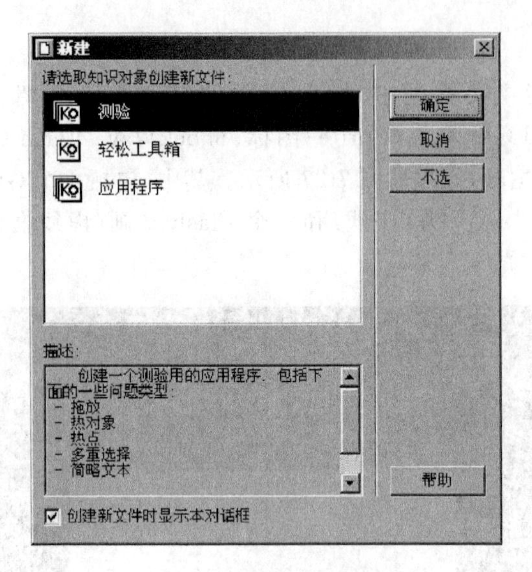

图 7-28 【新建】对话框

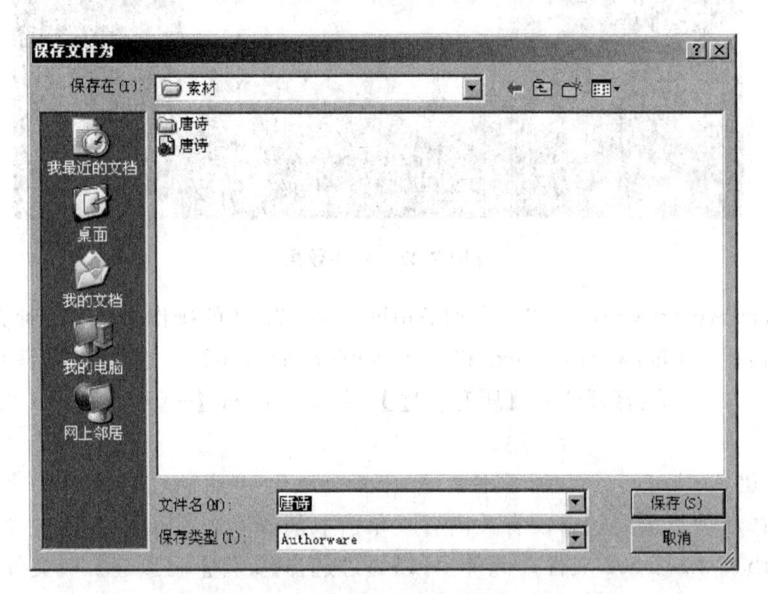

图 7-29 【保存文件为】对话框

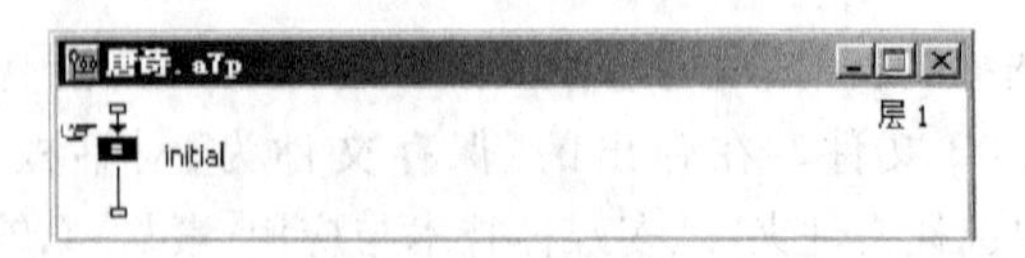

图 7-30 新建设计图标的设计窗口

(5) 打开计算图标，输入初始化代码。双击设计窗口流程线上的 initial 计算图标，打开计算图标的窗口。在计算图标的窗口中输入“ResizeWindow(580,400)”代码，如图 7-31 所示。单击 按钮关闭计算窗口。

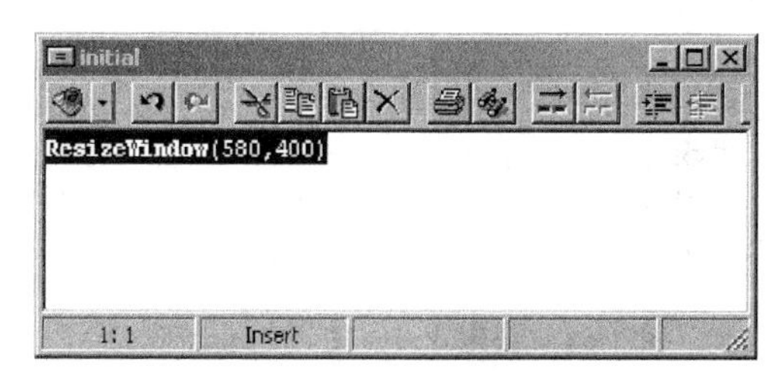

图 7-31 【initial】窗口

(6) 插入 QuickTime 媒体精灵图标。由于有许多扩展的媒体精灵图标不在【图标】面板上,在设计窗口的流程线上新建此类图标,有其特殊的方法。单击【插入】→【媒体】→QuickTime...命令,将在流程线当前位置插入一个 QuickTime...精灵图标。此菜单命令执行时,弹出 QuickTime Xtra Properties 对话框,如图 7-32 所示。单击 Browse... 按钮,打开图 7-33 所示的 Choose a Movie File 对话框,在【查寻范围】下拉列表框中选定文件夹"..\多媒体技术与应用\素材\",在文件列表选择一个电影文件"山行.avi",单击 打开(O) 按钮,确定精灵图标中引入的视频素材。单击 OK 按钮,完成素材的引入。单击【QuickTime...】精灵图标名称,输入 video,重新命名,如图 7-34 所示。

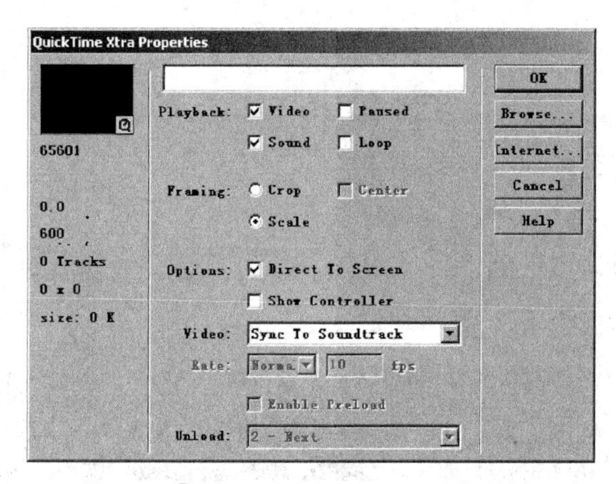

图 7-32 【QuickTime Xtra Properties】对话框

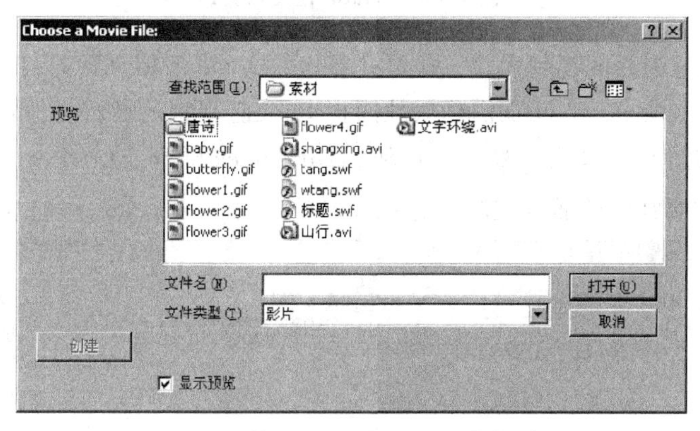

图 7-33 【Choose a Movie File】对话框

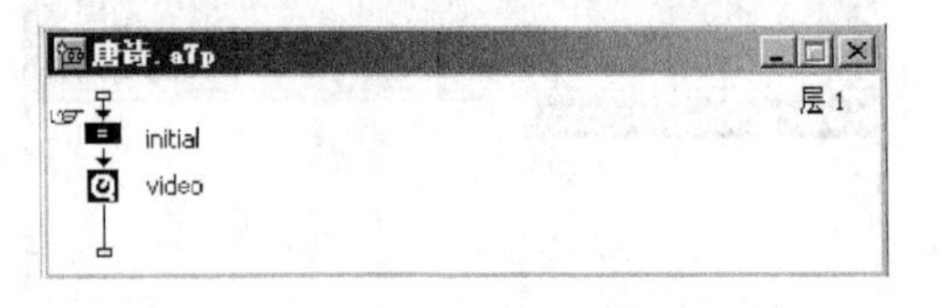

图 7-34　创建 Video 图标的设计窗口

（7）调整精灵图标视频展示的位置与大小。从【图标】面板上拖动停止旗到设计窗口的流程线上的 video 精灵图标后，选择【调试】→【重新开始】命令，从头运行程序到停止旗停止，单击演示窗口上的视频对象，该对象的四周出现小方形控制句柄，移动鼠标到控制句柄，拖动控制句柄可以修改视频对象的长与宽。拖动视频对象到演示窗口中心，并填满整个窗口，如图 7-35 所示。

图 7-35　"Video"在演示窗口

（8）设置精灵图标的控制属性。在设计窗口双击 video 精灵图标，打开其功能图标属性面板，如图 7-36 所示。在功能图标属性面板上，设置视频的显示属性，如模式、层等，选择【模式】为"不透明"。单击 选项... 按钮，打开 QuickTime Xtra Properties 对话框，在对话框中设置控制视频的播放控制，如图 7-37 所示，单击 OK 按钮结束。

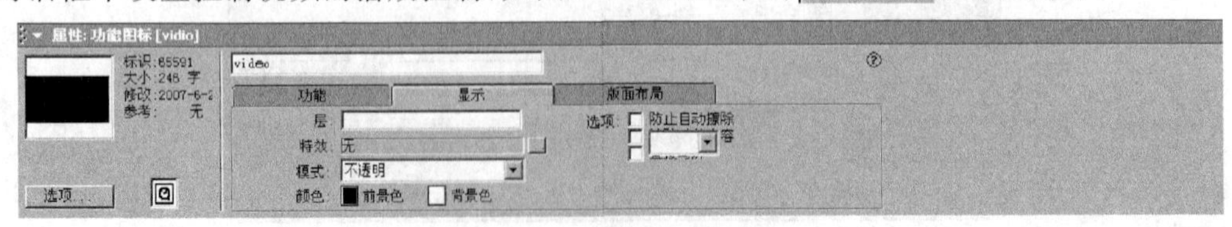

图 7-36　功能图标属性面板

(9) 插入 GIF 媒体精灵图标。在流程线上的"video"精灵图标后单击,设置流程线上的当前位置,如☞所指。单击【插入】→【媒体】→Animated GIF 命令,将在流程线当前位置插入一个 Animated GIF...精灵图标。此命令执行时,弹出【Animated GIF Asset Properties】对话框,如图 7-38 所示。单击 Browse... 按钮,打开 Choose Animated GIF File 对话框,在【查寻范围】下拉列表框中选定文件夹". \多媒体技术与应用\素材\",文件列表选择 GIF 文件"flower2. gif",单击 打开(O) 按钮,确定精灵图标中引入的动画素材。单击 OK 按钮,完成素材的引入。单击【Animated GIF...】精灵图标名称,输入"flower1",重新命名,如图 7-39 所示。

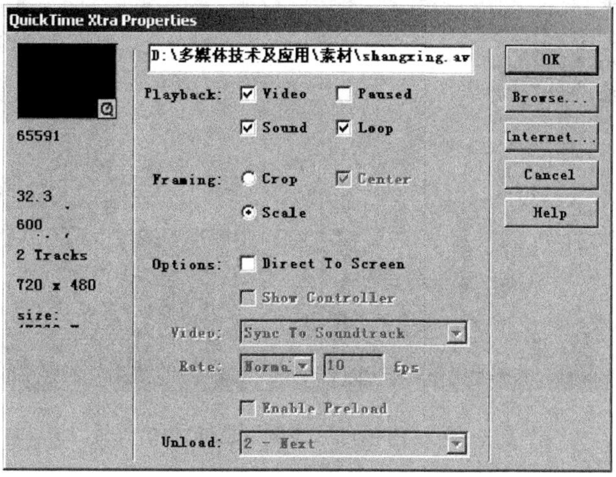

图 7-37 【QuickTime Xtras Properties】对话框

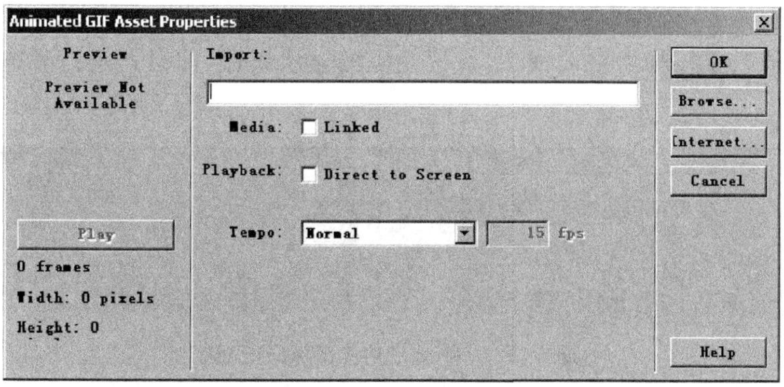

图 7-38 【Animated GIF Asset Properties】对话框

图 7-39 创建"Flower1"后的设计窗口

(10) 调整精灵图标动画的位置与大小。从【图标】面板上拖动停止旗到设计窗口的流程线上的 flower1 精灵图标后，选择【调试】→【重新开始】命令，从开始运行程序到停止旗停止，单击演示窗口上的动画对象，该对象的四周出现小方形控制句柄，移动鼠标光标到控制句柄，按住控制句柄可以修改动画对象的长与宽。拖动动画对象到演示窗口的左下角，如图 7-40 所示。

图 7-40 "flower1"在【演示】窗口中的位置

(11) 设置动画精灵图标的控制属性。在设计窗口双击 flower1 精灵图标，打开其功能图标属性面板，如图 7-41 所示。单击 选项... 按钮，打开【Animated GIF Asset Properties】对话框，在对话框中设置控制动画的播放控制，如图 7-42 所示，单击 OK 按钮结束。在功能图标属性面板上，设置动画的显示属性，如模式、层等，选择【模式】为"反转"。

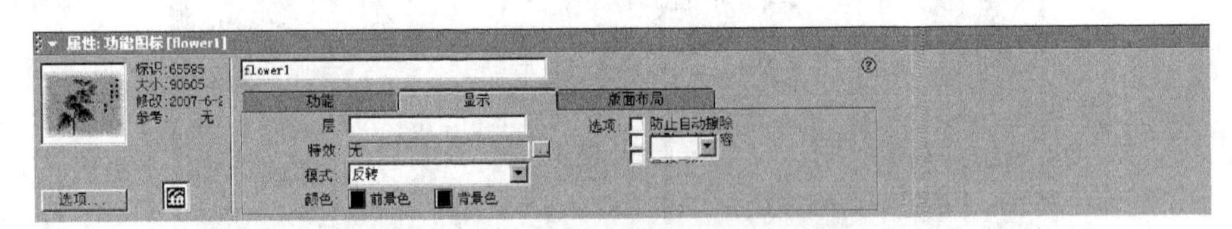

图 7-41 "flower1"功能图标属性面板

(12) 其他 3 个动画素材的引入、布置、设置以与 flower1 相同的方法设计，设计好后的效果如图 7-43 所示，方框内是这些动画。设计窗口的流程线如图 7-44 所示。

(13) 新建显示图标，引入图片。从【图标】面板上拖动显示图标到流程线上，把它放置到最下面，命名为 baby，如图 7-45 所示。在设计窗口的流程线上双击该图标，打开演示窗口和【工具箱】面板，单击工具，调整其大小并放置到演示窗口的右下角，如图 7-46 所示。按 Ctrl+I 组合键，打开显示图标的属性面板，如图 7-47 所示，设置显示属性，这里采用默认设置。

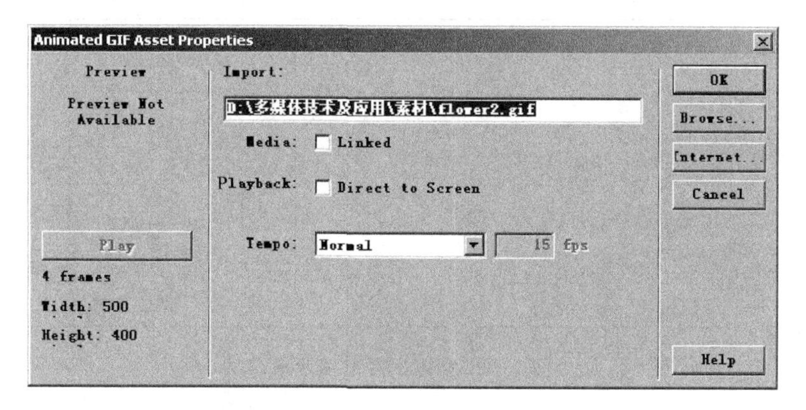

图 7-42 在【Animated GIF Asset Properties】对话框中设置参数

图 7-43 四个动画素材导入后的演示窗口

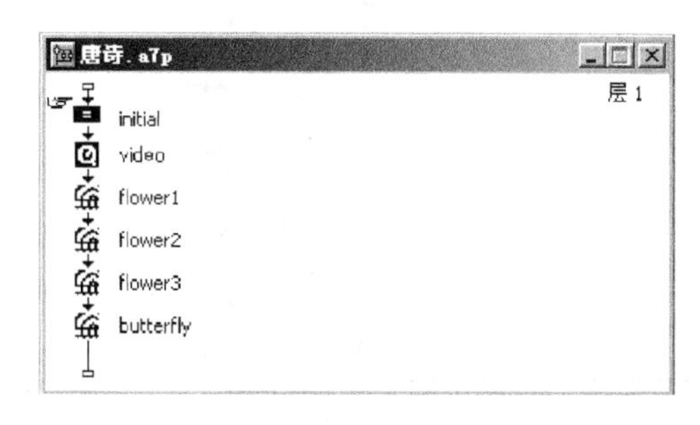

图 7-44 创建四个 GIF 精灵图标的设计窗口

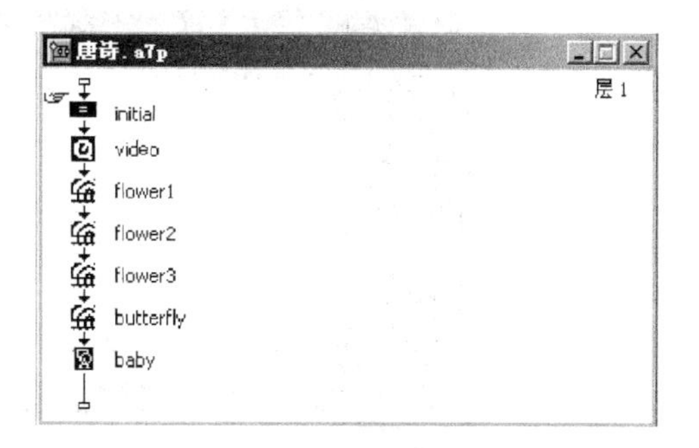

图 7-45 创建"Baby"显示图标的设计窗口

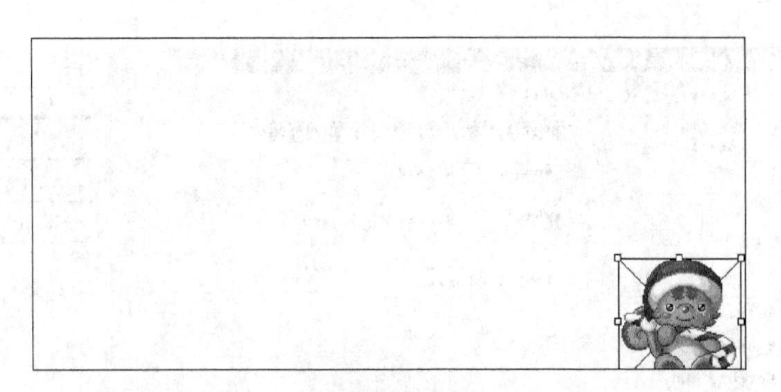

图 7-46 插入图片的演示窗口

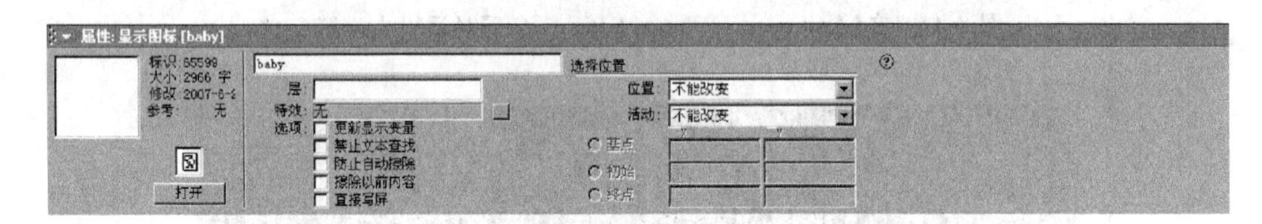

图 7-47 显示图标的属性面板

(14) 插入 Flash 媒体 ActiveX 控件精灵图标。在流程线最下面单击，设置流程线上的当前位置，如☞所指。选择【插入】→【控件】→ ActiveX... 命令，将在流程线当前位置插入一个 ActiveX...精灵图标。此菜单命令执行时，弹出 Select ActiveX Control 对话框，如图 7-48 所示。在 Search 按钮右侧的文本框输入"Shockwave Flash"后，单击 Search 按钮，可以查找到"Shockwave Flash Object"控件，单击 OK 按钮，打开 ActiveX Control Properties - Shockwave Flash Object 对话框，如图 7-49 所示，单击 Property 标签中的"Movie"，在属性列表的上方的文本框中输入 Flash 文件的目录". \多媒体技术及应用\素材\tang. swf"，单击 OK 按钮，完成素材的引入和图标的新建，命名为"Flash"。

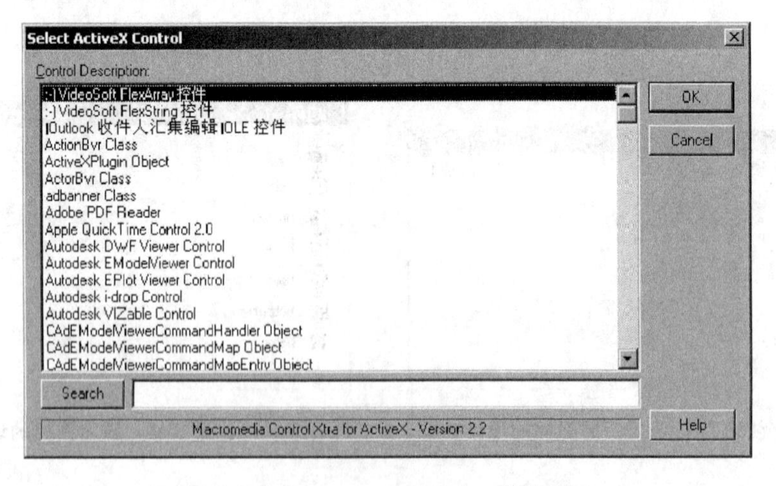

图 7-48 【Select ActiveX Control】对话框

(15) 放置 Flash 及控制设置。在设计窗口中双击“flash”控件图标，打开如图 7-50 所示的 Flash 功能属性面板和演示窗口，将【显示】标签中的【模式】选择为“透明”。单击左侧的 选项... 按钮，弹出 ActiveX Control Properties - Shockwave Flash Object 对话框。在演示窗口单击 Flash 对象，可以移动其位置。关闭 Flash 属性对话框，在演示窗口单击 Flash 对象后，对象周围有了控制句柄，通过句柄调整修改对象的长、宽，如图 7-51 所示，虚线框表示该对象的大小与位置。

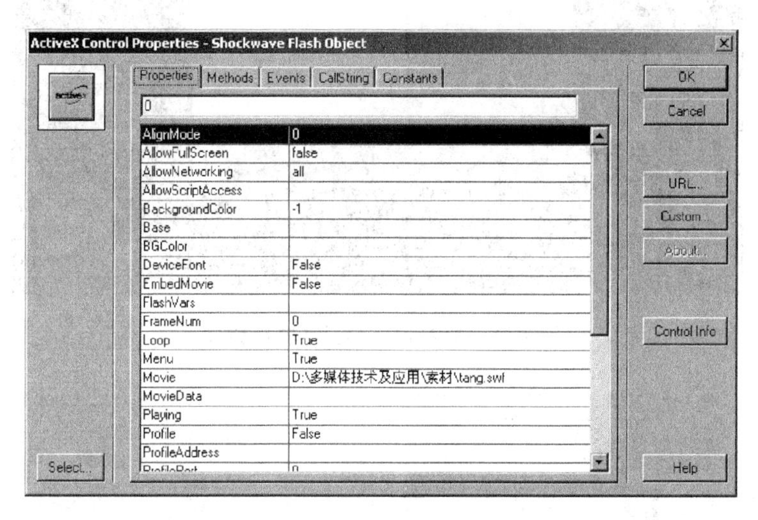

图 7-49 Flash ActivX 控件属性对话框

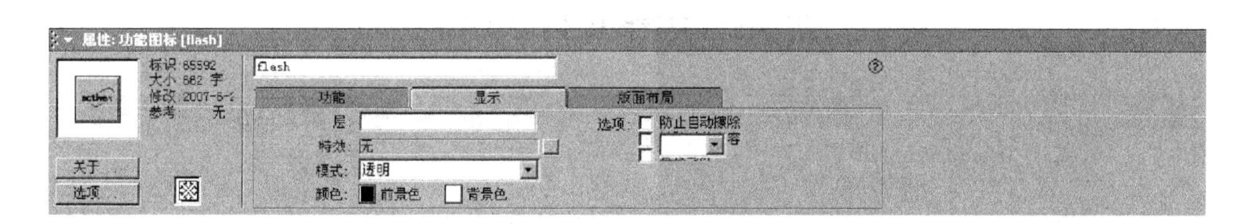

图 7-50 Flash 功能属性面板

(16) 新建一个等待图标。从【图标】面板拖动等待图标到 Flash 精灵图标的下面，命名为“3”。双击流程线上的等待图标，在打开图 7-52 的属性面板中，设置【事件】属性为【单击鼠标】。

(17) 新建一个删除图标。从【图标】面板拖动删除图标到“3”等待图标的下面，命名为“clear”。打开图 7-53 所示的删除图标【属性】面板，选中【被删除的图标】单选按钮，并在演示窗口单击各演示对象，即把包含该演示对象的图标添加到【被删除的图标】列表中。

(18) 反复调试。选择【调试】→【重新开始】命令，发现程序的错误后，单击【调试】→【暂停】命令，进行修改。反复多次，直到满意为止。

(19) 组合。在设计窗口中的空白处拖动鼠标，形成一个虚线框，当流程线上所有的图标都包括在虚线框内时释放鼠标，选中所有的图标，单击【修改】→【群组】命令，把选中图标组合到一个组合图标中，命名为 begin。

片头部分的流程结构如图 7-54 所示，首先利用计算图标输入初始化演示窗口的代

图 7-51 插入 Flash 后的【演示】窗口

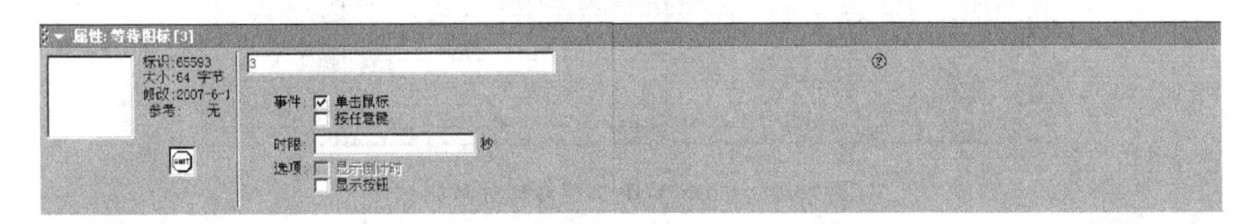

图 7-52 等待图标的属性面板

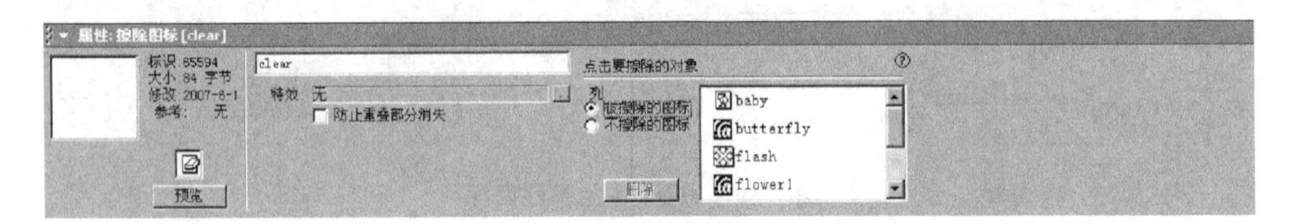

图 7-53 删除图标的【属性】面板

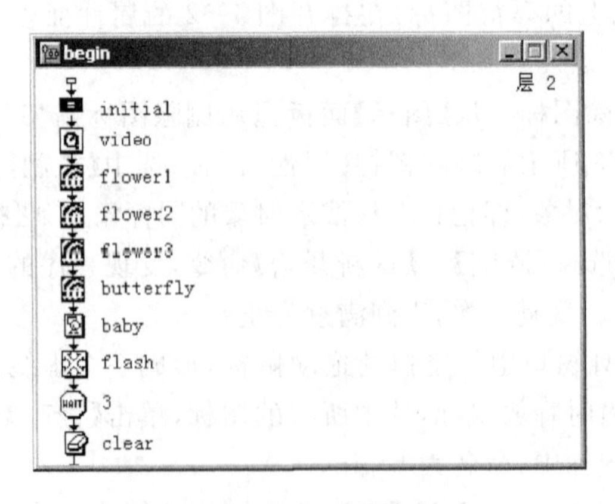

图 7-54 "begin"设计窗口

码,初始化演示窗口的大小为 580×400；然后,使用 QuickTime 精灵图标导入与播放视频,不使用电影图标,是因为电影图标播放视频时,不宜与其他媒体同时表现；在使用四个 GIF 动画图标和使用视频的基础上,增加动画使得画面丰富多彩；使用显示图标引入静止图片,增加画面的稳重感；使用 Flash 控件,先是片头的主题,使画面生动有趣；最后,通过一个等待图标,等待用户单击鼠标结束片头的演示,利用删除图标,在结束片头的同时删除所有素材。

2. 唐诗的文字、图像部分

唐诗的文字、图像部分采用一个框架图标及构成的框架结构来组织唐诗的文字部分和相应的诗境图画。在这部分实现一个分页的功能,可以在各首唐诗之间来回翻页、查找目录,控制唐诗朗读的播放和结束。

(1) 创建框架图标。从【图标】面板上拖动框架图标到设计窗口流程线上“begin”组合图标下面,重新命名为“唐诗”。框架图标可以构成一个多页的结构,这个结构称为框架结构,或称为页面结构。框架图标有一个内部的设计窗口,如图 7-55 所示,通常用于框架结构的页面间跳转控制,该窗口分成两个部分,即【入格】设计部分和【出格】设计部分,【入格】设计部分用于设计当程序执行到该框架图标时首先执行的设计图标序列,而【出格】设计部分用于设计当程序执行完该框架图标离开之前需要执行的设计图标序列。

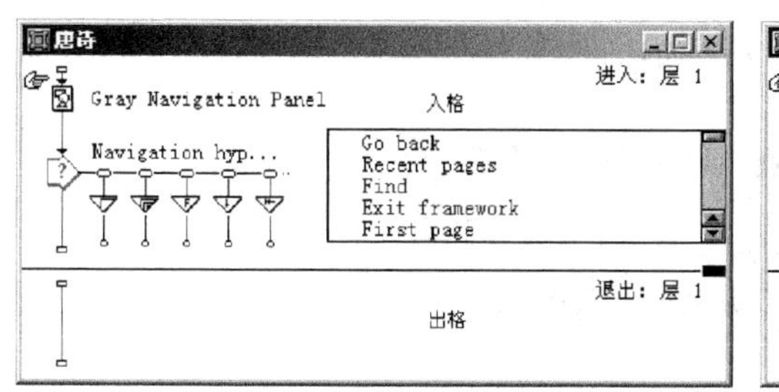

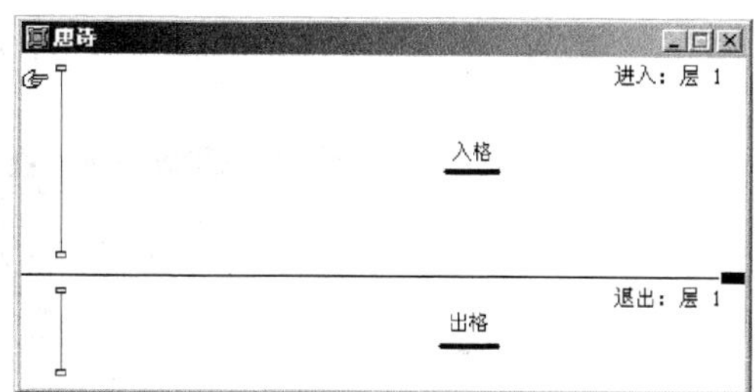

图 7-55　框架图标的设计窗口

(2) 清除框架结构的默认控制。双击流程线上的框架图标,打开其设计窗口,窗口中间的横线上面为【入格】窗口,下面为【出格】窗口。拖动横线,可以调整【入格】、【出格】的大小。【入格】窗口包含默认的控制面板和按钮的设计图标,在空白处拖动鼠标,形成一个虚线矩形,当其中所有的设计图标在虚线矩形中时,释放鼠标,选中所有的设计图标,按 Delete 键,清除选中的图标。

(3) 新建框架结构的控制。首先,设计一个背景,在该背景之上,放置三个动画对象,作为操作按钮热对象,放置两个图像对象作为操作热对象,最后,设计一个交互控制结构,支持框架结构的控制操作。设计好后的框架图标的流程如图 7-56 所示,下面开始设计这个流程。

(4) 新建框架控制的背景。从【图标】面板拖动一个显示图标到【入格】窗口,命名为“背景”。双击【入格】窗口的流程线上的“背景”显示图标,打开显示图标演示窗口及【工具箱】。单击【工具箱】的绘图工具 □ ,在演示窗口中拖动鼠标,绘制一个矩形。使用 指针工具在演示窗口单击选中矩形,调整大小为演示窗口大小。单击线型工具 ,从打开的【线型】面板选择粗一点的实线,单击 填充按钮,从打开的【填充模式】面板选择图形填充模式“无”。选择【插入】→【图像】命令，弹出如图 7-57 所示的【图像属性】对话框，单击 导入... 按钮，打开图 7-58 所示的导入文件窗口，选择图像文件所在目录和文件“.\多媒体技术与应用\素材\Line.jpg”，单击 导入... 按钮，然后单击【图像属性】对话框中的 确定 按钮，在演示窗口引入图像。单击【工具箱】的指针工具，使用指针工具把插入的图像移到演示窗口的上端对齐。再插入一幅图片(背景.jpg)，放置在演示窗口的中央。“背景”显示图标的演示效果如图 7-59 所示。

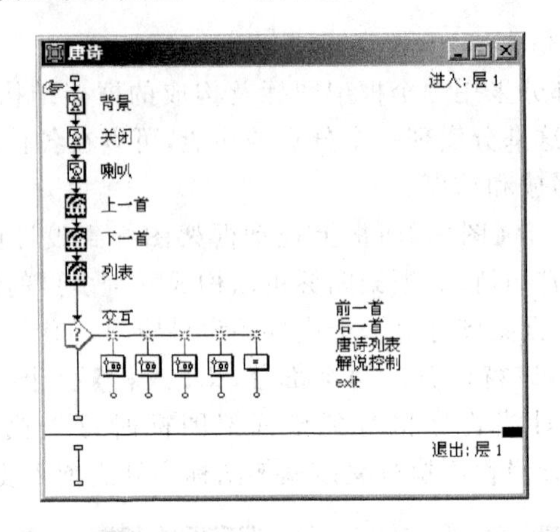

图 7-56 “唐诗”框架图标的流程图

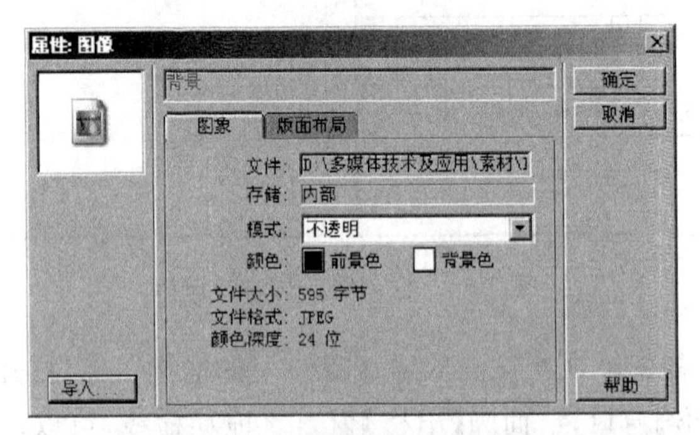

图 7-57 【图像属性】对话框

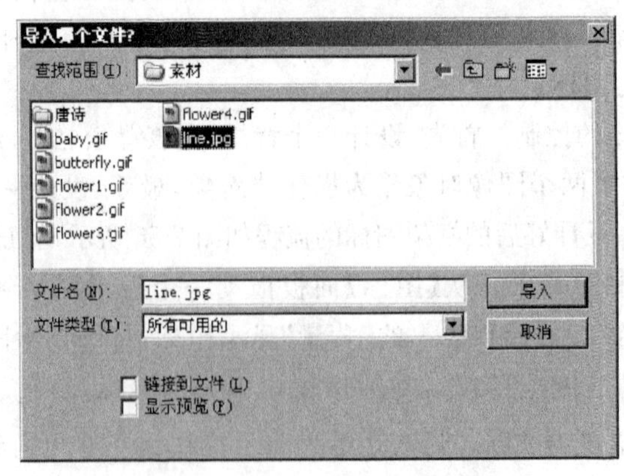

图 7-58 【导入哪个文件】对话框

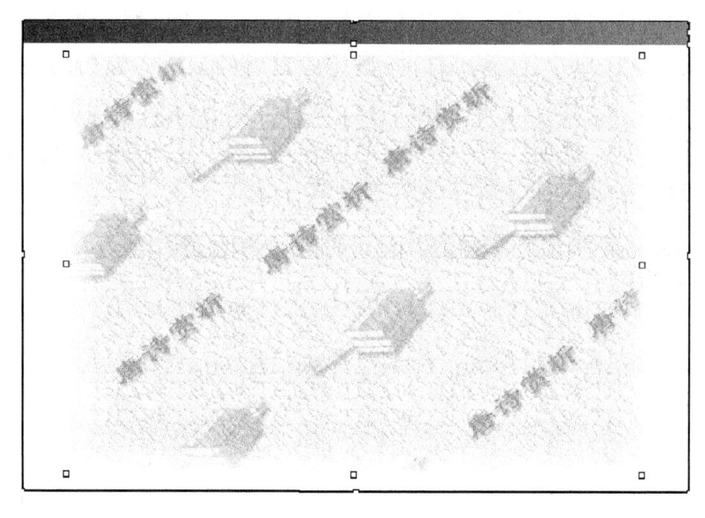

图 7-59 “背景”演示窗口的效果

(5) 新建框架控制的“关闭”图片热对象。选择【插入】→【图像】命令，导入图像文件(Close.jpg)。单击【工具箱】中的指针工具，使用指针工具把插入的图像移到演示窗口的右上角，如图 7-60 所示。

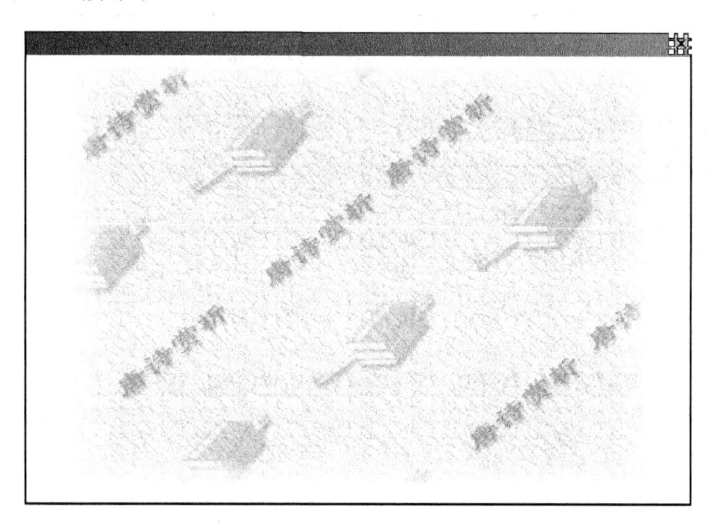

图 7-60 插入“Close”后的演示窗口

(6) 新建框架控制的“喇叭”图片热对象。选择【插入】→【图像】命令，导入图像文件(喇叭.jpg)。单击【工具箱】中的指针工具，使用指针工具把插入的图像移到演示窗口的左上角，如图 7-61 所示。

(7) 新建框架控制的指向动画热对象。选择【插入】菜单→【媒体】→【GIF Amininate】命令，在【入格】窗口流程线上插入 GIF 精灵图标，用来播放按钮动画。单击插入媒体命令时，弹出 Animated GIF Asset Properties 对话框，单击 Browse... 按钮，打开 Choice Animated GIF File 对话框，在【查寻范围】下拉列表框中选择“.\多媒体技术与应用\

素材\"文件夹，在文件列表选择一个 GIF 文件"向后"，单击 打开(O) 按钮，确定精灵图标中引入的动画素材。单击 OK 按钮，完成素材的引入。在【设计】窗口双击"上一首"精灵图标，打开其功能图标【属性】对话框，如图 7-62 所示，设置动画的显示属性，如模式、层等，选择【模式】为"透明"。调整动画的位置与大小。按照同样的方法，依次创建"下一首"和"列表"两个精灵图标。效果如图 7-63 所示。

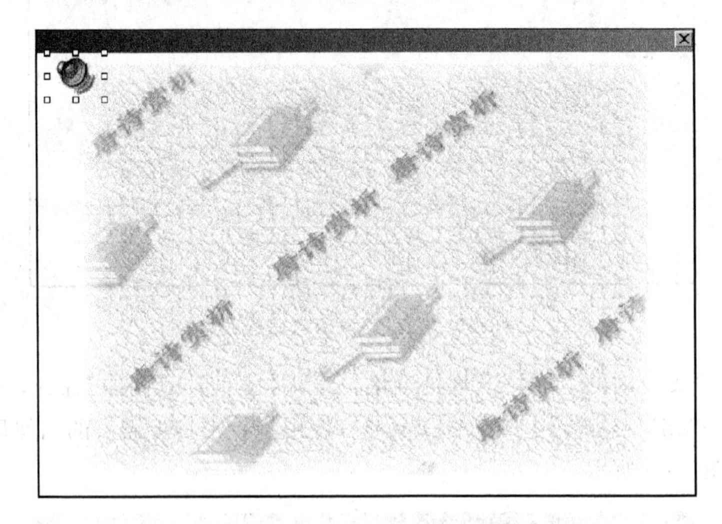

图 7-61　插入"喇叭"后的显示窗口

图 7-62　GIF 功能图标的属性窗口

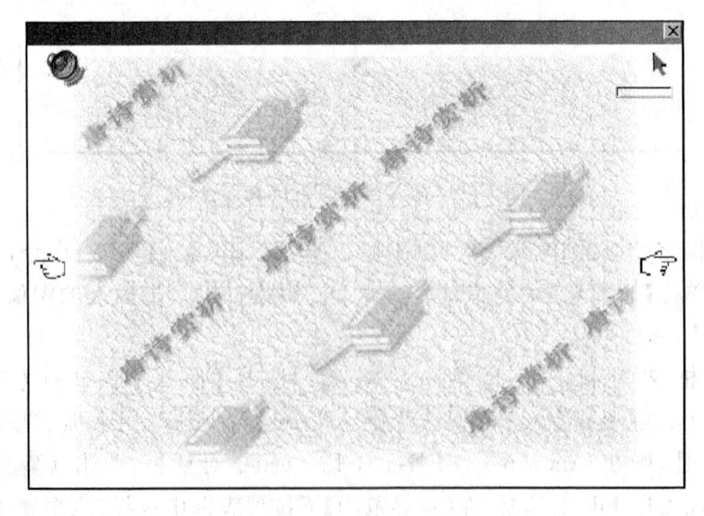

图 7-63　插入 3 个 Gif 后的演示窗口

（8）新建框架控制的交互控制。从【图标】面板拖动一个交互图标到【入格】窗口最下面，用来创建交互控制结构，将交互结构的控制命名为“交互”。从【图标】面板拖动一个组合图标到【入格】窗口“交互”图标的右侧，弹出图 7-64 所示的【交互类型】对话框，选中【热对象】单选按钮，单击 确定 按钮，命名为“前一首”。从【图标】面板依次拖动三个组合图标到【入格】窗口“前一首”组合图标的右侧，依次命名为“后一首”、“唐诗列表”、“解说控制”。从【图标】面板拖动一个计算图标到【入格】窗口“解说控制”组合图标的右侧，命名为“Exit”。如果还没有打开过图标属性窗口，则双击交互图标分支图标上的图案※，打开【交互图标】的分支图标交互属性面板，如图 7-65 所示。在设置属性之前，按住 Shift 键，依次单击【入格】窗口流程线上“Exit”交互图标之前的所有图标，在演示窗口上显示上述图标的所有对象。单击“前一首”组合图标上的图案※，打开该图标的交互属性窗口，单击【热对象】标签，此时，单击“前一首”在演示窗口上的显示对象，选择【匹配】列表为“单击”，选中【匹配加亮】复选框；单击【响应】标签，选中【范围】为【永久】复选框，选择【分支】列表为“返回”。同样地设置其他的交互图标分支的交互属性。

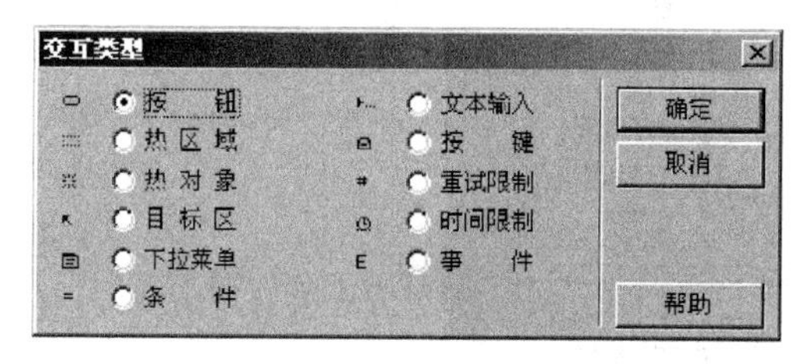

图 7-64　【交互类型】对话框

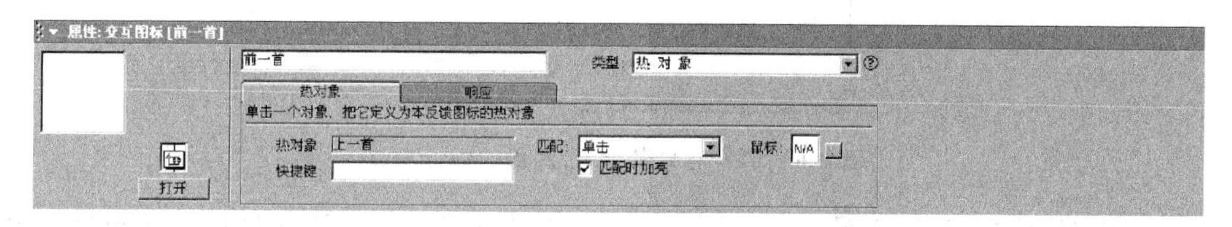

图 7-65　交互分支“前一首”图标的交互属性面板

（9）交互分支“前一首”组合图标的设计。双击“前一首”组合图标，打开组合图标的【设计】窗口。从【图标】面板上拖动导航图标到组合图标的设计窗口的流程线上，命名为“上一页”。双击该图标，打开该图标的属性面板，如图 7-66 所示。从【目的地】下拉列表中选择“附近”，在【页】列表中选中“前一页”单选按钮。

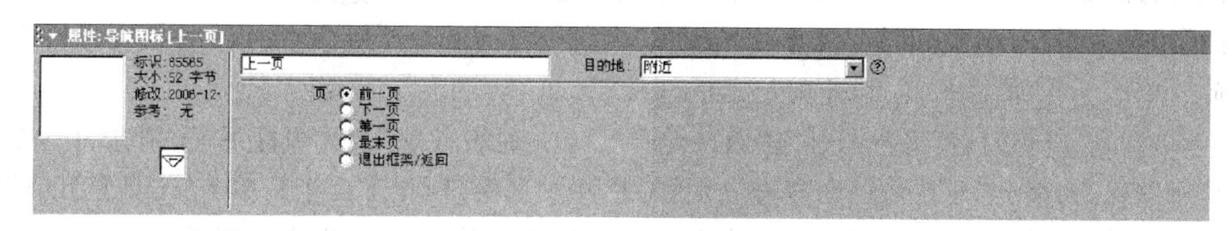

图 7-66　“上一页”导航图标的【属性】面板

（10）交互分支“后一首”组合图标的设计。双击“后一首”组合图标，打开组合图标的设计窗口。从【图标】面板上拖动导航图标到组合图标的设计窗口的流程线上，命名为“下一页”。双击该图标，打开该图标的属性面板，如7-67图所示。从【目的地】下拉列表中选择“附近”，在【页】列表中选中【下一页】面板。

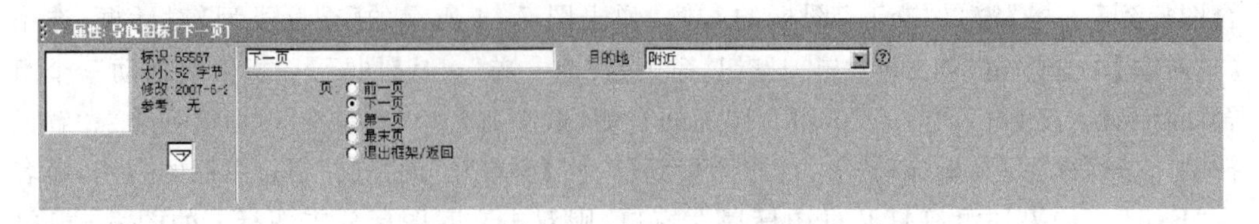

图 7-67 “下一页”导航图标的【属性】面板

(11) 交互分支“唐诗列表”组合图标的设计。双击“唐诗列表”组合图标，打开组合图标的设计窗口，如图7-68所示。其中，设计两个显示图标用于唐诗列表的背景布置和唐诗标题的列表，其显示的层数为“2”，比其他图标的层数更高，不至于被之前的其他图标显示对象遮挡住；一个交互图标及其交互结构会根据用户在唐诗标题的列表中选择的唐诗作出相应的响应，并导航到相应的“唐诗”框架页。

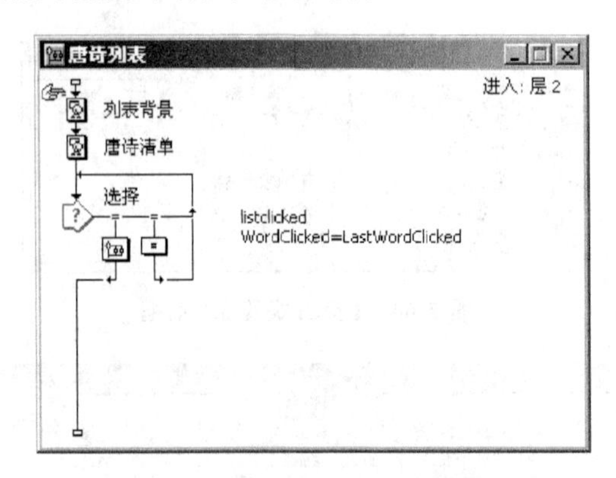

图 7-68 “唐诗列表”组合图标的设计窗口

(12)“唐诗列表”组合图标之“列表背景”。从【图标】面板上拖动显示图标到组合图标的设计窗口的流程线上，命名为“列表背景”。双击该图标，打开演示窗口和【工具箱】。导入两个图像文件(ling.jpg、flower2.jpg)，放置在演示窗口的中央，效果如图7-69所示。按Ctrl+=组合键，打开显示图标的计算窗口，定义变量，“listclicked:=FALSE”，用于后续交互结构的交互条件。按Ctrl+I组合键，打开【特效方式】对话框，如图7-70所示，在【层】右侧输入“2”，确定显示层次为第2层，单击【特效】右侧的 按钮，弹出图7-71所示的【特效方式】对话框，从【分类】列表选择“内部”类，从【特效】列表选择“以相机光圈开放”，单击 确定 按钮，设定好显示的特效。

(13)“唐诗列表”组合图标之“唐诗清单”。在“列表背景”显示图标下面，新建另一个显示图标，命名为“唐诗清单”，双击该图标，打开演示窗口和【工具箱】，单击【工具箱】的植字工具 A，单击演示窗口弹出文字输入区，如图7-72所示，包括文字排列线、左右边距控制、左右对齐和制表对齐控制句柄，输入所有唐诗的标题(必须与框架结构的页图标名称相同)，每一标题为一行。选中所有文字，单击【文本】→【对齐】→【居中】命令，使文字居中。

(14)“唐诗列表”组合图标之“选择”。从【图标】面板上拖动组合图标到交互图标的

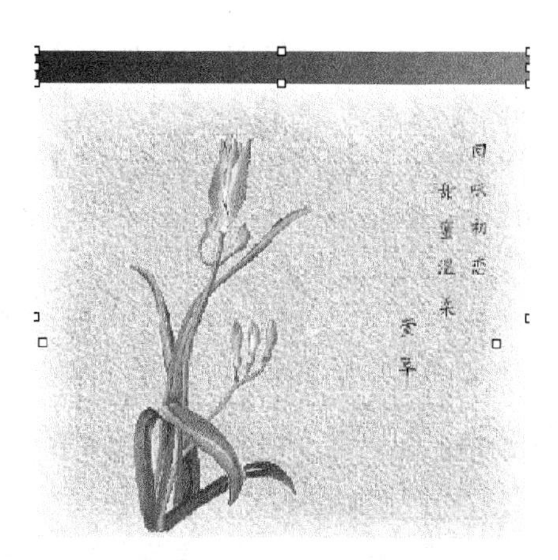

图 7-69　“列表背景”的演示窗口

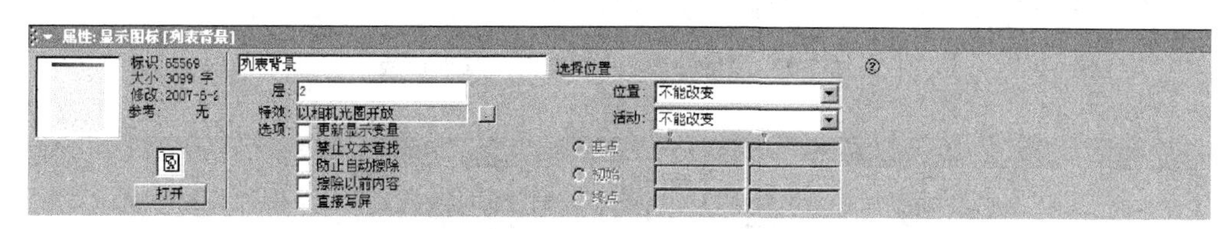

图 7-70　显示图标的【属性】面板

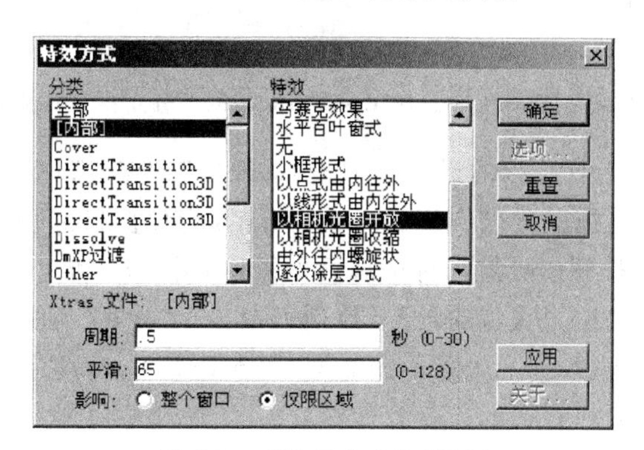

图 7-71　【特效方式】对话框

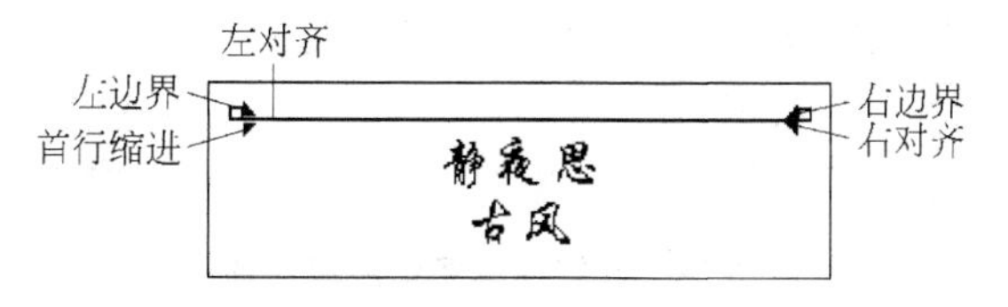

图 7-72　【演示】窗口的文字输入区

“唐诗清单”显示图标之后，命名为“选择”。从【图标】面板上拖动组合图标到“选择”交互图标右侧，弹出【交互类型】对话框，从中选择“条件”交互类型，命名为“listclicked”。从【图标】面板上拖动计算图标到“listclicked”之右，命名为“WordClicked = LastWordClicked”。实际上，交互结构右侧的图标名称都是表达式，这是条件交互类型的要求。双击交互结构分支图标“listclicked”上方的图案，打开交互属性面板，如图 7-73

所示，在【条件】标签中的【条件】右侧文本框内输入条件表达式“listclicked”，修改此处的内容同时也修改了该图标的名称，【自动】下拉列表中选择“为真”，即“listclicked”表达式的值为真时，才执行该分支图标。在【响应】标签中的【分支】列表中选择“退出交互”。双击交互结构分支图标“WordClicked＝LastWordClicked”上方的-T-图案，打开交互属性面板，如图 7-74 所示，在【条件】标签中的【条件】右侧文本框内输入条件表达式“WordClicked＝LastWordClicked”，修改此处的内容同时也修改了该图标的名称，在【自动】下拉列表中选择“为真”。在【响应】标签中的【分支】列表中选择“重试”。

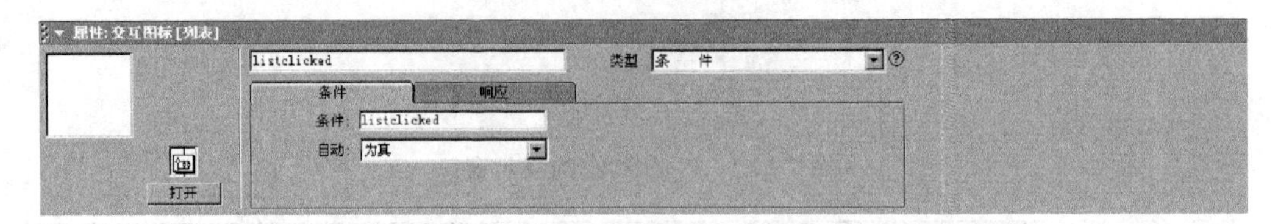

图 7-73　“listclicked”分支交互属性面板

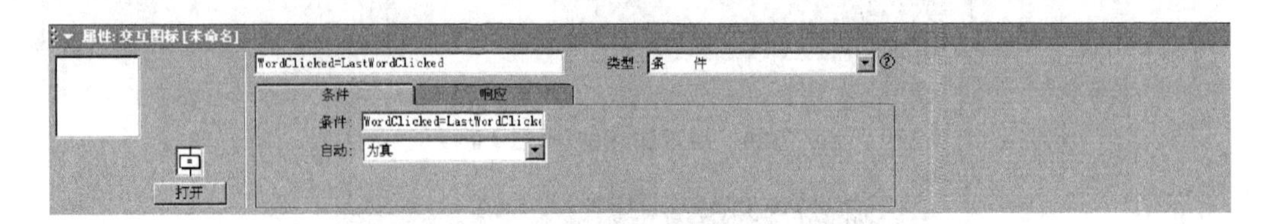

图 7-74　“WordClicked＝LastWordClicked”分支交互属性面板

（15）“解说控制”组合图标的设计。双击“解说控制”组合图标，打开组合图标的设计窗口。从【图标】面板上拖动导航图标到组合图标的【设计】窗口的流程线上，命名为“图标Expr”。双击该图标，打开该导航图标的属性面板，如图 7-75 所示。在【类型】选项组中选中“调用并返回”单选按钮，从【目的地】下拉列表中选择“计算”，在【图标表达】文本框中输入图标表达式 IconID@(IconTitle@String(CurrentPageNum@“唐诗”))，即根据选中的唐诗页面计算出相应的声音页面。

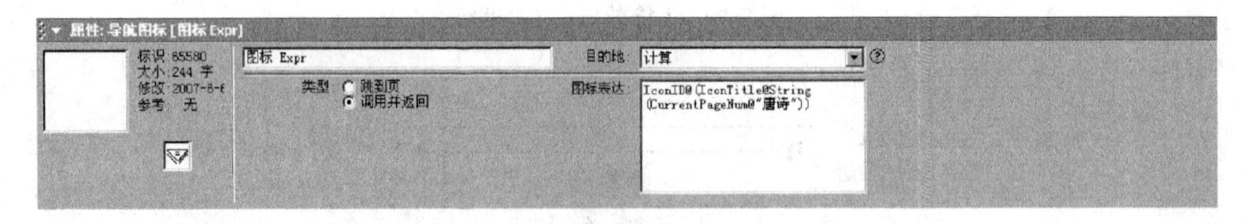

图 7-75　计算导航图标的属性面板

（16）exit 计算图标的设计。双击 exit 计算图标，打开计算图标的【计算】窗口，输入语句 GoTo(IconID@“end”)，其中，end 是一个组合图标的标题，即跳转到“end”组合图标的执行。至此，“唐诗”框架图标的设计窗口的流程设计完毕。

（17）设计“唐诗”框架页面。从【图标】面板上拖动组合图标到“唐诗”框架图标的右侧，创建一个页面，命名为“静夜思”，这是每一首唐诗的标题。“唐诗”框架页面的流程如图 7-76 所示。用同样的方法，创建多个页面。

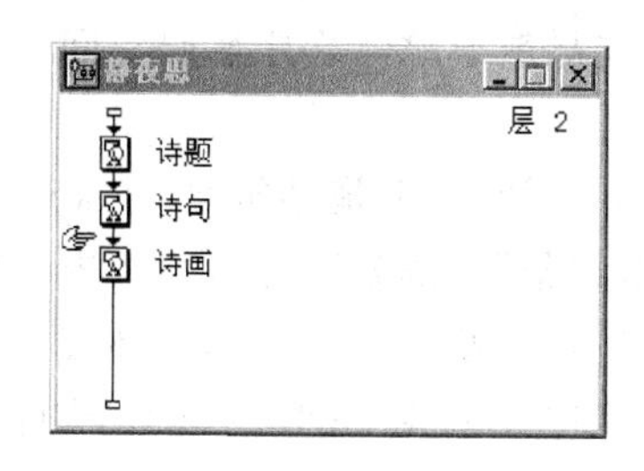

图 7-76 “静夜思”框架结构页的流程

(18)“静夜思”页组合图标设计。双击“静夜思”组合图标,打开其设计窗口。依次从【图标】面板上拖动三个显示图标到“静夜思”组合图标的流程线上,分别命名为“诗题”、“诗句”、“诗画”,如图 7-76 所示。在“诗题”图标中,输入诗的标题和作者;在“诗句”图标中,输入诗的内容;在“诗画”图标中,导入诗境画。双击“诗题”显示图标,打开演示窗口和【工具箱】,单击选择【工具箱】的植字工具 A ,在演示窗口的上部中央单击,输入标题和作者。双击“诗句”显示图标,打开演示窗口和【工具箱】,单击选择【工具箱】的植字工具 A ,在演示窗口的上部中央单击,输入诗句。双击“诗画”显示图标,打开演示窗口和【工具箱】,单击选择【工具箱】的指针工具 ,在演示窗口的上部中央单击,选择【插入】→【图像】命令,导入图像文件(静夜思.jpg),使用指针工具 ,把插入的图像移到演示窗口的右侧。效果如图 7-77 所示。

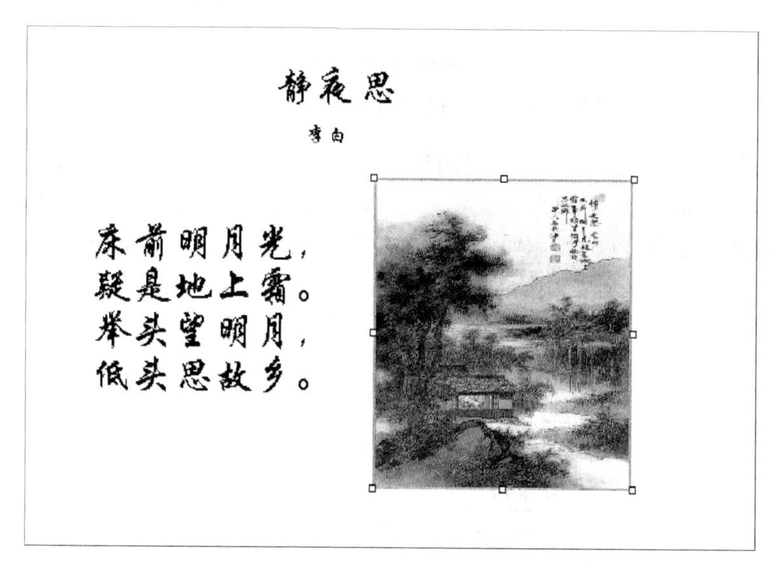

图 7-77 “静夜思”页面的演示效果

(19) 其他页组合图标设计。参考“静夜思”页组合图标设计,设计出其他更多的页。注意,图标的命名最好不要冲突。

3. 唐诗的声音部分

唐诗的声音部分采用一个框架图标及构成的框架结构来组织朗诵唐诗。在这部分实现了一个分页的功能，可以接受导航或跳转程序代码访问，实现了唐诗朗读的播放与暂停的控制。

(1) 创建框架图标。从【图标】面板上拖动框架图标到设计窗口流程线上“唐诗”框架图标的下面，重新命名为“解说集”。框架图标有一个内部的设计窗口，通常用于框架结构的页面间跳转控制，该窗口分成两个部分，即【入格】设计部分和【出格】设计部分，【入格】设计部分用于设计当程序执行到该框架图标时首先执行的设计图标序列，而【出格】设计部分用于设计当程序执行完该框架图标离开之前需要执行的设计图标序列。

(2) 清除框架结构的默认控制。在流程线上双击“解说集”框架图标，打开其设计窗口，窗口中间的横线上面为【入格】窗口，下面为【出格】窗口。拖动中间的横线，可以调整【入格】、【出格】的大小。【入格】窗口中，包括默认的控制面板和按钮的设计图标，在空白处拖动鼠标，产生一个虚线矩形，当其中所有的设计图标都包括在虚线矩形中时，释放鼠标，选中所有的设计图标，按 Delete 键，清除选中图标，如图 7-78 所示。

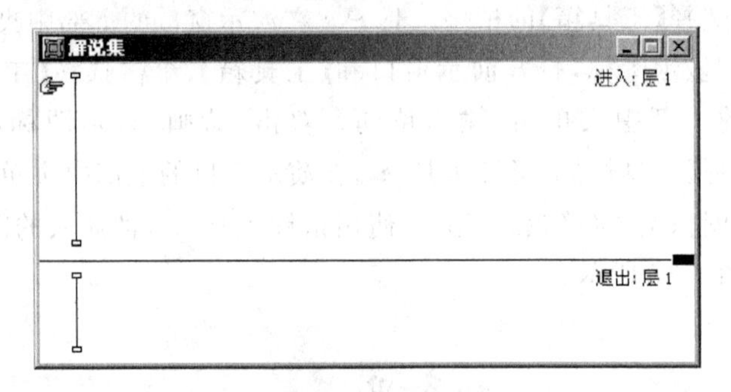

图 7-78 “解说集”框架图标的设计窗口

(3) 设计“解说集”框架页面。从【图标】面板上拖动组合图标到“解说集”框架图标的右侧，创建一个页面，命名为“1”，这是第一首唐诗“静夜思”的解说声音，对应不能错。用同样的方法，创建多个页面，按照“1，2，…，N”命名页面名称，如图 7-79 所示。

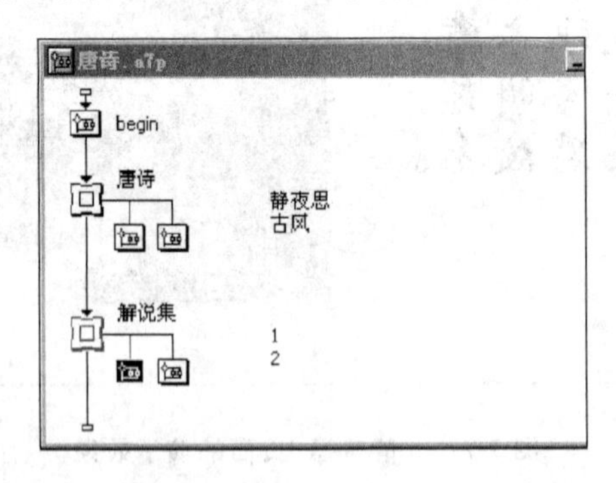

图 7-79 “解说集”框架图标创建后的设计窗口

(4) 设计“1”页面。由组合图标构成的一个页面，里面包含有解说的声音图标和表现、控制声音图标的 GIF 精灵图标和交互结构，如图 7-80 所示。

(5) 插入 GIF 媒体精灵图标。双击“1”组合图标，打开组合图标的流程线，单击【插入】→【媒体】→Animated GIF...将在流程线当前位置插入一个 Animated GIF...精灵图标。此菜单命令执行时，弹出 Animated GIF Asset Properties 对话框，如图 7-81 所示，单击其上的 Browse... 按钮，打开 Choice Animated GIF File 对话框，在【查寻范围】、文件列表选择 GIF 文件“喇叭动画”，单击 打开(O) 按钮，确定精灵图标中引入的动画素材。单击 OK 按钮，完成素材的引入。单击 Animated GIF...精灵图标名称，输入“解说”，重新命名。

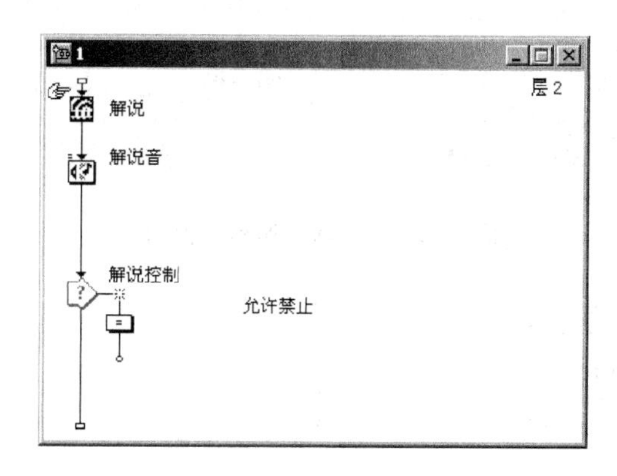

图 7-80　“解说集”框架结构的页面“1”的流程

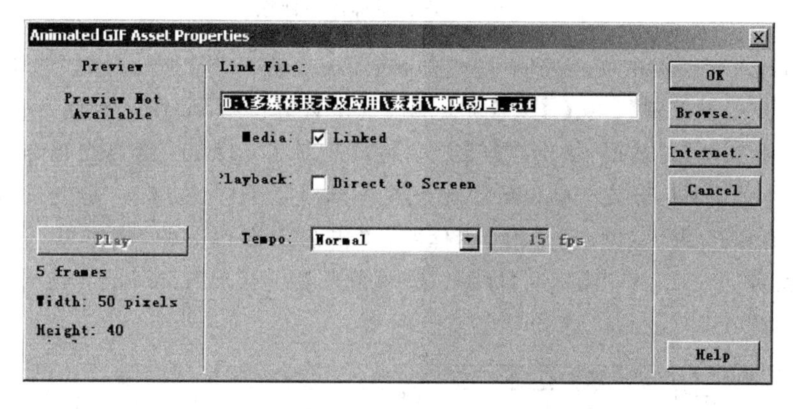

图 7-81　【Animated GIF Asset Properties】对话框

(6) 调整精灵图标动画及其属性。从【图标】面板上拖动 开始旗，到“解说集”框架图标的【设计】窗口流程线上的“解说”精灵图标前，从【图标】面板上拖动 结束旗到“解说”精灵图标后，单击【调试】→【从标志旗处运行】命令。单击动画对象，该对象的四周出现小方形控制句柄，移动鼠标到控制句柄，拖动控制句柄可以修改动画对象的长与宽。拖动动画对象到【演示】窗口的左上角。双击“解说”精灵图标，弹出 GIF 精灵功能图标属性面板，如图 7-82 所示。单击【显示】标签，从【模式】下拉列表中选择“透明”。

(7) 新建声音图标。从【图标】面板拖动一个声音图标到“解说”精灵图标后，命名为“解说音”。按 Ctrl+=组合键，打开该图标的【计算】窗口，输入代码(speak:=TRUE 和 pos:=0)，初始化变量。双击该图标，打开其属性面板，如图 7-83 所示，单击 导入... 按钮，弹出【导入文件】对话框，从【查找范围】下拉列表中选择“.\多媒体技术与应用\素材\”文件夹，在文件列表中选定声音文件(1. wav)，之后，单击该对话框上的 导入... 按钮，引入声音媒体文件。单击【属性】窗口中的【计时】标签，从【执行方式】下拉列表框中选择“永久”，从【播放】下拉列表框中选择“播放次数”，下方文本框输入播放次数的数值(声音文件小则取一个较大值)，在【速率】文本框输入“100”正常速度，在【开始】文本框输入开始播放的条件表达式(speak)。

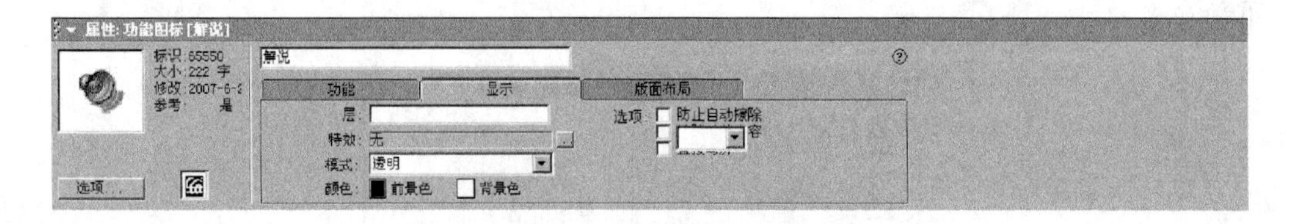

图 7-82 GIF 功能图标属性面板

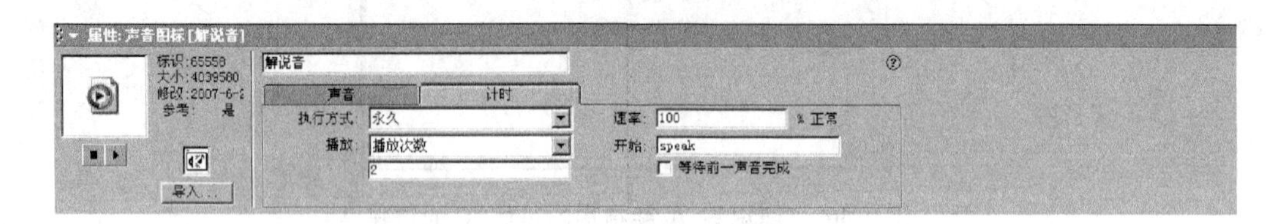

图 7-83 声音图标属性面板

(8) 新建框架控制的交互控制。从【图标】面板拖动一个交互图标到“解说音”声音图标后，命名为“解说控制”。从【图标】面板拖动一个计算图标到“解说控制”交互图标的右侧，弹出【交互类型】对话框，从中选择【类型】为“热对象”，单击 确定 按钮，命名“允许禁止”。双击交互图标分支“允许禁止”上的图案，打开“允许禁止”分支图标的交互属性面板，如图 7-84 所示，单击【热对象】标签，单击演示窗口上的“喇叭动画”对象，选择【匹配】列表为“单击”；单击【响应】标签，选中【范围】右侧【永久】复选框，选择【分支】下拉列表为“返回”。

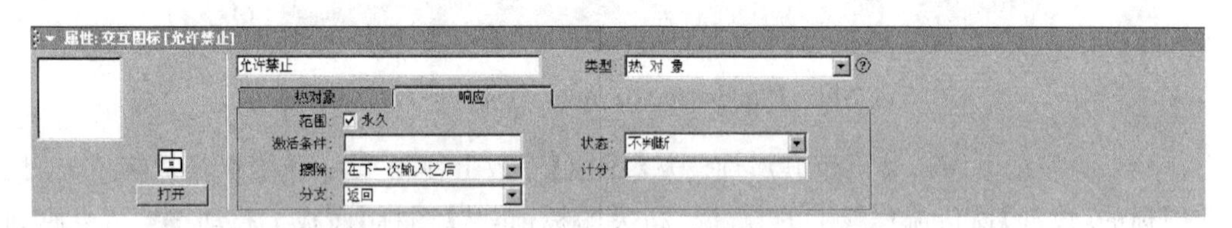

图 7-84 “允许禁止”分支交互响应属性面板

(9) “允许禁止”计算图标的设计。双击“允许禁止”计算图标，打开计算图标的【计算】窗口，输入如图 7 85 所示代码，其中，MediaSeek()、MediaPause()、CallSprite()是声音图标控制函数和精灵图标的调用函数。

(10) 设计其他页面。参考“1”组合图标设计其他的页面，其他页面的主要不同点在于声音图标中引入不同的声音媒体文件。

4. 片尾部分

片尾部分的功能主要是通过一个三维动画，展示制作单位。这一部分采用

QuickTime、计算图标和 MidiLoop. u32 函数包来综合展示，效果如图 7-86 所示，流程如图 7-87 所示。

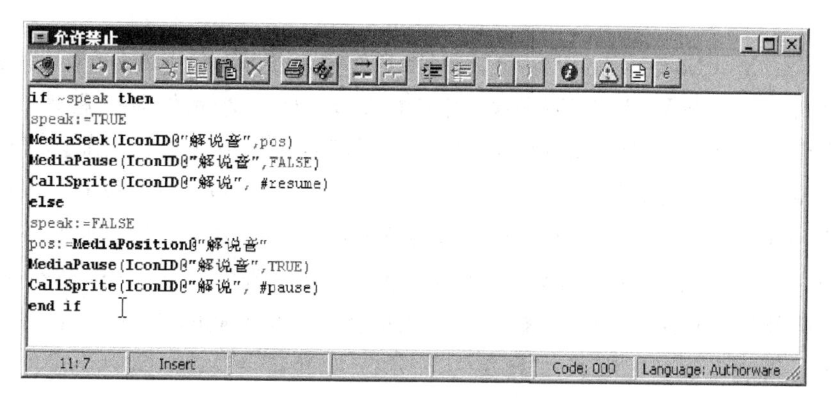

图 7-85　【允许禁止】窗口

图 7-86　最终演示效果

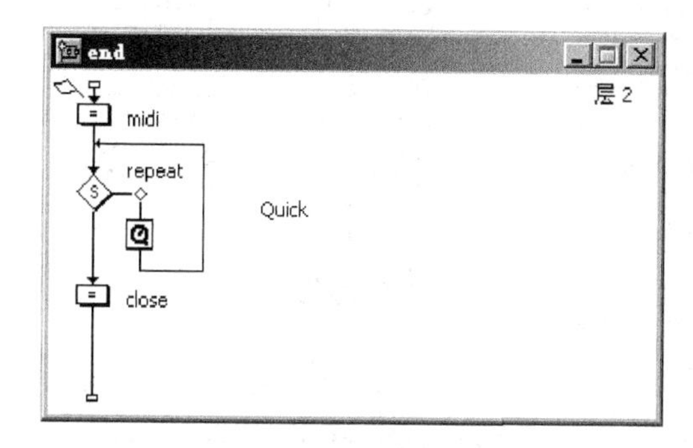

图 7-87　"end"流程

(1) 新建组合图标。从【图标】面板上拖动组合图标到“解说集”框架图标的下面，命名为“end”。在该组合图标中设计作品的结束部分。双击该组合图标，打开其【设计】窗口。

(2) 装载 MidiLoop. u32 函数包。单击工具栏上的 fx 按钮，打开【函数】面板，如图 7-88 所示，在【函数】对话框的【分类】列表中选择本程序文件的名称“唐诗. Ap7”，单击其中的 载入... 按钮，打开图 7-89 所示的【加载函数】对话框，从【查找范围】下拉列表中选定 Authorware 7.02 的安装目录，从文件列表中查找 MidiLoop. u32 文件，单击 打开(O) 按钮之后，弹出函数包文件中的【定义函数在 MidiLoop. u32】对话框，如图 7-90 所示，按住 Ctrl 键并单击函数名，选中函数，单击 载入... 按钮，把函数 MidiLoop. u32 中选中的定义函数加载到程序文件中。此时，【函数】对话框就显示出加载的函数，并可以通过【函数】面板中的 粘贴 按钮来使用了，如图 7-91 所示。

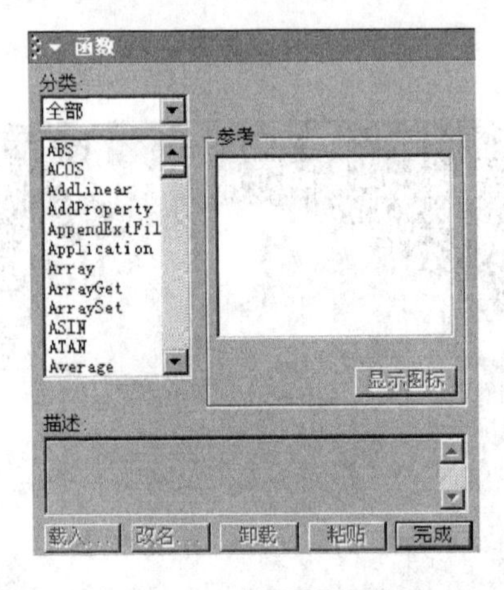

图 7-88 【函数】面板

图 7-89 【加载函数】对话框

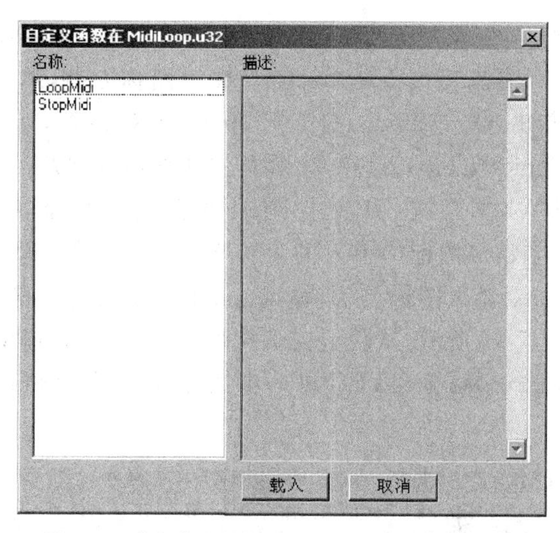

图 7-90 【自定义函数在 MidiLoop. u32】对话框

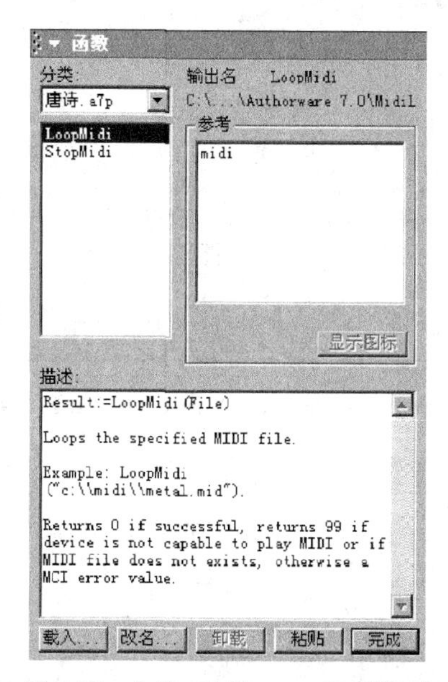

图 7-91 加载 MidiLoop. u32 函数后

(3) 新建计算图标。从【图标】面板上拖动计算图标到“end”组合图标的【设计】窗口流程线上,命名为 midi。双击该图标,打开【Midi】窗口,按图 7-92 所示输入程序代码,LoopMidi(FileLocation ^"moonlight. mid"),装载与播放 MIDI 媒体文件。

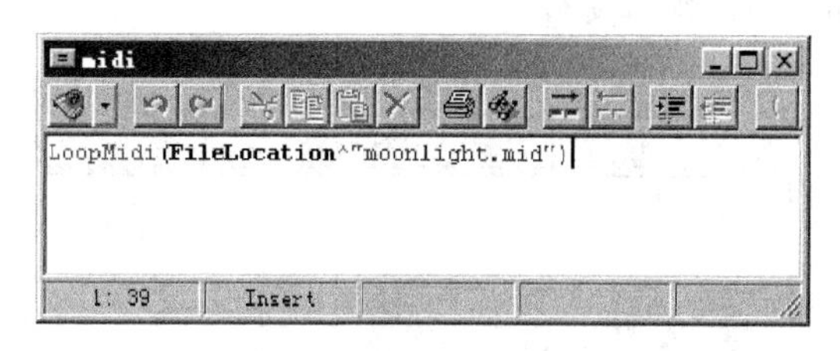

图 7-92 【midi】窗口

(4) 新建决策图标与结构。从【图标】面板上拖动决策图标到流程线上“midi”计算图标后面，命名为“repeat”。在流程线上的“repeat”决策图标右侧，单击【插入】→【媒体】→QuickTime...命令，弹出 QuickTime Xtra Properties 对话框，如图 7-93 所示。单击 Browse... 按钮，打开 Choice a Movie File 对话框，在【查寻范围】下拉列表中选定“.\多媒体技术与应用\素材\”文件夹，从文件列表选择动画电影文件“文字环绕”，单击 打开(O) 按钮，确定精灵图标中引入的素材文件。单击 OK 按钮，完成素材的引入。单击 QuickTime...精灵图标名称，输入 quick，重新命名。双击 repeat 决策图标，打开其属性面板，如图 7-94 所示，从【重复】下拉列表中选择“知道单击鼠标或按任意键”作为决策结构重复的方式，从【分支】下拉列表中选择“顺序分支路径”作为重复执行时分支选择方式。

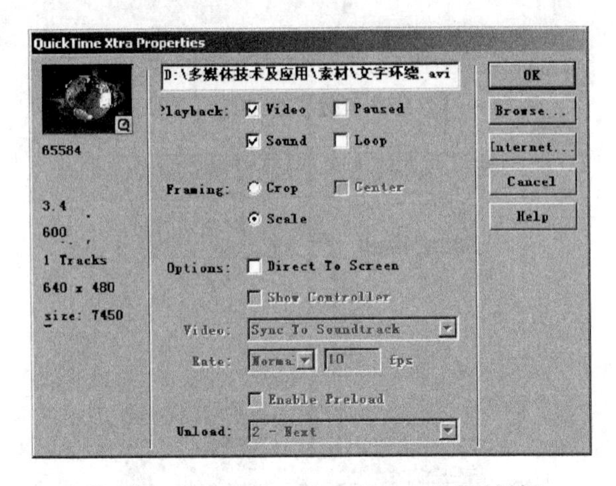

图 7-93 【QuickTime Xtra Properties】对话框

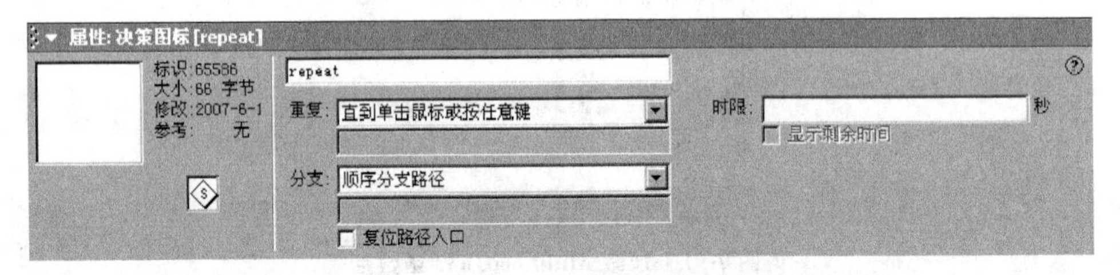

图 7-94 “repeat”决策图标属性面板

(5) 新建计算图标。从【图标】面板上拖动计算图标到流程线上 repeat 决策图标后面，命名为 close。双击该图标，打开【close】窗口，按图 7-95 所示输入 StopMidi()、Quit()两行代码，关闭 MIDI 媒体文件。

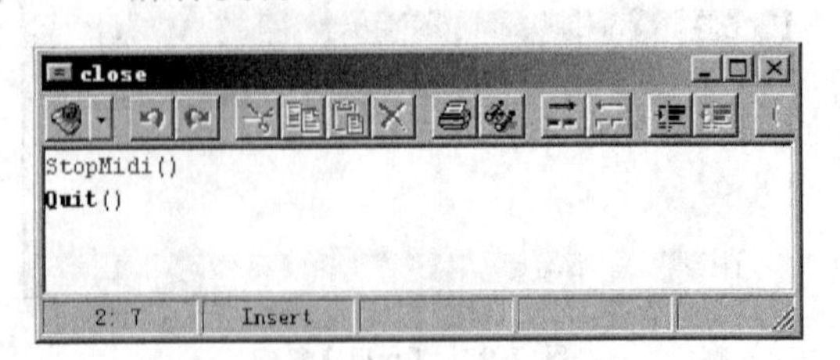

图 7-95 【close】窗口

归纳说明

本节简要介绍了适合 Authorware 7.02 多媒体应用开发的快速原型法，并介绍了 Authorware 7.02 的工作界面以及相关的菜单操作、文件操作等基本操作。最后，完整地设计完成了“唐诗”的集成操作。

拓展提高

1. Authorware 7.02 的主要特点

（1）开放性、跨平台、高效率。Authorware 7.02 不仅提供了标准、开放的应用程序接口，还可以使用其他软件的作品。Authorware 7.02 在 Windows、Macintosh 平台提供的开发环境下。以其可视化和拖放图标的编程方式以及库、模块、知识对象、嵌入技术，提高了多媒体的开发效率。

（2）可视化的图标编程。Authorware 7.02 提供形象、直观的图标及流程线的编程方式，清晰地描绘程序的工作流程，便于学习、使用。

（3）集成性。Authorware 7.02 是一个超级软件加工工厂，可以把各种信息有机地组合在一起形成一个整体。

（4）强大的交互性。Authorware 7.02 提供了 11 种与用户的交互类型来跟踪用户的操作。

（5）专业性。Authorware 7.02 拥有自身的脚本编程语言，同时还把网络编程语言——JavaScript 作为其内部编程语言之一，因而 Authorware 7.02 成为专业级的多媒体编程语言。

（6）强大的数据处理能力。Authorware 7.02 具有丰富的函数和系统变量，可以对数据进行实时跟踪、侦测和自动改动，还可以通过 ODBC 函数和 SQL 语句访问 SQL Server、Oracle 等数据库。

（7）易用性与人性化。Authorware 7.02 支持 TTS 技术和 WCAG 技术标准，可以制作自动机器语音多媒体程序，便于残疾人士使用，多了一份温情和关爱。

（8）一键发布功能。Authorware 7.02 将要发布的程序进行自动处理，只需单击鼠标就可以保存和发布。

2. Authorware 7.02 的应用领域

（1）多媒体课件制作。Authorware 7.02 是标准的多媒体制作工具和首选开发平台，它的性能使得它成为多媒体课件开发的事实工业标准。

（2）多媒体光盘制作。多媒体教学光盘制作也正是 Authorware 7.02 的特长之一。多媒体光盘容量大、运行快速，成为小型企业、学校多媒体教学的一个方式。

（3）多媒体游戏制作。游戏正在成为人们的一种消遣方式，专业级的 Authorware 7.02 编程工具，成为多媒体游戏制作的重要工具。

（4）多媒体在线咨询系统。Authorware 7.02 具有强大的数据处理能力，它可以通过 ODBC 和 SQL 语句访问大、中、小型数据库，特别适合开发多媒体管理系统。如多媒体在线咨询系统等。

3. 素材收集途径

多媒体素材包括文本、图形、图像、声音、数字电影、视频、动画等。素材收集可以通过不同的手段和方法获取，主要的收集途径有自行制作、光盘复制、网络下载等。

从互联网上获取素材可以通过的信息检索网站。典型的搜索工具有：百度、Google、Excite 等。

任务 2　程序打包和发布

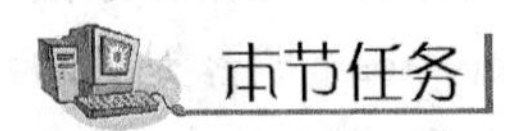

多媒体应用程序制作完成之后，需要打包与发布，程序才能脱离了制作环境运行。本节任务就是把调试、测试的“唐诗”程序进行打包封装，发布成为对独立可执行的程序。

背景知识

在程序发布之前，需要对程序打包。程序打包是指对源程序进行封装、加密处理。

程序发布是指将打包后的程序、运行时间库、支持文件、各种素材和说明文件等有效地组织在一起，以不同的存储介质形式发行。程序只有在发布之后才能脱离 Authorware 7.02 环境运行。

1. 程序打包

对源程序进行封装处理，称为程序打包。

程序打包的目的是为了发布，根据发布的形式不同，有不同的程序打包方式，归纳起来有如下 3 种方式：本地打包、一键发布、Web 网络打包。

(1) 本地打包是 Authorware 7.02 常规的打包方式，是针对发布以光盘、局域网等为媒介发布的产品的打包形式。

(2) 一键发布是 Authorware 7.02 提供的一种快速和集成化的程序打包和发布方法，提高程序打包和发布的效率。所谓一键发布，是指将程序的打包和发布处理过程一步到位、智能化完成的过程。

(3) 进行 Web 打包，除了在一键发布中打包之外，还可以单独进行 Web 打包。需要说明的是，进行 Web 单独打包，首先必须进行不带 Runtime 运行时程序文件 Runa7w32.exe 的本地打包。Web 打包用于互联网上发布 Authorware 7.02 作品。

程序打包注意事项如下。

① 复制源程序。程序一旦打包，就像其他语言程序被编译，就无法再进行修改、检查源文件，因此，程序打包之前最好是把源程序文件复制，做一个备份，一旦发现源程序需要修改或打包过程中出现问题，可以对源程序进行修改或重新打包。

② 确保程序的支持文件完整、合法。Authorware 7.02 源程序中，使用了外部函数、新的媒体及其支持设备，在程序打包之前，应确保程序的支持文件完整、合法，使得在程序打包的过

程中，可以找到所需的支持文件，也可以确保程序发布之后不会出现版权纠纷等法律问题。

③ 程序文件和库文件在打包时，可以选择分开或组合打包。分开打包节省磁盘空间。

Authorware 7.02 可以进行模块化设计，这样一个大型的应用程序可以划分成许多的小的程序模块，不仅能减小程序的开发难度，而且提高了模块的可重用性，减少了程序的规模，节省了存储空间，从而提高了程序的效率。Authorware 7.02 不仅支持模块，还支持设计图标重复链接使用。保存的这些设计图标文件称为库文件。

Authorware 7.02 提供了两种库文件的打包方法：通过一键发布方式将程序文件与库文件一起打包的集成打包和单独打包。

当多个程序打包文件使用同一个库文件时，如果采用集成库文件打包方式，那么同一个库文件将会多次重复打包，会耗费不必要的磁盘空间和资源；如果采取库文件单独打包方式，那么只需把单独打包的库文件放到程序文件相同文件夹下，或者单独把库文件放在一个文件夹下，在库文件的【搜索路径】中指定打包库文件所在的路径即可，这样多个程序文件就可以使用一个单独打包的库文件。

为了确保程序文件能够查找和使用库文件，可以通过以下的三种方法来实现。一是修改 A7w.ini 文件搜索路径，把库文件所在的路径添加到 A7w.ini 文件搜索路径中；二是将打包库文件与程序文件放在相同的目录下；三是将打包库文件放在被打包之前库文件所在的目录下。

Authorware 7.02 的 Runtime 运行时程序是 Runa7w32.exe，打包的源程序文件必须在 Runtime 运行时程序 Runa7w32.exe 的支持下才能独立执行。因此，在打包源程序时，需要明确源程序发布的方式，当决定发布独立可运行程序时，需要把 Runtime 运行时程序 Runa7w32.exe 打包、发布。运行时程序打包的方法有以下两种。

(1) 与源程序一同打包，这样打包程序文件就可以独立执行，但要求各种媒体素材、库文件必须处于打包程序文件能够搜索的位置。这种方法耗费空间和资源较大，并且还不支持跨平台执行，因为 Runa7w32.exe 只支持 Windows 32 位操作系统。

(2) 单独打包，把它放在和打包的程序文件相同的文件夹下，这样发布的程序就可以独立执行。这种方法节省资源，在不同的平台，可以重新打包该平台的 Authorware 7.02 的 Runtime 运行时程序，重新发布的程序就可以在该平台上运行。

2. 发布概念

将打包后的程序、Runtime 运行时程序，支持文件、库文件、各种多媒体素材和说明文件等有效组织在一起，以不同的存储介质形式发行，称为程序发布。

程序发布根据存储媒介的不同，分为本地发布、光盘发布和 Web 发布。本地发布是把程序发布到计算机的磁盘媒介，光盘发布是指把程序发布到光盘媒介，而 Web 发布是把程序发布到互联网络的 Web 服务器中。

发布的应用程序在运行时，系统按一定顺序搜索程序的支持文件、库文件、素材外部文件，了解搜索顺序，对程序的发布有很大的帮助。在 Windows 操作系统中的默认搜索路径顺序如下。

第一次加载在文件时的原始路径→程序文件属性面板中的【Search path】输入的路

径→系统变量 SearchPath 设定的路径→程序文件所在的路径→Runa7w32.exe 文件所在的路径→Windows 操作系统中程序安装的路径→Windows 操作系统的 System 路径。

Windows 操作系统中路径分绝对路径和相对路径。

绝对路径格式：驱动器符:\目录 1;\目录 2;……

相对路径格式：\目录 1;\目录 2;……表示所在目录的上一级目录下的相对路径

目录 1;\目录 2;……表示所在目录下的相对路径

Authorware 7.02 中处理的媒体需要相应的媒体文件的支持，表 7-1 为部分媒体对应的支持文件。当发布的程序运行时，某些媒体无法演示，就可以检查程序发布，是否发布了相应的支持文件。

表 7-1 媒体与支持文件

图像的支持文件	
BMP,DIB,RLE	Bmpview.x32
GIF	Gifimp.x32,mixview.x32
JPEG	jpegimp.x32,mixview.x32
LRG	lrgimp.x32,mixview.x32
Photoshop 3.0	ps3imp.x32,mixview.x32
PICT	pictview.x32,quicktime 2.0
PNG	pngimp.x32,mixview.x32
TGA	targaimp.x32,mivew.x32
TIF	tiffimp.x32,mixview.x32
WMF	wmfview.x32
EMF	Emfview.x32
声音的支持文件	
AIFF	A3read.x32
SWA	Swaread.x32
PCM	Pcmread.x32
VOX	Voxread.x32,Voxdcmp.x32
WAV	Wavread.x32
数字电影的支持文件	
QuickTime 6.1	A7qt32.xmo
AVI	A7vfw32.xmo
MPEG	A7mpeg.xmo

下面采用一键发布的方法，打包发布源程序"唐诗"，使其成为一个独立的可运行程序。

(1) 打开程序文件。运行 Authorware 7.02 后，选择【文件】→【打开】→【文件】命令，或者按组合键 Ctrl+O，或者，在工具栏上单击按钮，弹出【选择文件】对话框，如图 7-96 所示，在【查找范围】下拉列表中选择".\多媒体技术与应用\素材\"文件夹，在文件列表中选中程序文件"唐诗"，单击【打开(O)】按钮，打开程序文件。

图 7-96 【选择文件】对话框

(2) 运行发布设置命令。单击【文件】→【发布】→【发布设置】命令,或者按组合键Ctrl+F12,运行发布设置命令,弹出 One Button Publishing 对话框,如图 7-97 所示,其中包括有 Formats、Packages、For Web Player、Web Pages、Files 5 个标签。Formats 标签中包含设置打包、发布的方式,发布文件的类型、路径和名称的设置项;【Packages】标签中包含有设置打包的选项;For Web Player 标签用于设置创建适合 Authorware 7.02 Web Player 分块下载的片断文件和 Authorware 7.02 Web Player 下载片段文体的时间、路径、下载后的存放位置;Web Pages 标签用于设置为 Authorware 7.02 Web Player 播放打包程序设置网页和特性;Files 标签用于对将要发布的文件进行检查和更改。

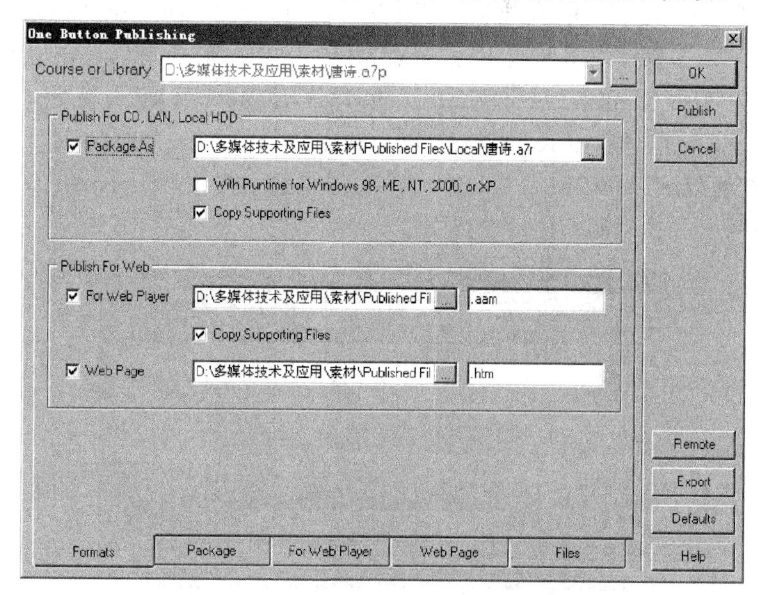

图 7-97 【One Button Publishing】对话框

(3) 选择发布的文件。在 One Button Publishing 对话框上 Course or Library 右侧的文本框显示打开文件的路径与名称，还可以单击文本框右侧的按钮，在弹出图 7-98 所示的 Open File 对话框中选择发布的程序文件，单击 打开(O) 按钮打开文件“唐诗.a7p”文件，并关闭 Open File 对话框。如果是当前打开的程序文件，则不用选择。

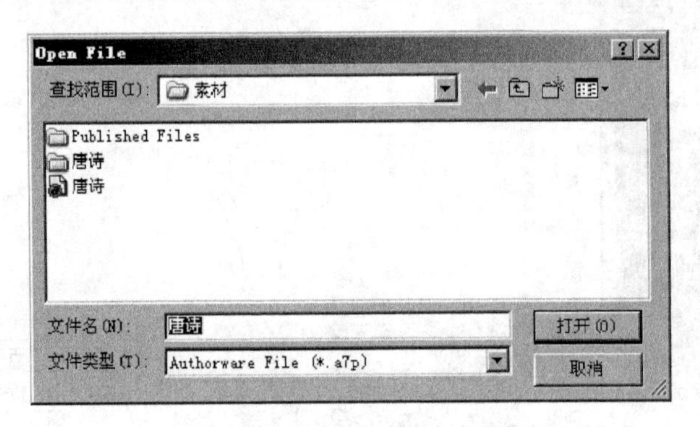

图 7-98 【Open File】对话框

(4) Formats 标签的项目。在【One Button Publishing】对话框的【Formats】标签包括 Publish For CD,LAN,Local HDD 和 Publish For Web 两组设置选项组。其中，Publish For CD,LAN,Local HDD 中的选项用于设置本地发布、光盘发布的文件目录、格式和其他选项；Publish For Web 的选项用于设置 Web 发布的文件目录、分段文件格式和网页的目录。

(5) 设置本地发布。Publish For CD,LAN,Local HDD 选项组中选中【Package As】复选框，选择本地、光盘发布的同时，也确定了程序的打包方式，并选中该复选框。在其右侧的文本框中输入发布程序文件的目录和名称“.\多媒体技术与应用\素材\唐诗”；也可以单击文本框右侧的按钮，在弹出的图 7-99 所示的 Package File As 对话框中选择发布程序的目录“.\多媒体技术与应用\素材\”，并输入文件名“唐诗”，单击 保存(S) 按钮完成设置。选中 With Runtime Foe Windows 98,Me,NT,2000,XP 复选框，发布的程序文件含有 Runtime 运行时程序 Runa7w32.exe、独立运行的.exe 文件，否则，将发布为不带 Runtime 运行时程序 Runa7w32.exe 的.a7r 文件。选中 Copy Supporting Files 复选框，选中发布程序的同时，复制相应的支持文件。

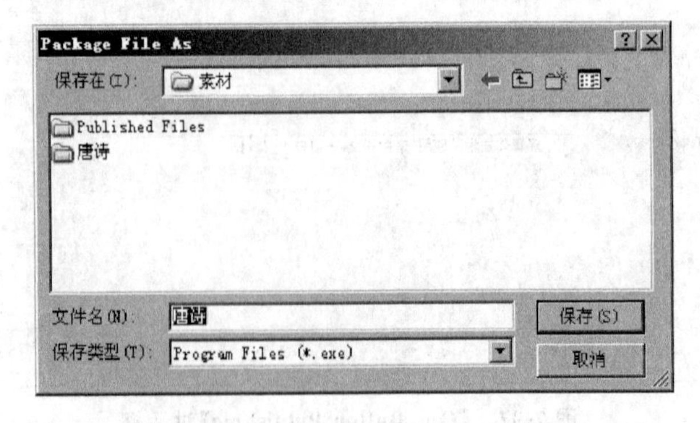

图 7-99 【Package File As】对话框

(6) 设置 Web 发布。在 Publish For Web 选项组单击 For Web Player 复选框,选中为 Authorware 7.02 Web Player 播放器发布文件。在其右侧的文本框中输入发布程序的文件夹"..\多媒体技术与应用\素材\"和文件的扩展名".aam";也可以单击右侧 按钮,在弹出的图 7-100 所示的【浏览文件夹】对话框中选择本地文件夹,单击 确定 按钮完成设置。选中 Copy Supporting Files 复选框,选中发布程序的文件夹中含有支持文件。选中 Web Page 复选框,选中为 Web Page 的网页及其存放文件夹;也可以单击右侧的 按钮,在弹出的图 7-100 所示的【浏览文件夹】对话框中选择本地文件夹,单击 确定 按钮完成设置。

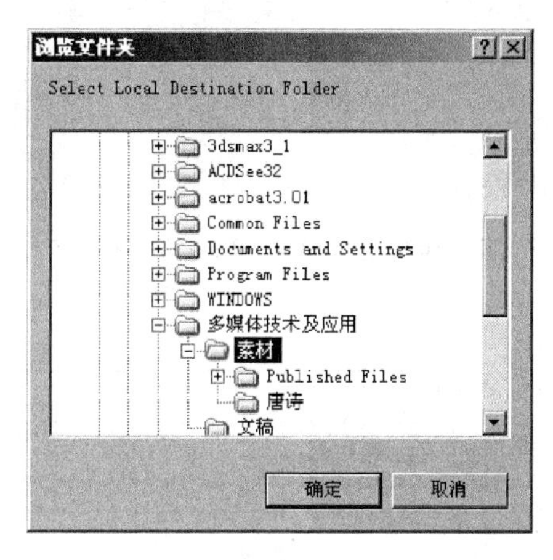

图 7-100 【浏览文件夹】对话框

(7) 打包选项设定。单击 One Button Publishing 对话框的【Packages】标签,如图 7-101 所示。打包选四个复选框中的 Package All Libraries Internally(把库打包到程序内部)、Package External Media Internally(把外部媒体打包到程序内部)、Resolve Broken Links at Runtime(运行时自动恢复断开的链接)与程序打包的选项相同。

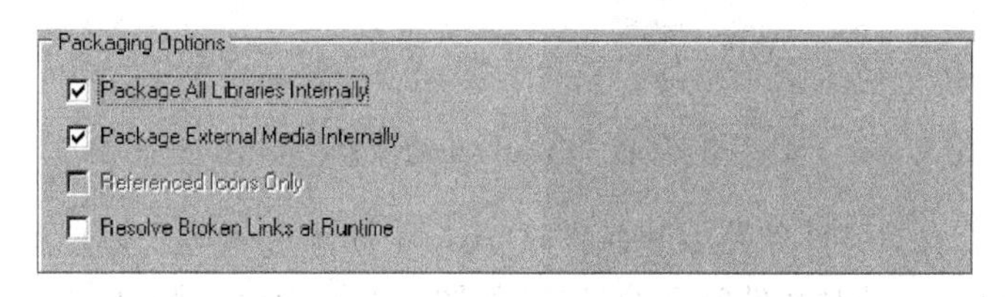

图 7-101 【Packages】标签打包选项

(8) 如果在 Formats 标签中选中了 For Web Player 复选框,则有必要设置【For Web Player】标签属性,以指定分段文件名字前缀、分段大小和下载分段时是否提示安全对话框,是否选择先进流技术。图 7-102 显示的是 For Web Player 标签选项。

(9) 如果在 Formats 标签中选中了 Web Page 复选框,则有必要设置 Web Page 标签属性,用于指定网页模板、标题和回放大小、背景颜色、Web Player 版本号、窗口类型等。图 7-103 显示的是 Web Page 标签选项。

(10) 文件的检查。单击 Files 标签,文件列表框显示打包、发布的所有文件,其中,

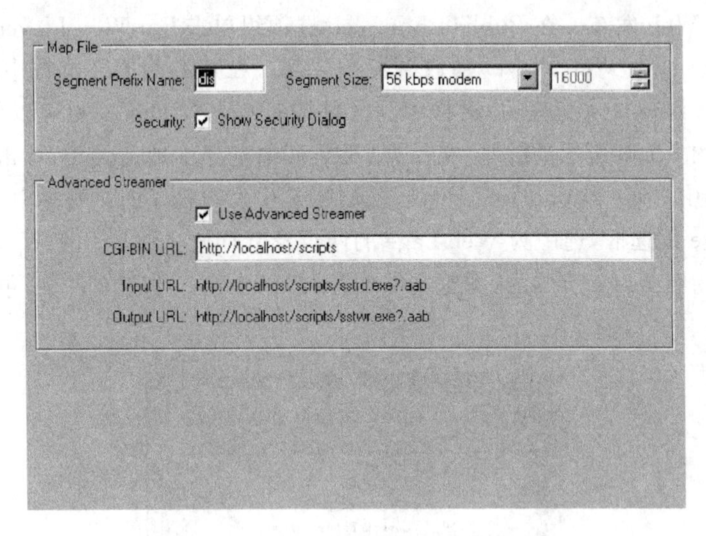

图 7-102 【For Web Player】标签选项

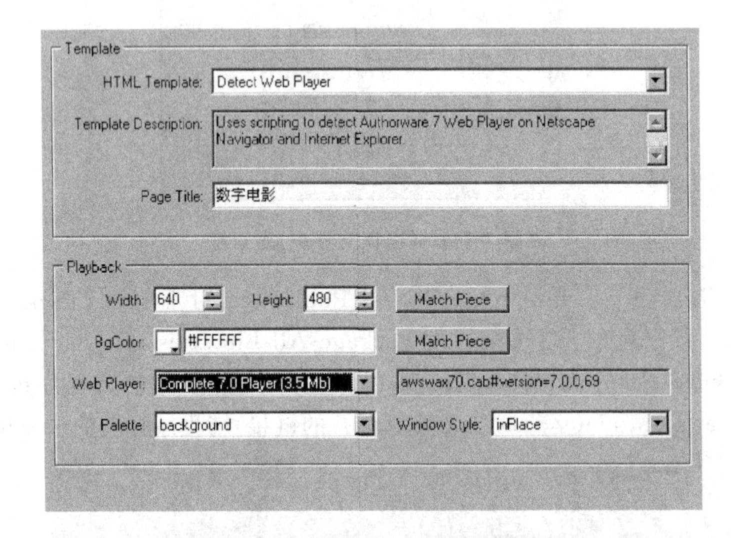

图 7-103 【Web Page】标签选项

Source 显示打包、发布文件的路径和名称，Destination 显示打包、发布后程序所在的路径和名称，Descripotion 是对文件类型的描述，如图 7-104 所示。按钮 Add File(s)... 、Find Files... 、Delete File(s) 、Clear File(s) 、Refresh 分别用于，添加、查询、删除、清除、刷新有关程序发布的程序、支持文件、库、素材文件和发布的目标文件。其中，单击 Find Files... 按钮，弹出图 7-105 所示的【查找支持文件】对话框，其中包括设置需要查找的文件类型选项，单击 OK 按钮，查找和添加程序文件中所包含的插件、素材、DLL 文件；单击 Add File(s)... 按钮，在图 7-106 所示的【增加源文件】对话框中选择需要添加的文件，然后，单击 打开(O) 按钮添加该文件到文件列表；在文件列表中单击文件，可以直接单击 Delete File(s) 从列表中删除文件。当在文件列表中单击文件时，在文件列表下面会详细地显示该文件的相关信息，并且可以修改或替换该文件。

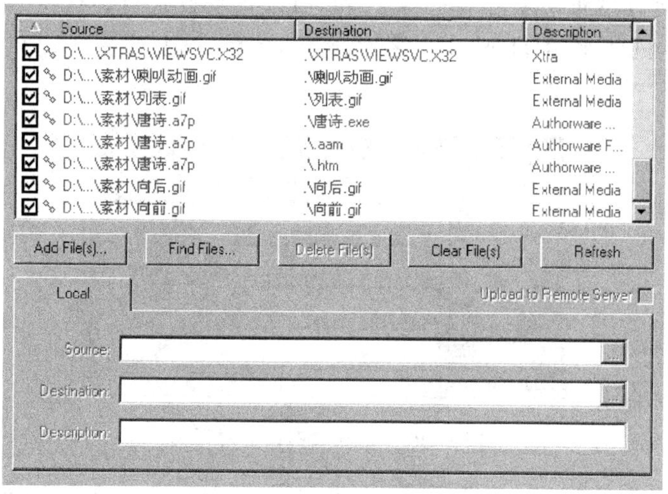

Source	Destination	Description
D:\...\XTRAS\VIEWSVC.X32	.\XTRAS\VIEWSVC.X32	Xtra
D:\...\素材\喇叭动画.gif	.\喇叭动画.gif	External Media
D:\...\素材\列表.gif	.\列表.gif	External Media
D:\...\素材\唐诗.a7p	.\唐诗.exe	Authorware ...
D:\...\素材\唐诗.a7p	.\.aam	Authorware F...
D:\...\素材\唐诗.a7p	.\.htm	Authorware ...
D:\...\素材\向后.gif	.\向后.gif	External Media
D:\...\素材\向前.gif	.\向前.gif	External Media

Add File(s)... Find Files... Delete File(s) Clear File(s) Refresh

Local Upload to Remote Server

Source:

Destination:

Description:

图 7-104 【Files】标签选项

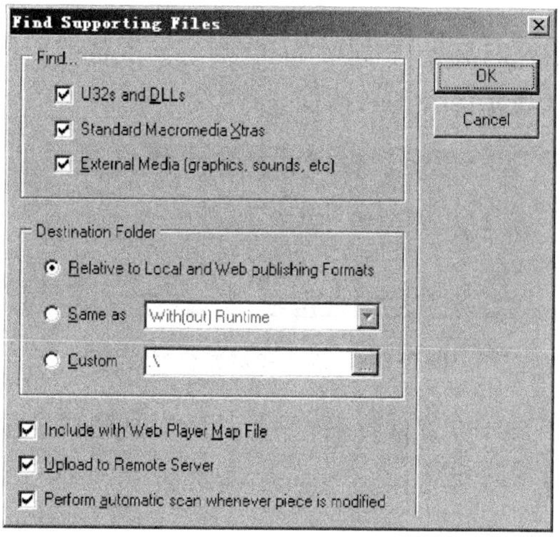

Find Supporting Files

Find...

U32s and DLLs

Standard Macromedia Xtras

External Media (graphics, sounds, etc)

OK

Cancel

Destination Folder

Relative to Local and Web publishing Formats

Same as With(out) Runtime

Custom \

Include with Web Player Map File

Upload to Remote Server

Perform automatic scan whenever piece is modified

图 7-105 【查找支持文件】对话框

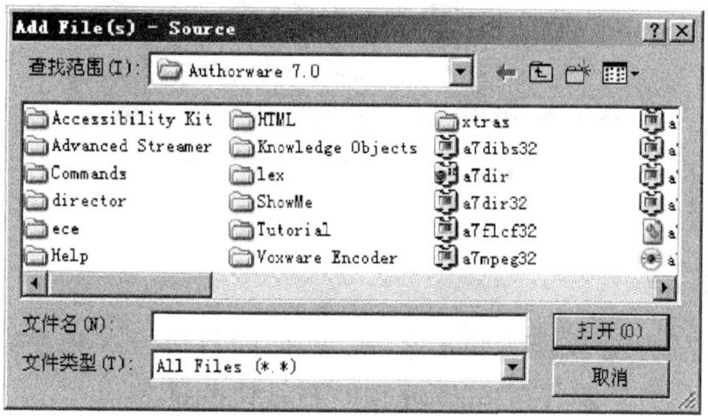

Add File(s) - Source

查找范围(I): Authorware 7.0

Accessibility Kit | HTML | xtras
Advanced Streamer | Knowledge Objects | a7dibs32
Commands | lex | a7dir
director | ShowMe | a7dir32
ece | Tutorial | a7flcf32
Help | Voxware Encoder | a7mpeg32

文件名(N): 打开(O)

文件类型(T): All Files (*.*) 取消

图 7-106 【增加源文件】对话框

(11) 设置远程发布。单击 Remote 按钮，打开远程设置对话框，如图 7-107 所示，输入远程服务器主机名称、主目录，用户名称、密码，然后，单击其上的 OK 按钮确定远程发布设置。

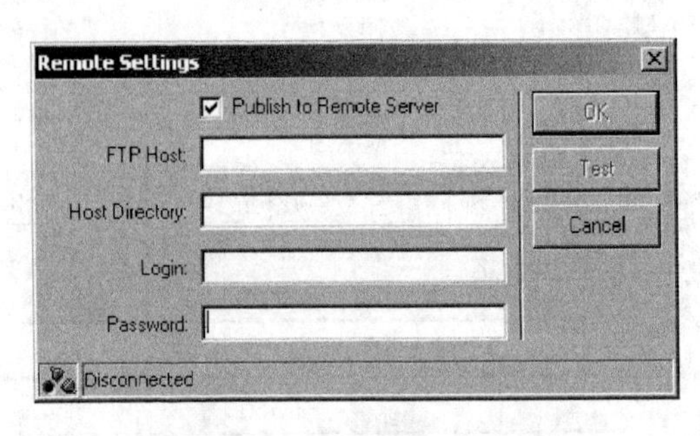

图 7-107　远程发布设置对话框

(12) 发布设置处理。单击 OK 按钮，保存发布设置。单击 Export 按钮，导出发布设置。单击 Cancel 按钮，取消发布设置。单击 Defaults 按钮，取消当前发布设置，装入默认的发布设置。

(13) 单击 Publish 按钮，开始打包、发布，然后开始文件的封装、加密、复制处理，处理完成后，弹出如图 7-108 所示的警告对话框，告知发布完毕。

图 7-108　发布完成警告对话框

(14) 一键发布。当发布设置保存后，只要程序编制测试完毕，就可以单击【文件】→【发布】→【一键发布】命令进行发布，完成之前弹出如图 7-109 所示对话框，单击 OK 按钮完成。

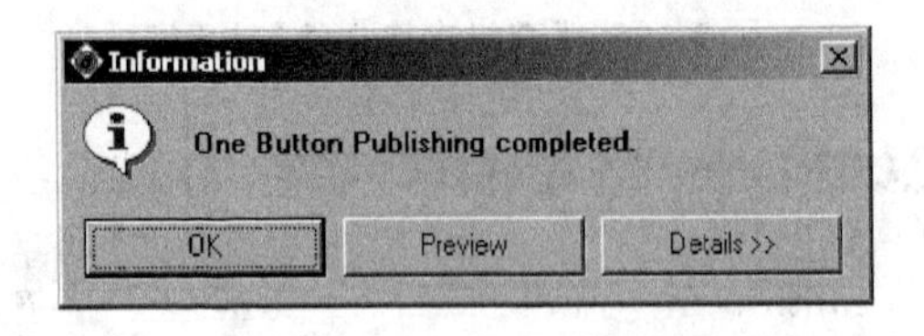

图 7-109　信息提示对话框

归纳说明

本节简述程序打包、发布的基本概念，程序、库的打包方式和程序发布的方法，通过一键发布程序“唐诗”，介绍了程序发布设置和发布具体的操作。

1. 多媒体作品不能正常运行的原因

在制作多媒体作品时，往往会出现作品打包发布后不能正常运行的情况。原因就是打包发布时，没有把作品所需要的文件一起打包发布。一个完整的多媒体作品不仅包含多媒体源程序，还必须将主程序所需的外部文件一起发布，如 Xtras 插件、库文件、动态链接库 DLL 等，这些外部文件在主程序打包时是不被打包的，因此，发布时必须确保这些文件与源程序一起发布。

不同的多媒体程序在打包时所需的文件是不一样的，打包时所需的文件类型如下。

(1) 在源主程序中引入的外部媒体素材文件。在多媒体制作中，往往要用到图形、声音文件、数字化电影、视频文件等文件，如果这样的文件较大，则通常把它们作为外部文件引入，这样可以减小源程序的大小。如果多次用到这样的文件，那么减小源程序的大小就更明显。如果发布作品时没有把这些文件和源程序一起发布，就会出现文件找不到的错误。

(2) 运行时程序 Runa7w32. exe。多媒体作品的运行，必须有运行时程序 Runa7w32. exe 的支持，当打包多媒体作品时选用的是"无须 Runtime"项，则多媒体作品无法离开多媒体作品制作环境运行。可以在打包时选用"带 Runtime"项，或者把 Runa7w32. exe 文件复制到发布的源程序文件夹中，多媒体作品就可以独立地执行了。

(3) 所需的字体。为了多媒体作品的美观，有时在多媒体作品中应用了非系统字体，发布作品时，必须同时把这些字体一起发布，否则，多媒体作品运行在其他计算机上时，字体效果会变，会严重影响多媒体演示的效果。特别是当多媒体作品在跨平台运行时，会产生不可预测的效果。

(4) 多媒体作品中所用到的外置软件模块(Xtras、ActiveX 控件、U32、DLL)。如果多媒体作品中使用了第三方开发的过渡效果插件，那么发布多媒体作品时，应该把所用到的 *. x32 文件复制到 Xtras 文件夹下。把用到的外部函数 U32、动态链接库 DLL 复制到源程序所在的目录下。

例如，如果载入使用 MidiLoop. u32 播放 MIDI 文件，必须把 MidiLoop. u32 复制到源程序所在的目录下。

所有的打包文件都需要 Mix32. x32、MixView. x32、Viewsvc. x32 这三个文件。各种类型文件打包时所需要的 Xtras 文件见表 7-1，这些文件都可以在 Authorware 安装目录或安装目录的 Xtras 文件夹下找到。

2. Authorware 7.02 Web Player 简介

Authorware 7.02 Web Player 网络播放器与 Windows Media Player 网络播放器一样，采用流媒体信息传输技术，程序可以一边下载一边使用。为了适合 Authorware 7.02 Web Player 使用，程序文件被分段打包，最多分成 65 536 个段。每个段是一个文件，文件名是 4 个英文字母作为前缀，后面是由 4 位十六进制数字构成的。例如：abcd0001. aas, abcd0002. aas,…,abcdffff. aas。Authorware 7.02 Web Player 不是一个独立的应用程序，而是一个插件程序，不能直接与 Web 服务器进行数据通信，需要借助 Web 浏览器(如

IE 浏览器)才能播放打包的 Web 程序。

思考与训练

一、思考题

1. Authorware 7.02 有哪些特点？
2. 说一说 Authorware 7.02 常用的设计图标及其功能。
3. 请说出程序打包与发布的区别与联系。
4. 分析导致多媒体作品不能正常运行的原因。

二、训练题

1. 自己动手制作“唐诗”程序。
2. 把自己制作的“唐诗”程序发布为一个可执行的独立程序。

附录

思考题与训练题解答

单元 1

一、思考题

1. 什么是多媒体技术?

多媒体技术是指通过计算机对数据、声音、文字、图像、动画和视频等信息进行综合处理和控制,使多种信息建立逻辑连接,集成为一个具有交互性系统的方法与手段。多媒体技术包括多媒体信息的采集、编码、编辑、存储、传输和显示等技术。涉及面相当广泛,主要包括如下几项。

- 音频技术:音频采样、压缩、合成及处理、语音识别等。
- 视频技术:视频数字化及处理。
- 图像技术:图像处理、图像图形动态生成。
- 图像压缩技术:图像压缩、动态视频压缩。
- 通信技术:语音、视频、图像的传输。
- 标准化:多媒体标准化。

2. 怎样进行多媒体应用的开发?

由于多媒体应用的特殊性,多媒体应用软件的开发适合采用原型模型进行开发,并且具有自身的开发过程。具体开发过程包括需求分析、脚本编写、素材收集、媒体集成、调试测试、发布与维护。

需求分析:就是分析目标与使用对象,确定采用的信息类型与表现手法。

脚本编写:包括文字脚本与制作脚本。文字脚本规划多媒体应用系统要表现的内容及表现形式。

素材收集:前期素材收集包括文字录入、图表绘制、视频拍摄、声音录制、照片准备等工作。

媒体集成:按照脚本要求把素材有机地组织到完整的多媒体系统中。

调试测试:从使用者角度测试与检验系统的正确性及完备性。

发布与维护:多媒体系统制作完成并发布后仍需根据情况变化进行系统的维护。

二、训练题

答案略。

单元 2

一、思考题

1. 为什么通常 CD 的采样频率是 44.1kHz 呢？

CD 质量的音频带宽为 10～20 000Hz，最高频率为 20kHz。采样定理指出，当采样频率大于信号中最高频率的 2 倍时，则采样之后的数字信号完整地保留了原始信号中的信息。因此，按照采样定理，要使声音经过采样后能够具有 CD 音质，采样频率应该是 CD 最高频率 20kHz 的两倍，即 2×20Hz＝40kHz。而通常，CD 的采样频率是 44.1kHz，略高于 40kHz，目的是为了留有余地。

2. 你了解的音频处理软件有哪些？

音频处理软件是对音频进行音频采集、音频编码、音频编辑、音频格式转换等的软件，有的功能简单、单一，有的功能强大、全面，常用的音频处理软件如下。

- GoldWave 是一款体积小巧而功能非常强大的音频编辑软件和数码录音软件，可打开的音频文件类型相当多，包括常用的 WAV、MP3、WMA 音频文件格式，还可以从 CD、VCD、DVD 或其他视频文件中提取声音。内含丰富的音频处理特效，如多普勒、回声、混响、降噪、高级的公式计算产生声音等。它还具有批量转换文件的强大功能。
- Cool Edit Pro 是美国 Syntrillium Software Corporation 公司开发的一款功能强大、效果出色的多轨录音和音频处理软件。它是一个非常出色的数字音乐编辑器、MP3 制作和录音软件，可以同时处理多个文件，轻松地在几个文件中进行剪切、粘贴、合并、重叠声音编辑操作，支持 AIF、AU、MP3、RAW、PCM、SAM、VOC、VOX、WAV、RealAudio 等文件格式及它们之间的格式转换。它提供有多种特效，如放大、降低噪音、压缩、扩展、回声、失真、延迟等。该软件包含有 CD 播放器，支持可选的插件、崩溃恢复、自动静音监测和删除、自动节拍查找等。有人将 Cool Edit Pro 称为音频“绘制”程序，是因为它可以用声音来绘制音调、歌曲的一部分、声音、弦乐、颤音、噪音或是调整静音。
- Adobe Audition 是一款专业音频编辑和混合环境软件。Audition 专为照相室、广播设备和后期制作设备方面工作的音频和视频专业人员设计，可提供先进的音频混合、编辑、控制和效果处理功能。最多混合 128 个声道，可编辑单个音频文件，创建回路并可使用 45 种以上的数字信号处理效果。Audition 是一个完善的多声道录音室，可提供灵活的工作流程并且使用简便。无论是要录制音乐、无线电广播，还是为录像配音，Audition 中的恰到好处的工具均可为用户提供充足动力，以创造最高质量的音响。它是 Cool Edit Pro 2.1 的更新版和增强版。
- Sound Forge 是一个包括音频处理的全套软件，可以处理音频的编辑、录制、效果处理以及编码。简单而又熟悉的 Windows 界面使音频编辑变得轻而易举，它内置支持视频及 CD 的刻录并且可以保存为一系列的声音及视频的格式，包括 WAV、WMA、RM、AVI 和 MP3 等格式。此外，它可以处理大量的音频转换的工作。

3. 什么是插件？你知道如何使用 Adobe Autditon CS6 插件吗？

插件的本质是在不修改程序主体的情况下对软件功能进行加强，当插件的接口被公开时，任何公司或个人都可以通过插件的接口来编写程序，解决一些程序主体操作上的不便或增加一些功能。

从广义的范围来看，插件有以下三种类型。

- 类似批命令的简单插件。当运行这种插件时，软件会一步步要求用户进行选择、输入，最后根据用户的输入来执行一系列事先定义好的操作。这种插件通常是文本文件，缺点是自由度非常低、功能比较单一、可扩展性极小。优点是插件做起来非常方便。
- 脚本插件。使用某种脚本语言编写的插件。这种插件比较难写，需要软件开发者自己制作一个程序解释内核。优点在于无须使用其他工具来制作插件，软件本身就可以实现。普遍应用于各种办公自动化软件中。
- 利用已有的程序开发环境来制作插件。使用这种方法的软件在程序主体中建立了多个自定义的接口，使插件能够自由访问程序中的各种资源。这种插件的优势在于自由度极大，可以无限发挥插件开发者的创意，这种插件是狭义范围的插件，也是真正意义的插件。而这种插件机制的编写相对复杂，对于插件接口之间的协调比较困难，插件的开发也需要专业的程序员才能进行。

二、训练题

1. 使用 Windows“录音机”采集声音。提示：“录音机”录音长度默认为 60s，为了增加录音长度，可以在静音录制 60s 结束后，再按录音键每次可以增加 60s。

录制声音之前，确保录音相关设备已连接好。

首先进行录音设置，在任务栏右侧找到图标，单击该图标，选择合成器，确保没有选中静音，如附图 1 所示。右击图标选择录音设备，弹出录音对话框，单击 属性(P) 按钮，对麦克风的各项属性进行调试，如附图 2 所示。在 Metro 界面右击，单击屏幕下方出现的【所有程序】，在【所有程序】界面，找到 Windows 附件里的【录音机】，如附图 3 所示。录音机界面如附图 4 所示。

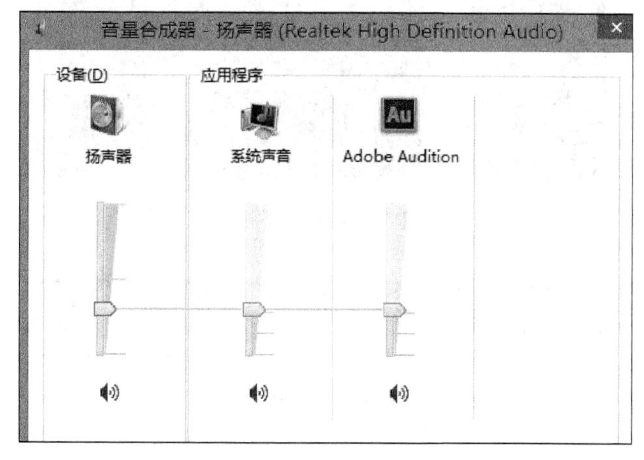

附图 1　合成器窗口

附图 2 【麦克风 属性】对话框

附图 3 录音机所在位置

附图 4 录音机界面

单击 ● 开始录制(S) 按钮可开始录音，单击 ■ 停止录制(S) 按钮可停止录音。单击停止录制按钮后弹出【另存为】对话框，如附图 5 所示，若单击 取消 按钮，则录音机的开始录制按钮变为 ● 继续录制(S) 按钮，可以继续刚才的录音过程。若单击 保存(S) 按钮，则此次录音结束。

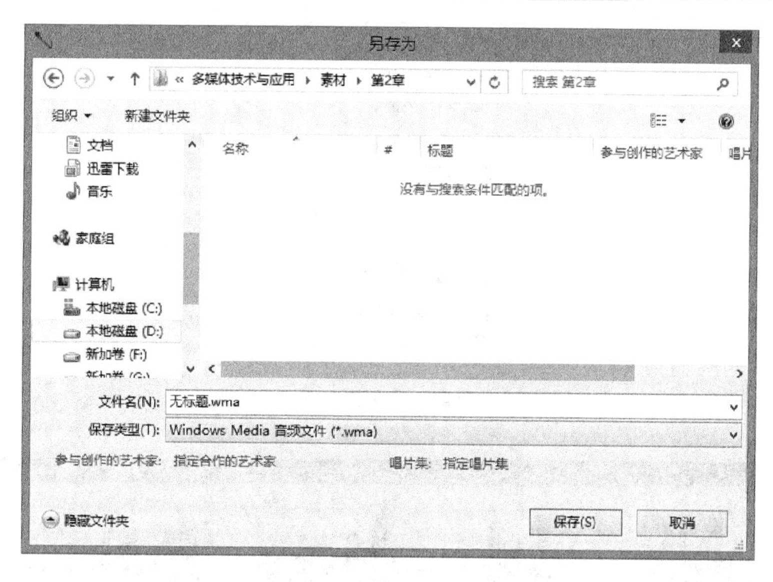

附图 5　【另存为】对话框

2. 使用你所熟悉的音频处理软件，对录制的声音进行降噪处理。

使用 Adobe Audiution CS6 对“录音机”录制的音频进行降噪处理。

打开待处理的音频文件。单击【文件】标签，再单击【导入】命令，如附图 6 所示，选中音频文件，单击 打开(O) 按钮，导入音频文件。在【文件】标签的文件列表中，右击导入的音频文件，弹出如附图 7 所示的快捷菜单，选择【编辑文件】命令。

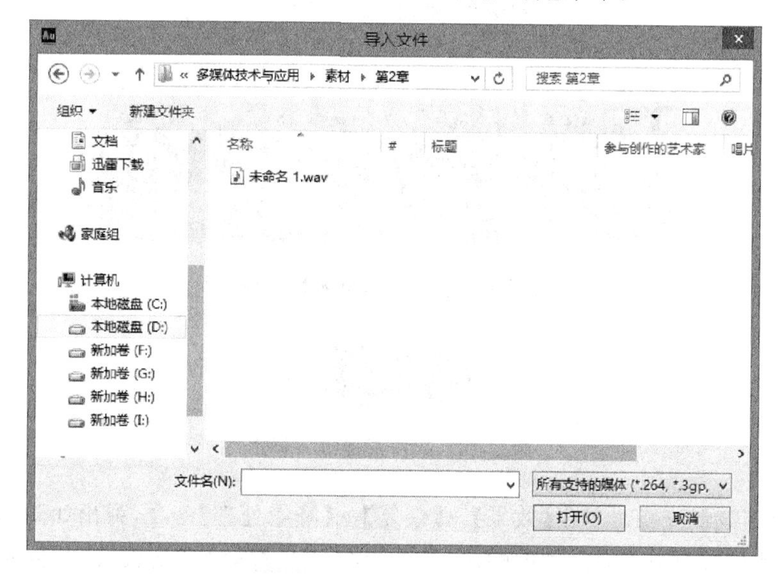

附图 6　【导入文件】对话框

选择音频中的一段噪音，如附图 8 所示。单击【效果】→【降噪 N/恢复】→【捕捉噪声样本】命令，开始进行噪声样本捕捉。如附图 9 所示。等待捕捉噪声样本过程，如附图 10 所示。

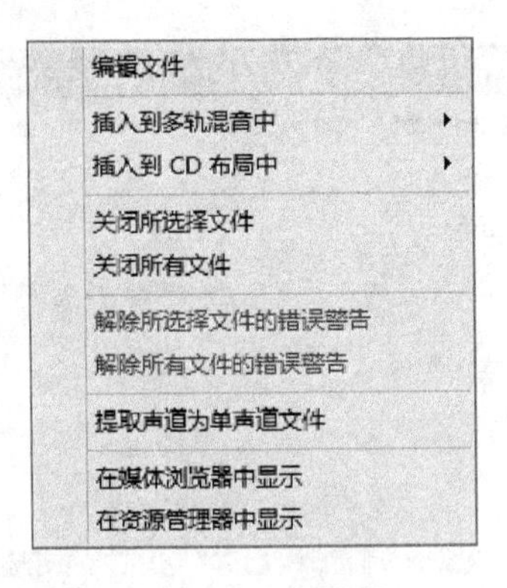

附图 7　快捷菜单

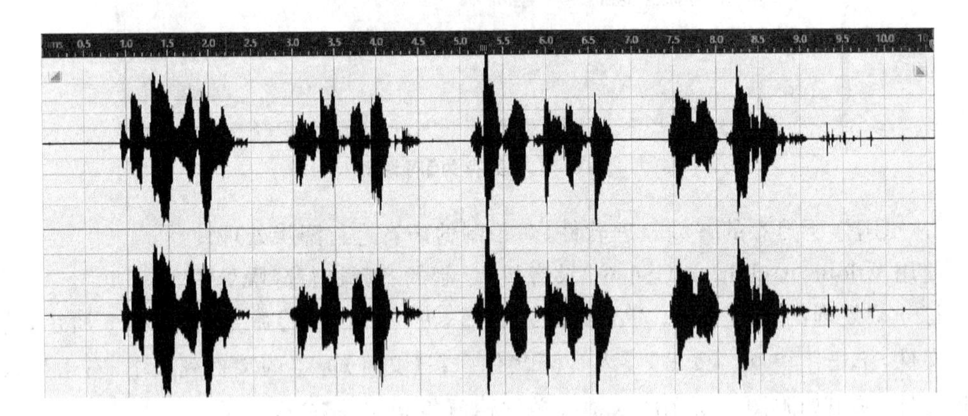

附图 8　选取一段音频噪音

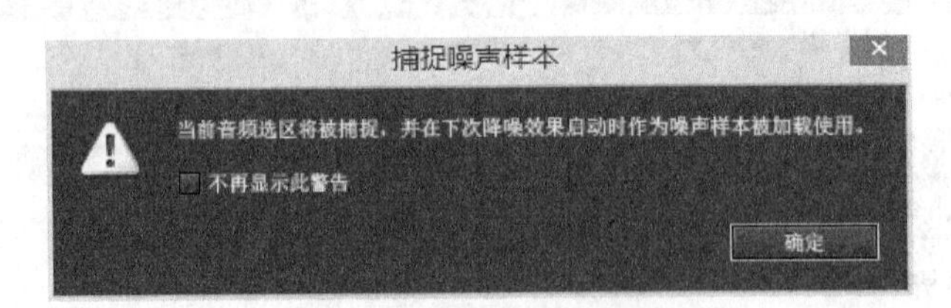

附图 9　【捕捉噪声样本】对话框

附图 10　等待捕捉噪声样本

进行全部波形降噪。单击【效果】→【恢复】→【降噪处理】命令，弹出如附图 11 所示的窗口，默认已经采用刚才捕捉到的噪声样本。单击 选择完整文件 按钮，选中全部音频波形，单击 应用 按钮进行全波形降噪，并显示降噪的进程。

降噪完成后，单击【文件】→【存储】命令，保存经过降噪处理的文件。

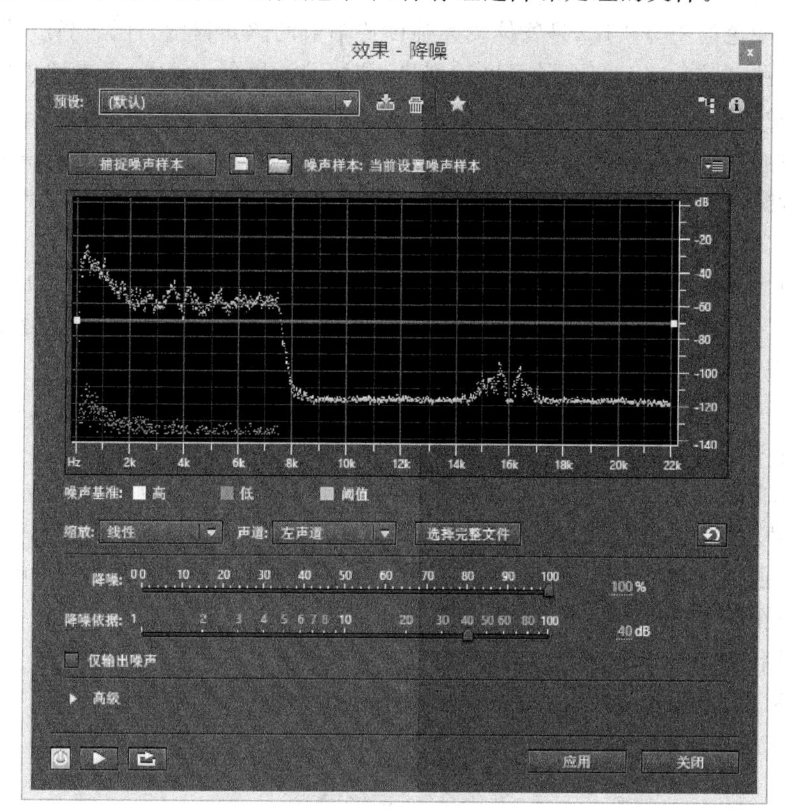

附图 11　降噪工作窗口

单元 3

一、思考题

1. 位图图像和矢量图形各有什么特点？

计算机图像图形分为两大类：位图图像和矢量图形。

矢量图形是由称为矢量的数学对象所定义的直线和曲线组成的。用 CorelDraw 等绘图软件创作的是矢量图形，矢量图形根据图形的几何特性来对其进行描述。由于矢量图形由数学定义的各种几何图形组成，因此矢量图形存储容量比较小，并且移动、缩放景物或更改景物的颜色不会降低图像的品质。

位图图像也称为栅格图像，用小方形网格(位图或栅格)即像素来代表图像，每个像素都被分配一个特定位置和颜色值。位图图像中各种景物是由该位置的像素拼合组成的。处理位图图像时，编辑的是像素而不是对象或形状。位图图像存储容量比较大，图像扫描设备、Photoshop 和其他的图像处理软件都产生位图图像。

2. 对下列名词给出定义：色调、亮度、饱和度、分辨率。

色调、亮度和饱和度是描述颜色的三个基本特征。

色调又被称为色相，是人眼看到一种或多种波长的光时产生的颜色感觉，也就是颜色。色调用红、橙、黄、绿、青、蓝、紫等术语来刻画。在相邻颜色混合处，可以获得在这两种颜色之间连续变化的色调。

亮度是颜色的明亮程度，是物体发光强度或辐射的感知程度。由于亮度的差异，物体看起来亮一些或暗一些。当光的强度达到最小时，即为黑色；反之，当光的强度达到最大时，即为白色。

饱和度是相对于明度的一个区域的色彩，是指颜色的纯洁性。对于同一色调的彩色光，饱和度越大，本色调的颜色越纯。当一种颜色渗入其他光成分愈多时，就说颜色愈不饱和。

图像分辨率是指图像中每单位长度的像素数目，通常用像素/英寸(ppi)表示。相同尺寸的图像分辨率越高，单位长度上的像素数越多，图像越清晰；反之图像越粗糙。

3. 列举几种制作选区的方法。

Photoshop 提供了很多图像选取工具，如选框工具、套索工具、魔术棒工具，还提供了一些与建立和编辑选区相关的命令。

使用选框工具建立选区是最简单的规则选区的建立方法，它们分别是：矩形选框工具、椭圆选框工具、单行选框工具和单列选框工具。套索工具是建立不规则选区的一种工具，它们分别是：套索工具、多边形套索工具和磁性套索工具。魔术棒工具用来选择颜色相同或相近的区域，只要在图像上单击，与单击处颜色相近的区域都包含在选区之中。

利用路径和蒙版创建选区，易修改和保存，优点更加突出。

4. 讲解【图层】面板各选项和按钮的含义。

【图层】面板如附图 12 所示。

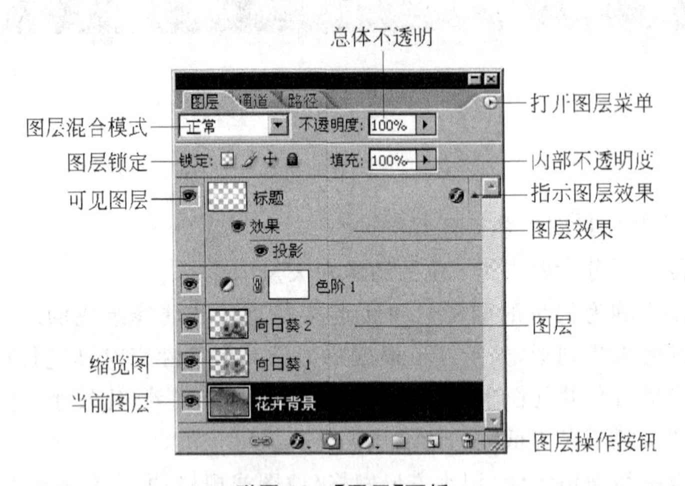

附图 12 【图层】面板

不透明度：一个层的不透明度决定了其下面一层的完全显示程度。其值在 0～100％之间，当取值为 0 时为完全透明，取值为 100％时则会完全遮住下面的图层。百分比的数值越大，该层显示越不透明。注意不能改变背景图层、被锁定图层和不可见图层的不透明度。

混合模式：Photoshop 提供了 22 种图层混合模式，选择不同的图层混合模式能看到当前图层与位于其下面的图层混合叠加到一起的效果。

选择混合模式和设置不透明度会相互影响，它们共同决定图像的显示效果。

图层锁定：【图层】面板有四个锁定按钮，用来部分或者完全锁定图层，以保护图层内容。

锁定透明像素 ：锁定后，透明区域将被保护起来，只能对当前图层的不透明区域进行处理。

锁定图像像素 ：锁定后，图像的透明与不透明区域都不能进行修改。

锁定位置 ：锁定后，当前图层的图像位置不能改变。

锁定全部 ：上面的三种情况都被锁定。

以下介绍图层操作。

添加图层样式 ：图层样式使得利用图层处理图像更加方便，用户可以套用 Photoshop 提供的许多图层样式，在进行一些参数设置后，能在图像上制作出特殊效果。充分地运用图层样式，是图像处理的重要手段。

添加图层蒙版 ：图层蒙版的运用在 Photoshop 中占有很重要的地位，它可以控制图层中的不同区域如何被隐藏或者显示，在多个图像的拼合处理中特别有用。

图层蒙版采用灰度区域来表示透明度，不同程度的灰色蒙版表示图像以不同程度的透明度显示。例如白色区域为透明显示区域，而黑色区域则为隐藏区域。

创建新的填充或调整图层 ：调整图层主要用来控制色调和色彩的调整，它存放的是图像的色调和色彩，而不存放图像。在调整图层中调节下面层色彩的色阶、色彩平衡等，它不会改变下面层的原始图像。

创建新组 ：图层组可以用来装载有某些关联的图层，并对这些图层进行统一管理。

创建新图层 ：新建一个空白透明图层。

删除图层 ：删除选定图层。

图层面板中的一些功能和面板弹出菜单命令是从图层菜单中分离出去的，所以图层的其他操作可以由图层菜单实现。

5. 修补图像有哪几种方法？

Photoshop 提供了图像的修补工具，主要有图章工具和污点修复画笔工具、修复画笔工具等。

图章工具是一种图形复制和修补工具，用户可以用来复制图形或者修补图像。图章工具又分为仿制图章工具和图案图章工具。

修复工具用于修复图像，能够有效地清除图片上常见的尘迹、划痕、污渍和折纹。修复画笔和其他的图像复制工具不同，在同一幅图片中或在图片与图片之间进行复制时，能将修复点与周围图像很好地融合，自动地保留图像原有的明暗、色调和纹理等属性。修复工具分为污点修复画笔和修复画笔。

修补工具可以从图像的其他区域或使用图案来修补当前选中的区域。

二、训练题

1. 使用多边形套索工具、矩形选框工具及选区放缩、羽化、自由变换、亮度/对比度命令给素材即第3章的图像文件“阴天.jpg”换上同一文件夹中图像文件“晴天.jpg”的天空,结果如下面的效果图所示。

先在【图层】面板复制“阴天.jpg”文件的背景图层,然后使用多边形套索工具勾选出新图层中阴天的天空选区,并删除这部分选区;用矩形选框工具选出“晴天.jpg”图像的大部分天空部分,移动到“阴天.jpg”文件中,并对天空图像进行自由变换,再把此图层放置到背景副本图层下方;最后调整整个图像的亮度/对比度。

2. 用修补工具去掉素材即第3章的图像文件yearn.jpg中男孩脸上的胶布,结果如下面的效果图所示。

(1) 单击污点修复画笔,设置画笔大小为85,选择类型为“创建纹理”。

(2) 将鼠标指针移至男孩脸部胶布处,在此处单击,胶布即被处理掉。

单元4

一、思考题

1. 如何为两个视频文件应用转场效果?

视频转场是指两个视频片段相接时,片段间的切换效果。如果两个视频文件处于同一视频轨道,则在单轨视频上添加转场效果,只要打开【项目】窗口的【特效】面板,选择“视频转场”项下转场效果,并将其拖至视频轨道上紧连的两个视频片段之间即可。如果两个视频文件处于不同视频轨道,则把需要进行转场播放的两个视频片段放置在合适的位置,使它们之间具有一定的重叠,然后分别添加转场效果,即先播放的视频片段的尾部添加转场效果,后播放的视频片段的头部添加转场效果。

2. 音频转场和音频特效有什么区别?

Premiere程序处理的音频文件主要指背景音乐和解说旁白,音频文件处理主要包括音频转场和音频特效两个方面。

音频转场主要处理单个音频文件的淡入淡出和两个音频文件交叉淡入淡出;音频特效是对音频文件进行特效处理,改善音质、增强效果。

3. 标题窗口由哪些部分构成?

标题窗口内容如下。

字幕类型:主要用于设计字幕进入屏幕的类型,共分静止、滚动和飞入三种状态。

左滚/上飞选项:当字幕类型选择滚动和飞入两种状态时,此项有效。滚动/游动对话框内设定字幕进入时间。

工具栏:用于创建字幕文本、文本样式和绘制几何图形的工具。

对象风格面板:用于设置字幕文字的各种属性与文字填充、描边和阴影的颜色及其属性。

风格面板:显示了系统提供的字幕样式,用户可从中选取所需风格,应用到正在编辑的字幕上。

转换面板:用于设置字幕的透明度、在屏幕中的位置、大小和角度。

4. 影片输出时可输出的文件格式有哪些?

影片输出时可输出的文件格式有多个,其中 Windows Bitmap、Compuserve GIF、Targa、TIFF 生成的是帧图像序列,也就是图像序列的电影,音频文件不能随之输出;Animated GIF 是一种网页支持的 GIF 动画文件,同样也不能同时输出音频文件;Windows Waveform 是音频文件,扩展名是. wav;Microsoft DV AVI 和 Microsoft AVI 是两种视频文件,Microsoft DV AVI 是一种数字视频格式,而 Microsoft AVI 是 Windows 操作系统支持的视频格式,它们的文件扩展名都是. avi;Filmstrip 是指可以直接输出成可供制作电影胶片的文件,生成文件的扩展名是. flm,也不能同时输出音频文件。

二、训练题

1. 制作一个动画字幕效果。

(1) 先新建一个项目,并导入素材文件。

(2) 单击【文件】→【新建】→【字幕】命令,打开【字幕设计】对话框。

(3) 编辑字幕文本,并设置字幕格式。

(4) 将字幕文件保存在项目窗口。

(5) 用鼠标把字幕文件拖至视频轨道。

2. 从收集整理素材开始,制作一个完整的影片,要求包括片头、背景音频、视频转场效果,最后以 AVI 格式输出。

单元 5

一、思考题

1. Flash 动画有哪些应用?

Flash 动画广泛应用于电视、电影、广告、建筑、工程、美术、教育、娱乐、飞行模拟、空间开发等各个方面。由于矢量 Flash 动画文件小,因此其传输快,带宽需求小,特别适合 Internet 网络广告、Flash 动画、教育、娱乐等方面的应用。

2. Adobe Flash Professional CS6 的绘图模式有什么特点?

Adobe Flash Professional CS6 的绘图模式有合并绘制模式和对象绘制模式。使用合并绘制模式重叠绘制图形时,会自动进行合并。当需要移动的图形已与另一个图形合并,移动它则会永久改变其另一个图形。对象绘制模式下分离或重叠图形时,不会改变它们的外形。单击用对象绘制模式创建的图形时出现矩形边框,每个图形是独立的,可以分别进行处理。不会出现不同对象重叠后因合并而改变的现象。

二、训练题

利用引导层制作一个按指定路径飞行的飞机,尾部喷出一个图案。

(1) 新建文档。运行 Adobe Flash Professional CS6 之后,如果没有自动新建文档,则选择【文件】→【新建】命令,弹出【新建文档】对话框,在【常规】标签的【类型】列表中,单击选定 Flash lite4,并在页面右边设置文档属性,单击 确定 按钮,新建文档的默认文档名为"未命名-1"。也可以通过单击【工具栏】上的 按钮,直接新建一个默认文档名为

“未命名-1”的文档。

（2）设置文档的属性。单击【属性】面板的【大小】右侧的按钮，打开【文档设置】对话框，修改【尺寸】的宽与高为 483×110。

（3）选择文字工具。在【工具箱】中单击文本工具，选择文字的颜色。单击填充颜色工具，从弹出的【颜色】中面板选择“蓝色”。

（4）创建文本。单击【时间轴】上“图层 1”，在舞台上单击，出现文本输入框和文本属性面板，输入“Welcome”。

（5）修改文字的颜色。单击选中“图层 1”的第 1 帧，从【工具箱】中找到按钮，在舞台单击“Welcome”文本，选择该文本对象，在文本属性面板中选择文本填充颜色为“淡蓝色”。

（6）插入帧。在“图层 1”的第 2 帧右击，弹出快捷菜单，选择【插入帧】命令，则在“图层 1”的第 2 帧插入与第 1 帧相同的一般帧。

（7）修改图层名称。双击“图层 1”，输入“文字”作为图层的新名称。

（8）插入图层。在“图层 1”上插入“图层 2”，修改图层名称为 mask。在【工具箱】中选择长方形工具，单击填充颜色为“白色”，单击【工具箱】中选择绘制模式为对象模式，在舞台上拖动鼠标，绘制一个长方形，与图层“文字”的文字大小相当，并遮挡住文字 Welcome。

（9）绘制矩形。在【工具箱】中设置填充颜色为白色，绘制模式为对象模式，在舞台上拖动鼠标，绘制长方形，与图层“文字”大小相当，并遮挡住文字 Welcome。

（10）制作移动动画。单击 mask 图层的第 1 帧，右击，弹出快捷菜单，选择【创建补间动画】命令生成补间动画。然后右击 mask 图层的第 60 帧，弹出快捷菜单，选择【插入关键帧】命令。单击第 60 帧，单击选择工具，在舞台上单击矩形，将其拖动到舞台右侧。

（11）修改“文字”图层。右击“文字”图层第 60 帧，插入一般帧。单击“文字”图层第 2 帧，当鼠标指针下面出现虚方形时，拖动“文字”图层第 2 帧到第 60 帧。

（12）增加“飞机”图层。单击【时间轴】图层下方的插入图层按钮，增加一个“图层 3”，修改图层名称为“飞机”，拖动“飞机”图层到 mask 图层上方。

（13）粘贴“飞机”图形。在 Word 中插入剪贴画并复制，然后，在“飞机”图层工作区右击，从弹出菜单中选择【粘贴】命令，把剪切画粘贴到工作区，单击【时间轴】图层下方的按钮，增加一个“图层 3”，修改图层名称为“飞机”，拖动“飞机”图层到 mask 图层上方。

（14）增加引导层。单击【时间轴】图层下方的插入引导层按钮，在“飞机”图层上方增加一个引导层。单击图层 mask 右方中左边的图标，设置禁止显示。单击【工具箱】的钢笔按钮，单击引导层第 1 帧，选中引导图层和第 1 帧。

（15）绘制路径。参考“文字”图层，在舞台上绘制近似 Welcome 形状的路径，位置、大小与文字图层的文字位置、大小相当。

（16）创建路径动画。单击“飞机”图层第 1 帧，右击，弹出快捷菜单，选择【创建补间动画】命令，右击“飞机”图层第 60 帧，在快捷菜单中单击【插入关键帧】命令，创建补间动画。单击选中"飞机"图层的第 1 帧，单击【工具箱】的 选择 按钮，单击舞台上的"飞机"图像，拖动"飞机"的中间空心原点到它的头部，移动其中心点。从【工具箱】中选择 选择 按钮，选中"飞机"图像，拖动它到引导路径开始的地方，当出现对齐线，并对齐路径的开始点时，释放鼠标。单击选中"飞机"图层的第 60 帧，选中"飞机"图像，拖动它到引导路径结束的地方，当出现对齐线，并对齐路径的结束点时，释放鼠标。

(17) 保存文档。选择【文件】→【保存】命令，弹出【另存为】对话框，在【保存在】下拉列表中选定保存的目录，在【文件名】输入"飞机"，单击 保存(S) 按钮，存储文档。

(18) 导出动画。选择【文件】→【导出】→【导出影片】命令，打开【导出影片】对话框，在【保存在】下拉列表中选择保存路径，在【保存类型】下拉列表中选择". swf"，在【文件名】文本框输入"飞机"文件名，单击 保存(S) 按钮，完成导出。

单元 6

一、思考题

1. 什么是建模？它的基本方法有哪些？

建模，就是创建三维对象模型，它关系到作品的真实感及可视性。

在 3ds max 中，三维建模的方法共有 3 种。

(1) 建立和修改变形基本几何体的方法构造三维模型。

(2) 二维图形经过放样或拉伸、旋转、倒角操作，转换为三维模型。

(3) 利用 NURBS 建模。NURBS 是 3ds max 的又一种建模工具，使用 NURBS 适合于创建复杂的、边缘光滑的曲面。

2. 材质编辑器的作用是什么？

在 3ds max 中，材质是物质特征的体现，不同的材质对物体的颜色、反光度和透明度等特性产生的效果是不同的，材质的建立与调整使用材质编辑器完成。

3. 泛光灯与聚光灯有什么区别？主要作用是什么？

灯光对于营造三维场景的气氛有着十分重要的作用。泛光灯与聚光灯是 3ds max 最常用的灯光工具，它们相互配合能获得最佳的效果。泛光灯是具有穿透力的照明，也就是说在场景中泛光灯不受任何对象的阻挡。如果将泛光灯比作一个不受任何遮挡的灯，那么聚光灯则是带着灯罩的灯。在外观上，泛光灯是一个点光源，而目标聚光灯分为光源点与投射点，在修改命令面板中，它比泛光灯多了聚光参数的控制选项。

泛光灯是一种向外扩散的点光源，可以照亮周围物体，没有特定的照射方向，只要不是被灯光排除的物体都会被照亮。这是一种柔和的光源，它可以影响物体的明暗。在三维场景中，泛光灯多作为补光使用，用来增加场景中的整体亮度。聚光灯相对泛光灯而言就像为灯泡加上了一个灯罩，并且多了投射目标的控制。由于这种灯光有照射方向和照射范围，因此可以对物体进行选择性的照射。3ds max 中的聚光灯又分为目标聚光灯和自由聚光灯。目标聚光灯和自由聚光灯的强大能力使得它们成为 3ds max 环境中基本且十分重要的照明工具。与泛光灯不同，聚光灯的方向是可以控制的，而且它们的照射形状可以是圆形或长方形。每个聚光灯都有聚光区和衰减区，中间明亮部分为聚光区，周围暗淡部分为衰减区，聚光区和衰减区由两个同心圆来表示，浅蓝色圆圈内部为聚光区，深蓝色圆圈与浅蓝色圆圈之间内部分为衰减区。

4. 创建动画的方法有哪些？

在 3ds max 中，可以使用三种方法编辑动画：①使用关键帧编辑动画；②使用轨迹视图编辑动画；③使用动画控制器编辑动画。

二、训练题

1. 利用 Exrtude（拉伸）的方法创建“三维动画制作”的立体字。

（1）单击 Create（创建）面板中的按钮，选择 Shapes（平面建模）按钮，然后单击 Text（文字）按钮，如附图 13 所示，在打开的参数卷展栏中设置要拉伸的字的字体、字号和文字。

（2）设置结束后，在 Top 视图中单击，如附图 14 所示，在工作视图中弹出平面字。

（3）单击命令面板的按钮进入修改面板，在修改器选择栏中选择【Extrude】（拉伸），如附图 15 所示。

（4）单击【Extrude】后弹出参数设置卷展栏，改变 Amount（数量）的参数为 20，如附图 16 所示。

2. 创建一个小球对象，为该对象赋予一个木纹效果的材质。

（1）单击 Create（创建）面板中的按钮，在场景中创建一个小球。

（2）打开材质编辑器，单击【Blinn Basic Parameters】（宾氏基本参数卷展栏）中 Diffuse 颜色块后边的小方块，打开【Material/Map Browser】（材质/贴图浏览器）窗口，选择 Wood（木材）贴图，如附图 17 所示。

附图 13 创建文字

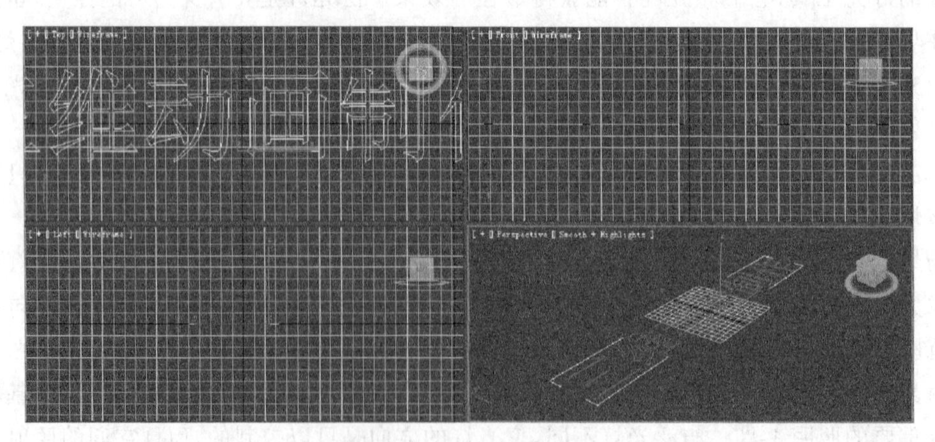

附图 14 视图中显示文字

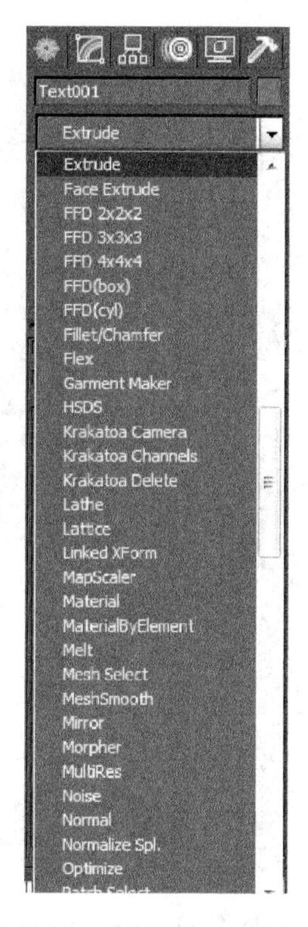

附图 15　选择【Extrude】命令

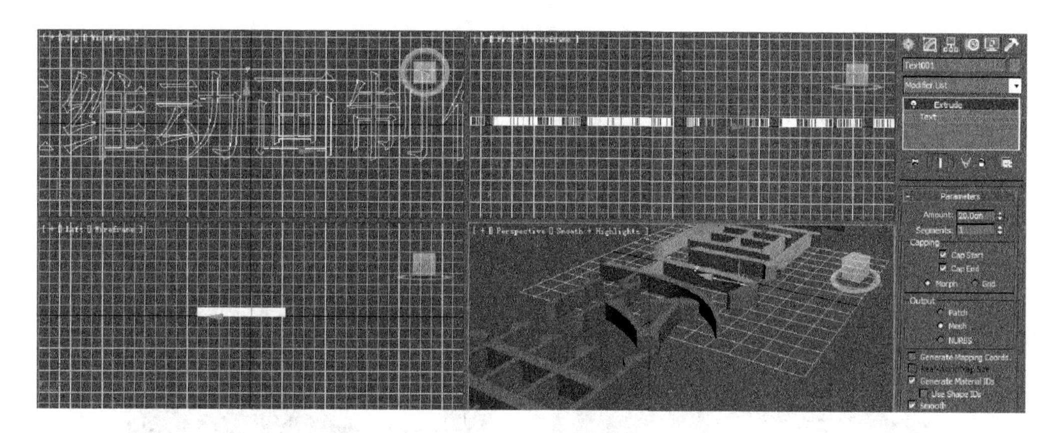

附图 16　参数设置

（3）回到材质球编辑界面。【Material Editor】窗口会变成如附图 18 所示的样子，这是材质 Wood 的控制面板，因为没有必要在这里进行任何修改，所以单击【Go to Parent】（回到父级菜单）按钮，回到上级的材质球编辑界面。

（4）编辑材质属性。选中 Face Map（面贴图），这是为了以面为单位来贴图，有时候可以避免贴图被拉伸而变形。再找到【Blinn Basic Parameters】栏下的【Specular Highlights】选项组，将 Specular Level（高光级别）的数值改为 70，将 Glossiness（光泽度）的数值改为 30，这样球体就有光泽了，如附图 19 所示。

附图 17　选择材质

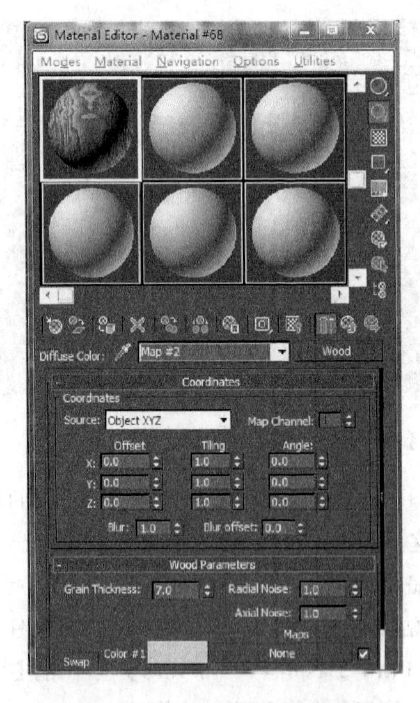

附图 18　Wood 材质的控制面板

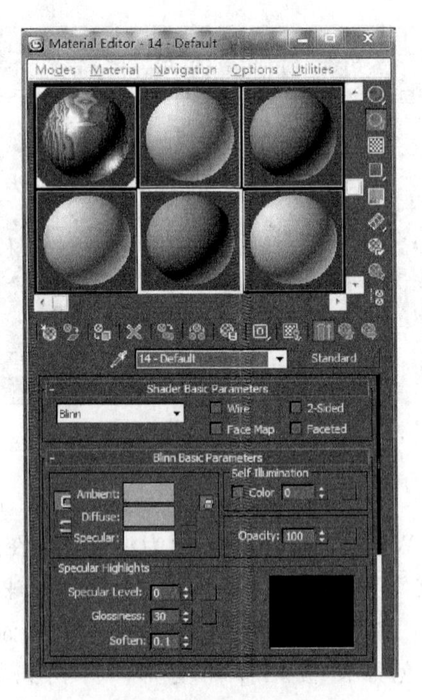

附图 19　编辑材质属性

(5) 单击 Assign Materitl to Selection(赋予选择物体)按钮,将材质赋予小球,单击 Show Map in Uiemport(显示贴图)按钮,可以让贴图显示在视图里,小球表面出现木纹,如附图 20 所示。

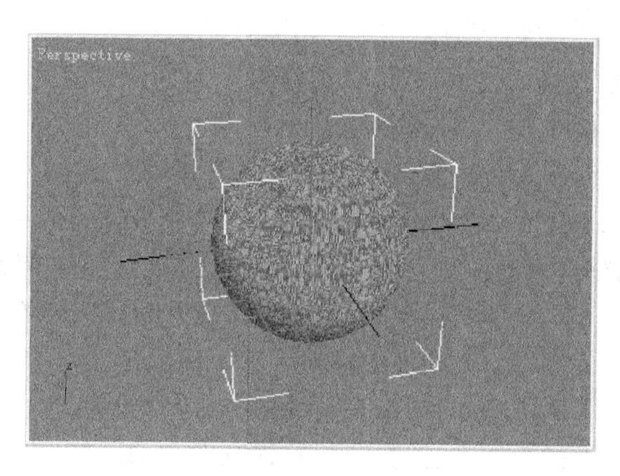

附图 20　木质小球

3. 从建模、修改、材质、灯光入手,根据需要设计一个动画。

略

单元 7

一、思考题

1. Authorware 7.02 有哪些特点?

Authorware 7.02 是美国 Macromedia 公司的一款基于设计图标和流程线的多媒体制作软件,它采用了开放式的程序设计思想和所见即所得的编程风格,能将多种多媒体素材有机地集成到一起,用来制作满足人们工作、学习、娱乐等需求的软件产品。Authorware 7.02 具有如下特点。

- 开放性、跨平台、高效率。Authorware 7.02 提供了标准、开放的应用程序接口,为其他应用程序使用 Authorware 7.02 提供了方便,同时,它能够使用其他软件的作品。Authorware 7.02 在 Windows、Macintosh 平台提供的开发环境下,以其可视化、拖放图标的编程方式以及库、模块、知识对象、嵌入技术,提高了多媒体的开发效率。
- 可视化的图标编程。Authorware 7.02 提供形象、直观的图标及流程线的编程方式,清晰地描绘程序的工作流程,便于学习与使用。
- 集成性。Authorware 7.02 是一个超级软件加工工厂,可以把各种信息有机地结合在一起形成一个整体。
- 强大的交互性。Authorware 7.02 提供了 11 种根据用户的交互类型来跟踪用户的操作。
- 专业性。Authorware 7.02 拥有自身的脚本编程语言,同时还把网络编程语言——JavaScript 作为其内部编程语言之一,因而成为 Authorware 7.02 专业级的多媒体编程语言的特点。
- 强大的数据处理能力。Authorware 7.02 具有丰富的函数和系统变量,可以对数据进行实时跟踪，侦测和自动改动，还可以通过 ODBC 函数和 SQL 语句访问 SQL Server、Oracle 等数据库。

- 易用性与人性化。Authorware 7.02 支持 TTS 技术和 WCAG 技术标准，可以制作自动机器语音多媒体程序。
- 一键发布功能。Authorware 7.02 能将要发布的程序进行自动处理，只需单击鼠标就可以保存和发布。

2. 说一说 Authorware 7.02 常用的设计图标及其功能。

Authorware 7.02 提供了 14 个设计图标，它们是 Authorware 7.02 进行多媒体开发的核心工具。每个图标都具有其内容和功能，通过使用它们可以常见多媒体应用。此外，Authorware 7.02 还支持更多媒体，这些媒体可以通过插件图标在 Authorware 7.02 中使用。Authorware 7.02 的 14 个设计图标如下。

- 显示图标是用于显示文本、图像对象的图标。
- 移动图标是用于移动文本、图像、动画、视频对象的图标。
- 擦除图标是用于擦除演示窗口中不再需要显示的对象的图标。
- 交互图标是用于实现人机交互的图标。Authorware 7.02 提供了十几种人机交互方式。
- 计算图标是用于执行程序脚本的图标。在该图标的计算窗口可以编制 Authorware 7.02 脚本和 Java 脚本程序，实现计算和控制功能。
- 群组图标又称组合图标，是一个用于组合多个设计图标的图标，通过组合图标可以简化程序的流程。
- 等待图标是用于程序中需要暂停的地方，方便与用户的交互。
- 数字电影图标用于数字电影的导入、播放及其控制。
- 导航图标用于在图标之间的跳转。
- 声音图标用于声音的导入、播放及其控制。
- 框架图标用于构造书页结构。
- DVD 图标用于 DVD 的导入、播放及其控制。
- 判断图标又称决策图标，用于程序的判断。
- 知识对象图标用于构建已使用的知识对象。

3. 请说出程序打包与发布的区别与联系。

程序打包是指对源程序进行封装、加密处理。程序发布是指将打包程序、运行时程序、库、支持文件、各种素材和说明文件等有效地组织在一起，以不同的存储介质形式发行。

程序打包是为了程序发布，没有打包的程序不可能进行发布；程序发布是程序打包的目的。

4. 分析导致多媒体作品不能正常运行的原因

多媒体程序在调试、测试后，需要把程序发布，可是程序发布之后，有时会出现不能正常运行的情况，造成这种情况的原因就是打包发布时，没有把作品所需要的文件一起打包发布。一个完整的多媒体作品不仅包含多媒体源程序，还必须将主程序所需的外部文件一起发布,如运行时程序、Xtras 插件、库文件、动态链接库 DLL、各种媒体文件等,这些外部文件在主程序打包时是不被打包的,因此,发布时必须确保这些文件与源程序一起发布。

二、训练题

自己动手在“唐诗”程序中增添一首唐诗内容。

通过在“唐诗”多媒体程序中增添一首唐诗,不仅可以了解“唐诗”多媒体程序的结构,另一方面还能掌握使用 Authorware 7.02 制作多媒体程序的方法。给“唐诗”多媒体程序增添一首唐诗,涉及“唐诗”框架结构、“解说集”框架结构。在“唐诗”框架结构中需要增加一个页面;在“唐诗”框架图标【入口、退出】设计窗口的“唐诗列表”组合图标中,需要在“唐诗清单”显示图标添加一首唐诗的标题;在“解说集”框架结构中增加一个页面。

在“唐诗列表”组合图标之“唐诗清单”中添加一首诗的标题。双击【设计】窗口的“唐诗”框架图标,打开该框架图标的【入口、退出】设计窗口;双击【入口、退出】设计窗口中的“唐诗列表”组合图标,打开该组合图标的流程,双击显示图标“唐诗清单”,打开【演示】窗口和【工具箱】的 A 工具。单击【演示】窗口的文本对象,弹出文字输入区,如附图 21(a)所示,在“古风”的下一行输入添加唐诗的标题,如“朝辞白帝城”。选中所有文字,单击【文本】→【对齐】→【居中】命令,文字居中,如附图 21(b)所示。

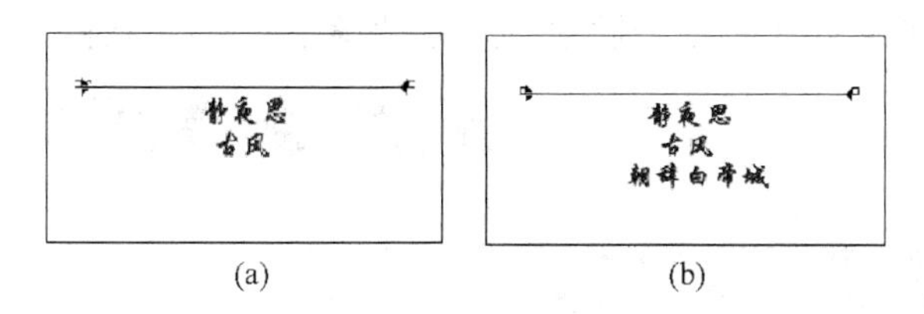

(a) (b)

附图 21 “唐诗清单”【演示】窗口

添加一个“唐诗”框架页面。从【图标】面板上拖动组合图标到“唐诗”框架图标的最右侧,创建一个页面,命名为“朝辞白帝城”,如附图 22 所示。这是每一首唐诗的标题,不能错。

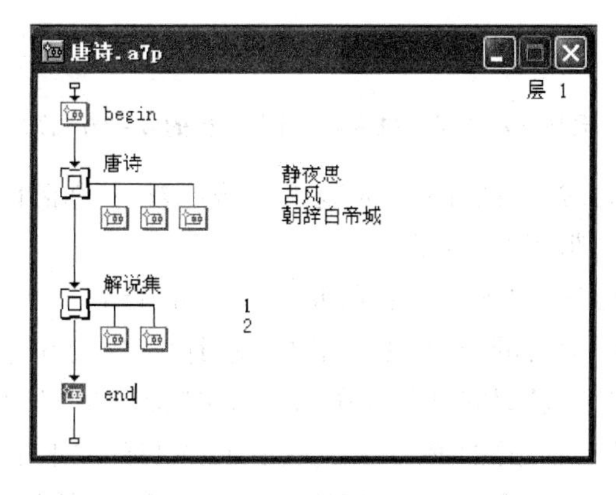

附图 22 “唐诗”框架页面的增加

添加一个“解说集”框架页面。从【图标】面板上拖动组合图标到“解说集”框架图标的最右侧，创建一个页面，命名为“3”，对应“唐诗”框架页面“朝辞白帝城”，如附图23所示。

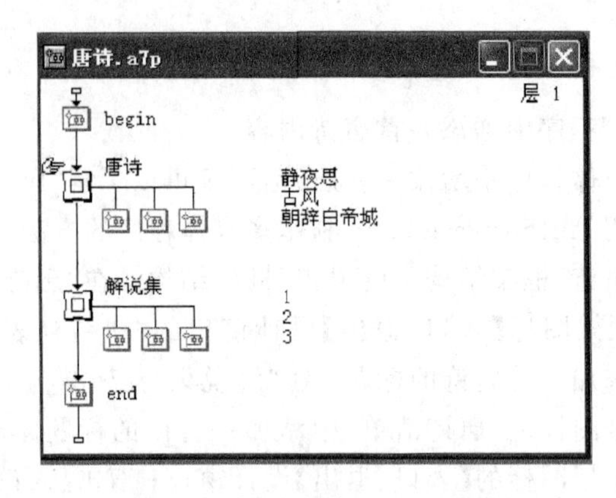

附图23 “解说集”框架页面的增加

设计“唐诗”框架页面“朝辞白帝城”流程。首先复制“静夜思”组合图标中的所有图标，双击打开“静夜思”组合图标，在空白处拖动鼠标，当所有的图标出现在虚线框中时释放鼠标，选中所有图标，如附图24(a)所示，按Ctrl+C组合键复制图标；然后，双击“朝辞白帝城”组合图标，按Ctrl+V组合键粘贴图标，如附图24(b)所示。

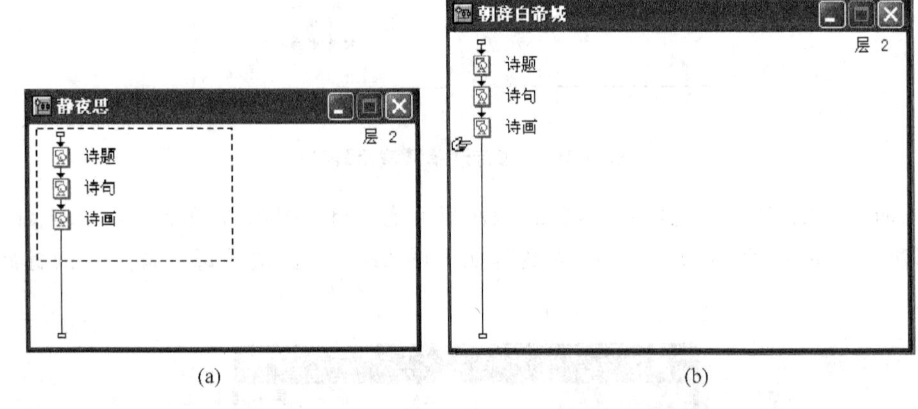

附图24 “朝辞白帝城”组合图标的复制与粘贴

框架页面“朝辞白帝城”中图标标题的修改。依次双击“朝辞白帝城”组合图标中显示图标的标题进行修改，如附图25所示。

框架页面“朝辞白帝城”中图标内容的修改。双击“诗题3”显示图标，打开【演示】窗口和【工具箱】，单击【工具箱】的 A 工具，单击【演示】窗口的文本对象，弹出“静夜思”文字输入区，修改为“朝辞白帝城”，如附图26所示。双击“诗句3”显示图标，打开【演示】窗口和【工具箱】，单击选择【工具箱】的 A 工具，在【演示】窗口的文本对象上单击，修改为“朝辞白帝城”诗句，双击“诗画3”显示图标，打开【演示】窗口和【工具箱】，单击选择【工具箱】的 ↖ 工具，在【演示】窗口上部中央单击，单击【插入】→【图像】命令，导入图像文件(朝辞白帝城.jpg)，使用 ↖ 工具，调整其大小并把它移到“静夜思.jpg”上面。整个效果如附图27所示。

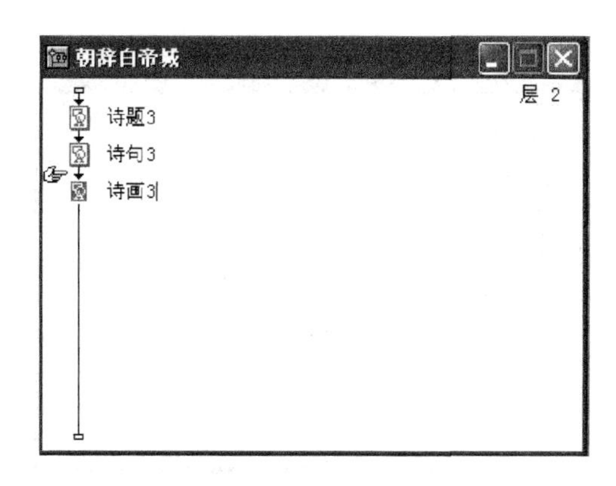

附图 25　图标标题修改后

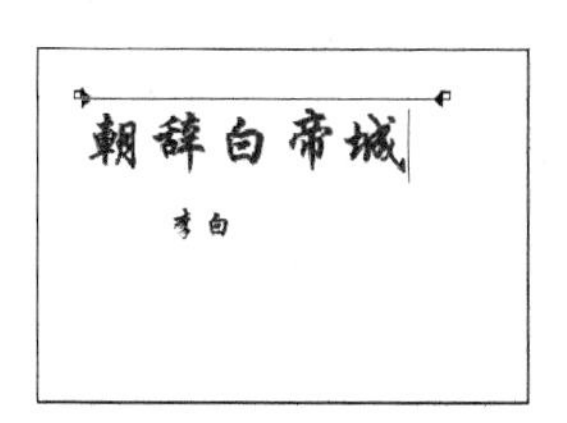

附图 26　修改唐诗的标题

附图 27　"朝辞白帝城"页面的效果

设计"解说集"框架页面"3"流程。首先复制"1"组合图标中的所有图标。双击打开"1"组合图标，在空白处拖动鼠标，当所有的图标出现在虚线中时释放鼠标，选中所有图标，如附图 28(a)所示，按 Ctrl+C 组合键复制图标；然后，双击"3"组合图标，按 Ctrl+V 组合键粘贴图标，如附图 28(b)所示。

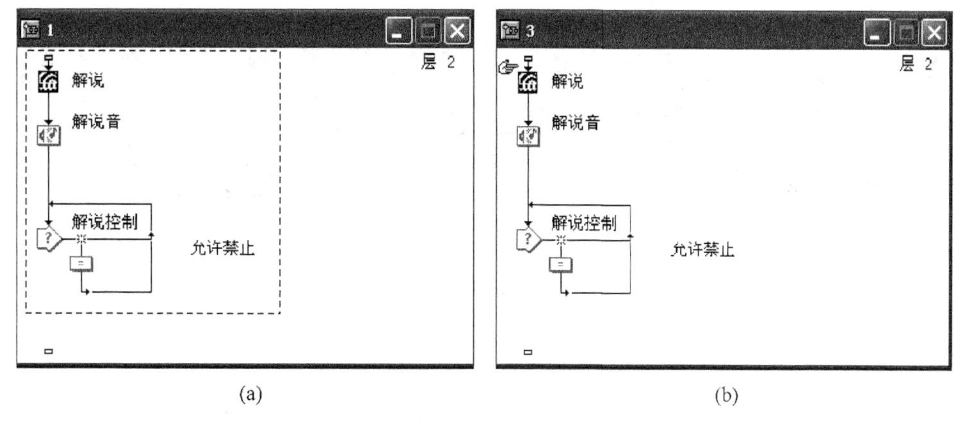

附图 28　"解说词"框架结构的页面"3"的设计流程

框架页面"3"中图标标题的修改。依次双击"3"组合图标中的第一个图标标题，标题修改为"解说 3"，如附图 29 所示。

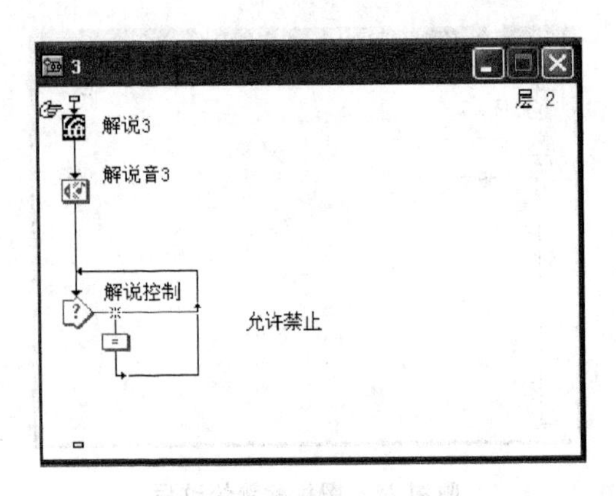

附图 29　标题修改后的流程

修改声音图标的内容。双击“解说音 3”声音图标，打开其【属性】面板，如附图 30 所示，单击 导入... 按钮，弹出【导入文件】对话框，从【查找范围】下拉列表中选择“.\多媒体技术与应用\素材\”文件夹，在文件列表中选定声音文件（3. wav）后，单击该面板上的 导入... 按钮，引入声音媒体文件。单击【属性】面板中的【计时】标签，从【执行方式】下拉列表中选择“永久”，从【播放】下拉列表中选择“播放次数”，在下方文本框输入播放次数的数值，在【速率】文本框输入“100”正常速度，在【开始】文本框输入开始播放的条件表达式（speak）。如附图 31 所示。

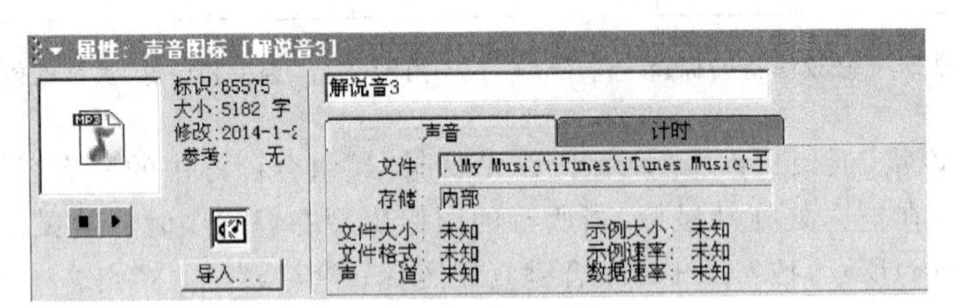

附图 30　声音图标的【属性】面板

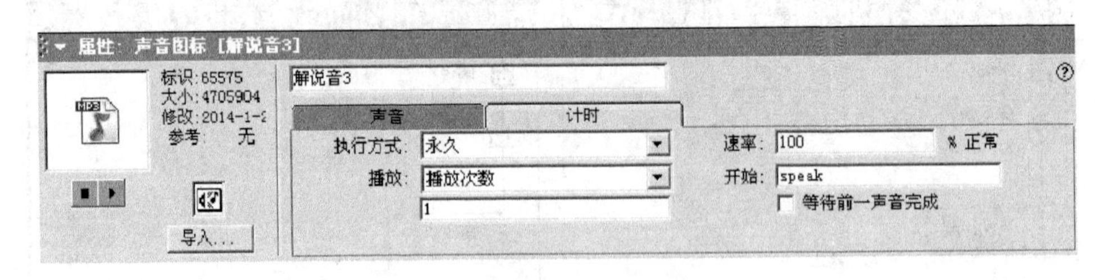

附图 31　修改声音图标的内容

参考文献

[1] 沈洪,张进,朱军.三维动画设计与制作(第二版)[M].北京:中国铁道出版社,2006.

[2] 时代印象.中文版 3ds max 2014 完全自学教程[M].北京:人民邮电出版社,2013.

[3] 沈洪,朱军,朱晖,李天工,江鸿宾.Photoshop 图像处理技术(第三版)[M].北京:中国铁道出版社,2011.

[4] 孟克难.中文版 Premiere Pro CS6 基础培训教程[M].北京:人民邮电出版社,2012.

[5] 胡仁喜,杨雪静.Flash CS6 中文版入门与提高实例教程[M].北京:机械工业出版社,2013.

[6] 龚沛曾,李湘梅.多媒体技术及应用(第 2 版)[M].北京:高等教育出版社, 2012.

[7] 高珏,佘俊.多媒体技术及应用实验教程[M].北京:清华大学出版社,2011.

[8] 徐伟雄,崔亚民.多媒体艺术设计.北京:高等教育出版社,2005.

[9] 林辉,钱峰.Cakewalk 9.0 基础教程[M].北京:电子工业出版社,2000.

[10] 石雪飞,郭宇刚.数字音频编辑 Adobe Audition CS6 实例教程[M].北京:电子工业出版社, 2013.

[11] 胡振生.Authorware 7.0 多媒体开发白金手册[M].北京:人民邮电出版社, 2005.

[12] 邓椿志.Authorware 多媒体设计专家门诊[M].北京:清华大学出版社, 2011.

[13] 刘甘娜,翟华伟.多媒体应用技术基础(第四版)[M].北京:中国水利水电出版社,2008.